KB144406

손쉽게 만들 수 있는 건강한 맛

세계의 수프 도감

사토 마사히토 지음 · 김세한 감역 · 김희성 옮김

BM (주)도서출판 성안당

시작하며

이 책에서 소개하는 수프의 종류는 총 317가지이다. 책을 쓰면서 350가지가 넘는 수프를 직접 만들고, 사진을 찍고, 먹어봤다. 하루에 수프를 4종류나 만들어본 적도 있다. 물론 맛에 호불호는 있었다. 한입 먹자마자 '맛있다!'는 말을 내뱉은 뒤 정신을 차려보니 다 먹어치운 적도 있고, '이런 맛이네'라고 생각한 적도, '좀 특이한데?'라며 생각하면서 몇 번 먹어보다 포기한 적도 있다. 하지만 입맛에 맞지 않아 얼굴을 찌푸린 적은 단 한 번도 없었다.

지금까지 만든 모든 수프의 촬영을 마친 뒤 여러 가지 생각이 들었다. '이렇게나 많은 수프를 용케도 만들었구나' 싶다가도 '세계에는 수프의 종류가 정말 다양하구나'라고 생각하며 새삼 감동하기도 했다. 끓는 물에 고기나 채소 등을 집어넣기만 하면 수프를 만들 수 있다. 또한 콩소메 과립만 사용해도 훌륭한 수프가 완성된다.

기내에서 기내식을 먹을 때면 상냥한 승무원이 한손에 피처를 들고 "된장국 드릴까요?"라며 물어온다. 나는 이 기회를 놓친 적이 없다. 처음 기내에서 된장국을 접했을 때는 대체 어떤 건더기가 들어 있을지 기대하곤 했다. '두부? 아니면 미역?' 나름 설레기까지 했지만 현실은 단순한 '된장 국물'이었다. 건더기가 없다는 뜻이다. 그래도 된장국은 된장국이지 않은가. 그래서 나는 지금도 기내에서 꼭 건더기 없는 된장국을 먹는다.

수프는 원래 서민 음식이다. 빈곤한 상태이더라도 소박한 건더기만 넣으면 수프를 완성할 수 있다. 남은 음식이나 버려지는 재료로도 수프를 만든다. 그렇기 때문에 세계에는 무한에 가까운 다양한 수프가 존재할 수 있는 것이다. 다시 말해 수프는 특별한 요리가 아니다. 가장 익숙한 고향의 맛이자 엄마의 맛이다.

사토 마사히토

Contents

Chapter 7 북아메리카

Chapter 8 아프리카

수프를 만들기 전에

수프는 간단한 재료만 있으면 만들 수 있지만, 이 책을 참조해서 조리를 하려고 한다면 당부하고 싶은 몇 가지 주의사항이 있다.

- 재료에는 분량이 기재되어 있지만, 같은 4인분이라도 완성된 양에는 차이가 있다. 퓌레 요리는 양이 비교적 적은 편이고, 건더기가 많거나 메인 디시이면 양이 많다. 처음 해보는 요리라면 2인분부터 만들어볼 것을 추천한다.
- 재료의 분량은 어디까지나 기준이다. 딱히 정해진 것은 아니므로, 기호에 따라 분량을 조절해도 괜찮다.
- 요리에 따라 재료를 잘게 썰거나 통째로 사용하는 등 다듬는 방법이 다르지만, 먹기 쉬운 크기로 손질하는 것이 보통이다.
- 고기의 종류에 따라 구하기 어려운 것이 있다. 트리프(반추 동물의 위)처럼 특별한 부위는 지정 재료를 사용해야 하지만, 보통은 구하기 쉬운 재료를 사용하면 된다.
- 이 책에서 말하는 육수는 모두 무염이다.

- 소금과 후춧가루를 제외한 다른 재료는 사용하는 순서대로 기재했다. 재료는 조리 전에 모두 준비해둘 것을 추천한다.
- 물의 양은 1인분 기준 200~250cc로 정하고 있지만 기호에 따라 가감해도 좋다. 특히 콩수프처럼 묽기가 중요한 수프는 적절한 수분량을 보면서 물을 보충해야 한다.
- 조리 과정에서 반드시 떫은맛을 제거해야 한다. 따로 레시피에 적지는 않았지만 가능한 한 제거하는 것이 좋다. 또한 재료를 끓일 때는 가급적 뚜껑을 덮도록 한다.
- 팜유를 사용하는 요리가 몇 가지 있다. 현지의 맛을 내기 위해 사용했지만, 세계적으로 환경문제와 열악한 노동환경이 문제가 되고 있는 만큼, RSPO(지속가능한 팜유를 위한 원탁 회의)가 인증한 제품을 사용하기 바란다. 없으면 샐러드유를 사용한다.

수프의 정의

수프는 인간이 불을 사용하기 시작한 때부터 먹을 수 있었던 음식은 아니다. 당시에는 물을 넣어도 새지 않는 그릇이 없었기 때문이다. '그렇다면 수프는 반드시 불로 요리해야 하는가'라고 묻는다면 그렇지는 않다고 답하고 싶다. 방수 성능이 있는 나무로 만든 그릇을 모닥불에 넣어 구운 돌을 집어넣으면 물을 끓일 수 있고 재료도 익힐 수 있다.

어쨌든 인간은 기원전 2만 년경부터 수프를 먹었다. 또한 수프는 가난한 사람, 돈이 많은 사람, 건강한 사람을 불문하고 환자식으로도 중요한 역할을 해왔다. 수프는 고기나 생선, 채소를 끓인 음식이다. 이때 한 가지 의문이 생긴다. '그럼 수프와 스튜는 어떻게 다르지?'

간단히 말하자면 국물이 많으면 수프이고 국물이 적고 걸쭉하면 스튜이다. 수프를 더 끓이면 스튜가 되고, 더 나아가 스튜를 더 끓이면 소스가 된다. 그럼 어디까지를 수프라고 하는지, 어디서부터 스튜라고 하는지 궁금해질 것이다. 기준이 정확하지 않은 채 아무렇게나 구분할 수는 없으니 이 책에서는 수프와 스튜를 함께 소개할 예정이다.

이처럼 수프와 스튜의 정의를 생각하다 보면 생각지도 못했던 것을 깨닫게 된다. 우선 커리는 스튜이다. 또한 고기와 감자를 넣고 졸인 일본 음식인 '니쿠자가'도 스튜이다. 하지만 두 음식 모두 이 책에는 등장하지 않는다.

앞서 말했듯이, 이 책에는 '육수'라는 말이 자주 나온다. 그리고 육수와 비슷한 것으로 '스톡'이 있다. 일반적으로 스톡은 뼈로 만들고, 육수에는 뼈에 붙은 고기와 채소, 허브가 들어간다. 육수는 그대로 수프처럼 먹을 수도 있지만, 스톡은 보통 요리의 재료로 사용한다. 정리해보면 부이용이나 콩소메는 육수, 닭뼈나 돼지 뼈는 스톡이다. 또한 가다랑어 육수도 결국은 스톡이라고 할 수 있다.

※수프의 원어 표기는 한국에서 일반적으로 사용되는 용어에 맞추었고, 그 이외의 것들은 현지 발음에 가깝게 표기했다.

The World's Soups

Chapter

1

서유럽

Western Europe

영국 | 아일랜드 | 독일 | 오스트리아 | 벨기에
룩셈부르크 | 네덜란드 | 스위스 | 프랑스 | 저지섬

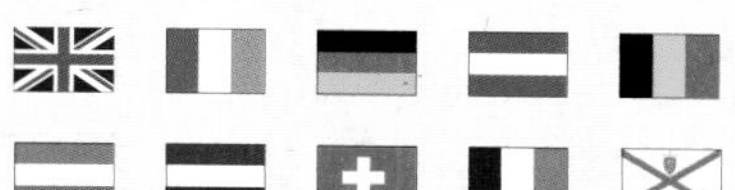

영국

브리티시 옥스테일 수프 British Oxtail Soup

천천히 시간을 들여 끓임으로써 맛이 나는 소꼬리

왜 옥스테일일까 하는 소박한 의문이 생긴다. 옥스는 짐 등을 운반하는 물소로, 옥스테일은 소의 꼬리를 뜻하지만, 그렇지는 않은 것 같다. 옥스테일이란 요리에 사용되는 단순한 전문용어 같은 것으로, 예전에는 거세한 소꼬리였지만 지금은 소꼬리라면 뭐든 상관없는 것 같다. 옥스테일 수프는 19세기 프랑스를 시작으로 영국으로 퍼졌다. 옥스테일은 뼈에서 고기가 쉽게 떨어질 때까지 푹 고아낸다. 젤라틴 성분이 풍부하기 때문에 고기만으로는 낼 수 없는 깊은 맛이 난다.

재료(4인분)

무염버터 2큰술, 소꼬리(옥스테일) 800g(마디로 끊고, 지방과 힘줄을 제거), 햄 1장(1cm 깍뚝썰기), 당근 1개(슬라이스), 터닙 또는 순무 1개(슬라이스), 양파 1개(슬라이스), 리크 또는 대파 ½대(슬라이스), 셀러리 2대(슬라이스), 부케가르니 1다발, 통후추 4알, 정향 2알, 물 1200cc, 소금 적당량, 밀가루 2큰술, 포트와인 60cc, 토마토소스 또는 케첩 1큰술, 이탈리안 파슬리(장식) 적당량

만드는 법

❶ 냄비에 버터를 녹이고 소꼬리를 넣어 전체적으로 익을 때까지 굽는다. ❷ 햄을 넣고 가볍게 볶다가 채소를 추가하여 양파가 부드러워질 때까지 볶는다. ❸ 부케가르니와 향신료, 물, 소금 1작은술을 넣고 끓인 후 약한 불로 소꼬리가 부드러워질 때까지 끓인다. ❹ 소꼬리를 꺼내어 다른 그릇에 옮기고, 냄비의 내용물을 체에 거른다. 채에 남은 채소 등은 버리고, 수프는 냄비에 옮겨 담는다. 소꼬리가 식으면 고기와 뼈를 발라내고 뼈는 버린다. ❺ 밀가루를 포트와인으로 풀어 냄비에 토마토소스와 함께 넣고 한소끔 끓인다. 고기를 넣고 소금으로 간을 맞춘 후, 약한 불로 5~6분 끓인다. ❻ 수프를 그릇에 담고, 이탈리안 파슬리를 뿌린다.

코카리키 수프 Cock-a-Leekie Soup

영국

리크 맛이 녹아든 스코틀랜드의 내셔널 수프

코카리키는 닭과 리크(서양 대파)로 만든 수프이다. 이 수프는 프랑스의 닭과 양파 수프에서 유래한 것 같으며 16세기에 바다를 건너 스코틀랜드에 왔다. 아득한 옛날 로마인이 들여온 리크가 양파를 대신했다. 19세기의 요리책을 보면 리크를 3~4시간 푹 삶아 퓌레로 먹었다. 건자두를 넣은 것은 최근의 일로 알려져 있는데, 그 요리책에는 이미 자두가 재료로 등장한다.

재료(4인분)

샐러드유 1큰술, 닭 넓적다리 또는 다리(가능하면 뼈째) 800g, 리크 또는 대파 2대(2cm 통썰기, 녹색 부분은 그대로 잘라둔다), 당근 2개(1cm 통썰기), 셀러리 1대(굽게 썰기), 화이트와인 1큰술, 닭 육수 또는 물+치킨 부이용 1000cc, 월계수 잎 1장, 백리향 ½작은술, 소금·후춧가루 적당량, 건자두 8개, 이탈리안 파슬리(장식) 적당량(큼직하게 썰기)

만드는 법

① 냄비에 기름을 달구어 고기를 넣고 전체적으로 노릇하게 구워지면 꺼내놓는다. ② 리크의 녹색 부분, 당근, 셀러리를 냄비에 넣고 리크가 부드러워질 때까지 볶다가 화이트와인을 끼얹어 와인이 증발할 때까지 볶는다. ③ 고기를 냄비에 다시 넣고 육수, 허브, 소금 1작은술, 후춧가루를 조금 넣고 고기가 완전히 익을 때까지 약불에서 익힌다. ④ 불을 일단 끈 후 고기를 꺼낸다. 수프가 조금 식으면 위에 뜬 기름을 숟가락으로 잘 걷어내고, 체로 걸러낸 후 수프를 냄비에 다시 옮겨 담는다. ⑤ 고기의 뼈를 발라 먹기 좋은 크기로 찢어서 냄비에 다시 넣는다. 썰어 놓은 리크, 자두를 넣고 10분 정도 끓인다. ⑥ 수프를 그릇에 담고 이탈리안 파슬리를 뿌린다.

영국

런던 파티큘러 London Particular

안개에 싸인 런던을 상징하는 수프

〈셜록 홈즈〉와 같이 런던을 무대로 한 영화를 보면 안개에 싸인 환상적인 광경에 눈을 빼앗기게 된다. 하지만, 현실은 그런 아름다움이 아닌 오히려 〈메리 포핀스〉의 굴뚝청소 쪽이 맞다. 공장 등 굴뚝에서 뿜어져 나오는 연기가 가득한 스모그인 것이다. 이 흐린 스모그 투성이의 안개를 파티큘러라고 부른다. 이름 한번 고약하게 지었다고 생각되지만 실제로 만들어 보면 색이든 농도든, 그 이름에 딱 맞는 수프이다. 런던 사람들이 사랑하는 맛있는 수프인 것은 보장한다.

재료(8인분)

스모크 햄헉(너무 짜면 하룻밤 물에 담가둔다) 1개(200g 정도), 양파 2개(1개는 2등분, 나머지 1개는 1cm 깍둑썰기), 셀러리 1대(4cm 길이로 자르기), 마늘 1알(다지기), 통후추 8알, 부케가르니 1다발, 물 2000cc, 말린 완두콩(또는 녹색 렌틸콩) 200g(하룻밤 물에 불린다), 무염버터 2큰술, 소금·후춧가루 적당량, 잘게 자른 햄헉(장식) 적당량(수프용으로 조금 덜어둔다), 차이브(장식) 적당량(곱게 썰기)

만드는 법

❶ 햄헉과 2등분한 양파, 셀러리, 마늘, 통후추, 부케가르니를 냄비에 넣고 물을 부어 끓어오르면 약불로 대략 2시간 정도 고기가 부드러워질 때까지 푹 삶는다. ❷ 그대로 식힌 후 체 등으로 걸러 국물은 냄비에 부어 놓는다. 고기는 뼈, 껍질, 힘줄, 기타 지방 등을 제거하고 잘게 찢거나 썰어둔다. 콩은 체에 넣고 깨끗하게 물로 씻는다. ❸ 다른 냄비에 버터를 달구어 양파가 투명해질 때까지 볶는다. ❹ ❸에 햄헉을 삶은 수프, 콩을 넣고 약불로 콩이 부드러워질 때까지 삶는다. 부드러워지면 블렌더로 퓌레한다. ❺ 퓌레를 냄비에 붓고, 고기를 조금 남겨두고 넣는다. 소금과 후춧가루로 간을 한 후 한소끔 끓인다. ❻ 수프를 그릇에 담고, 남겨둔 고기와 차이브로 장식한다.

브리티시 워터크레스 수프 British Watercress Soup

영국

맑은 물에서 자란, 톡 쏘는 매운맛의 크레송 수프

영국 남쪽에 위치한 햄프셔주에는 완만한 초원을 유유히 흐르는 초크 스트림이라 불리는 강이 있는데 그 맑은 물속에서 크레송이 춤춘다. 이 부근에서는 여러 세기에 걸쳐 크레송이 재배하여 워터크레스 철도를 통해 런던으로 출하해왔다. 머스터드와 같은 매운맛이 나는 크레송은 샌드위치나 샐러드 등에 빼놓을 수 없는 소재로 친숙하다. 신선한 그린 수프도 크레송의 섬세한 맛을 느낄 수 있는 요리 중 하나다. 크림을 사용하는 것과 사용하지 않는 것이 있는데, 여기에서는 크리미하게 목넘김이 부드러운 생크림을 넣은 것을 소개한다.

재료(4인분)

닭 육수 또는 물+치킨 부이용 200cc, 물 200cc, 감자 소1개(얇게 슬라이스), 리크 또는 대파 ½대, 크레송(워터크레스) 120g(굵은 줄기를 제거하고 큼직하게 썰기), 무염버터 2큰술, 생크림 120cc, 소금·후춧가루 적당량, 크레송 잎(장식) 적당량

만드는 법

❶ 육수와 물을 냄비에 넣고 끓인 후 감자, 리크, 소금과 후춧가루를 조금 넣고 중불로 채소가 부드러워질 때까지 끓인다. ❷ 크레송을 넣어 크레송이 수프를 빨아들여 색이 변하면 바로 불을 끄고, 블렌더로 퓌레한다. ❸ ❷의 퓌레를 냄비에 붓고 버터와 생크림을 넣어 데우고, 소금과 후춧가루로 간을 맞춘다. 뜨거울 때 그릇에 담거나 냉장고에서 식힌 후 제공해도 된다. 위에 크레송 잎을 장식한다.

영국

헤어스트 브리 Hairst Bree

일명 홋치폿치. 어린양고기와 채소를 듬뿍 사용한 따뜻한 수프

게일어의 영향이 아직까지 남아 있는 스코틀랜드의 요리 이름은 독특하다. 헤어스트는 수확(하베스트)의 의미이고 브리는 칠면조 구이 등에 뿌리는 소스인 그레이비 등을 말한다. 즉 수확을 축하하는 수프이다. 이 수프에는 별명이 있다. 홋치폿치라는 특이한 이름으로, 솔직히 무슨 말인지 알 수가 없다. 아무래도 혼합물이라던지 여러 가지 배합을 의미하는 것 같다. 헤어스트 브리는 어린양고기와 여러 가지 채소로 만든 풍성한 수프로 옛날에는 주로 머리 부분이 사용되었으나 지금은 일반적으로 뼈가 있는 어린양고기를 사용한다.

재료(4인분)

뼈 있는 어린양고기 400g, 물 1200cc, 월계수 잎 1장, 소금·후춧가루 적당량, 당근 2개(폭 1cm로 자르기), 터닙 또는 순무 1개(폭 1cm로 자르고, 없으면 당근을 1개 추가), 양배추 ½개(채썰기) 대파 잎 4대(길이 3cm로 자르기), 양상추 1개(채썰기), 완두콩(냉동도 가능) 250g, 이탈리안 파슬리(장식) 적당량(큼직하게 썰기)

만드는 법

❶ 고기와 물, 월계수 잎을 냄비에 넣고 불에 올린다. 1작은술의 소금과 후춧가루를 넣고 끓인 후, 핏물이 우러나면 중불로 고기가 부드러워질 때까지 끓인다. ❷ 고기를 꺼내 식힌다. ❸ 당근, 터닙, 양배추를 냄비에 넣고 중불에서 끓인다. 그 사이에 고기의 뼈를 발라내고, 먹기 좋은 크기로 잘라서 냄비에 넣는다. ❹ 채소가 부드러워지면 대파 잎, 양상추를 넣고 10분 정도 끓이고 완두콩을 넣고 한소끔 끓인다. ❺ 소금과 후춧가루로 간을 맞추고, 수프를 그릇에 담아 이탈리안 파슬리를 뿌린다.

카울 Gawl

영국

뿌리채소를 듬뿍 사용한 웨일스의 국민요리

카울은 웨일스 말로 수프를 의미한다. 웨일스의 국민요리인 카울은 스코틀랜드 헤어스트 브리와 재료는 비슷하지만 양배추나 양상추 대신 순무 종류인 루타바가와 파스닙이 들어간다. 국민요리로 불릴 만큼 14세기경부터 먹어온 전통의 요리로, 이전에는 소금에 절인 베이컨이나 소고기를 사용했다. 감자가 더해진 것은 16세기 들어서부터이다.

재료(4인분)

뼈 있는 어린양고기 또는 소고기 400g, 무염버터 2큰술, 양파 1개(슬라이스), 물 1500cc, 백리향 1개, 이탈리안 파슬리 5대, 월계수 잎 1장, 감자 2개(1cm 깍둑썰기), 당근 1개(1cm 깍둑썰기), 파스닙(없으면 당근) 1개(1cm 두껍게 썰기), 터닙 또는 순무 1개(1cm 깍둑썰기), 루타바가 1개(1cm 깍둑썰기), 리크 또는 대파 1대(곱게 썰기) 소금·후춧가루 적당량

만드는 법

❶ 고기는 소금, 후춧가루로 살짝 간을 한다. 냄비에 버터를 달구어 고기를 넣고 전체적으로 눋도록 굽는다. ❷ 일단 고기를 꺼내고 냄비에 양파를 넣어 볶는다. ❸ 고기를 냄비에 다시 넣고 물, 허브를 넣어 고기가 부드러워질 때까지 약불로 끓인다. ❹ 고기는 꺼내고, 리크를 제외한 뿌리채소를 넣고 숨이 죽을 때까지 약불로 끓인다. 허브는 건져낸다. ❺ 고기가 식으면 뼈, 힘줄, 지방을 제거하고 냄비에 다시 넣는다. 한소끔 끓으면 리크를 넣고 5분 정도 끓인 후 소금과 후춧가루로 간을 맞춘다.

카울 케닌 Gawl Gennin

영국

웨일스의 상징인 리크가 듬뿍 든 포타주 스타일의 수프

케닌은 웨일스 말로 리크를 뜻한다. 리크와 감자를 삶아서 퓌레로 만든 크리미 수프가 바로 카울 케닌이다. 프랑스와 루마니아에도 같은 수프가 있지만 웨일스 사람들에게는 자주 먹는 수프라는 것 외에도 중요한 의미가 있다. 6세기 색슨족과의 전쟁 때, 웨일스 전사는 아군임을 알 수 있게 투구에 리크를 달고 싸웠다. 이후 리크는 웨일스의 상징이 되었고, 지금도 엠블럼에 그려져 있다. 즉 카울 케닌은 웨일스의 상징이라고도 할 수 있는 자랑스러운 수프이다.

재료(4인분)

무염버터 2큰술, 양파 1개(슬라이스), 마늘 1알(다지기) 리크 또는 대파 2대(곱게 썰기), 감자 2개(슬라이스), 닭육수 또는 물+치킨 부이용 1000cc, 생크림 또는 크렘 프레슈 160cc, 체다 치즈(기호에 따라) 100g(잘게 갈기), 소금·후춧가루 적당량, 이탈리안 파슬리(장식) 적당량(다지기)

만드는 법

❶ 냄비에 버터를 달구어 양파와 마늘을 넣고 양파가 투명해질 때까지 볶는다. ❷ 리크와 감자를 넣어 가볍게 섞은 다음 육수를 넣어 채소가 부드러워질 때까지 약불로 푹 익힌다. ❸ 일단 불을 끄고 조금 식으면, 블렌더로 퓌레를 만든다. 냄비에 다시 넣고 생크림과 치즈를 첨가하여 치즈가 완전히 녹을 때까지 중불에서 끓인다. 소금과 후춧가루로 간을 맞춘다. ❹ 수프를 그릇에 담고 이탈리안 파슬리를 뿌린다.

컬런 스킨크 Cullen Skink

영국

은은한 훈제 향과 풍미가 입맛을 돋우는 흰살생선 수프

스코틀랜드 북동부에 인구가 채 1500명이 안 되는 마을, 컬런이 있다. 컬런 스킨크가 태어난 고향이다. 지금은 동북부 전역에서 자주 먹는, 피난 해디(finnan haddie)라고 불리는 훈제 해덕대구를 사용한 수프다. 저온에서 천천히 스모크된 흰살생선 훈제가, 생선을 이용한 수프에서는 맛볼 수 없는 독특한 맛을 낸다. 우유나 생크림을 넣는 것이 보통이지만, 넣지 않은 것, 매쉬포테이토로 걸쭉한 맛을 낸 것 등 다양한 종류가 있다. 미국 뉴잉글랜드의 차우더, 프랑스의 비스크에 못지않은 풍성한 수프이다.

재료(4인분)

무염버터 2큰술, 양파 1개(다지기) 또는 리크 1대(곱게 썰기), 훈제 해덕대구(껍질 있는 것) 또는 다른 흰살생선 훈제 400g, 생선 육수 750cc, 이탈리안 파슬리 10대 정도(줄기와 잎을 나누고 잎은 다지기), 월계수 잎 1장, 감자 2개(1cm 깍둑썰기) 생크림 250cc, 소금·후춧가루 적당량, 차이브(장식) 적당량(다지기)

만드는 법

❶ 냄비에 버터를 달구고 양파를 넣어 투명해질 때까지 볶는다. ❷ 냄비에 해덕대구의 껍질이 아래로 오도록 놓고 육수를 부은 후, 이탈리안 파슬리 줄기, 월계수 잎, 소금과 후춧가루를 약간 넣어 중불로 생선이 익을 때까지 끓인다. ❸ 생선과 이탈리안 파슬리, 월계수 잎을 꺼낸다. 이탈리안 파슬리 줄기와 월계수 잎은 버린다. 생선은 식힌 후 가시와 껍질을 골라내고 생선살을 발라낸다. ❹ 냄비에 감자, 이탈리안 파슬리를 넣고 부드러워질 때까지 중불로 익힌 다음, 발라낸 생선과 생크림을 첨가하고, 소금과 후춧가루로 간을 맞춘다. 끓어오르지 않도록 주의하면서 끓기 직전까지 데운다. ❺ 수프를 그릇에 담고 차이브를 뿌린다.

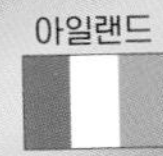

아이리시 베이컨 & 캐비지 수프 Irish Bacon and Cabbage Soup

베이컨과 양배추의 조합은 아일랜드 요리의 단골

3월 17일 아일랜드에서는 성 패트릭의 날을 축하하는 성대한 축제가 열린다. 가정의 식탁에는 전통적인 아일랜드 음식이 차려진다. 베이컨&양배추로 만든 수프도 그중 하나이다. 아일랜드 베이컨은 흔히 알고 있는 삼겹살이 아니라 비계가 적은 등심을 사용하므로 얼핏 보면 햄과 비슷하다. 양배추도 단단하지 않은 사보이 양배추를 사용한다. 사보이 양배추는 삶아도 단맛이 강해지지 않아 지방이 적은 베이컨과 잘 어울려 생각보다 수프 맛이 담백하다.

재료(4인분)

아이리시 베이컨(없으면 일반 베이컨 또는 판체타) 200g, 토마토 통조림 400g(1cm 깍둑썰기), 닭 육수 또는 물+치킨 부이용 500cc, 감자 2개(1cm 깍둑썰기), 사보이 양배추(없으면 일반 양배추) 150g(채썰기), 무염버터 1큰술, 소금·후춧가루 적당량

만드는 법

① 냄비에 베이컨을 넣고 전체적으로 갈색이 될 때까지 볶은 다음 여분의 기름을 걷어낸다. ② 냄비에 토마토 통조림, 육수를 넣고 끓으면 감자, 소금과 후춧가루를 약간 첨가하여 감자에 약간 딱딱함이 남아 있을 정도까지 끓인다. ③ 양배추를 넣고 부드러워질 때까지 끓인 다음 버터를 녹여 넣고 소금과 후춧가루로 간을 맞춘다.

기네스 수프 Guinness Soup

맥주로 소고기를 졸인 진한 스튜에 가까운 스프

아일랜드 음식에 대한 지식이 없어도 기네스라면 알고 있을 것이다. 흑맥주의 대표격인 기네스 맥주를 소고기에 듬뿍 따라 만든 것이 이 비프스튜이다. 한국에서도 맥주를 스튜 요리에 사용하는 사람이 많기 때문에 기네스 수프라고 해도 위화감은 없을 것이다. 데미글라스 소스를 사용할 필요도 없다. 맛도 모양도 진한 스튜를 흑맥주만으로 만들 수 있다. 매쉬포테이토를 곁들이거나 또는 수프 그릇에 담아 스튜와 함께 먹으면 맛있다. 소고기가 아닌 양파와 기네스로 양파 수프도 만들 수 있다.

재료(4인분)

스튜용 소고기 400g, 밀가루 3큰술, 샐러드유 2큰술, 양파 1개(1cm 깍둑썰기), 마늘 2알(다지기), 셀러리 2대(길이 1cm로 자르기), 레드와인 60cc, 소고기 육수 250cc, 기네스 맥주 500cc, 토마토 퓌레 2큰술, 월계수 잎 1장, 당근 1개(1.5cm 통썰기 또는 깍둑썰기)

매쉬포테이토(2컵 분량)

감자 4개(슬라이스), 생크림 2큰술, 무염버터 2큰술, 소금·후춧가루 적당량

만드는 법

❶ 매쉬포테이토를 만든다. 감자를 삶거나(찌거나) 전자레인지를 사용하여 부드러워질 때까지 익힌 후 으깬 다음 다른 재료를 넣어 잘 섞는다. ❷ 스튜를 만든다. 소고기에 소금과 후춧가루를 조금 뿌리고 밀가루를 전체에 고루 묻힌다. ❸ 냄비에 기름 1큰술을 둘러 가열하고 소고기를 넣어 전체적으로 노릇하게 굽는다. ❹ 일단 고기를 꺼내고 냄비에 기름 1큰술, 양파, 마늘, 셀러리를 넣어 양파가 투명해질 때까지 볶는다. ❺ 레드와인을 넣어 완전히 증발할 때까지 볶아낸 후 육수와 기네스 맥주를 따른다. 고기를 다시 넣고 토마토 퓌레, 월계수 잎을 첨가하여 중불 이하에서 고기가 부드러워질 때까지 천천히 익힌다. ❻ 당근을 넣고 익힌 다음, 소금과 후춧가루로 간을 맞춘다. ❼ 매쉬포테이토를 그릇에 담고 스튜를 붓는다. 포테이토와 스튜는 다른 그릇에 담아도 된다.

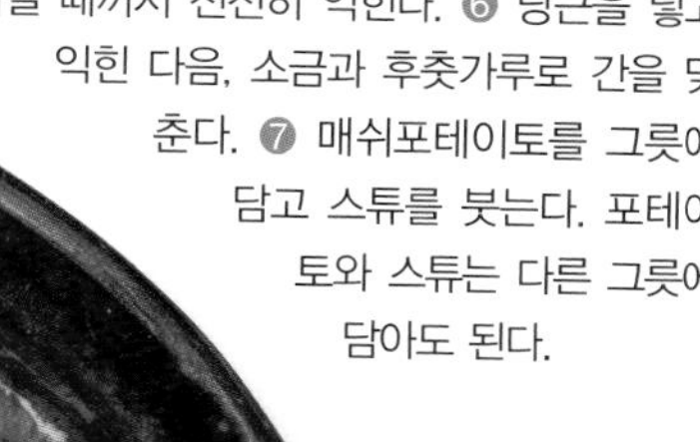

독일

비어주페 Biersuppe

치즈를 얹은 빵에 부어 먹는 독일식 맥주 수프

아일랜드에 기네스 수프가 있다면 독일에도 맥주를 사용한 수프가 있다. 하지만 맛도 모양도 완전히 다르다. 기네스 수프처럼 진하지 않고, 달걀과 설탕이 들어가기 때문에 정반대라고 할 수 있는 단맛이 난다. 중세부터 먹었다고 전해지는 이 수프는 19세기에 출간된 요리책에 상세하게 요리법이 나온다. 재료나 만드는 법도 현재의 레시피와 거의 변함이 없다. 만드는 방법은 단순하지만 달걀이 뭉치지 않도록 주의해야 한다. 약불로 조금씩 섞으면서 혼합하는 것이 요령이다. 그리고 절대 끓어넘치지 않도록 한다.

재료(4~6인분)

맥주 1000cc, 물 500cc, 황설탕 1작은술, 소금 ½작은술, 밀가루 3큰술, 달걀 2개, 바게트(슬라이스) 4장, 치즈(스위스, 에담, 에멘탈 등) 125g(갈기)

만드는 법

❶ 냄비에 맥주, 물, 설탕, 소금을 넣고 끓인다. ❷ 그릇에 밀가루와 달걀을 넣고 잘 버무려 놓는다. ❸ ❷를 다른 냄비에 넣고 약불에 올린다. 여기에 ❶을 거품기로 섞어가면서 조금씩 붓는다. 달걀이 뭉치지 않도록 주의한다. ❹ 끓어넘치지 않도록 주의하면서 충분히 데운다. ❺ 그릇에 바게트를 놓고 치즈를 위에 올려 수프를 담는다.

캐제주페 Käsesuppe

독일

크림치즈가 부드럽게 녹아든 따뜻한 수프

국물 맛이 별로일 때, 파르메산 치즈를 톡톡 뿌리기만 해도 맛이 확 바뀌는 일이 있다. 이 수프는 그런 편리한 치즈가 주재료인 수프이다. 우리나라에서는 일반적이지 않지만, 치즈 수프는 세계 각지에 있다. 치즈는 수프에 녹이는 경우가 많은데, 녹지 않는 치즈를 주사위 모양으로 썰어서 수프에 섞은 것도 있다. 숙성된 치즈를 사용하면 진하고, 숙성되지 않은 프레시치즈를 사용하면 크리미한 맛이 난다. 이 수프는 크림치즈를 사용해서 목넘김이 좋다. 독일에서는 비어주페(p.24)처럼 맥주를 넣어 만드는 경우도 많다.

재료(4인분)

소고기 또는 돼지고기 다진 것 200g, 대파 5대(곱게 썰기), 감자 2개(1cm 깍둑썰기), 당근 1개(1cm 깍둑썰기), 채소 육수 또는 물+채소 부이용 1000cc, 무염버터 2큰술, 허브 크림치즈(가능하면 소프트 타입) 300g, 이탈리안 파슬리 3대(다지기)

만드는 법

❶ 냄비를 달구어 다진 고기를 넣고 고기가 포슬포슬할 때까지 볶는다. ❷ 대파를 넣고 부드러워질 때까지 볶다가 감자와 당근을 넣고 섞는다. ❸ 육수를 붓고 약불에서 채소가 익을 때까지 끓인다. ❹ 수프에 버터를 넣어 녹이고 크림치즈를 조금씩 넣고 저으면서 치즈를 완전히 녹인다. ❺ 소금과 후춧가루로 간을 맞추고 이탈리안 파슬리를 넣어 가볍게 섞는다.

지벤 크라우터주페 Sieben Kräutersuppe

한국이나 독일이나 마찬가지. 봄이 오는 것을 요리로 즐기다

한국에 봄나물 죽이 있듯이 독일에는 7가지 풀을 사용한 수프가 있다. 야생 허브와 들풀, 재배한 녹색채소를 합쳐 봄을 맛볼 수 있는 수프를 만든다. 사진 속 수프의 재료는 쐐기풀, 민들레, 처빌, 차이브, 수영, 물냉이, 딜인데 그 외에도 다양한 소재가 쓰인다. 장식으로 먹을 수 있는 꽃을 곁들이면 더욱 화려하다. 재료나 분량에 따라 맛이 미묘하게 달라진다. 민들레 잎이 많으면 쓴맛이 나고, 수영이나 딜이 많으면 신맛이 강해진다. 화려하게 마무리하는 요령은 너무 끓이지 않는 것이다. 한국의 봄나물을 이용해 만드는 것도 좋다.

재료(4인분)

무염버터 1큰술, 양파 중1개(다지기), 채소 육수 또는 물+채소 부이용 500cc, 생크림 250cc, 허브믹스(파, 쐐기풀, 민들레 잎, 타라곤, 물냉이, 차이브, 수영, 이탈리안 파슬리, 곰파, 오이풀, 처빌, 딜, 시금치 등 7종) 200g(큼직하게 썰기), 소금·후춧가루 적당량, 수프에 사용하는 허브(장식, 쐐기풀 외) 적당량, 민들레·제비꽃 등 식용 꽃

만드는 법

❶ 냄비에 버터를 달군 후 양파를 넣고 투명해질 때까지 볶은 다음, 육수와 생크림을 넣고 끓기 직전까지 데운다. ❷ 허브는 장식용으로 조금 남겨두고 섞은 다음 블렌더로 부드럽게 간 후, 소금과 후춧가루로 간을 맞춘다. ❸ 수프를 그릇에 담고 남겨둔 허브, 꽃으로 장식한다.

프랑크푸르터주페 **Frankfurter Suppe**

독일

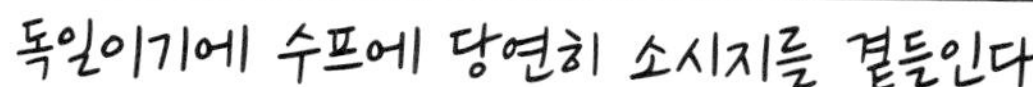
독일이기에 수프에 당연히 소시지를 곁들인다

소시지는 독일 요리의 대명사로 세계적으로 인식되어 있다. 그릴로 해도 좋고, 삶아도 좋고, 샌드위치로도 좋다. 물론 수프로도 맛있다. 원래 소시지는 다양한 허브와 향신료가 들어 있는 어엿한 단품요리이므로 국물에 집어넣기만 해도 소시지의 맛이 육수에 퍼져 고기만으로는 맛볼 수 없는 깊은 맛이 난다. 여기에서 소개하는 것은 향신료가 조금 들어간 양배추 수프이지만, 렌틸 등 콩이 수프의 베이스인 경우도 많다. 소시지는 적은 재료로 수프를 만들기에 가장 좋은 재료이다.

재료(4인분)

무염버터 2큰술, 베이컨 100g(슬라이스), 양파 소2개(다지기), 마늘 2알(다지기), 커민가루 1~2작은술(기호에 따라), 파프리카가루 1작은술, 밀가루 1큰술, 닭 육수 또는 물+치킨 부이용 1250cc, 사보이 양배추 또는 일반 양배추 700g(슬라이스), 프랑크푸르트 소시지(가능하면 프랑크푸르터 부어스텐) 4~8개(1cm 두께로 썰기), 크렘 프레슈(장식) 4큰술, 이탈리안 파슬리 또는 차이브(장식) 적당량

만드는 법

❶ 냄비에 버터 1큰술을 달구어 베이컨을 넣고, 베이컨에서 충분한 기름이 나올 때까지 볶은 후 양파와 마늘을 넣고 양파가 투명해질 때까지 볶는다. ❷ 커민가루, 파프리카가루, 밀가루를 넣어 약불로 잘 섞는다. ❸ 육수를 넣어 끓인 다음, 양배추를 넣고 부드러워질 때까지 끓인다. ❹ 그 동안 버터 1큰술을 프라이팬에 달구어 소시지를 볶아둔다. ❺ 그릇에 소시지를 담고 그 위에 수프를 붓는다. 크렘 프레슈와 이탈리안 파슬리로 장식한다.

Geröstete Kurbissuppe

구운 호박으로 맛을 더한 가을겨울에 어울리는 수프

독일에는 가을이면 슈퍼마켓이나 파머스 마켓에 다양한 호박이 늘어선다. 정확히는 스쿼시이다. 호박도 스쿼시의 일종으로, 세계에는 스쿼시의 종류가 무수히 많고 색깔이나 맛도 다양하다. 독일에서도 스쿼시는 가을부터 겨울에 이르는 중요한 식재료이며, 스쿼시 수프는 추운 겨울에는 빠질 수 없다. 호박도 그렇지만, 스쿼시는 오븐에 구우면 맛이 몇 배 더 증가한다. 독일에서는 구운 스쿼시를 이용해 수프를 만드는 경우가 많이 있다. 스쿼시를 그대로 그릇에 담으면 식탁을 더욱 풍성하게 만든다.

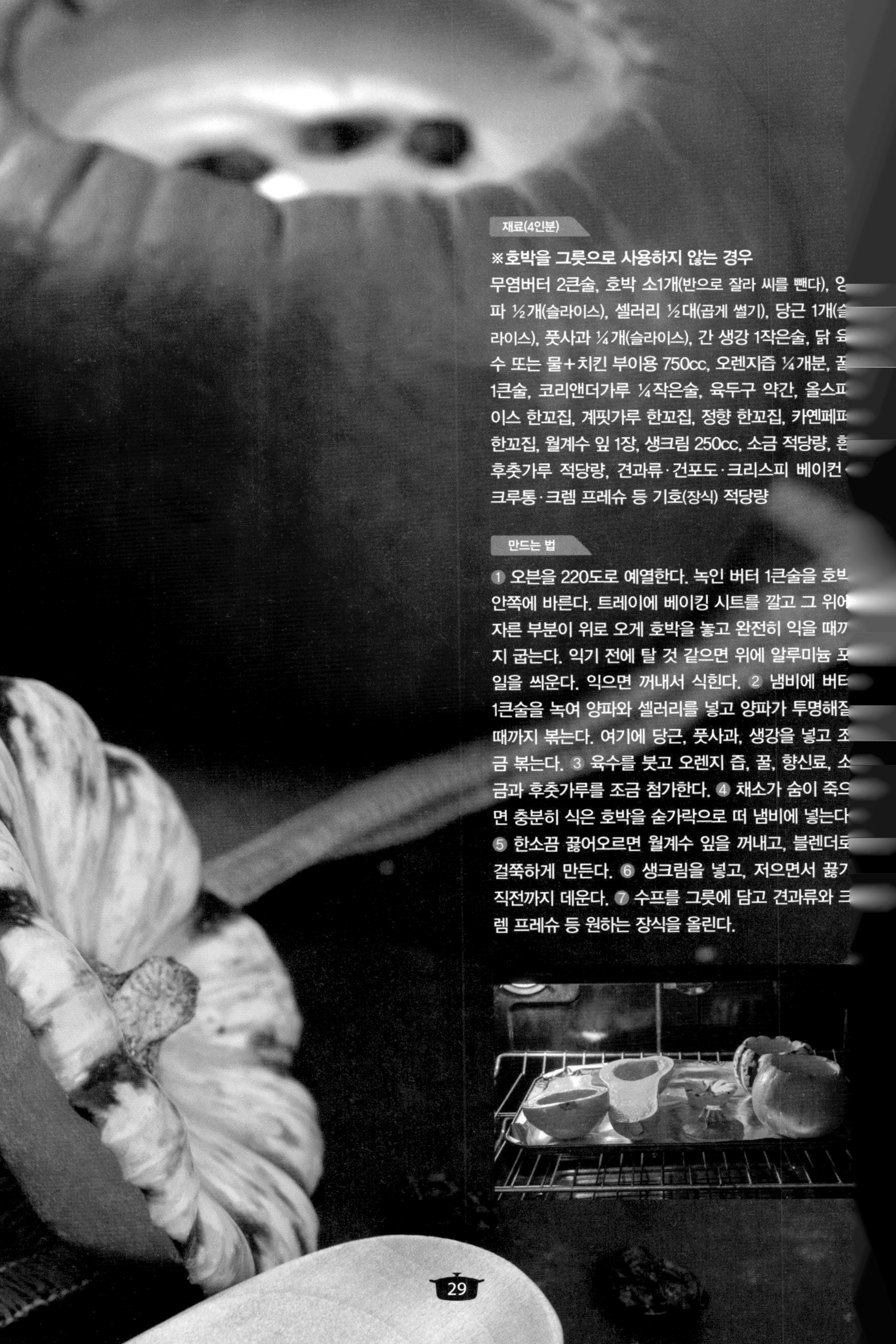

재료(4인분)

※호박을 그릇으로 사용하지 않는 경우

무염버터 2큰술, 호박 소1개(반으로 잘라 씨를 뺀다), 양파 ½개(슬라이스), 셀러리 ½대(곱게 썰기), 당근 1개(슬라이스), 풋사과 ¼개(슬라이스), 간 생강 1작은술, 닭 육수 또는 물+치킨 부이용 750cc, 오렌지즙 ¼개분, 꿀 1큰술, 코리앤더가루 ¼작은술, 육두구 약간, 올스파이스 한꼬집, 계핏가루 한꼬집, 정향 한꼬집, 카옌페퍼 한꼬집, 월계수 잎 1장, 생크림 250cc, 소금 적당량, 흰 후춧가루 적당량, 견과류·건포도·크리스피 베이컨·크루통·크렘 프레슈 등 기호(장식) 적당량

만드는 법

① 오븐을 220도로 예열한다. 녹인 버터 1큰술을 호박 안쪽에 바른다. 트레이에 베이킹 시트를 깔고 그 위에 자른 부분이 위로 오게 호박을 놓고 완전히 익을 때까지 굽는다. 익기 전에 탈 것 같으면 위에 알루미늄 포일을 씌운다. 익으면 꺼내서 식힌다. ② 냄비에 버터 1큰술을 녹여 양파와 셀러리를 넣고 양파가 투명해질 때까지 볶는다. 여기에 당근, 풋사과, 생강을 넣고 조금 볶는다. ③ 육수를 붓고 오렌지 즙, 꿀, 향신료, 소금과 후춧가루를 조금 첨가한다. ④ 채소가 숨이 죽으면 충분히 식은 호박을 숟가락으로 떠 냄비에 넣는다. ⑤ 한소끔 끓어오르면 월계수 잎을 꺼내고, 블렌더로 걸쭉하게 만든다. ⑥ 생크림을 넣고, 저으면서 끓기 직전까지 데운다. ⑦ 수프를 그릇에 담고 견과류와 크렘 프레슈 등 원하는 장식을 올린다.

독일

하이쎄 콜라비주페 Heiße Kohlrabisuppe

콜라비라고 불리는 달착지근한 채소를 이용한 수프

이 수프에 사용하는 콜라비는 언뜻 보면 뿌리채소 같지만 사실은 줄기여서 양배추 종류라는 것을 알고 놀랐다. 그러고 보니 같은 양배추 종류인 브로콜리 줄기를 굵게 둥글게 만들면 이렇게 되지 않을까 상상을 할 수도 있다. 지중해가 원산이지만, 콜라비라는 이름 자체가 독일어에서 온 것에서 알 수 있듯이 독일어권에서 인기 있는 채소이다. 생으로 먹어도 단맛이 나고, 삶으면 순무와 비슷한 식감과 맛이 난다. 하이쎄는 뜨겁다는 뜻인데 식혀도 맛있다.

재료(4~6인분)

무염버터 2큰술, 양파 소1개(다지기), 밀가루 1큰술, 닭이나 채소 육수 또는 물+부이용 1000cc, 콜라비(가능하면 잎사귀 포함) 2~3개(1cm 깍둑썰기, 잎은 잘게 썰기), 감자 대1개(1cm 깍둑썰기), 사워크림 또는 생크림 120cc, 소금·후춧가루 적당량, 호두(장식) 적당량(굵게 부수기), 이탈리안 파슬리(장식) 적당량(다지기)

만드는 법

① 냄비에 버터를 달구어 양파를 넣고 볶은 다음, 밀가루를 넣고 가루가 없어질 때까지 저어준다. ② 육수를 붓고 콜라비, 감자, 소금 1작은술, 후춧가루 한꼬집을 넣고 끓인 다음 약불로 채소가 부드러워질 때까지 끓인다. ③ 냄비의 내용물을 블렌더로 퓌레한 뒤 다시 불에 올려 사워크림을 넣고 끓지 않도록 데운 뒤, 소금과 후춧가루로 간을 맞춘다. ④ 수프를 그릇에 담고 호두와 이탈리안 파슬리로 장식한다.

프리타텐주페 Frittatensuppe

오스트리아

꽤 독특한 수프이지만, 꼭 먹어 보라고 말하고 싶다

레시피와 사진만 보면 맛이 형편없을 것 같은 요리가 있는데, 이 수프도 그중 하나다. 팬케이크나 크레페를 수프에 담가 먹는 독특한 요리다. 그런데 실제로 만들어보면, 레시피로 봤을 때보다 깜짝 놀라게 된다. 맛있다. 게다가 대단하다. 얇게 구운 팬케이크를 달걀지단처럼 썰어서 그릇에 담고 수프를 위에서부터 붓는다. 한 입만 먹어도 알 수 있다. 팬케이크에서 우러나온 달걀과 우유가 수프에 녹아들어 이탈리아의 밀 판티(p.76)에 맞먹는 훌륭한 맛을 낸다.

재료(4인분)

닭이나 소고기 육수 또는 물+부이용 1000cc, 밀가루 80g, 우유 250cc, 달걀 1개, 이탈리안 파슬리 1대(다지기), 샐러드유 적당량, 소금·후춧가루 적당량, 이탈리안 파슬리 또는 차이브(장식) 적당량(다지기)

만드는 법

❶ 육수를 끓이고 소금과 후춧가루로 간을 맞춘다. ❷ 밀가루를 볼에 담고 우유를 넣어 거품기로 섞은 다음 달걀, 이탈리안 파슬리, 소금을 넣고 잘 섞는다. ❸ 팬을 중불로 가열하여 소량의 기름을 두르고, ❷의 반죽 ¼을 부어 팬을 움직이면서 얇게 편다. ❹ 뒷면이 노릇노릇 익으면 뒤집어서 마찬가지로 익힌 후 통 모양으로 둥글게 만들어 접시에 담는다. 같은 요령으로 총 4장을 굽는다. ❺ ❹의 크레페를 둥글게 말아 달걀지단처럼 가늘게 자른다. ❻ 자른 크레페를 그릇에 담고 위에서 뜨거운 국물을 붓고 장식을 뿌린다.

오스트리아

그리스녹켈른주페 Grießnockerlsuppe

세몰리나 가루로 만든 덤플링이 들어간 소고기 수프

이 수프에 들어 있는 덤플링에는 세몰리나 가루가 사용된다. 파스타의 재료인 듀럼 가루나 세몰리나 가루 모두 듀럼밀이 원료이다. 차이점은 세몰리나 가루는 거칠고 듀럼 가루는 밀가루처럼 촘촘하다. 밀가루보다 글루텐, 단백질이 많아 반죽이 끈기 있다. 또한 세몰리나 가루의 덤플링은 반죽이 매우 부드러워서 예쁜 모양을 유지하며 조리하기에 신경이 쓰인다. 보글보글 끓는 물에 넣으면 산산조각이 나 버린다. 하지만 고생 끝에 보람이 있다고, 입안에서 사르르 녹는 폭신폭신한 식감이 일품이다.

재료(4인분)

무염버터 70g, 달걀 1개, 소금 ½작은술, 육두구 한꼬집, 세몰리나 가루 140g, 좋아하는 수프 2000cc, 이탈리안 파슬리(장식) 적당량(다지기)

만드는 법

❶ 버터를 볼에 넣고 거품기로 하얗게 될 때까지 휘핑한다. ❷ 달걀을 넣고 다시 휘핑해 잘 섞은 후 소금, 육두구, 세몰리나 가루를 넣고 주걱으로 섞는다. 이때 지나치게 섞지 않도록 주의한다. 다 섞으면 냉장고에서 30분간 재운다. ❸ 좋아하는 수프를 데우고, 다른 냄비에 충분한 물(재료 외)을 끓인다. ❹ ❷의 반죽을 숟가락 2개를 사용하여 바닥이 평평한 모양의 덤플링을 만들다. ❺ 물이 끓으면 약불로 줄여 소금(1큰술 정도)을 넣고 덤플링을 하나씩 넣어 10~15분 정도 익힌다. ❻ 덤플링을 각각의 그릇에 담아 국물을 붓고 이탈리안 파슬리를 뿌린다.

오스트리아

비너 에드아플주페 Wiener Erdäpfelsuppe

익숙한 감자 수프도 건조 포르치니 하나로 맛이 확 바뀐다

감자 수프라고 하면 독일이 유명하지만, 굳이 오스트리아의 감자 수프를 소개하는 데는 이유가 있다. 독일뿐만 아니라 감자 수프는 전 세계에 있다. 많고 많은 감자 수프 중에서 독특한 존재가 이 수프이다. 무엇이 다른가 하면 말린 버섯이 들어가는 점이다. 버섯은 이탈리아 요리에서도 자주 사용하는 포르치니. 말린 표고버섯과 마찬가지로 감칠맛이 더해진 말린 포르치니(그물버섯)가 감자 수프라고 하기에는 믿기지 않을 만큼 깊은 맛을 낸다. 비네거나 캐러웨이, 마조람 같은 허브가 들어가는 것도 독특하다.

재료(4인분)

무염버터 2큰술, 베이컨 50g(슬라이스), 양파 소1개(1cm 깍둑썰기), 마늘 1알(다지기), 뿌리채소(당근, 셀러리 뿌리, 파스닙, 터닙 등) 총 100g(1cm 깍둑썰기), 밀가루 2큰술, 소고기 육수 또는 물+비프 부이용 1000cc, 월계수 잎 1장, 마조람 ½작은술, 캐러웨이 씨 ½작은술, 말린 버섯(포르치니 등) 10g(물에 불리기), 감자 소2개(1cm 깍둑썰기), 생크림 또는 사워크림 100cc, 애플 사이더 비네거 1큰술, 소금·후춧가루 적당량, 이탈리안 파슬리(장식) 적당량

만드는 법

❶ 냄비에 버터를 달구어 베이컨의 기름이 충분히 나올 때까지 볶다가 양파와 마늘을 넣고 양파가 투명해질 때까지 볶는다. ❷ 뿌리채소를 넣고 살짝 볶은 후 약불로 줄여 밀가루를 넣고 가루가 없어질 때까지 섞는다. ❸ 거품기로 섞으면서 천천히 육수를 붓고, 응어리가 없는지 확인한 후 센 불로 끓인 다음 허브, 소금 1작은술, 후춧가루를 약간 첨가하여 채소가 부드러워질 때까지 중불로 끓인다. ❹ 불려놓은 버섯을 먹기 좋은 크기로 썰어 냄비에 넣고 버섯 담근 물을 120cc 냄비에 넣고 중불로 버섯을 익힌다. ❺ 감자를 넣어 익힌 다음, 생크림을 넣고 끓기 직전까지 데운다. ❻ 불을 끈 후 비네거를 넣고 소금과 후춧가루로 간을 맞춘다. ❼ 수프를 그릇에 담고 이탈리안 파슬리를 장식한다.

바테르조이 Waterzooi

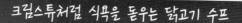

크림스튜처럼 식욕을 돋우는 닭고기 수프

브뤼셀 북서쪽에 위치한 벨기에 제3의 도시 헨트에는 레이에강, 스헬더강이 흐르며 이 강들에 서식하는 민물고기들을 사용하여 수프를 만든다. 이것이 바로 바테르조이다. 그러나 강이 오염되어 주재료가 생선에서 닭고기로 바뀌면서 지금은 닭고기를 사용하는 것이 일반적이다. 바테르조이는 버터, 생크림, 달걀을 사용한 크리미한 수프이지만 밀가루로 걸쭉하게 만들어 수프라기보다는 스튜에 가깝다. 채썬 채소가 듬뿍 들어가 색상도 아름답다.

재료(4인분)

닭고기 1kg(한입 크기로 썰기), 양파 1개(1cm 깍둑썰기), 리크 또는 대파 2대(녹색 부분은 자르고 흰 부분은 길이 5cm 정도 채썰기), 셀러리 3대(2대는 반, 1대는 세로로 채썰기), 백리향 3개, 월계수 잎 1장, 물 1500cc, 감자 2개(2cm 깍둑썰기), 당근 1개(채썰기), 무염버터 2큰술, 밀가루 2큰술, 생크림 120cc, 달걀노른자 1개분, 소금·흰 후춧가루 적당량, 이탈리안 파슬리(장식) 적당량(다지기)

만드는 법

❶ 닭고기, 양파, 리크의 녹색 부분, 절반으로 자른 셀러리 2대, 백리향, 월계수 잎을 냄비에 넣고 물을 부어서 끓인 후 고기가 익을 때까지 중불로 푹 삶는다. ❷ 닭고기를 꺼내 인원수대로 자르고 나머지를 체로 걸러 수프를 만든다. 고기는 알루미늄 포일에 싸서 식지 않도록 한다. ❸ 수프를 냄비에 다시 붓고 감자를 넣어 부드러워질 때까지 익힌 후 꺼낸다. 채썬 리크와 셀러리, 당근을 넣고 부드러워질 때까지 끓인 다음 체에 거른다. 감자와 다른 채소를 나눠 접시 등에 놓고 식지 않도록 알루미늄 포일 등으로 씌워둔다. 수프는 그릇에 담고 냄비는 씻어 놓는다. ❹ 씻은 냄비에 버터를 녹여 밀가루를 넣고 가루가 완전히 버터와 섞일 때까지 주걱 등으로 섞는다. ❸의 수프를 조금씩 부으면서 거품기 등으로 저어 루를 만든다. ❺ 나머지 수프도 냄비에 넣고 끓인다. ❻ 생크림과 달걀노른자를 볼에 넣고 잘 섞는다. 냄비의 불을 끄고, 거품기로 저으면서 생크림과 달걀노른자 믹스를 조금씩 넣는다. 소금과 후춧가루로 간을 맞춘다. ❼ 감자 이외의 채소를 냄비에 다시 넣고, 끓어오르지 않도록 주의하면서 수프를 데운다. ❽ 그릇 가운데에 고기를 놓고, 주위에 감자를 놓은 다음 위에서 수프를 붓는다. 삶은 리크, 셀러리, 당근과 이탈리안 파슬리를 뿌린다.

룩셈부르크의 국민음식은 껍질콩 수프

본느슐루프는 룩셈부르크의 국민요리라고 불리는 껍질콩이 많이 들어간 채소 수프이다. 재료로 소시지를 사용하는 경우, 통째로 수프에 넣든 잘라 넣든 졸이면 소시지의 맛이 국물에 녹아난다. 하지만 이 수프의 경우는, 마무리로 구운 소시지를 올린다. 그래서 생크림이 들어가 있어도 국물 자체는 담백하다. 껍질콩은 다른 채소와 함께 끓이는데, 선명한 녹색을 원한다면 다른 채소를 넣고 난 다음에 첨가하면 좋다.

재료(4인분)

무염버터 2큰술, 양파 1개(1cm 깍둑썰기), 리크 또는 대파 ½대(곱게 썰기), 닭이나 채소 육수 또는 물+부이용 1000cc, 셀러리(뿌리 셀러리) 1대(1cm 깍둑썰기, 없으면 셀러리 2대를 1cm 폭으로 자르기), 껍질콩 40개(2cm 폭으로 자르기), 감자 2개(1½은 1cm 깍둑썰기, 나머지 반은 갈기), 생크림 250cc, 소금·후춧가루 적당량, 베이컨(장식) 4장(1cm 각썰기), 소시지(장식) 1개(1cm 깍둑썰기)

만드는 법

❶ 냄비에 버터를 달구어 양파, 리크를 넣고 양파가 투명해질 때까지 볶는다. ❷ 육수를 넣고 끓이다가 셀러리 뿌리, 껍질콩, 감자(깍둑썰기, 간 것 모두)를 추가하여 약불에서 채소가 부드러워질 때까지 끓인다. 그 사이에 베이컨과 소시지를 굽는다. ❸ 생크림을 넣고 소금과 후춧가루로 간을 한 뒤 저으면서 끓지 않도록 수프를 데운다. ❹ 수프를 접시에 담고, 베이컨과 소시지를 위에 올린다.

스네트 Snert

네덜란드

삶은 완두콩과 채소를 퓌레로 만든 영양 만점 수프

완두콩은 세계에서 가장 많이 먹는 콩 중 하나이다. 생이나 냉동은 물론 말린 스플릿 콩은 유럽과 중동, 남아시아에서 수프 재료로 자주 등장한다. 실제로는 초록색뿐만 아니라 노란색도 있고 역시 국물에 쓰인다. 스네트 역시 스플릿 콩이 주재료인 걸쭉한 수프이다. 다른 콩 수프와는 달리 당근, 감자, 셀러리 뿌리 같은 채소가 들어가고, 익으면 전부 함께 블렌더에 가는 점이 특이하다. 네덜란드에서는 호밀빵이나 베이컨을 함께 제공하는 경우가 많다.

재료(4인분)

닭이나 채소 육수 또는 물+부이용 1000cc, 완두콩(또는 녹색 렌틸콩) 250g(충분한 물에 하룻밤 불리기), 베이컨 100g, 폭찹 또는 스페어리브 200g, 월계수 잎 1장, 셀러리 뿌리 1대(1cm 깍둑썰기. 없으면 셀러리 1대(1cm 폭)), 감자 소2개(1cm 깍둑썰기), 당근 1개(1cm 깍둑썰기), 양파 1개(1cm 깍둑썰기), 리크 1개(곱게 썰기), 소시지(가능하면 스모크 소시지) 150g, 소금·후춧가루 적당량, 셀러리 잎 또는 이탈리안 파슬리(장식) 적당량(다지기)

만드는 법

❶ 육수를 냄비에 붓고 콩, 베이컨, 고기, 월계수 잎을 넣고 끓이다가 약불로 고기와 콩이 부드러워질 때까지 끓인다. ❷ 고기를 꺼내 식히고 먹기 좋은 크기로 썬다. ❸ 셀러리 뿌리, 감자, 당근, 양파, 리크, 소시지를 넣고 채소가 익을 때까지 중불에서 끓인다. ❹ 베이컨과 소시지를 꺼내 먹기 편한 크기로 썬다. ❺ 부드러운 수프를 원한다면 이 시점에서 블렌더로 간다. ❻ 고기와 베이컨을 냄비에 다시 넣고, 소금과 후춧가루로 간을 맞춘 후 한소끔 끓인다. ❼ 수프를 그릇에 담고 소시지, 셀러리 잎으로 장식하다.

네덜란드

머스터드 수프 Mosterdsoep

머스터드가 들어간 의외로 먹기 좋은 네덜란드 수프

머스터드라고 하면 핫도그나 포토푀에 바르거나 찍어 먹는 것이지 수프의 재료가 된다고는 생각하지 않는다. 하지만 네덜란드에는 있다. 베이컨의 지방을 미리 간을 하고 양파, 마늘 등으로 채소의 단맛을 더한다. 또한 생크림으로 감칠맛을 더해 부드러운 맛이 배가된다. 이렇게 설명하면, 병 안의 머스터드를 스푼으로 떠내어 수프에 듬뿍 넣는다는 상상 밖의 행위가 뒤따른다. 하지만 이것이 꽤 맛있어서, 머스터드의 신맛과 향신료의 매운맛이 생크림, 채소로 완화되어 먹기 좋은 맛으로 완성된다.

재료(4인분)

무염버터 1큰술, 베이컨 100g(잘게 썰기), 양파 2개(다지기), 마늘 1알(다지기), 밀가루 2큰술, 닭이나 채소 육수 또는 물+부이용 800cc, 리크 또는 대파 1대(잘게 썰기), 알갱이가 없는 부드러운 머스터드 2큰술, 씨겨자 1큰술, 생크림 200cc, 소금·후춧가루 적당량, 이탈리안 파슬리(장식) 적당량(다지기)

만드는 법

1 냄비에 버터를 달구어 베이컨을 넣고 기름이 날 때까지 볶은 다음, 양파와 마늘을 넣고 양파가 투명해질 때까지 볶는다. 2 밀가루를 첨가하여 가루가 없어질 때까지 섞어준 다음 육수를 조금씩 더해 늘인다. 3 끓어오르면 리크, 2종류의 머스터드를 넣고 잘 섞어 중불로 리크가 부드러워질 때까지 끓인다. 4 생크림을 넣고 섞으면서 끓기 직전까지 데운 후, 소금과 후춧가루로 간을 맞춘다. 5 수프를 그릇에 담고 이탈리안 파슬리를 뿌린다.

스위스

뷘드너 게르슈텐수페 Bündner Gerstensuppe

겨울에 제격인 몸속까지 따뜻해지는 스위스 알프스 보리 수프

스위스의 동쪽에 위치한 그라우뷘덴주는 높은 산과 깊은 계곡으로 둘러싸여 자연이 풍요로울 뿐만 아니라 중세의 성과 성터가 곳곳에 자리한 아름다운 곳이다. 이 지역 특산물은 뷘드너플라이쉬*라고 불리는 육포인데, 이 수프의 맛을 결정하는 빼놓을 수 없는 재료이다. 그러나 구하기 어려우니 이와 비슷한 이탈리아의 브레사올라나 베이컨을 사용하면 된다. 본래의 맛과는 다르겠지만 적어도 수프의 향은 맛볼 수 있다. 그래도 이 수프의 주역은 고기가 아니라 보리이므로, 보리가 만들어내는 걸쭉함과 식감이 추운 겨울에 아주 잘 어울린다.

*뷘드너플라이쉬(Bündnerfleisch) : 소금과 향신료를 발라 공기 중에 건조시킨 고기를 얇게 썬 요리

재료(4인분)

무염버터 2큰술, 양파 ½개(다지기), 뷘드너플라이쉬 또는 브레사올라(없으면 베이컨) 50g(작게 깍둑썰기), 리크 또는 대파 1대(잘게 썰기), 셀러리 1대(곱게 썰기), 소고기 육수 또는 물+비프 부이용 1500cc, 보리 60g, 당근 1개(작게 깍둑썰기), 감자 2개(작게 깍둑썰기) 생크림 3큰술, 소금·후춧가루 적당량, 차이브(장식) 적당량(0.5~1cm 길이로 썰기)

만드는 법

❶ 냄비에 버터를 달구어 양파를 넣고 투명해질 때까지 볶은 다음, 뷘드너플라이쉬를 넣고 몇 분 볶는다. ❷ 리크와 셀러리를 넣고 숨이 죽을 때까지 볶은 다음 육수를 넣고 끓이다가 보리를 넣고 약불로 거의 익을 때까지 끓인다. ❸ 당근, 감자를 넣고 익으면 생크림을 더하여 한소끔 끓이고 소금과 후춧가루로 간을 맞춘다. ❹ 수프를 그릇에 담고 차이브를 뿌린다.

카토펠수페 Kartoffelsuppe

향기로운 알프스 치즈가 맛을 돋우는 스위스 감자수프

스위스의 남쪽에 늘어선 알프스는 세계 유수의 치즈 산지이다. 대표적인 것이 그뤼에르 치즈다. 카토펠수페는 크리미한 감자 수프에 달콤하고 견과류 풍미가 매력인 알프스의 치즈를 더해 진한 맛과 향이 일품인 수프이다. 기본적으로는 생크림과 감자로 만든 포타주인데, 마무리로 치즈를 뿌리기만 했는데 색다른 매력의 수프이다. 치즈로는 레티바라고 불리는 하드치즈가 주로 사용되지만, 구할 수 없다면 그뤼에르 치즈를 사용하도록 한다.

재료(4인분)

무염버터 1큰술, 에샬롯 1개(굵게 다지기), 감자 400g(1cm 깍둑썰기), 당근 1개(1cm 깍둑썰기), 화이트와인 80cc, 채소 육수 1500cc, 소시지 2개(1cm 두께로 썰기), 밀가루 1큰술, 생크림 60cc, 마조람 ½작은술, 육두구 한꼬집, 소금·후춧가루 적당량, 레티바 또는 그뤼에르 치즈(장식) 적당량(가늘게 갈거나 슬라이스), 이탈리안 파슬리(장식) 적당량(다지기)

만드는 법

① 냄비에 버터를 달구고 에샬롯을 넣어 투명해질 때까지 볶는다. ② 채소, 소금과 후춧가루를 약간 넣어 살짝 볶은 다음, 화이트와인을 넣고 섞으면서 와인을 어느 정도 증발시킨다. ③ 육수를 붓고 끓으면 소시지를 넣고 채소가 부드러워질 때까지 약불로 끓인다. ④ 밀가루를 생크림에 풀고 허브와 향신료를 넣어 약불에서 10분 정도 끓인다. ⑤ 소금과 후춧가루로 간을 맞춘 다음 그릇에 담고 치즈와 이탈리안 파슬리를 뿌린다.

벨루테 드 샤테뉴 Velouté de Châtaignes

프랑스

가을의 정취를 물씬 느낄 수 있는 밤 비스크

군밤, 밤밥, 몽블랑 등 밤을 이용한 요리나 디저트가 슈퍼마켓에 진열되거나 식탁에 올려지면 가을이 왔음을 느낀다. 유럽의 여러 국가에서도 가을에 밤 요리는 필수이다. 이 수프는 밤을 듬뿍 사용한 비스크, 크림 베이스의 수프다. 이 수프에는 삶은 밤이 아닌 군밤을 사용한다. 군고구마와 마찬가지로 밤도 구우면 맛이 응축된다. 좋은 맛이 더해진 군밤이 이 수프의 주역이다. 또한 코냑 향이 밤맛을 배가시킨다. 벨루테라는 이름에 걸맞는 베르베트처럼 부드러운 수프이다.

재료(4인분)

무염버터 2큰술, 양파 1개(슬라이스), 당근 1개(슬라이스), 셀러리 1대(슬라이스), 리크 또는 대파 10cm(슬라이스), 코냑 또는 브랜디(기호에 따라) 60cc, 닭 육수 또는 물+치킨 부이용 1개 1000cc, 구운 밤 400g(잘게 다지기, 장식용으로 2개는 남겨둔다), 육두구 ½작은술, 생크림 또는 크렘 프레슈 360cc, 소금·후춧가루 적당량, 크렘 프레슈(장식) 적당량

만드는 법

❶ 냄비에 버터를 달궈 양파, 당근, 셀러리, 리크를 넣고 소금, 후춧가루를 뿌린 후 양파가 투명해질 때까지 볶는다. ❷ 코냑을 붓고 잘 섞으면서 코냑이 증발할 때까지 볶는다. ❸ 육수, 밤, 육두구를 넣고 끓인 후 약불로 30분 정도 익힌다. ❹ 불을 끄고 식으면 블렌더로 퓌레한다. 체 등으로 걸러서 덩어리가 남지 않도록 주걱 등으로 으깨면서 거른다. ❺ 수프를 냄비에 다시 붓고 생크림을 첨가한 후 중불에서 주걱 등으로 섞으면서 끓기 직전까지 데운다. 소금과 후춧가루로 간을 맞춘다. ❻ 수프를 그릇에 담고 크렘 프레슈, 다진 밤을 올린다.

프랑스

부야베스 Bouillabaisse

세 가지 이상의 생선이 필수인 대표 해산물 수프

프랑스 요리라고 하면 고급스러운 느낌이 든다. 부야베스도 마찬가지다. 그러나 프랑스의 레시피를 보면 그런 이미지는 사라진다. 가끔 홍합 등이 들어 있는 레시피가 눈에 띄지만 바닷가재나 각종 해산물이 풍성한 부야베스는 거의 없다. 재료는 생선뿐, 그것도 근해에서 잡은 뼈 있는 물고기가 대부분이다. 부야베스는 원래 어부들이 먹던 음식인데, 팔리지 않은 생선을 사용해 만든 것이 시초이다. 프랑스에서는 수프와 끓인 해산물이나 채소를 각각 다른 그릇에 담아 빵과 루이유라는 소스와 함께 식탁에 오른다.

재료(4인분)

올리브유 2큰술, 양파 1개(슬라이스), 마늘 2알(슬라이스), 리크 또는 대파 1대(곱게 썰기) 토마토 2개(1cm 깍둑썰기), 토마토 페이스트 1큰술, 펜넬 벌브(알뿌리) ½개(굵게 채썰기), 당근 소1개(굵게 슬라이스), 화이트와인 250cc, 파스티스(프랑스 리큐어) 1큰술, 생선 육수 또는 물 1200cc, 사프란 한꼬집, 월계수 잎 1장, 오렌지 껍질 2×3cm 크기 3장, 감자 3개(두툼하게 슬라이스), 흰살생선(어떤 것이든 가능. 점감펭·아귀·성대 등 3종 이상. 작은 것은 그대로, 큰 것은 토막내기) 1~1.5kg, 소금·후춧가루 적당량

※생선 머리나 뼈로 육수를 만드는 게 최선이지만 물만으로도 충분하므로 여기서는 간단한 방법을 사용했다.

루이유

바게트 30g, 칠리페퍼 2개(꼭지와 씨앗을 따고 곱게 썰기), 마늘 4알, 사프란 한꼬집, 달걀노른자 1개분, 올리브유 250cc, 소금 적당량, 흰 후춧가루 적당량

만드는 법

❶ 루이유를 먼저 만들어 놓는다. 바게트를(재료 외) 물에 적셔 불린 다음 수분을 짜둔다. ❷ 짠 바게트, 칠리페퍼, 마늘, 사프란을 절구 등을 이용해 퓌레로 만든다. 볼에 퓌레와 달걀노른자를 넣고 노른자가 하얗게 변할 때까지 휘핑한다. ❸ 올리브유을 넣고 다시 휘핑하여 마요네즈 상태가 되면 소금과 후춧가루로 간을 맞춘다. ❹ 수프를 만든다. 냄비에 올리브유를 달구고 양파를 넣어 투명해질 때까지 볶다가 마늘, 리크를 넣고 리크가 숨이 죽을 때까지 볶는다. ❺ 토마토, 토마토 페이스트, 펜넬 벌브, 당근을 넣고 2분 정도 볶은 후 화이트와인, 파스티스를 넣고 화이트와인이 증발할 때까지 익힌다. ❻ 육수 또는 물을 붓고 사프란, 월계수 잎, 오렌지 껍질, 소금 2작은술, 후춧가루 한꼬집을 넣어 끓인 다음 감자를 넣는다. ❼ 수프의 온도가 내려가지 않도록 생선을 여러 번 나누어 넣고 감자와 생선이 익을 때까지 중불로 익힌다. 소금과 후춧가루로 간을 맞춘다. ❽ 수프를 체 등으로 거른 후 그릇에 담고 생선, 채소는 다른 그릇에 담아 루이유, 바게트와 함께 제공한다.

프랑스

수프 알 로뇽 Soupe à L'oignon

캐러멜처럼 만든 양파의 달콤함을 참을 수 없다

많은 양의 양파를 버터로 천천히 볶으면서 캐러멜처럼 만들어 양파의 달콤함을 충분히 끌어낸 이 수프는 세계적으로 알려진 프랑스를 대표하는 수프이다. 다른 예와 마찬가지로 저렴한 가격에 구할 수 있는 양파를 이용한 서민들의 수프였다. 차츰 변하면서 치즈를 얹은 바게트 슬라이스가 올라가는 현재의 양파 수프가 되었다. 프랑스의 양파 수프는 그라탕의 일종으로 그라타네 파리장 등으로 불리기도 한다. 즉 오븐으로 눌은 자국을 내는 것이 필수이다.

재료(4인분)

무염버터 4큰술, 양파 4개(얇게 슬라이스) 밀가루 2큰술, 비프 또는 닭 육수 또는 물+부이용 1500cc, 부케가르니 1다발, 딱딱해진 바게트 또는 컨트리브레드 4장(1cm 두께로 슬라이스, 그릇이 찰 정도의 크기. 갓 구운 빵을 사용할 때는 가볍게 토스트한다), 그뤼에르·에멘탈 또는 콩테치즈 200g(잘게 갈기), 소금·후춧가루 적당량

만드는 법

❶ 냄비에 버터를 달구어 양파를 넣고 양파가 옅은 갈색으로 될 때까지 약불로 30분 정도 볶는다. ❷ 밀가루를 넣어 가루가 없어질 때까지 섞고 육수, 부케가르니, 소금과 후춧가루를 약간을 넣고 끓이다가 약불에서 30분 정도 끓인다. ❸ 끓이는 동안 오븐을 고온으로 예열해둔다. ❹ 수프를 각각의 그릇에 담고 치즈를 조금 넣고 빵을 올린 다음 수프가 완전히 가려질 정도로 치즈를 듬뿍 얹는다. 오븐에서 치즈가 완전히 녹아 전체적으로 눌어붙을 때까지 굽는다.

프랑스

콩소메 Consommé

채썬 채소 등 건더기는 심플하게, 국물 자체의 맛을 즐긴다

맑은 콩소메는 가장 세련된 수프 중 하나이다. 직접 만들기가 어려울 것 같지만 서두르지 않고 시간을 들인다면 누구나 본격적인 홈 메이드 콩소메를 만들 수 있다. 필요한 재료는 기본이 되는 스톡(닭뼈와 채소로 만든 수프), 미르포아(채소, 허브, 다진 고기, 달걀흰자를 섞은 것), 기본적으로는 이것뿐이다. 포인트는 달걀흰자이고, 이 단백질이 침전물, 잿물 등을 빨아들이는 역할을 한다. 침전물 등은 채소와 함께 떠올라 부유층(raft)을 형성한다. 이로 인해 국물은 맑고 깊은 맛이 더해진다.

재료(4~6인분)

달걀흰자 4개분, 다진 닭고기 200g, 양파 1개(슬라이스), 당근 1개(슬라이스 또는 두께 1~2mm, 길이 4~5cm 채썰기), 셀러리 1대(잘게 썰거나 두께 1~2mm, 길이 4~5cm 채썰기), 백리향 1대, 통후추 1작은술(간 것), 월계수 잎 1장, 닭 육수 1500cc, 소금 적당량, 당근(장식) ¼개(채썰어서 살짝 데치기), 셀러리(장식) ½대(채썰어서 살짝 데치기)

※폭이 좁고 깊이가 깊은 냄비를 사용한다.

만드는 법

① 달걀흰자를 큰 그릇에 넣고 거품기로 풀어둔다. ② 다진 고기, 양파, 당근, 셀러리, 백리향, 후춧가루, 월계수 잎을 넣고 잘 섞는다. 채소, 다진 고기 순으로 푸드 프로세서로 다져도 된다. 이 경우, 허브와 후춧가루는 냄비에 옮길 때 넣는다. ③ 냄비에 식은 육수를 따르고 ❷를 넣어 불에 올려 잘 섞은 다음, 중불에서 달걀흰자가 바닥에 들러붙지 않도록 나무 주걱으로 부드럽게 저으며 따뜻하게 데운다. ④ 온도가 약 50도가 되어 재료가 표면에 떠올라 부유층이 생기기 시작하면 섞지 말고, 끓으면 약불로 45~60분 끓인다. ⑤ 다른 냄비에 체를 놓고 그 위에 거름 천을 얹어 놓는다. ⑥ 국자로 부유층에 수프를 떠넣을 수 있을 정도의 구멍을 뚫어 다른 부분의 부유층이 망가지지 않도록 조심히 부유층 아래의 맑은 국물을 떠서 거름 천 위에 붓고 거른다. ⑦ 소금으로 수프 간을 맞춘 다음 그릇에 당근, 셀러리를 장식하고 그 위에 수프를 담는다.

포토푀 Pot-au-Feu

프랑스

여러 종류의 고기 부위와 채소를 듬뿍 넣은 프랑스 가정식 요리

우리나라에도 잘 알려진 포토푀는 원조 프랑스와는 상당히 다르다. 재료는 소고기뿐 아니라 여러 종류의 부위가 사용된다. 그중에서도 빼놓을 수 없는 것이 골수가 든 소뼈다. 이것이 수프 맛의 베이스가 된다. 만드는 방법도 조금 다르다. 감자는 함께 삶지 않는다. 함께 요리하면 으깨져서 수프가 탁해지기 때문이다. 제공 방법도 다르다. 수프와 건더기는 따로 제공하고 사골 골수는 버터 대신 빵에 발라 먹는다. 옛날에는 샤브롤(Chabrol)이라는 수프에 레드와인를 넣어 마시는 습관이 있었다. 지금도 그 풍습은 일부 남아 있다. 수프는 파스타나 밥 요리에도 사용된다.

재료(4~6인분)

소고기 덩어리(가능하면 지방이 많은 것, 적은 것, 뼈가 붙은 것) 1.2kg, 소뼈 1~2개(폭 2~3cm), 양파 1개, 정향 3알, 물 6000~8000cc, 부케가르니 1다발, 통후추 10알, 소금 적당량, 터닙 또는 순무 소4개, 당근 4개, 감자 대2개 또는 소4개, 양배추 절반(2등분), 리크 또는 대파 1대(길이 10cm로 자르기), 코르니숑(프랑스 피클 오이) 적당량, 디종 머스터드 적당량

만드는 법

❶ 고기가 흐트러지지 않게 끈으로 묶는다. 양파에 정향을 꽂아둔다. ❷ 냄비에 물을 붓고 고기, 양파, 부케가르니, 후춧가루, 소금을 넣고 고기가 익을 때까지 약불로 끓인다. ❸ 감자를 다른 냄비에 넣고 감자가 잠길 정도의 수프를 ❷ 냄비에서 덜어 붓고 익을 때까지 끓인다. ❹ ❷의 냄비에 터닙과 당근을 넣고 채소가 익을 때까지 끓인다. 또한 양배추, 리크를 넣고 끓여 숨이 죽으면 소금으로 간을 한다. ❺ 고기를 슬라이스하고 채소와 ❸의 감자와 함께 담아 코르니숑과 머스터드를 곁들인다.

프랑스

라구 Ragout

추운 겨울에 온기를 주는 프랑스 가정의 고기&채소 조림

라구는 고기와 채소를 약불에서 시간을 들여 요리한 조림 요리이다. 수프가 아니라 스튜라고도 하지만 밀가루 등으로 걸쭉함을 내는 것은 아니다. 원래는 버섯, 각종 채소, 소고기 또는 양고기가 재료로 사용된다. 이만큼의 재료를 일반인은 구하지 못했기에 라구를 맛볼 수 있는 것은 부유층에 한정되어 있었다. 지금은 프랑스의 가정식 요리로 사랑받으며 소고기뿐 아니라 닭고기, 양고기, 해산물 등 다양한 라구가 존재한다. 채소만 끓인 라구도 있다. 이탈리아에도 라구가 있지만, 이것은 파스타용 소스이다.

재료(4인분)

올리브유 2큰술, 소고기(스튜용) 800g, 양파 대1개(1cm 사각썰기), 마늘 2알(다지기), 셀러리 2대(1cm 폭으로 썰기), 당근 1개(난도질), 백리향 1작은술, 월계수 잎 1장, 소고기 육수 또는 물+비프 부이용 500cc, 물 500cc, 레드와인 100cc, 감자 3개(4등분), 소금·후춧가루 적당량, 이탈리안 파슬리(장식) 적당량(다지기)

만드는 법

① 냄비에 올리브유를 두르고 소고기를 넣어 겉이 눋도록 구운 후 양파, 마늘을 넣고 양파가 투명해질 때까지 볶는다. ② 셀러리와 당근을 넣어 가볍게 섞고 백리향, 월계수 잎, 소금 1작은술, 후춧가루 한꼬집을 넣고 육수, 물, 레드와인을 더해 끓인다. ③ 고기가 거의 익으면 감자를 넣고 감자가 익을 때까지 약불로 끓인다. 소금과 후춧가루로 간을 한다. ④ 스튜를 그릇에 담고 이탈리안 파슬리를 뿌린다.

라타투이 Ratatouille

프랑스

채소를 좋아하는 사람이면 얼마든지 먹을 수 있는 채소 스튜

우리나라에도 잘 알려진 라타투이가 왜 등장하는지 놀라는 사람이 있을지도 모르겠다. 수분이 적은 채소로만 만든 요리이지만, 라타투이는 어엿한 스튜다. 종류는 많지만 기본적으로 채소를 그냥 졸이기만 할 뿐이므로 간단할 것 같지만 원래는 번거로운 요리다. 아마도 각 재료의 개성을 살리기 위해 귀찮더라도 재료를 따로따로 소테해서 함께 삶는다. 그러나 최근에는 프랑스에서도 한꺼번에 요리하는 경우가 많은 것 같다. 채소를 맛있고 듬뿍 먹을 거라면 라타투이가 최고다. 식어도 샐러드처럼 먹을 수 있고, 남은 라타투이로 파스타를 만들어도 맛있다.

재료(4인분)

올리브유 2큰술, 양파 소2개(1cm 사각썰기), 마늘 3알(거칠게 다지기), 피망 1개(1cm 사각썰기), 빨강 파프리카 1개(1cm 사각썰기), 토마토 3개(2개는 얇게 슬라이스, 1개는 1cm 깍둑썰기), 토마토 퓌레 2큰술, 오레가노 ¼작은술, 바질 잎 4장, 이탈리안 파슬리 10대, 씨 없는 블랙 올리브 10개(거칠게 다지기), 가지 2개(얇게 슬라이스), 주키니 1개(얇게 슬라이스), 옐로 스쿼시 1개(얇게 슬라이스), 어브 드 프로방스(프로방스풍 허브 믹스) ½작은술, 소금·후춧가루 적당량

만드는 법

❶ 가지, 주키니, 스쿼시를 자른 후 자투리는 남겨둔다. ❷ 냄비에 올리브유를 두르고 양파와 마늘을 넣어 중불에서 양파가 투명해질 때까지 볶는다. ❸ 피망과 빨강 파프리카를 넣어 가볍게 섞고 토마토, 토마토 퓌레, 소금 1작은술, 후춧가루 한꼬집, 오레가노, 바질, ❶의 자투리를 넣어 채소에서 충분한 수분이 나올 때까지 볶는다. 수분이 부족하면 물을 반 컵 정도 넣는다. 이것이 소스가 된다. ❹ 오븐을 180도로 예열한다. ❺ 슬라이스 가지, 주키니, 스쿼시를 소스 위에 나열하고 이탈리안 파슬리, 올리브와 어브 드 프로방스, 소금과 후춧가루 약간을 전체에 뿌린다. ❻ 냄비를 오븐에 넣어 1시간 정도 굽는다. 채소를 태우지 않으려면 뚜껑을 덮는다. ❼ 보통은 뜨거운 상태로 제공하지만 식혀서 먹어도 좋다.

비시수아즈 Vichyssoise

프랑스

맛있고 쉽게 만들 수 있는 시원한 여름 감자 수프

프랑스어 이름(비시풍의 찬 크림 수프라는 뜻)을 가진 수프의 기원은 명확지 않다. 미국의 유명 요리사 줄리아 차일드는 미국이 기원이라고 말한다. 1917년 맨해튼 리츠칼튼 호텔 요리사였던 루이 디아(Louis Diat)는 어린 시절에 먹었던 따뜻한 감자 수프를 차게 해서 메뉴에 올렸다. 프랑스 비시는 디어가 태어난 고향이다. 이것이 이 수프의 기원인지는 확실하지 않다. 다만 미국 설을 주장하는 차일드의 레시피가 인기를 끌기 시작한 것만은 확실하다. 기원은 차치하고 세계적으로 알려진 수프인 것에는 변함이 없다.

재료(4인분)

무염버터 2큰술, 리크 또는 대파(흰 부분만) 1대(곱게 썰기), 감자 2개(얇게 슬라이스), 닭 육수 또는 물+치킨 부이용 1000cc, 생크림 100cc, 소금 적당량, 흰 후춧가루 적당량, 차이브(장식) 적당량(곱게 썰거나 조금 길게 자르기), 생크림(장식) 적당량

만드는 법

❶ 냄비에 버터를 두르고 리크를 넣어 숨이 죽을 때까지 볶은 후 감자를 더해 섞는다. ❷ 육수, 소금 1작은술, 흰 후춧가루 한꼬집을 추가해서 끓인 후 약불로 20분 정도 더 끓인다. ❸ 냄비의 내용물과 생크림을 믹서에 넣어 퓌레하고 볼에 덜어 소금과 후춧가루로 간을 한다. ❹ 실온에서 랩을 씌워 냉장고에서 식힌다. ❺ 수프를 그릇에 담고 차이브를 뿌리고 생크림을 조금 얹는다. 사진처럼 휘핑 생크림에 향신료를 뿌려 수프 위에 올려도 좋다.

수프 드 토마토 Soupe de Tomates

프랑스

부드럽지만 볼륨감 있는 아름다운 오렌지색 수프

토마토 수프는 전 세계 어디에나 있다. 형태가 남아 있는 것, 포타주, 비스크 등 방식에 차이는 있지만 토마토는 수프를 만드는 데 가장 중요한 재료 중 하나다. 이 수프는 블렌더나 체에 걸려서 부드럽게 한 비스크다. 크렘 프레슈로 토마토의 신맛을 억제하여 부드러운 맛의 촉감이 좋은 수프로 마무리한다. 본래 선 드라이 토마토를 추가하는 것은 아니지만, 최근 토마토는 토마토 고유의 맛이 옅어진 것만은 확실하다. 이것은 프랑스에서도 마찬가지이다. 이를 보충해서 맛에 깊이를 더하기 위해 말린 토마토(sundry tomato)를 추가한다고 생각해도 좋을 것이다.

재료(4인분)

올리브유 1큰술, 양파 1개(슬라이스), 마늘 2알(다지기), 감자 소1개(슬라이스), 토마토 500g(1cm 깍둑썰기), 토마토 페이스트 1큰술, 오일에 절인 말린 토마토(없으면 토마토 300g 증량) 6개, 닭 또는 채소 육수나 물+부이용 750cc, 바질 잎 1장, 크렘 프레슈 60cc, 소금·후춧가루 적당량, 크렘 프레슈(장식) 적당량, 바질 잎(장식) 약간

만드는 법

❶ 팬에 올리브유를 두르고 양파와 마늘을 넣어 양파가 투명해질 때까지 볶는다. ❷ 감자, 토마토, 토마토 페이스트, 말린 토마토를 넣어 대충 혼합한 후 육수, 바질을 더해 약불로 20분 정도 끓인다. ❸ 불을 끄고 믹서로 퓌레한다. 냄비에 다시 넣고 크렘 프레슈를 더해 끓기 직전까지 따뜻하게 데운다. ❹ 수프를 그릇에 담고 크렘 프레슈와 바질로 장식한다.

저지섬

라 수프 당기유 La Soupe d'Andgulle

대형 붕장어 콩거 일은 외모와 달리 흰살의 우아한 맛

저지는 영국 해협에 떠있는 섬으로 주변의 여러 섬을 합쳐 공식적으로 저지섬이라고 부르는 영국 왕실 속영이다. 저지라고 하면 저지 소, 해산물 그리고 감자로 유명하다. 그중에서도 길이가 3미터나 되는 붕장어의 일종인 콩거 일(Conger Eel)을 사용한 수프는 저지에서도 특히 인기 있는 메뉴이다. 콩거 일은 뼈가 많은 겉모습과 같이 흰살에 갈치와 비슷한 맛이 나는 맛있는 생선이다. 저지뿐 아니라 지중해, 카리브해에서도 인기 있다. 허브가 든 우유 풍미의 수프가 이 생선과 잘 어울린다.

재료(4인분)

콩거 일(유럽 붕장어) 500g, 양파 1개(슬라이스), 월계수잎 1장, 백리향 ¼작은술, 마조람 ¼작은술, 물 500cc, 양배추(기호에 따라) ¼개(채썰기), 리크 또는 대파 1대(곱게 썰기), 완두콩(냉동도 가능) 200g, 우유 500cc, 무염버터 2큰술, 소금·후춧가루 적당량, 금잔화 꽃잎(장식) 적당량, 이탈리안 파슬리(장식) 적당량

만드는 법

❶ 냄비에 생선, 양파, 허브, 물을 넣고 한소끔 끓인 후 약불로 1시간 정도 더 끓인다. ❷ 생선을 꺼내 다른 그릇에 덜어두고 나머지는 소쿠리에 걸러 냄비에 다시 넣는다. 생선은 뼈를 제거하고 먹기 좋은 크기로 살을 바른다. ❸ 냄비에 양배추(기호에 따라)를 넣고 중불에서 숨이 죽을 때까지 끓인 후 리크와 완두콩, 발라놓은 생선을 추가해서 끓이고 우유, 버터를 넣어 끓인다. ❹ 수프를 그릇에 담고 금잔화와 이탈리안 파슬리를 뿌린다.

The World's Soups

Chapter

2

남유럽 & 지중해

Southern Europe & Mediterranean

안도라 | 포르투갈 | 스페인 | 이탈리아 | 몰타 | 슬로베니아
크로아티아 | 보스니아헤르체고비나 | 몬테네그로 | 알바니아
북마케도니아 | 그리스 | 세르비아 | 터키

안도라

에스꾸데야 Escudella

스페인의 카탈리냐 지방에서도 먹는 거대 냄비요리

돼지 뼈, 돼지 귀, 돼지 코, 돼지 발, 닭고기, 블러드 소시지 등 여러 가지 고기와 부위를 냄비에 넣고, 여기에 채소, 대형 미트볼, 파스타까지. 뭐라고 표현할 방법이 없는 뒤범벅 수프이다. 그래도 퍼뜩 상상되지 않을지 모르겠다. 하지만 수프의 맛은 더없이 복잡할 거라는 건 알 수 있을 것이다. 본래는 대량으로 만들어 고기, 거대한 미트볼, 크게 잘라 졸인 채소를 다른 접시에 담고 수프는 쇼트 파스타와 함께 식탁에 올리지만 여기서는 재료 모두를 하나의 수프로 만든 심플한 버전을 소개한다.

재료(4~6인분)

돼지족발 또는 소족발 200g, 소고기 100g(한입 크기로 자르기), 물 1200cc, 쇼트 파스타(셸 등) 100g, 스테이크 햄 100g(1cm 깍둑썰기), 포크 소시지 100g(두껍게 슬라이스), 닭고기 100g(한입 크기로 자르기), 양배추(가능하면 사보이 양배추) ¼개(3cm 크기로 자르기), 감자 대1개(한입 크기로 자르기), 터닙 또는 순무 1개(순무의 경우는 2개, 한입 크기로 자르기), 조리한 흰색 강낭콩 100g, 조리된 병아리콩 100g, 샐러드유 1큰술, 블러드 소시지(기호에 따라) 100g(두껍게 슬라이스), 소금·후춧가루 적당량, 이탈리안 파슬리(장식) 적당히(잘게 썰기)

※본래는 대량으로 만들어 고기, 거대한 미트볼, 크게 잘라서 졸인 채소를 다른 접시에 담고, 수프는 쇼트 파스트와 함께 식탁에 올리지만 여기서는 재료 모두를 하나의 수프로 한 심플한 버전을 소개한다. 재료도 구하기 쉬운 재료로 간소화했다.

미트볼

돼지고기 다진 것 250g, 잣 10g, 달걀 1개, 빵가루 2큰술, 밀가루 1큰술, 이탈리안 파슬리 1대(다지기), 마늘 1알, 소금 한꼬집, 후춧가루 한꼬집

만드는 법

① 냄비에 족발, 소고기, 물, 소금 1작은술, 후춧가루 한꼬집을 넣고 한소끔 끓인 후 고기가 익을 때까지 약불로 끓인다. ② 볼에 미트볼 재료를 모두 넣고 잘 섞어 3cm 크기 볼로 만든다. ③ 다른 냄비에 충분한 물(재료 제외)을 끓여 파스타를 딱딱하게 삶아 물기를 뺀다. ④ ❶의 냄비에 ❷의 미트볼, 스테이크 햄, 포크 소시지, 닭고기, 채소와 콩을 더해 고기와 채소가 익을 때까지 약불로 익힌다. ⑤ ❸의 파스타를 넣고 익힌 후 소금과 후춧가루로 맛을 조절한다. ⑥ 프라이팬에 기름을 두르고 블러드 소시지를 소테(버터를 발라 살짝 지진 고기)해서 각각의 그릇에 나누고 수프를 붓고 이탈리안 파슬리를 뿌린다.

포르투갈

칼두 베르데 Caldo Verde

포르투갈이 자랑하는 진한 녹색 채소, 소시지, 감자 수프

칼두 베르데는 그린 수프라는 뜻 그대로 녹색 채소가 듬뿍 들어간 수프이다. 포르투갈 북쪽에 자리한 미뉴 지방의 수프이지만, 지금은 국민음식이라고도 불리는 포르투갈 대표 수프이다. 재료도 만드는 방법도 간단하고 육수도 사용하지 않는다. 그럼에도 맛은 각별한데, 내가 좋아하는 수프이다. 이 수프에 사용되는 채소는 콜라드 그린이라는 녹색 채소로, 우리나라에서는 거의 볼 수 없는 채소이다. 대체할 만한 것은 케일 정도이다. 최악의 경우 시금치가 되겠지만 맛도 식감도 달라진다.

재료(4인분)

양파 1개(슬라이스), 마늘 2알(슬라이스), 감자 대2개(슬라이스), 물 1400cc, 초리소* 200g(5mm 슬라이스), 콜라드 그린 또는 케일 200g(심을 가늘게 채썰기), 올리브유 1큰술, 소금·후춧가루 적당량

*초리소(chorizo) : 돼지고기와 비계, 마늘, 피멘통(pimentón, 빨강 파프리카가루)을 사용하여 만든 스페인의 대표적인 소시지

만드는 법

① 양파, 마늘, 감자, 물, 소금 1작은술, 후춧가루 한꼬집을 냄비에 넣고 끓이다가 초리소를 추가하여 약불로 감자가 익을 때까지 끓인다. ② 초리소를 꺼내고 나머지를 믹서로 간 다음 냄비에 다시 넣고 끓여 콜라드 그린, 올리브유를 첨가하여 부드러워질 때까지 끓인다. ③ 초리소를 냄비에 다시 넣고 소금과 후춧가루로 맛을 조절한다.

소파 디 페드라 Sopa de Pedra

포르투갈

비열한 수도사가 만들었다고 전해지는 전설의 수프

소파 디 페드라란 '돌 수프'라는 의미이지만 물론 돌이 들어 있는 것은 아니다. 이 이름은 리스본 북쪽에 있는 알메림(Almeirim)의 전설에서 유래한다. 한 수도사가 어느 시골 백성의 집에 돌을 갖고 가서 그것을 냄비에 넣고 물을 끓인 후 사람들에게 재료를 하나씩 얻어서 수프를 만들었다. 그 전설이 그대로 수프의 이름이 됐다.

초리소와 모르셀라(포르투갈의 블러드 소시지), 돼지고기, 강낭콩이 주재료이다. 칼두 베르데의 콩 버전이라고도 할 수 있다. 덧붙여서 칼두는 육수, 소파는 수프이지만 요리로 치면 큰 차이는 없다.

재료(4~6인분)

물 1250cc, 강낭콩(빨간강낭콩) 300g(충분한 물에 하룻밤 담가둔다), 돼지 귀 1개, 돼지족발 반, 소금에 절인 돼지고기 또는 돼지 삼겹살 덩어리 고기 100g(소금에 절인 돼지고기는 하룻밤 물에 담가둔다), 초리소 200g, 모르셀라 200g, 양파 1개(1cm 사각썰기), 마늘 1알(다지기), 월계수 잎 1장, 감자 2개(한입 크기로 자르기), 고수 15장(큼직하게 썰기), 소금·후춧가루 적당량

만드는 법

❶ 소시지를 통째로 사용하는 경우에는 이쑤시개로 껍질에 구멍을 몇 곳 뚫는다. ❷ 냄비에 물, 콩, 돼지 귀, 족발, 소금에 절인 돼지고기, 소시지, 양파, 마늘, 월계수 잎, 소금과 후춧가루 약간을 넣고 끓여 모든 재료가 익을 때까지 중불에서 끓인다. 중간에 물이 줄어들면 적당량을 추가한다. 돼지 귀는 익을 때까지 조금 시간이 걸리므로 다른 육류, 소시지는 익으면 꺼내두면 좋다. ❸ 돼지 귀도 익으면 꺼내고 고기, 돼지 귀, 소시지를 먹기 좋은 크기로 잘라둔다. ❹ 콩 ½컵과 수프를 꺼내 믹서로 퓌레한다. ❺ 냄비에 감자를 넣고 익을 때까지 약불로 익힌다. ❻ ④의 퓌레한 콩, 자른 고기와 돼지 귀를 냄비에 다시 넣고 한 번 끓인다. ❼ 고수를 넣고 소금과 후춧가루로 간을 하고 다시 한 번 끓인다. ❽ 수프를 그릇에 담고 자른 소시지를 위에 올린다.

포르투갈

아소르다 알렌테자나 Açorda Alentejana

수프에 잠긴 빵과 살살 녹는 달걀, 이거면 충분하다

포르투갈 남쪽 알렌테주 지방의 전통 요리로 오래되어 딱딱해진 빵을 수프에 담가 먹는다. 현지에서 먹는 하드 빵을 사용하지만, 바게트도 상관없다. 수프에 적셔 부드러워진 빵 위에 포치드 에그를 올리고 숟가락으로 포치드 에그를 부수면 걸쭉한 달걀노른자가 흘러나와 수프에 퍼진다. 이것을 빵, 퓌레로 만든 고수와 함께 입에 떠넣는다. 순간 나도 모르게 "아아" 하고 탄성이 나온다. 성공하냐 실패하냐는 모두 포치드 에그*에 달려 있다. 신선한 달걀을 사용하고 뜨거운 물에는 식초를 조금 넣는 것이 포인트다.

*포치드 에그(porched egg) : 뜨거운 물에 달걀을 깨넣은 요리

재료(4인분)

마늘 4알(다지기), 고수 10장(큼직하게 썰기), 엑스트라 버진 올리브유 60cc, 물 적당량, 식초 1작은술, 달걀 4개, 빵(바게트 등) 4조각(슬라이스), 소금·후춧가루 적당량

만드는 법

① 절구 등에 마늘을 넣어 찧고 고수, 올리브유를 넣어 퓌레한다. ② 냄비에 적어도 깊이가 10cm 정도가 되도록 물을 붓고 끓으면 약불로 줄인다. ③ 볼에 얼음물을 준비한다. ④ 달걀을 하나씩 다른 그릇에 깨뜨려 넣는다. 소쿠리 등으로 액상 흰자를 거르면 더 깨끗한 포치드 에그를 만들 수 있다. ⑤ 끓는 냄비에 식초를 넣고 숟가락 등으로 소용돌이가 생기도록 휘젓는다. 소용돌이 중앙에 ❹의 달걀을 떨어뜨려 포치드 에그를 만든다. 3분 정도 끓인 후 스푼으로 꺼내 얼음물에 담근다. ⑥ 포치드 에그를 만드는 데 사용한 뜨거운 물을 1000cc만 남기고 끓인 후 소금과 후춧가루로 양념하여 수프를 만든다. ⑦ 각각의 그릇에 ❶의 퓌레, 빵, 포치드 에그 순으로 놓고 그 위에 수프를 끼얹어 바로 제공한다.

포르투갈

칼데라다 디 페이스 Caldeirada de Peixe

해산물을 잘 아는 포르투갈 사람 특유의 수프

부야베스가 프랑스 해산물 수프의 정석이라면, 포르투갈에는 칼데라다 디 페이스가 있다. 칼데라다는 스튜라는 의미인데, 걸쭉한 느낌보다는 오히려 투명감이 있는 수프이다. 이 수프는 보통 2종류의 물고기를 사용한다. 고등어, 정어리 같은 붉은살생선과 농어와 조기 같은 근해의 흰살생선을 혼합하면 수프 맛에 깊이를 더한다. 노랑과 빨강 파프리카 등 채소 장식도 아름다워 보기에도 맛있다. 해산물을 즐겨 먹는 포르투갈 사람 특유의 수프라고 할 수 있다.

재료(4~6인분)

올리브유 3큰술, 양파 1개(둥글게 썰기), 마늘 3알(슬라이스), 토마토 1개(통썰기), 이탈리안 파슬리 10대(다지기), 고수 10장, 피망 1개(슬라이스), 빨강 또는 노랑 파프리카(혼합 가능) 100g(슬라이스), 감자 1개(두껍게 슬라이스), 붉은살생선과 흰살생선 혼합 600g(작은 것은 가로로 자르고 큰 것은 토막째), 파프리카가루 1작은술, 레드 칠리페퍼 한꼬집, 화이트와인 120cc, 육수 또는 물 1000cc, 소금·후춧가루 적당량, 이탈리안 파슬리(장식) 적당량(다지기)

만드는 법

❶ 팬에 올리브유를 두르고 양파와 마늘을 넣어 양파가 투명해질 때까지 볶는다. ❷ 그런 다음 토마토, 이탈리안 파슬리, 고수, 피망, 빨강 또는 노랑 파프리카, 감자, 생선을 켜켜이 쌓고 칠리페퍼, 소금 1작은술, 후춧가루 한꼬집을 넣는다. ❸ 화이트와인과 육수를 부어 불을 켜고 끓으면 약불로 낮추어 재료가 모두 익을 때까지 익힌다. ❹ 수프를 그릇에 담고 이탈리안 파슬리를 위에 뿌린다.

포르투갈

깐자 지 갈링야 Ganja de Galinha

인도에서 기원한 작은 파스타와 쌀이 든 닭죽

깐자 지 갈링야는 단순한 닭 수프는 아니다. 포르투갈에서는 감기와 소화기 계통에 문제가 있을 때 이 국물이 효과적이라고 믿고 있다. 생일, 결혼식, 섣달그믐날, 크리스마스 등 특별한 날에 먹는 것도 이 수프의 특징이다. 이 수프는 포르투갈이 아니라 인도가 기원이다. 과거 포르투갈의 식민지였던 현재의 고아(Goa)주에서 먹던 밥이 들어간 닭 수프가 기원으로 여겨진다. 이 레시피에서는 오르소*라는 작은 파스타를 사용했지만 오르소 대신 쌀을 사용하기 도 한다.

*오르소(Orzo) : 이탈리아 파스타의 일종, 큰 쌀알 모양

재료(4인분)

닭 육수 또는 물+치킨 부이용 1500cc, 닭고기 300g, 양파 ½개(1cm 사각썰기), 당근 ½개, 마늘 2알(다지기), 월계수 1장, 로즈마리 ½작은술, 통후추 5알, 쌀 또는 오르소 파스타 50g, 레몬즙(기호에 따라), 1개분, 소금·후춧가루 적당량, 민트 잎(장식) 적당량(다지기)

만드는 법

① 육수, 고기, 양파, 당근, 마늘, 월계수 잎, 로즈마리, 통후추, 소금 1작은술을 냄비에 넣고 끓인 후 약불로 익힌다. ② 고기와 당근을 꺼내 식힌 후 고기는 먹기 좋은 크기로 찢고 당근은 1cm 크기로 사각썰기를 한다. ③ 냄비의 수프를 끓여 쌀 또는 오르소 파스타를 넣고 익을 때까지 끓인 후 고기, 당근을 추가하고 소금과 후춧가루로 간을 맞춘다. 취향에 따라 레몬즙을 넣는다. ④ 그릇에 수프를 따르고 민트 잎을 뿌린다.

깔디요 데 뻬로 Galdillo de Perro

스페인

비터오렌지 과즙이 수프에 상쾌함과 독특한 풍미를 더한다

포르투갈 칼데라다 디 페이스(p.59)와 달리 이 수프에는 담백한 흰살생선, 대구목 메를루사와 민대구를 사용한다. 그래서인지 수프 맛이 담백하다. 스페인 남쪽 안달루시아 지방 요리로 엘 푸에르토 데 산타 마리아의 선상 요리에서 유래한다. 유럽에서는 잘 사용하지 않는 비터오렌지를 재료로 사용하는 점이 흥미롭다. 오렌지와 레몬의 중간 맛이 나는 비터오렌지 덕분에 수프는 더 담백하고 산뜻한 맛이 난다.

재료(4인분)

물 1500cc, 양파 1개(1cm 사각썰기), 마늘 2알(슬라이스), 피망 2개(1cm 사각썰기), 토마토 2개(4등분), 이탈리안 파슬리 5대, 올리브유 1큰술, 민대구, 메를루사 또는 대구목 생선 500g(동강썰기 또는 인원수), 비터오렌지 과즙 ½개분, 소금 적당량, 이탈리안 파슬리(장식) 적당량(잘게 썰기)

만드는 법

❶ 물을 냄비에 넣고 한소끔 끓이고 양파, 마늘, 피망을 넣어 몇 분 더 끓인 후 토마토, 이탈리안 파슬리, 소금 1작은술을 넣고 올리브유를 뿌린다. ❷ 다시 한소끔 끓으면 생선을 넣고 불을 약하게 줄여 생선이 익을 때까지 익힌다. ❸ 소금으로 간을 맞추고 비터오렌지 과즙을 첨가하고 한소끔 끓인다. ❹ 생선을 각 그릇에 나누어 담은 후 수프를 끼얹고 이탈리안 파슬리를 뿌린다.

스페인

파바다 아스투리아나 Fabada Asturiana

슈퍼마켓에서 캔으로 판매할 정도로 인기 수프

스페인 북부 아스토리아 지방의 전통 요리로 꽤 부담스러워서인지 스페인에서는 저녁식사가 아닌 하루 중 가장 제대로 된 식사를 하는 점심에 낸다. 간단하게 말하면 고기와 콩 수프로 콩에는 아스토리아 특산물인 흰강낭콩(Partidas de la Granja)을 사용한다. 또한 초리소와 모르시야(스페인의 선지 소시지)라는 블러드 소시지는 빼놓을 수 없다. 블러드 소시지는 일반 소시지와 비교하면 상당히 부드럽다. 잘라 사용하면 무조건 으스러진다. 그래서 소량 사용할 때는 수프에는 넣지 않고 별도로 소테해서 그릇에 담아낼 때 띄우는 것이 좋다.

재료(4~6인분)

사프란 한꼬집, 흰강낭콩 300g(충분한 물에 하룻밤 담가 둔다), 베이컨 150g(물에 담가 소금기를 뺀다), 햄헉 150g(물에 담가 소금기를 뺀다), 초리소(없으면 좋아하는 소시지) 150g, 모르시야(블러드 소시지) 150g, 양파 1개(1cm 사각썰기), 마늘 1알(다지기), 물 1500cc, 파프리카가루(초리소 외의 소시지를 사용하는 경우만) 1작은술, 소금·후춧가루 적당량

만드는 법

① 뜨거운 물 2큰술(재료 외)에 사프란을 넣어둔다. ② 물기를 뺀 콩, 육류, 양파, 마늘, 물, 소금 1작은술, 후춧가루 약간, 파프리카가루(초리소 외의 소시지를 사용하는 경우)를 냄비에 넣고 끓인 다음 약불로 모든 재료가 익을 때까지 익힌다. 소금과 후춧가루로 간을 한다. ③ 사프란이 든 물을 사프란째 냄비에 넣고 한소끔 끓인다. ④ 육류를 꺼내 한입 크기로 자르고 각각의 그릇에 나눠 담은 후 수프를 따른다.

가스파초 Gazpacho

스페인

여름은 이 수프밖에 없다고 단언할 수 있다! 더위를 날리는 수프

아마 가스파초는 세계에서 가장 널리 알려져 있고 많이 만드는 스페인 수프임에 틀림없다. 가스파초는 스페인 남부 안달루시아 지방 요리이지만, 이외에도 가스파초 패밀리라고도 할 수 있는 차가운 유사 토마토 수프가 있다. 포라 안테케라나(Porra Antequerana)는 빵 비율이 높다. 빵 수프 살모레호(salmorejo)는 가스파초보다 걸쭉하지만 크리미한 것이 특징이다. 모두 안달루시아 지방 수프이지만, 다른 지방과 포르투갈에도 비슷한 토마토 수프가 있다.

재료(4인분)

토마토 4개(마구썰기), 이탈리안 그린페퍼(없으면 피망) 1개(마구썰기), 오이 1개(일부 장식용 슬라이스, 나머지는 마구썰기), 마늘 2알, 올리브유 50cc, 빵(바게트 등) 40g(크게 뜯는다), 물 200cc, 셰리 식초(없으면 화이트와인 식초) 20cc, 소금 적당량, 방울토마토(장식) 적당량(슬라이스)

만드는 법

① 슬라이스 오이, 방울토마토, 소금 이외의 재료를 모두 믹서에 넣고 퓌레한다. ② 소금으로 간을 맞춘 후 그릇에 붓고 위에 방울토마토와 슬라이스 오이를 올려놓는다.

스페인

올리아구아 앤 피그 Oliaigua amb Figues

채소의 맛을 제대로 맛볼 수 있는 메노르카섬의 전통 채소 수프

올리아구아는 바르셀로나 남쪽에 떠있는 메노르카섬에서 먹는 수프이다. 올리는 기름, 아구아는 물이라는 뜻으로, 수프의 가장 심플한 형태를 나타내는 단어라 할 수 있다. 여기에 토마토와 피망을 넣어 조금은 풍성하게 마무리한다. 원래는 가난한 가정의 요리였지만 지금은 메노르카 등 일반 가정의 식탁에 오르는 전통 요리로 사랑받고 있다. 고기 또는 채소 육수를 사용하지 않으므로 졸인 채소에서 나오는 맛이 수프의 전부라고 할 수 있다. 무화과와 멜론을 곁들여 단맛을 가미하기도 한다. 보통은 뜨겁게 해 먹지만 물론 차게 해서 먹어도 맛있다.

재료(4인분)

올리브유 5큰술, 양파 1개(1cm 사각썰기), 마늘 4알(다지기), 피망 2개(1cm 사각썰기), 토마토 5개(1cm 사각썰기), 이탈리안 파슬리 2대(다지기), 물 1000cc, 소금·후춧가루 적당량, 바게트(장식) 적당량(얇게 슬라이스), 무화과(장식) 4개(2등분)

만드는 법

① 팬에 올리브유를 두르고 약불로 양파, 마늘, 피망을 넣고 천천히 10~15분 볶는다. ② 토마토, 이탈리안 파슬리를 넣고 토마토가 뭉개질 정도로 부드러워지면 물을 넣고 펄펄 끓기 직전까지 데우고, 약불로 15분 정도 끓인다. 절대로 펄펄 끓이지 말 것. ③ 소금과 후춧가루로 간을 하고 바게트를 뜯어 그릇에 깔고 그 위에 수프를 붓고 무화과를 올린다.

파베스 콘 알메하스 Fabes con Almejas

바다와 산의 산물이 융합한 스페인 북부 아스투리아스 수프

이 수프의 고향인 아스투리아스주는 2,000미터가 넘는 산들이 이어진 칸타브리아산맥과 몇 백 개의 해변이 있는 광대한 해안선으로 알려져 있다. 대자연에서 자란 콩과 대합이 이 수프의 주재료이다. 일반 콩보다 크고 모양이 강낭콩과 비슷한 흰콩을 사용한다. 대합은 바지락과 비슷한 작은 조개이다. 물론 국산 흰강낭콩과 바지락으로도 부족하지 않은 수프를 만들 수 있다. 사프란을 추가하면 약간 노랗게 물든 국물이 흰콩과 조화를 이루어 보기에도 아름다운 수프가 완성된다.

재료(4인분)

사프란(기호에 따라) 한꼬집, 말린 흰강낭콩 300g(물에 하룻밤 담가둔다), 양파 소2개(1개는 2등분, 1개는 다지기), 마늘 3알(2알은 그대로, 1알은 다지기), 물 1200cc, 화이트와인 300cc, 파프리카가루 1작은술, 올리브유 2큰술, 피망 2개(1cm 사각썰기), 밀가루 1큰술, 대합 조개(바지락 등) 150g(소금물에 담가 해감하기), 소금·후춧가루 적당량, 이탈리안 파슬리(장식) 적당량(다지기)

만드는 법

❶ 요리 전에 사프란을 소량의 뜨거운 물(재료 외)에 담가둔다. ❷ 콩은 물기를 빼서 냄비에 넣고 2등분한 양파, 통마늘, 소금 1작은술, 후춧가루 한꼬집을 넣고 물, 화이트와인 150cc를 붓고 한소끔 끓인다. ❸ 물에 담근 사프란을 물이랑 함께 냄비에 넣고 파프리카가루를 더해 약불로 콩이 부드러워질 때까지 익힌다. 양파와 마늘은 꺼내서 버린다. ❹ 프라이팬이나 냄비에 올리브유를 넣고 달궈 다진 양파와 마늘을 볶은 후 피망을 넣고 2~3분 더 볶는다. ❺ 밀가루를 화이트와인 150cc에 풀어 프라이팬에 넣고 뚜껑을 닫은 후 끓인다. ❻ 조개를 소쿠리에 담아 물을 뺀 다음 프라이팬에 넣고 뚜껑을 닫은 후 모두 열릴 때까지 흔들면서 익힌다. ❼ ❻을 ❸의 냄비에 넣고 한소끔 끓인 다음 소금과 후춧가루로 간을 조절한다. ❽ 수프를 그릇에 담고 이탈리안 파슬리를 뿌린다.

스페인

피스토 Pisto

스페인 라타투이라고도 불리는 무르시아 지방의 채소 스튜

토마토와 달걀은 수프와 스튜에서도 최고의 조합이지만, 여기에 치즈가 더해지면 두말할 필요도 없이 맛있는 스튜가 될 것은 틀림없다. 스페인의 라타투이라고도 불리는 스튜에는 보통은 달걀을 넣지만 조리 방법은 여러 가지이다. 이 레시피처럼 오븐에 굽거나 달걀프라이를 올리기도 하고 아니면 풀어서 스튜에 섞는 등 자유롭게 바꾸어도 상관없다. 이 레시피에서는 토마토를 하나 갈아서 넣었다. 이렇게 하면 스튜에 크리미한 식감이 더해진다. 시판 토마토 퓌레를 사용해도 좋다.

재료(4인분)

올리브유 2큰술, 마늘 2알(다지기), 양파 1개(거칠게 다지기), 피망 3개(1cm 사각썰기), 빨강 파프리카 1개(1cm 사각썰기), 주키니 1개(1cm 사각썰기), 토마토 4개(3개는 1cm 사각썰기, 1개는 강판 등으로 갈기), 훈제 파프리카가루(없으면 일반 파프리카가루) 1작은술, 달걀 4개, 소금·후춧가루 적당량, 이탈리안 파슬리(장식) 적당량(다지기), 양젖 치즈(장식) 적당량(갈기)

만드는 법

❶ 냄비에 올리브유를 두르고 마늘, 양파를 넣어 양파가 투명해질 때까지 중불에서 볶는다. ❷ 냄비에 피망, 빨강 파프리카, 주키니를 넣고 3분 볶은 후 사각썰기한 토마토, 스페인산 훈제 파프리카, 소금과 후춧가루를 조금 넣고 섞은 다음 뚜껑을 덮고 채소가 익을 때까지 약불로 익힌다. ❸ 간 토마토를 넣고 한소끔 끓인 후 소금과 후춧가루로 간을 조절한다. ❹ 달걀을 깨 넣고 원하는 경도가 될 때까지 끓인다. 또는 1인분씩 그릇에 나눠 담고 각각에 달걀을 깨 넣고 200도 오븐에서 20분 정도 달걀이 원하는 경도가 될 때까지 굽는다. ❺ 스튜를 그릇에 붓고 이탈리안 파슬리와 치즈를 뿌린다.

스페인

마미타코 Marmitako

바스크 지방의 어부 요리가 기원인 참치와 감자 스튜

참치를 사용한 수프 중에서 가장 유명한 수프가 마미타코이다. 스페인 바스크 지방이 기원인 요리로 수프보다는 스튜에 가깝다. 밀가루는 들어 있지 않지만, 감자를 부드럽게 삶아 으깨어 수프에 걸쭉함을 더한다. 감자를 큼직하게 잘라 익혀서 으깨는 방식이 많은 것 같다. 참치는 너무 익히면 딱딱해지기 때문에 마지막에 넣는 것이 비결이다. 참치 외에 가다랑어와 최근에는 연어도 많이 사용한다.

재료(4인분)

생 참치 500g(1.5cm 깍둑썰기), 올리브유 2큰술, 양파 1개(1cm 사각썰기), 마늘 2알(다지기), 피망 3개(1cm 사각썰기), 토마토 2개(1cm 깍둑썰기), 감자 대2개(한입 크기로 자르기), 훈제 파프리카가루 1작은술, 생선 육수 또는 물 1000cc, 소금·후춧가루 적당량, 이탈리안 파슬리(장식) 적당량(잘게 썰기)

만드는 법

① 참치에 소금 1작은술을 뿌려 가볍게 섞는다. ② 냄비에 올리브유를 두르고 양파와 마늘을 넣어 양파가 투명해질 때까지 볶은 후 피망을 넣고 4~5분 볶는다. ③ 토마토, 감자, 훈제 파프리카가루, 소금 1작은술, 후춧가루 한꼬집을 넣고 다시 4분 정도 볶은 후 육수를 붓고 끓인다. ④ 약불로 채소가 익을 때까지 익힌 후 ❶의 참치를 넣고 참치가 익을 때까지 약불로 졸인다. 소금과 후춧가루로 간을 맞춘다. ⑤ 스튜를 그릇에 붓고 이탈리안 파슬리를 뿌린다.

이탈리아

미네스트로네 디 베르뒤르 Minestrone di Verdure

여러 종류의 채소를 듬뿍 넣어 끓인 인기 수프

우리나라에서도 미네스트로네는 인기 있는 수프이지만, 현지 이탈리아 미네스트로네와는 큰 차이가 있다. 이탈리아에서는 필수 재료로 파졸리, 볼로터빈, 메추라기콩이 추가된다. 미네스트로네는 콩 육수, 즉 콩 맛이 녹아 든 수프라고도 한다. 또한 이탈리아에서는 단순히 미네스트로네가 아닌 미네스트로네 디 베르뒤르(녹색 채소)라고 부르는 경우가 많다.

재료(4인분)

올리브유 2큰술, 적양파 ½개(1cm 사각썰기), 마늘 1알(다지기), 셀러리 ½대(곱게 썰기), 당근 ⅓개(1cm 깍둑썰기), 리크 또는 대파 ⅔대(곱게 썰기), 이탈리안 파슬리 2개(다지기), 로즈마리 1개(생 것) 또는 ½작은술(드라이), 월계수 1장, 바질 잎 2장, 물 1200cc, 조리된 크랜베리빈 또는 메추라기콩 100g, 호박 소⅛개(1cm 깍둑썰기), 감자 1개(1cm 깍둑썰기), 콜리플라워 ¼개, 토마토 1개(1cm 깍둑썰기), 화이트 주키니 또는 주키니 ½개(1cm 깍둑썰기), 완두콩(냉동 가능) 100g, 소금·후춧가루 적당량, 파르메산 치즈(장식, 취향대로) 적당량(갈기)

만드는 법

1 팬에 올리브유를 두르고 적양파, 마늘, 셀러리, 당근을 넣고 양파가 투명해질 때까지 볶다가 리크를 넣고 2~3분 볶은 후 가볍게 소금·후춧가루를 뿌리고 물을 붓는다. 바질은 손으로 찢어서 넣는다. ② 끓으면 콩을 더해 한소끔 끓인 후 호박, 감자, 콜리플라워를 넣고 약불로 채소에 약간 심이 남을 정도로 익힌다. ③ 토마토와 주키니를 넣어 소금과 후춧가루로 간을 맞추고 주키니가 부드러워지면 완두콩을 넣고 한소끔 끓인 후 월계수, 로즈마리(생 것을 사용한 경우)를 꺼낸다. ④ 수프를 그릇에 붓고 취향에 따라 치즈를 뿌린다.

미네스트라 마리타타 Minestra Maritata

이탈리아

다양한 고기와 채소 맛이 혼합된 일품요리인 고급 수프

이탈리아 나폴리 주변에서 자주 먹는 수프인데, 실제로 스페인 이베리아 지방에서 18세기부터 먹던 수프가 반입되어 확산된 것으로 알려져 있다. 이 수프를 직역하면 웨딩 수프라는 의미인데, 정말로 결혼식에 나오는 수프는 아닌 것 같다. 오히려 다양한 재료가 섞인 수프라고 부르는 게 맞는 것 같다. 대표적인 겨울 요리로 특히 크리스마스에는 빼놓을 수 없다. 다양한 고기와 부위가 기본 재료이고, 여기에 엔다이브(endive), 블랙 케일 등 계절 채소가 들어간다.

재료(4~6인분)

뼈 있는 소고기 100g, 닭고기 100g, 돼지갈비 100g, 이탈리안 소시지(살시치아) 1개, 양파 ½개(2등분), 마늘 4알(2알은 으깨고 2알은 다지기), 셀러리 1대(2~4등분), 당근 소 1개(2~4등분), 물 1500cc, 올리브유 3큰술, 브로콜리니 200g(큼직하게 썰기), 블랙 케일 200g(심을 제거하고 큼직하게 썰기), 사보이 양배추 ½개(큼직하게 썰기), 엔다이브(꽃상추의 일종) 200g(큼직하게 썰기), 소금·후춧가루 적당량, 올리브유(장식) 적당량, 파르메산 치즈 또는 페코리노로마노 치즈 적당량

만드는 법

❶ 냄비에 고기, 이탈리안 소시지, 양파, 간 마늘 2알, 셀러리, 당근을 넣고 물을 부어 끓인 후 소금 1작은술, 후춧가루 한꼬집을 넣고 약불로 육류가 익을 때까지 익힌다. ❷ 육류는 꺼내서 식혀 먹기 좋은 크기로 잘라두고 채소 등은 버린다. ❸ 냄비에 올리브유를 데우고 다진 마늘 2알을 넣어 향이 날 때까지 볶다가 브로콜리니, 블랙 케일, 사보이 양배추, 엔다이브를 넣고 가볍게 섞은 후 자른 고기와 소시지를 넣고 몇 분 더 볶는다. ❹ 거른 수프를 넣고 채소가 부드러워질 때까지 약불로 익힌 후 소금과 후춧가루로 간을 맞춘다. ❺ 수프를 그릇에 담아 올리브유를 두르고 치즈를 뿌린다.

이탈리아

가르무지아 Garmugia

봄을 알리는 누에콩과 아티초크의 맛과 향기가 가득한 수프

이탈리아 중앙부 토스카나 지방 루카에서 탄생한 수프로, 17세기에 이미 언급된 전통 음식이다. 고기로는 송아지 고기와 판체타(pancetta, 이탈리아식 베이컨)가 들어가지만 소량이므로 수프에 풍미를 더하는 정도이고 기본적으로는 채소 수프이다. 이 수프의 주역은 아티초크와 누에콩이다. 아티초크(흰꽃엉겅퀴)는 하트라 불리는 중심의 부드러운 부분을 사용한다. 매우 맛있는 채소이지만, 수프에 사용되는 양은 적다. 누에콩은 이탈리아를 포함한 지중해 요리에 자주 사용된다. 모두 봄이 제철이다. 토스카나 사람들은 봄이 찾아온 것을 이 수프를 먹으며 축하한다고도 할 수 있다.

재료(4인분)

레몬즙 1개분, 아티초크 2개, 올리브유 3큰술, 대파 잎 4대(다지기), 판체타 50g(작은 깍둑썰기), 송아지고기가 없으면 간 소고기 100g, 닭이나 소고기 육수 또는 물+부이용 1000cc, 누에콩(냉동 가능) 100g(껍질을 벗겨둔다), 완두콩(냉동 가능) 100g, 아스파라거스 10~12개(뿌리에 가까운 딱딱한 부분은 잘라내고 비스듬히 슬라이스), 소금·후춧가루 적당량, 페코리노로마노 치즈 또는 파르메산 치즈 적당량(갈기), 이탈리아 빵 또는 바게트 슬라이스(장식) 4조각(토스트), 올리브유(장식) 적당량

만드는 법

❶ 볼에 물(재료 외)과 레몬즙을 넣어 섞는다. ❷ 아티초크 밑준비를 한다. 줄기와 바깥쪽의 딱딱한 녹색 부분을 자르고 ①의 레몬 물에 담근다. 위에서 ⅓ 지점에서 끝을 자르고 잎을 뜯어 옅은 황녹색 부분만 남긴다. 일단 볼의 레몬 물에 담갔다가 꺼내 세로로 반으로 자르고, 중앙 꽃잎을 모두 제거한 후 크기에 맞게 세로로 4~8등분으로 잘라 레몬 물에 담가둔다. ❸ 팬에 올리브유를 가열한 후 대파 잎을 넣어 숨이 죽을 때까지 볶다가 판체타를 넣고 충분히 기름이 나올 때까지 5분 정도 약불에서 볶는다. ❹ 간 소고기를 넣고 볶은 후 ②의 아티초크를 물기를 빼고 잘라서 넣고 버무린다. ❺ 육수를 추가해 끓인 후 소금 1작은술, 후춧가루 한꼬집을 넣고 약불로 아티초크가 익을 때까지 끓인다. ❻ 누에콩과 완두콩, 아스파라거스를 넣고 부드러워질 때까지 익힌 후 소금과 후춧가루로 간을 맞춘다. ❼ 수프를 그릇에 담아 토스트한 빵을 올린 후 치즈와 올리브유를 뿌린다.

마쿠 디 파베 Maccu di Fave

이탈리아

생 누에콩을 데친 녹색이 선명한 시칠리아 수프

온난한 지역에서는 1월이 되면 서서히 슈퍼마켓에 모습을 나타내는 누에콩은 3월에 제철을 맞는다. 삶아서 가볍게 소금을 뿌려 먹는 누에콩은 우리나라에서도 봄을 알리는 계절 음식이다. 마찬가지로 이탈리아 시칠리아에서도 봄이 되면 꽃받침에 든 누에콩이 가게에 진열된다. 3월 19일 성 요셉의 축제일에는 누에콩 수프를 만들어 축제일을 축하한다. 주재료가 누에콩, 양파, 육수로 간단하지만 누에콩의 맛을 제대로 음미할 수 있는 요리라고 할 수 있다. 누에콩이 익은 다음 퓌레로 만드는데, 완전히 퓌레하지 않고 약간 응어리를 남겨도 맛있다. 펜넬(fennel) 잎은 구하기 힘들므로 타라곤(사철쑥), 타이 바질 등으로 대용하면 좋다.

재료(4인분)

누에콩 1kg(말린 콩의 경우는 약 절반, 하룻밤 물에 담가둔다), 올리브유 2큰술, 양파 1개(다지기), 채소 육수 또는 물+채소 부이용 500cc, 소금·후춧가루 적당량, 레드 칠리페퍼 플레이크(장식) 적당량, 펜넬 잎(장식) 적당량(거칠게 썰기), 올리브유(장식) 적당량

만드는 법

❶ 냄비에 충분한 물(재료 외)을 끓여 누에콩을 넣고 30초 지나 꺼내 찬물에 담근다. 소쿠리에 덜어 껍질을 제거한다. ❷ 냄비에 올리브유를 데우고 양파를 넣어 투명해질 때까지 볶은 후 누에콩을 넣고 살짝 섞는다. ❸ 육수를 부어 한소끔 끓인 후 약불로 콩이 부드러워질 때까지 끓이다가 소금과 후춧가루로 간을 한다. ❹ 냄비의 내용물을 믹서로 퓌레하고 그릇에 담아 레드 칠리페퍼 플레이크와 펜넬을 장식하고 올리브유를 끼얹는다.

갑오징어가 주재료인 이탈리아 북서부의 해산물 수프

프랑스에 인접한 제노바가 주도인 리구리아는 풍부한 해산물을 이용한 요리로 유명하다. 그 대표 요리가 부리다라 불리는 해산물 수프이다. 원래는 어부들이 상품 가치가 없는 해산물로 만든 수프로, 오징어, 숭어, 흰붕장어 등 각종 해산물이 사용된다. 그중에서도 특별한 것이 갑오징어를 사용한 부리다 디 세피에다. 두꺼운 갑오징어는 각별한 맛이다. 보통 딱딱한 플랫브레드가 수프와 함께 나온다. 이 빵을 수프에 푹 담가 부드럽게 해서 먹는다.

재료(4인분)

갑오징어 800g, 올리브유 3큰술, 양파 1개(1cm 사각썰기), 마늘 1알(다지기), 안초비 퓌레 2장, 말린 버섯(포르치니 등) 20g(물에 불려 먹기 좋은 크기로 자르기), 토마토 2개(1cm 깍둑썰기), 케이퍼 1큰술(물에 담가 소금기를 뺀다), 이탈리안 파슬리 10대(큼직하게 썰기), 화이트와인 120cc, 물 250cc, 완두콩(냉동 가능) 300g, 소금·후춧가루 적당량

만드는 법

❶ 갑오징어는 내장을 꺼내고 내장과 오징어 다리를 분리한다. 내장 등은 다른 요리에 사용한다. 오징어 다리는 눈과 부리를 제거한다. 몸통은 껍질을 벗기고 몸통과 오징어 다리를 1cm 폭으로 자른다. ❷ 냄비에 올리브유를 데우고 양파와 마늘을 넣어 양파가 투명해질 때까지 볶은 후 안초비, 버섯, 토마토, 케이퍼, 이탈리안 파슬리, 화이트와인과 물을 넣고 끓인다. ❸ 갑오징어를 넣고 가볍게 소금, 후춧가루를 뿌린 후 약불로 30분 정도 끓인다. 도중에 수분이 부족하면 재료의 ½에서 ⅔가 잠길 정도로 물을 넣는다. ❹ 완두콩을 넣고 한 번 끓어오르면 소금과 후춧가루로 간을 맞춘다.

이탈리아

미네스트라 디 체치 Minestra di Ceci

시칠리아에서 빼놓을 수없는 병아리콩이 듬뿍 들어간 수프

1282년 시칠리아에서 일어난 시칠리아의 만종은 당시 지배자였던 프랑스 왕족에 대한 반란이었다. 시칠리아 말로 병아리콩을 '찌찌리'라고 한다. 이 발음은 프랑스인에게는 어렵다. 그래서 시칠리아 사람들은 병아리콩을 들고 "이건 뭐야"라고 묻는다. 정확하게 발음할 수 있으면 시칠리아인으로 인정하고 그렇지 않으면 죽인다. 그런 일화가 지금도 전해진다. 사실 여부는 별도로 하고 그 무렵부터 병아리콩을 먹었다는 것은 알 수 있다. 주재료는 병아리콩, 토마토 그리고 쇼트 파스타이다. 재료는 간단하지만 영양가가 높으며 토스트한 이탈리아 빵을 곁들이면 만족감도 높다.

재료(4인분)

올리브유 2큰술, 양파 1개(다지기), 마늘 2알(다지기), 셀러리 1대(다지기), 당근 소1개(다지기), 화이트와인 2큰술, 토마토 2개(1cm 깍둑썰기), 채소 육수 또는 물+채소 부이용 1500cc, 말린 병아리콩 200g(충분한 물에 하룻밤 담가 소쿠리에 올려 물기를 빼둔다), 로즈마리 ½작은술, 월계수 2장, 쇼트 파스타(오르소 등) 100g, 소금·후춧가루 적당량, 이탈리아 빵 토스트(장식) 적당량, 파르미지아노 레지아노 치즈 적당량(갈기)

만드는 법

❶ 팬에 올리브유를 두르고 양파, 마늘, 셀러리, 당근을 넣어 채소가 숨이 죽을 때까지 볶는다. ❷ 화이트와인을 추가하여 거의 증발하면 토마토를 넣고 3분 정도 볶는다. ❸ 육수, 콩, 로즈마리, 월계수, 소금 1작은술, 후춧가루 한꼬집을 넣어 한소끔 끓이고 콩이 익을 때까지 약불로 끓인다. ❹ 콩이 삶아지는 동안 파스타를 약간 딱딱하게 삶아 물기를 빼둔다. ❺ 콩이 익으면 소금과 후춧가루로 간을 맞추고 ❹의 파스타를 넣어 원하는 식감이 될 때까지 끓인다. ❻ 수프를 그릇에 담아 이탈리아 빵을 토스트한 것을 곁들이고 치즈를 뿌린다.

리볼리타 Ribollita

이탈리아

오래된 빵이 극상의 요리가 되어 부활하는 토스카나 수프

오래된 빵을 사용하여 만드는 토스카나 지방을 대표하는 수프로 주재료는 콩과 각종 채소이다. 고기가 없어도 육수를 사용하지 않아도 콩과 각종 채소가 있으면 굉장히 맛있는 수프를 만들 수 있음을 증명하는 수프이다. 수프만 만들어서 하룻밤 재우고 다음날 빵을 넣어 마무리한다. 즉 시간을 두고 2번 끓이면 더욱 맛있다.

재료(4~6인분)

말린 카넬리니빈(없으면 흰강낭콩) 200g(충분한 물에 하룻밤 담가둔다), 물 1000cc, 올리브유 3큰술, 양파 1개(1cm 사각썰기), 감자 1개(1cm 깍둑썰기), 당근 1개(두껍게 슬라이스), 리크나 대파 ½대(곱게 썰기), 셀러리 1대(곱게 썰기), 토마토 소1개(작은 깍둑썰기), 블랙 케일 4~5장(심을 빼고 큼직하게 썰기), 사보이 양배추 또는 일반 양배추 150g(큼직하게 썰기), 근대 4~5장(심을 빼고 큼직하게 썰기), 호박 1개(세로로 4등분하여 1.5cm 두께로 썰기), 오래된 빵 80g(깍둑썰기), 소금·후춧가루 적당량

만드는 법

❶ 콩의 물기를 빼고 냄비에 물을 부어 끓인 후 올리브유 1큰술을 넣고 약불로 부드러워질 때까지 끓인다. ❷ 콩이 익으면 ¾은 꺼내고 나머지는 수프와 함께 믹서에 부드럽게 갈아 꺼내둔 콩과 함께 냄비에 다시 넣는다. ❸ 프라이팬에 올리브유 2큰술을 두르고 양파를 넣어 볶은 후 감자, 당근, 리크, 셀러리를 더해 2~3분 볶는다. ❹ 토마토를 넣고 2분 정도 볶다가 블랙 케일, 사보이 양배추, 근대, 소금 1작은술, 후춧가루 한꼬집을 넣어 잘 섞은 후 약불로 숨이 죽을 때까지 푹 삶는다. ❺ ④를 ②의 냄비에 넣고 끓은 채소가 완전히 익을 때까지 약불로 익힌 후 주키니, 빵을 넣고 호박이 익을 때까지 끓인다. ❻ 소금과 후춧가루로 간을 맞춘다.

밀 판티
스트라치아텔라

이탈리아

스트라치아텔라 & 밀 판티 Stracciatella & Mille Fanti

스트라치아텔라와 밀 판티는 비슷하면서도 다른 수프

밀 판티를 처음 접한 것은 30년 이상 전의 일이다. 카누를 좋아하는 프랑스 요리 레스토랑의 요리사에게서 배웠다. 이후 자주 식탁에 올리는 수프가 됐다. 그런데 여러 가지 조사하는 사이에 내가 생각하는 밀 판티가 밀 판티가 아니라는 것을 깨달았다. 까다로운 이야기이지만, 스트라치아텔라라는 이탈리아 수프가 실은 밀 판티이며, 밀 판티는 이탈리아에 실제로 존재하지만 전혀 다른 것이었다. 밀 판티는 일반적으로 말하는 달걀 수프가 아니라 치즈, 달걀, 양질의 거친 세몰리나 가루로 만든 쇼트 파스타 수프이다. 사실 밀 판티와 비슷한 수프가 또 하나 있다. 파사텔리라는 수프인데, 밀 판티와 마찬가지로 생지를 만들어 파사텔리 프레스라는 도구를 사용해서 파스타 모양으로 짜내서 국물에 넣는다. 이쪽은 밀 판티보다 파스타 느낌이 강하다.

공통 재료(4인분)

수프(2종 공통)

닭 육수 또는 물+치킨 부이용 1000~1200cc, 소금·후춧가루 적당량

※냄비에 육수를 데우고 소금과 후춧가루로 간을 맞춘다.

#밀 판티

재료(4인분)

파르미지아노 레지아노 치즈 50g(갈기), 달걀 3개, 이탈리안 파슬리 5대(다지기), 소금 한꼬집, 후춧가루 한꼬집, 세몰리나 가루 300g

만드는 법

❶ 볼에 치즈, 달걀, 이탈리안 파슬리, 소금 한꼬집, 후춧가루 한꼬집을 넣고 거품기로 잘 섞는다. 거품을 내지 않을 것. ❷ 작업대에 세몰리나 가루로 산 모양을 만들고 중앙에 ❶의 달걀 믹스를 모두 부을 수 있을 정도의 구멍을 만든다. ❸ 구멍에 달걀 믹스를 붓고 바깥쪽부터 혼합해서 완전히 가루에 적신다. ❹ 손바닥으로 더 섞으면서 팥이나 그보다 작은 지름으로 파스티나(작은 파스타)를 만들어 1시간 건조시킨다. ❺ 입자가 큰 것이 있으면 손가락으로 잘게 부수고 소쿠리로 자잘한 것은 흔들어 떨어뜨린다. ❻ 끓는 수프에 파스티나를 넣고 파스타가 익을 때까지 끓인다.

#스트라치아텔라

재료(4인분)

달걀 4개, 파르미지아노 레지아노 치즈 80g(곱게 갈기), 소금 한꼬집, 육두구 한꼬집

만드는 법

❶ 볼에 모든 재료를 넣고 거품기로 잘 혼합한 후 끓는 수프에 거품기로 저으면서 조금씩 떨어뜨린다. ❷ 달걀 믹스가 분리될 때까지 그대로 거품기로 몇 분 섞는다.

채소와 토마토, 소고기가 주재료인 몰타 수프

지중해에 떠있는 섬나라 몰타는 이탈리아 시칠리아 섬의 남쪽에 위치한다. 여러 이웃 나라의 침략을 경험한 몰타는 문화적으로 여러 국가의 영향을 받고 있다. 음식 문화도 마찬가지여서 몰타 특유의 음식 문화를 형성하고 있다. 브로두는 영어로 육수(broth)를 의미한다. broth는 고기와 뼈 각종 채소를 익혀서 만드는 단순히 수프라고 할 수 있다. 물론 육수를 수프처럼 먹는 경우가 있어 수프와 같은 단어라고 생각해도 좋다. 브로두에는 소고기와 닭고기 2종류가 있다. 고기가 다를 뿐 기본적으로 재료는 같다.

재료(4~6인분)

올리브유 2큰술, 양파 1개(1cm 사각썰기), 마늘 1알(다지기), 스튜용 소고기 700g, 셀러리 1대(곱게 썰기), 토마토 1개(1cm 깍둑썰기), 소고기 육수 또는 물+비프 부이용 2000cc, 감자 1개(한입 크기로 자르기), 당근 1개(1cm 깍둑썰기), 주키니 1개(한입 크기로 자르기), 오르소 또는 원하는 쇼트 파스타 50g, 소금·후춧가루 적당량, 이탈리안 파슬리(장식) 적당량(다지기)

만드는 법

① 팬에 올리브유를 두르고 양파와 마늘을 넣고 양파가 투명해질 때까지 볶는다. ② 고기를 넣고 표면이 익을 때까지 볶다가 셀러리, 토마토를 추가해 토마토가 뭉개질 때까지 볶는다. ③ 육수, 소금 1작은술, 후춧가루 한꼬집을 넣어 고기가 익을 때까지 약불로 익힌 후 감자, 당근을 넣고 거의 익을 때까지 끓인다. ④ 호박과 파스타를 넣고 파스타가 부드러워질 때까지 중불에서 끓인 후 소금과 후춧가루로 간을 한다. ⑤ 수프를 그릇에 붓고 이탈리안 파슬리를 얹는다.

쿠스쿠스 Kusksu

몰타

대형 쿠스쿠스와 누에콩이 들어간 몰타 다문화 수프

이름은 쿠스쿠스이지만, 모로코의 쿠스쿠스와는 재료는 같아도 모양은 전혀 다르다. 다른 북아프리카 여러 국가에서 먹는 자이언트 쿠스쿠스라 불리는 타피오카 정도 크기의 파스타이다. 이 밖에도 이 수프는 이탈리아와 중근동의 영향을 받았다. 쿠스쿠스가 인상적이지만 일반적으로 이 수프는 누에콩 수프라는 인식이 있는 것 같다. 실제로 자이언트 쿠스쿠스 사이에 떠있는 누에콩은 보기에도 인상적이다. 또한 종종 쥬베이니엣이라는 산양젖으로 만든 신선한 치즈를 위에 올린다. 그러나 구하기 힘들므로 리코타로 대체했다.

재료(4인분)

누에콩(냉동 또는 생) 350g, 올리브유 2큰술, 양파 1개(다지기), 마늘 2알(다지기), 토마토 페이스트 1큰술, 닭 육수 또는 물+치킨 부이용 1500cc, 자이언트 쿠스쿠스 150g, 달걀(기호에 따라) 4개, 완두콩(냉동 가능) 100g, 소금·후춧가루 적당량, 산양젖 치즈 또는 리코타 치즈(장식) 적당량

만드는 법

① 생 누에콩을 사용하는 경우는 냄비에 충분한 물(재료 제외)을 끓여 누에콩을 30초 정도 익혀서 바로 꺼내 찬물에 담근다. 식으면 껍질을 벗긴다. 냉동인 경우 해동해서 껍질을 벗긴다. ② 다른 팬에 올리브유를 두르고 양파와 마늘을 넣고 양파가 투명해질 때까지 볶는다. ③ 토마토 페이스트를 넣고 1분 정도 섞은 후 소금과 후춧가루 한꼬집씩을 넣어 약불로 익힌다. ④ 누에콩을 넣고 부드러워질 때까지 익힌다. ⑤ 달걀을 넣고 적당한 경도가 될 때까지 익힌다. ⑥ 완두콩을 넣고 끓으면 소금과 후춧가루로 간을 맞춘다. ⑦ 수프를 그릇에 담고 위에 치즈를 올린다.

몰타

소파 탈므라 Soppa tal-Armla

저렴한 재료를 사용해 만드는 몰타의 전통 채소 수프

소파탈므라는 직역하면 미망인 수프이다. 가난한 미망인이 저렴한 재료를 사용해서 만드는 수프를 의미하는 것 같다. 당근, 콜리플라워 등의 채소를 토마토 페이스트로 맛을 낸 채소 수프로, 딱히 정해진 재료는 적고 계절에 따라 바뀐다. 이 수프는 오전에 냄비 가득 만들어 점심에 먹고 남은 국물은 저녁식사에 다시 데워 먹는데, 영양가를 높이기 위해 포치드 에그와 몰타 특산 쥬베이니엣이라는 산양젖 치즈를 곁들인다. 몰타 외의 국가에서 쉽게 구할 수 없는 치즈이므로 대신 리코타와 페타(feta, 희고 부드러운 그리스 치즈)를 사용한다.

재료(6~8인분)

올리브유 2큰술, 양파 1개(1cm 사각썰기), 마늘 2알(슬라이스), 셀러리 2대(곱게 썰기), 당근 1개(1cm 깍둑썰기), 토마토 페이스트 1큰술, 닭이나 채소 육수 또는 물+부이용 1500cc, 콜리플라워 ½개(먹기 좋은 크기로 나눈다), 누에콩(냉동 가능) 150g(껍질을 벗기기), 감자 2개(1cm 깍둑썰기), 토마토 1개(1cm 깍둑썰기), 콜라비(없으면 순무 또는 콜리플라워의 심도 가능) 1개(1cm 깍둑썰기), 리코타 치즈 1큰술×인원수, 달걀 인원수, 이탈리안 파슬리(장식) 적당량(다지기)

만드는 법

① 냄비에 올리브유를 두르고 양파와 마늘을 넣어 양파가 투명해질 때까지 볶는다. ② 셀러리, 당근, 토마토 페이스트를 넣고 가볍게 섞어 육수를 붓고 소금 1작은술, 후춧가루 한꼬집을 넣어 끓인 후 셀러리와 당근이 얼추 익을 때까지 약불로 끓인다. ③ 콜리플라워, 누에콩, 감자, 토마토, 콜라비를 넣어 모든 채소가 익을 때까지 약불로 끓인다. ④ 리코타 치즈를 1큰술씩 나눠 냄비의 수프 위에 올리고 다시 달걀을 빈 공간에 1개씩 떨어뜨려 원하는 경도가 될 때까지 익힌다. ⑤ 치즈와 달걀을 접시에 덜고 수프를 끓인다. ⑥ 각각의 그릇에 치즈, 달걀을 담고 그 위에 수프를 부은 후 이탈리안 파슬리를 뿌린다.

리쳇 Ričet

슬로베니아

채소, 곡류, 콩, 고기로 만든 영양 만점 수프

리쳇은 슬로베니아의 전통 요리이지만 크로아티아, 오스트리아, 독일에도 비슷한 수프가 있다. 이 수프에 빼놓을 수 없는 것은 보리, 콩 그리고 소시지, 햄 등의 가공육이다. 그중에서도 보리는 이 수프의 핵심 존재로, 수프가 아닌 포리지*라고 불리는 경우가 많다. 그렇다고 해서 죽처럼 걸쭉하지 않고 의외로 산뜻하다. 콩은 기본적으로 무엇이든 상관없다. 가공육으로 초리소를 사용하면 매운 맛의 수프가 된다. 보리 대신 퀴노아를 사용해도 맛있다.

*포리지(porridge) : 곡물과 귀리, 오트밀 등을 잘게 빻은 뒤 물과 우유를 넣어 끓인 죽 요리

재료(4인분)

보리 180g, 물 1500cc, 훈제 햄 또는 베이컨 블록 또는 훈제 소시지 200g, 조리 덩굴강낭콩(붉은강낭콩) 200g, 콜라비(없으면 순무) 소1개(1cm 사각썰기), 당근 소1개(1cm 깍둑썰기), 셀러리 1대(1cm 사각썰기), 마늘 2알(다지기), 토마토 2개(1cm 사각썰기), 양파 소1개(1cm 사각썰기), 월계수 잎 1장, 파프리카가루 한꼬집, 백리향 한꼬집, 소금·후춧가루 적당량

만드는 법

❶ 보리를 물로 씻은 후 냄비에 물, 훈제 햄을 넣고 끓이다가 약불로 보리가 익을 때까지 익힌다. ❷ 수분이 줄어든 경우는 1컵 정도의 물을 더하고 콩과 채소, 허브, 소금 1작은술, 후춧가루 한꼬집을 넣어 다시 끓여 약불로 채소가 숨이 죽을 때까지 익힌다. ❸ 수분이 적으면 적당량 추가하고 소금과 후춧가루로 간을 맞춘다.

슬로베니아

요타 Jota

슬로베니아뿐만 아니라 이웃 나라에서도 인기인 사워크라우트와 콩 수프

요타는 슬로베니아에서 유일하게 바다에 접한 프리모르스카 지역에서 인기 있는 스튜이지만, 국경을 접한 크로아티아의 이스트라 반도, 이탈리아 북동부에 위치한 트리에스테에서 주로 먹는다. 나라에 상관없이 철자는 같고 크로아티아에서는 요타, 이탈리아에서는 조타로 부른다. 이 스튜의 특징 중 하나는 양배추 피클인 사워크라우트*를 사용한다는 점이다. 소금에 절인 양배추라고 하면 독일 음식으로 생각하지만 동유럽에서도 인기가 많다. 저절로 수프는 신맛이 더해진다. 고기는 보통 훈제 돼지고기를 사용된다.

*사워크라우트 : 소금에 절인 양배추 김치

재료(4인분)

올리브유 2큰술(베이컨을 사용하는 경우 1큰술), 햄, 베이컨, 소시지 등 훈제 돼지고기 200g(1cm 깍둑썰기), 양파 1개(1cm 사각썰기), 마늘 2알(다지기), 물 1200cc, 토마토 페이스트 1큰술, 덩굴강낭콩(붉은강낭콩) 150g(충분한 물에 하룻밤 담가 씻은 후 소쿠리에 담아둔다), 월계수 잎 2장, 사워크라우트 300g(씻어서 소쿠리에 담는다), 감자 대1개(한입 크기로 자르기), 소금·후춧가루 적당량

만드는 법

① 팬에 올리브유를 두르고 고기를 넣어 기름이 나올 때까지 볶은 후 양파와 마늘을 넣고 양파가 투명해질 때까지 볶는다. ② 물, 토마토 페이스트, 콩, 소금과 후춧가루 한꼬집을 넣고 월계수 잎을 넣어 끓어오르면 콩이 익을 때까지 약불로 익힌다. ③ 사워크라우트, 감자를 넣고 익을 때까지 약불로 끓인다. ④ 소금과 후춧가루로 간을 맞추고 그릇에 담는다.

부이타 레파 Bujta Repa

슬로베니아

붉은 순무 절임 같은 사워터닙을 사용한 포리지

슬로베니아 북동부 프레크무레 지방이 기원인 포리지(죽 같은 것)는 리첏(p.81)과 요타(p.82)를 혼합한 것 같은 요리이다. 리첏에 사용되는 보리 대신 잡곡(기장)이 들어가고 요타의 사워크라우트가 사워터닙(순무와 비슷한 터닙 피클)이 되었다고 하면 쉽게 상상될 것이다. 터닙은 순무의 일종으로 그대로 수프 재료로 사용하는가 하면, 동유럽에서는 피클을 만든다. 실제로 비트가 들어가므로 빨강 순무 절임과 같이 빨갛게 되는 것 같다. 하지만 수프로 만들면 붉은색은 사라진다.

재료(4인분)

돼지갈비 300g, 물 1000cc, 통후추 5알, 월계수 잎 1장, 사워터닙 500g, 곡물(기장) 80g, 식용유 2큰술, 양파 1개(다지기), 마늘 4알(다지기), 파프리카가루 1큰술, 밀가루 2큰술, 마조람 ½작은술, 소금·후춧가루 적당량

만드는 법

① 돼지갈비, 물, 통후추, 월계수 잎을 냄비에 넣고 한소끔 끓인 후 돼지갈비가 익을 때까지 약불로 끓인다. ② 갈비는 꺼내서 식혀 먹기 좋은 크기로 찢거나 자른다. 수프를 1컵 정도 따로 덜어둔다. ③ 냄비에 사워터닙, 찢은 고기를 더해 다시 끓이고 30분 정도 약불로 익힌다. ④ 기장을 넣고 익을 때까지 끓인다. 도중에 물이 줄어들면 적당량 추가한다. ⑤ 프라이팬에 기름을 두르고 양파, 마늘을 넣어 양파가 투명해질 때까지 볶는다. 파프리카가루를 넣어 섞은 다음 밀가루를 넣어 가루가 없어질 때까지 섞는다. ⑥ 따로 덜어둔 수프를 ⑤에 섞어가면서 조금씩 추가해 루를 만들어 냄비에 넣는다. ⑦ 5분 정도 약불로 끓인 후 마조람을 넣고 소금과 후춧가루로 간을 하고 그릇에 담는다.

크로아티아

마네스트라 Manestra

이웃나라 이탈리아 미네스트로네의 크로아티아 버전

마네스트라는 아드리아해에 접한 크로아티아 북부 이스트라에서 자주 먹는 수프이다. 이름에서도 짐작되듯 이탈리아 미네스트로네의 영향을 강하게 받았다. 그렇다고 해도 미네스트로네와는 다른 면도 많다. 하나는 마네스트라에는 고기가 추가되는 경우가 많다는 점이다. 일반적으로 사용되는 것은 햄헉이라는 돼지 경골 관절로 훈제가 많으며, 수프에 고기의 맛을 추가할 뿐 아니라 훈제 풍미도 가미된다. 또한 콩을 많이 넣어 채소 수프라기보다는 콩 수프에 가까운데, 옥수수가 첨가되기도 한다.

재료(4인분)

로마노콩(없으면 메추라기콩) 150g(충분한 물에 하룻밤 담가둔다), 훈제 햄헉 또는 베이컨 블록 300g, 파프리카가루 1작은술, 월계수 잎 1장, 물 1500cc, 올리브유 2큰술, 양파 1개(다지기), 당근 소1개(1cm 깍둑썰기), 셀러리 2대(1cm 사각썰기), 토마토 1개(1cm 깍둑썰기), 통조림 옥수수 150g, 소금·후춧가루 적당량, 이탈리안 파슬리(장식) 적당량(큼직하게 썰기)

만드는 법

❶ 콩과 고기, 파프리카가루, 월계수 잎, 소금 1작은술, 후춧가루 한꼬집과 물을 냄비에 넣고 한소끔 끓인 후 콩과 고기가 익을 때까지 약불로 끓인다. ❷ 고기를 꺼내 뼈와 껍질을 제거하고 먹기 좋은 크기로 썰어 냄비에 넣는다. ❸ 팬에 올리브유를 두르고 양파를 넣어 투명해질 때까지 볶은 후 냄비에 넣는다. ❹ 당근, 셀러리를 넣고 채소가 숨이 죽을 때까지 익힌다. ❺ 토마토와 옥수수를 추가하고 5분 정도 익힌다. ❻ 소금과 간장으로 간을 맞추어 그릇에 담고 이탈리안 파슬리를 위에 뿌린다.

파스티카다 Pasticada

크로아티아

식초와 자두가 들어간 달마티아의 색다른 비프스튜

파스티카다는 크로아티아 남쪽 아드리아해에 접한 달마티아 지방의 명물 요리이다. 크게 자른 소고기를 삶은 비프스튜이지만, 일반적인 비프스튜와는 조금 다르다. 먼저 허브가 든 식초가 베이스인 양념장(마리네이드)에 소고기를 하룻밤 재운다. 재운 소고기를 레드와인, 육수, 토마토 페이스트, 육두구, 정향 등 향신료를 넣고 끓인다. 가장 큰 차이점은 말린 자두를 함께 끓인다는 점이다. 식초의 신맛에 자두의 단맛이 더해져 색다른 풍미의 비프스튜가 완성된다. 이 스튜는 보통 집에서 만든 뇨키*와 함께 제공된다.

*뇨키(gnocchi) : 버터와 치즈에 버무린 이탈리아의 파스타 요리

재료(4인분)

덩어리 소고기 1kg, 마늘 4알(4등분), 베이컨 또는 판체타 50g(작은 깍둑썰기), 통후추 4알, 월계수 잎 1장, 로즈마리 1개, 레드와인 식초 250cc, 양파 2개(4등분), 올리브유 2큰술, 당근 1개(슬라이스), 말린 자두 4개, 레드와인 250cc, 소고기 육수 또는 물+비프 부이용 120cc, 토마토 페이스트 2큰술, 육두구 한꼬집, 정향 2알, 소금·후춧가루 적당량, 뇨키 적당량, 이탈리안 파슬리(장식) 적당량(다지기)

만드는 법

❶ 포크로 소고기 전체에 구멍을 뚫어 마늘, 베이컨을 찔러 넣고 볼이나 뚜껑 있는 용기에 넣고 통후추, 월계수 잎, 로즈마리, 양파, 레드와인 식초를 넣고 랩으로 씌우거나 뚜껑을 덮는다. 고기가 완전히 식초에 잠기지 않는 경우는 물을 추가한다. 냉장고에서 하룻밤 재운다. ❷ 소고기를 꺼내고 나머지는 소쿠리에 거르고 월계수 잎과 양파는 고기와 함께 덜어둔다. ❸ 냄비에 올리브유를 두르고 고기를 넣고 노릇노릇해질 때까지 굽는다. ❹ 고기를 꺼내고 냄비에 남은 기름에 당근, 말린 자두, 덜어둔 양파를 넣고 2분 정도 볶는다. ❺ 고기를 냄비에 다시 넣고 레드와인, 육수, 토마토 페이스토, 육두구, 정향, 소금 1작은술, 후춧가루 한 꼬집을 넣어 한소끔 끓인 후 약불로 고기가 익을 때까지 끓인다. ❻ 고기를 꺼내 1.5~2cm 두께로 슬라이스한다. 냄비의 채소가 든 수프는 블렌더로 퓌레한다. ❼ 고기와 퓌레를 냄비에 다시 넣고 끓인다. ❽ 스튜를 뇨키와 함께 그릇에 담고 이탈리안 파슬리를 뿌린다.

초바나쯔 Čobanac

크로아티아

매년 베스트 스튜를 겨루는 대회가 열릴 만큼 인기 스튜

모닥불 위에 큰 냄비를 걸고 파프리카를 넣은 육수에 소고기, 돼지고기, 송아지고기를 넣고 육수로 천천히 끓인다. 초바낙은 크로아티아 북동부에 있는 슬라보니아의 스튜이다. 큰 냄비에 대량으로 만드는 것이 슬라보니아 초바낙의 제대로 된 방식이다. 이 스튜는 파프리카가루가 많이 들어가기 때문에 붉다. 스위트와 핫 파프리카(이 레시피에서는 파프리카 추출물 capsicum annuum을 사용) 2종류가 사용되지만, 더 매운맛을 내기 위해 카옌페퍼도 추가된다. 오이 피클이 들어가는 것도 재미있다. 채소도 들어가기는 하지만 주재료는 고기이다. 고기를 좋아하는 사람이라면 참지 못할 스튜이다.

재료(4인분)

스튜용 소고기 200g, 돼지 어깨 등심(가능하면 덩어리) 200g(소고기와 같은 크기로 썰기), 송아지고기 200g(소고기와 같은 크기로 썰기), 가루겨자 2작은술, 마늘 5알(3알은 갈고, 2알은 다지기), 월계수 잎 1장, 물 160cc, 식용유 2큰술, 양파 3개(퓌레), 훈제 파프리카가루 2작은술, 카옌페퍼(향신료) 1작은술, 칠리페퍼(말린 매운 고추 등) 1개, 토마토소스 380cc, 오이 피클 40g(잘게 썰기), 레드와인 120cc, 밀가루 120g, 달걀 1개, 소금·후춧가루 적당량

만드는 법

❶ 3종의 고기와 가루겨자, 간 마늘, 월계수 잎, 물 80cc를 다른 균등하게 볼에 넣고 소금과 후춧가루를 한꼬집씩 넣어 섞고 2시간 재운다. ❷ 냄비에 기름을 두르고 양파와 잘게 썬 마늘을 더해 양파가 투명해질 때까지 볶는다. ❸ 약불로 냄비에 소고기를 넣고 5분, 다음에 돼지고기를 넣고 5분, 마지막에 송아지고기를 넣고 5분 동안 수시로 섞으면서 익힌다. ❹ 훈제 파프리카, 카옌페퍼, 칠리페퍼, 토마토소스, 피클, 소금 1작은술, 후춧가루 한꼬집, 레드와인을 넣고 수분이 부족한 경우에는 재료가 찰랑찰랑에 잠길 때까지 물(재료 제외)을 붓는다. ❺ 한소끔 끓으면 약불로 고기가 부드러워질 때까지 삶는다. ❻ 삶는 동안 볼에 밀가루, 달걀물 80cc를 넣고 섞어 무른 반죽을 만들어둔다. ❼ 고기가 익으면 ❻의 반죽을 숟가락으로 ⅓큰술 정도씩 떠서 냄비에 넣는다. ❽ 중불에서 10분 정도 익힌 후 소금과 후춧가루로 간을 맞춘다.

크로아티아

필레치 파프리카스 Pileći Paprikaš

파프리카를 듬뿍 사용한 크로아티아 치킨 스튜

한때 헝가리의 지배를 받았던 슬라보니아는 식문화도 헝가리의 영향을 강하게 받고 있다. 파프리카스도 그 하나로, 헝가리의 민물고기를 이용한 생선 스튜가 기원으로 알려져 있다. 그러나 크로아티아 전체로 생각하면 생선 파프리카스는 슬라보니아 지역 요리로 닭고기를 사용한 필레치 파프리카스가 더 일반적인 요리이다. 파프리카를 많이 사용하는 점은 생선 파프리카스와 같지만 필레치 파프리카스는 생크림을 넣기 때문에 붉은색이 옅어진다. 파스타와 함께 제공되며 또한 사워크림을 스튜에 올린다.

재료(4인분)

올리브유 2큰술, 베이컨 30g(가늘게 자르기), 닭고기(뼈 포함) 900g, 양파 소1개(1cm 사각썰기), 마늘 2알(다지기), 셀러리 1대(곱게 썰기), 당근 소1개(작은 깍둑썰기), 빨강 파프리카 1개(두꺼운 슬라이스), 레드 칠리페퍼(말린 매운 고추) 1개(다지기), 헝가리안 파프리카가루(없으면 일반 파프리카가루) 1큰술, 토마토 소2개(1cm 깍둑썰기), 밀가루 1큰술, 화이트와인 150cc, 물 400cc, 생크림 80cc, 소금·후춧가루 적당량, 파스타(장식) 적당량, 사워크림(장식) 적당량

만드는 법

❶ 팬에 올리브유를 두르고 베이컨을 넣어 기름이 나올 때까지 볶은 후 고기를 넣고 눋도록 굽는다. 고기는 일단 꺼낸다. ❷ 같은 냄비에 양파, 마늘을 넣고 양파가 투명해질 때까지 볶은 다음 셀러리, 당근, 빨강 파프리카를 넣고 2분 정도 볶는다. ❸ 레드 칠리페퍼, 파프리카가루를 넣고 골고루 섞은 후 토마토, 소금 1작은술, 후춧가루 한꼬집을 넣어 2~3분 볶는다. ❹ 밀가루를 넣고 가루가 사라질 때까지 골고루 섞으면서 화이트와인을 넣어 루를 만든다. ❺ 물을 조금씩 추가하면서 루를 펴서 한소끔 끓으면 고기를 냄비에 넣는다. ❻ 고기가 익을 때까지 약불로 끓이면서 수분이 줄어들면 고기를 수시로 뒤집어서 골고루 익힌다. ❼ 생크림을 추가하고 소금과 후춧가루로 간을 맞춘다. 끓어오르지 않도록 주의하면서 충분히 데운다. ❽ 그릇에 파스타를 담고 스튜를 부은 후 사워크림을 얹는다.

베고바 초르바 Begova Čorba

오크라와 닭고기로 만드는 크리미한 보스니아 수프

베고바 초르바의 주재료는 오크라이다. 오크라는 터키뿐만 아니라 중근동 국가에서 꽤 오래전부터 먹었으며 수프의 재료로도 자주 사용되었다. 그런 중근동에서 친숙한 오크라에 닭고기와 함께 당근, 감자 등의 채소를 넣고 크리미하게 만든 것이 이 수프이다. 오크라 덕분에 상당히 걸쭉하지만, 레몬즙이 들어가서 맛은 의외로 상쾌하다.

재료(4인분)

오크라 10개(통썰기), 닭고기 250g, 당근 1개(1cm 깍둑썰기), 뿌리 셀러리 1개(1cm 깍둑썰기) 또는 셀러리 3대(곱게 썰기), 월계수 잎 1장, 물 1500cc, 무염버터 2큰술, 밀가루 2큰술, 달걀노른자 1개, 사워크림 2큰술, 소금·후춧가루 적당량, 베지타(없으면 다른 허브 스파이스 믹스 솔트) 적당량, 레몬즙 1큰술, 레몬 슬라이스(장식) 4장, 사워크림(장식) 적당량, 이탈리안 파슬리(장식) 적당량(다지기)

만드는 법

❶ 냄비에 충분한 물(재료 외)을 끓여 오크라를 넣고 10분 정도 삶은 후 소쿠리에 담아 찬물로 씻는다. ❷ 냄비에 고기, 당근, 셀러리, 월계수 잎을 넣고 물을 부어 한소끔 끓인 후 약불로 고기가 부드러워질 때까지 익힌다. ❸ 고기를 꺼내 어느 정도 식힌 후 껍질을 제거하고 먹기 좋은 크기로 찢어서 냄비에 다시 넣는다. ❶의 오크라도 추가한다. ❹ 프라이팬에 버터를 두르고 밀가루를 넣어 잘 섞은 다음 냄비의 수프를 ¼컵 정도 붓고 늘인다. ❺ ❹의 루를 냄비에 넣고 다시 약불로 10분 정도 끓인다. ❻ 다른 그릇에 달걀노른자와 사워크림를 넣고 잘 섞는다. 냄비의 불을 일단 끄고 섞으면서 달걀노른자와 사워크림 믹스를 조금씩 추가한다. ❼ 휘저으면서 약불로 끓인 다음 소금과 후춧가루, 베지타로 간을 맞춘다. 불을 끄고 레몬즙을 뿌려 섞는다. ❽ 수프를 그릇에 담아 레몬 슬라이스와 사워크림을 위에 올리고 이탈리안 파슬리를 뿌린다.

그라하 Grah

보스니아헤르체고비나

육수를 사용하지 않고 콩의 맛을 제대로 음미하는 스튜

그라하는 콩이라는 뜻이지만 보스니아에서는 그라하라고 하면 콩이 아니라 이 수프를 가리키는 게 아닐까 싶을 정도로 대중적인 스튜인 것 같다. 유사한 스튜는 보스니아뿐만 아니라 발칸반도의 국가에도 있다. 발칸반도 국가의 수프나 스튜와 마찬가지로 이 스튜에도 파프리카가루가 사용된다. 육수를 사용하지 않고 물로만 익히므로 콩이 수프의 맛을 결정한다. 따라서 콩의 맛을 제대로 스튜에 녹여내기 위해 통조림 콩보다 말린 콩을 사용하는 편이 좋다.

재료(4인분)

말린 로마노빈 또는 핀토빈(메추라기콩) 150g(충분한 물에 하룻밤 담가둔다), 물 1000cc, 식용유 1큰술, 양파 1개(다지기), 마늘 1알(다지기), 당근 1개(작은 깍둑썰기), 말린 매운 고추 1개(두드려 칼집을 넣는다), 월계수 잎 1장, 무염버터 1큰술, 밀가루 1큰술, 파프리카가루 2큰술, 소금·후춧가루 적당량, 이탈리안 파슬리(장식) 적당량(다지기)

만드는 법

❶ 콩을 소쿠리에 올려 씻은 후 냄비에 넣고 물을 부어 한소끔 끓으면 약불로 줄인다. ❷ 프라이팬에 기름을 두르고 양파, 마늘을 넣어 양파가 투명해질 때까지 볶은 후 당근, 말린 매운 고추를 넣고 2~3분 볶아 냄비에 넣는다. ❸ 냄비에 소금 1작은술, 후춧가루 한꼬집을 추가하고 약불로 콩이 부드러워질 때까지 익힌다. ❹ 콩이 익으면 프라이팬에 버터를 두르고 밀가루를 넣어 잘 섞은 후 파프리카가루를 넣고 전체적으로 빨갛게 될 때까지 섞는다. ❺ 프라이팬에 콩 삶은 국물을 조금씩 더해 루를 만들고 흐를 정도로 해서 냄비에 넣고 다시 약불로 30분 정도 끓여 소금과 후춧가루로 간을 맞춘다. ❻ 수프를 그릇에 담고 이탈리안 파슬리를 뿌린다.

몬테네그로

초바스카 클렘 오드 브르가냐 Čobanska Krem od Vrganja

풍부한 야생 버섯을 사용한 몬테네그로 버섯 수프

우뚝 솟은 산, 푸른 아드리아해, 기후, 토양 등 모든 것이 어우러져 몬테네그로는 유럽에서 가장 생물학적 다양성을 갖춘 나라 중 하나로 알려져 있다. 식재료뿐 아니라 의학적으로도 중요한 자원인 다양한 버섯이 무성하게 자라고 있다. 몬테네그로 사람들은 자연의 혜택인 버섯을 사용해서 최상의 버섯 수프를 만들어냈다. 바로 초바스카 클렘 오두 브르가냐이다. 이 수프는 본래 갓 딴 포르치니나 볼리토(버섯의 일종)가 사용되지만, 말린 것도 생것에 손색없는 맛있는 수프로 완성한다.

재료(4인분)

버섯(볼리토, 포르치니 등이지만 다른 것도 상관없다) 250g(말린 것은 40g 정도, 슬라이스), 올리브유 2큰술, 대파 6대(곱게 썰기), 셀러리 1대(곱게 썰기), 당근 2개(슬라이스), 감자 3개(슬라이스), 물 약 500cc, 생크림 120cc, 소금·후춧가루 적당량, 삶은 버섯(장식) 적당량, 이탈리안 파슬리(장식) 적당량(다지기)

만드는 법

❶ 말린 버섯을 사용하는 경우는 물에 담가 불린 후 물기를 빼고 슬라이스한다. ❷ 냄비에 올리브유를 두르고 파, 셀러리를 넣어 숨이 죽을 때까지 볶는다. ❸ 버섯을 넣고 2~3분 볶은 후 당근, 감자를 넣고 잘 섞어가며 살짝 볶는다. ❹ 찰랑찰랑 잠길 정도로 물을 붓고 소금 1작은술, 후춧가루 한꼬집을 넣고 끓인 후 약불로 재료가 익을 때까지 끓인다. ❺ 냄비의 내용물을 믹서로 퓌레한 후 생크림을 넣고 눌어붙지 않도록 자주 휘저으면서 약불로 끓기 전까지 따뜻하게 데운 후 소금·후춧가루로 간을 맞춘다. 따뜻할 때 물 또는 생크림을 넣고 원하는 농도로 조절한다. ❻ 수프를 그릇에 담고 장식을 한다.

초르바 오드 코프리베 Čorba od Koprive

몬테네그로

야생 식물로 요리했다고는 믿기지 않는 고급 수프

코프리베는 영어로 쐐기풀(stinging nettle)이다. 만지면 꽤 따끔하다고 해서 붙은 이름이다. 우리나라의 쐐기풀은 서양의 쐐기풀과 종류는 다르지만 산채로 먹을 수 있으므로 수프로 만들 수 있지 않을까. 쐐기풀 수프는 야생 식물을 채취해서 수프로 만들었다고는 생각되지 않을 정도로 고급스러움이 느껴진다. 채취할 때나 씻을 때 장갑을 껴야 하는 번거로움은 있지만, 그럴 만한 가치가 충분히 있는 매우 맛있는 수프이다.

재료(4인분)

쐐기풀 잎 400g(가지 포함), 무염버터 2큰술, 양파 1개(1cm 사각썰기), 채소나 닭 육수 또는 물+부이용 1000cc, 감자 1개(1cm 깍둑썰기), 소금·후춧가루 적당량, 사워크림 또는 생크림(장식) 적당량

만드는 법

❶ 쐐기풀을 찬물로 깨끗이 씻는다. 반드시 장갑을 낄 것. ❷ 냄비에 충분한 물을(재료 외) 끓여 소금 한꼬집을 넣고 쐐기풀을 살짝 데쳐 물기를 뺀 후 잎만 잡아 뜯어 블렌더로 간다. 육수를 조금 넣으면 편하다. ❸ 냄비를 씻어 버터를 두르고 양파를 넣어 투명해질 때까지 볶은 후 육수를 넣고 한소끔 끓인다. ❹ 감자, 소금 1작은술, 후춧가루 한꼬집을 넣고 약불로 부드러워질 때까지 익힌 후 ❷를 넣고 5분 정도 끓여 소금과 후춧가루로 간을 맞춘다. ❺ 수프를 그릇에 담고 사워크림을 올린다.

알바니아

수페 메 트라하나 Supe me Trahana

밀가루와 우유와 요구르트로 만든 인스턴트 수프의 원형

트라하나는 터키를 포함한 지중해 연안 국가에서 자주 사용하는 밀가루와 요구르트나 우유, 버터 밀크 등을 섞어 발효시킨 파스타 같은 것이다. 국가별로 다른 이름으로 불리지만, 보통은 트라하나라고 불린다. 알바니아 트라하나는 밀가루와 요구르트를 혼합한 것으로, 흰색이 특징이다. 유감스럽게 알바니아의 것은 입수하지 못했기 때문에 여기서는 우유를 사용한 그리스산을 사용했다. 트라하나와 토마토라는 성격이 다른 2가지 단맛, 신맛이 조화를 이뤄 심플하면서 식욕을 돋우는 독특한 맛을 만들어낸다.

재료(4인분)

올리브유 2큰술, 트라하나 6큰술, 양파 소1개(다지기), 빨강 파프리카 1개(1cm 사각썰기), 이탈리안 파슬리 5대(다지기), 토마토 소2개(갈기), 물 1000cc, 소금·후춧가루 적당량, 페타 치즈(장식) 적당량(잘게 부수기), 이탈리안 파슬리(장식) 적당량(잘게 썰기)

만드는 법

❶ 냄비에 올리브유 1큰술을 두르고 트라하나를 넣어 약불로 2분 정도 볶아둔다. ❷ 프라이팬에 올리브유 1큰술을 두르고 양파를 넣어 투명해질 때까지 볶은 다음 빨강 파프리카를 넣고 2분 정도 볶는다. ❸ 프라이팬의 내용물을 냄비에 넣고 이탈리안 파슬리, 토마토, 물, 소금 1작은술, 후춧가루 한꼬집을 더해 한소끔 끓인 다음 약불로 10~15분 끓인다. 중간에 물을 추가하여 수분량을 유지한다. ❹ 소금과 후춧가루로 간을 해서 그릇에 담고 치즈와 이탈리안 파슬리를 뿌린다.

미쉬 메 라크라 Mish me Lakra

알바니아

양배추와 고기가 많이 든 스파이시 수프

롤 양배추로 해도 양배추 된장국으로 해도 삶아서 부드러워진 후의 달짝함이 양배추의 매력이다. 미쉬 메 라크라도 그런 양배추의 단맛을 이끌어낸 알바니아에서 가장 인기 있는 수프 중 하나다. 미쉬 메 라크라는 양배추와 고기로 만든 수프이다. 또 하나 빼놓을 수 없는 것이 토마토이다. 고기는 좋아하는 것을 사용하면 된다. 양배추는 익히면 단맛이 나지만 단맛이 너무 강하다고 느끼는 사람도 많을 것이다. 그 달콤함을 완화시켜 주는 것이 토마토이다. 고추와 파프리카 등의 향신료도 이 수프에 매력을 더하는 중요한 요소이다.

재료(4인분)

양배추 1개(2cm 사각썰기), 토마토 1개(1cm 깍둑썰기), 토마토 퓌레 1큰술, 구운 빨강 파프리카 2개(1cm 사각썰기), 양파 1개(거칠게 다지기), 칠리페퍼 플레이크 한꼬집, 파프리카가루 2작은술, 월계수 잎 1장, 올리브유 1큰술, 양고기, 소고기 또는 돼지고기 500g(크게 깍둑썰기), 물 1000cc, 소금·후춧가루 적당량

만드는 법

❶ 양배추에서 올리브유까지의 재료와 소금과 후춧가루 조금을 볼에 넣고 잘 섞는다. ❷ 냄비에 ❶의 절반을 깔고 그 위에 고기를 늘어놓고, 나머지 절반을 고기 위에 올린다. ❸ 물을 넣고 한소끔 끓인 후 약불로 고기가 익을 때까지 끓인다. ❹ 소금과 후춧가루로 간을 맞춘다.

북마케도니아

텔레스카 초르바 Teleska Corba

부드러운 송아지고기를 사용한 북마케도니아 명물 스튜

북마케도니아에서는 고기 스튜를 자주 먹는다. 인기 있는 것은 빌(veal), 트리프(tripe), 닭고기이다. 빌은 송아지, 트리프는 소의 위이다. 그중에서도 인기인 것은 송아지 스튜로, 마케도니아의 레스토랑에서 반드시 메뉴에 오를 정도로 전 국민에게 사랑받고 있다. 우리에게 빌은 그다지 친숙하지 않지만 유럽에서는 다양한 요리에 사용된다. 소고기처럼 빨갛지 않고 부드럽고 담백한 것이 빌의 특징이다. 이 스튜에는 또 한 가지 익숙하지 않은 재료인 파스닙(서양 방풍나물)이 사용된다. 이 채소는 언뜻 하얀 당근처럼 보이지만 전혀 다른 채소로 맛은 당근과 약간 비슷하지만 이탈리안 파슬리의 맛과 향이 난다.

재료(4~5인분)

식용유 1큰술, 빌(송아지고기) 또는 소고기 300g(한입 크기로 자르기), 양파 1개(다지기), 마늘 4알(다지기), 물 1200cc, 당근 1개(1cm 깍둑썰기), 파스닙(없으면 당근) 1개(1cm 깍둑썰기), 피망 3개(1cm 깍둑썰기), 감자 소2개(1cm 깍둑썰기), 무염버터 1큰술, 밀가루 1큰술, 사워크림 120cc, 달걀노른자 1개분, 소금·후춧가루 적당량, 이탈리안 파슬리(장식) 적당량(다지기)

만드는 법

❶ 냄비에 기름을 두르고 고기를 넣어 붉은색이 없어질 때까지 볶은 후 양파, 마늘을 더해 양파가 투명해질 때까지 볶는다. ❷ 물을 넣고 한소끔 끓인 후 소금 1작은술, 후춧가루 한꼬집을 넣어 약불로 고기가 익을 때까지 끓인다. ❸ 당근, 파스닙, 피망, 감자를 넣고 한 번 끓인 후 약불로 채소가 익을 때까지 익힌다. ❹ 프라이팬에 버터를 두르고 밀가루를 넣어 잘 섞은 다음 냄비의 수프를 조금씩 넣으면서 루를 만든다. ❺ 휘저으면서 루를 냄비에 넣고 10분 정도 더 약불로 끓인 후 소금과 후춧가루로 간을 맞춘다. ❻ 냄비를 불에서 내려 사워크림과 달걀노른자를 냄비에 넣고 잘 섞는다. ❼ 수프를 그릇에 담고 이탈리안 파슬리를 뿌린다.

파솔라다 Fasolada

그리스

흰콩, 토마토, 양질의 올리브유가 수프 맛을 결정

콩 수프는 고기가 들어 있지 않아도 영양이 높을 뿐 아니라 콩만으로도 깊은 맛의 수프가 완성된다. 같은 영양가를 섭취한다고 하면 가격적으로도 콩이 훨씬 싸다. 풍요로운 역사를 쌓아온 그리스이지만 전쟁, 내전, 기근 등 거듭되는 고난을 겪었다. 결코 부유한 국가가 아니다. 그런 가운데 그리스는 세계적으로 명성 높은 식문화를 구축했다. 저렴한 콩을 사용해 향기롭고 아름다운 깊은 맛의 수프로 완성된 파솔라다에서 그리스 식문화의 경이로움을 엿볼 수 있다.
이 수프는 콩의 흰색과 토마토의 선명한 빨간색이 인상적인 그리스 전통 음식이다.

재료(4~6인분)

올리브유 2큰술, 양파 2개(1cm 사각썰기), 당근 2개(가는 것은 그대로, 굵은 것은 세로 2등분해서 두껍게 슬라이스), 셀러리 3대(두껍게 곱게 썰기), 토마토 페이스트 1큰술, 말린 흰강낭콩 450g(조리된 경우는 1000~1200g, 말린 콩은 충분한 물에 하룻밤 담가둔다), 물 1500~2000ml, 월계수 잎 2장, 오레가노 ½작은술, 파프리카가루 ½작은술, 소금·후춧가루 적당량, 올리브유(장식) 적당량, 이탈리안 파슬리(장식) 적당량(다지기)

만드는 법

❶ 냄비에 올리브유를 두르고 채소를 넣어 양파가 투명해질 때까지 볶는다. ❷ 토마토 페이스트를 첨가하여 섞은 후 콩을 잘 씻어 넣고, 여기에 물과 허브, 향신료, 소금 1작은술, 후춧가루 한꼬집을 넣어 한소끔 끓인다. 약불로 재료가 모두 익을 때까지 끓인다. 조리된 콩을 사용하는 경우에는 채소가 부드러워지면 넣는다. ❸ 소금과 후춧가루로 간을 맞추고 그릇에 담아 올리브유를 떨어뜨리고 이탈리안 파슬리를 뿌린다. 올리브(가능하면 칼라마타 올리브), 빵과 함께 내놓는다.

코토수파 아브고레모노 Kotosoupa Avgolemono

달걀과 레몬으로 만든 소스가 핵심인 그리스 달걀 수프

코토수파 아브고레모노는 달걀이 들어간 심플한 치킨 수프이다. 하지만 심플하다고 해서 조리법이 간단하지만은 않다. 수프의 맛을 좌우하는 재료는 달걀 레몬 소스이다. 이 소스는 휘핑한 달걀에 레몬을 넣은 것으로 맛뿐 아니라 걸쭉함을 더하는 역할도 한다. 이 소스를 만드는 것이 만만치 않다. 조심하지 않으면 달걀을 푼 국이 돼 버린다. 포인트는 수프의 온도를 낮추는 것. 소스에 수프를 조금 넣어서 수프와의 온도차를 줄이고 저어가며 국물에 넣는 것이비결이다.

재료(4인분)

뼈 붙은 닭고기 1kg, 양파 1개(4등분), 당근 1개(길이 방향으로 반으로 자르기), 셀러리 1대(길이 방향으로 반으로 자르기), 이탈리안 파슬리 5대(줄기와 잎으로 나누고 잎은 다지기), 월계수 잎 1장, 오레가노 1작은술, 물 1200cc, 쌀 50g, 달걀 2개(흰자와 노른자를 분리), 레몬즙 ½개분, 소금·후춧가루 적당량, 올리브유 2큰술

만드는 법

❶ 고기와 채소, 이탈리안 파슬리 줄기, 월계수 잎, 오레가노, 소금 1작은술, 후춧가루 한꼬집을 넣고 물을 부어 한소끔 끓인다. 약불로 살이 뼈에서 쉽게 분리될 때까지 끓인다. ❷ 고기와 당근을 꺼내 접시 등에 담아 두고 나머지는 소쿠리에 걸려 수프만 냄비에 다시 넣는다. 나머지 채소 등은 버린다. ❸ 고기는 먹기 좋은 크기로 찢고 당근은 슬라이스해 둔다. ❹ 수프를 끓이고 쌀을 넣어 부드러워질 때까지 약불로 끓인 후 고기와 당근을 냄비에 다시 넣고 끓으면 불을 끄고 5~10분 둔다. ❺ 볼에 달걀흰자를 넣고 거품기로 머랭 상태가 될 때까지 거품을 낸 후 달걀노른자를 더해 다시 잘 섞는다. 레몬즙을 첨가하고 거품기로 잘 섞는다. ❻ 냄비의 수프를 1국자 떠서 달걀이 든 볼에 휘저어가면서 넣는다. ❼ 볼에 든 내용물을 냄비에 넣고 소금과 후춧가루로 간을 한 다음 불에 올려 달걀 믹스가 굳지 않도록 저으면서 천천히 데운다. ❽ 올리브유를 넣고 가볍게 섞은 후 수프를 그릇에 담고 이탈리안 파슬리 잎을 뿌린다.

타히노수파 Tahinosoupa

그리스

참깨 페이스트 타히니*로 만드는 단순 명쾌한 그리스 수프

정교회 신자인 그리스 사람들은 사순절이 시작하는 2월 4일부터 부활절 전날까지 금식한다. 고기뿐 아니라 술, 올리브유도 먹지 않는다. 금식 기간에 주로 먹는 것이 타히노수파이다.

타히니는 지중해와 중근동 요리로 훔무스(hummus)*의 재료인 참깨 페이스트이다. 참깨 페이스트에 불구르(bulgur)나 쌀, 파스타를 넣어 수프로 한 것이 타히노수파이다. 당근이나 셀러리를 추가해도 좋을 것 같다. 마찬가지로 타히니가 들어간 브레드 스틱으로 저어서 먹으면 분위기가 한층 더 난다.

*타히니(tahini) : 중동식 참깨 페이스트

*훔무스(hummus) : 병아리콩을 으깨어 만든 음식으로, 레반트 지역과 이집트의 대중음식

재료(4인분)

물 1500cc, 불구르, 보리, 쌀 또는 엔젤 헤어 파스타 100g, 타히니 6큰술, 소금·후춧가루 적당량, 이탈리안 파슬리(장식) 적당량(다지기), 카옌페퍼 또는 칠리페퍼 가루(장식) 적당량, 레몬(장식) 1개(빗모양썰기)

만드는 법

① 냄비에 물과 소금 1작은술을 넣고 끓인 후 곡물 또는 파스타를 넣고 부드러워질 때까지 익히고 불을 끈다. ② 타히니를 볼에 넣고 ❶의 냄비에 물을 1국자씩 넣고 거품기 등으로 잘 섞는다. ③ 녹인 타히니를 냄비에 부어 잘 섞고 소금과 후춧가루로 간을 맞춘다. ④ 그대로 그릇에 수프를 붓고 이탈리안 파슬리와 카옌페퍼를 뿌리고 취향에 따라 레몬을 짜 넣는다.

세르비아

초르바 오드 카르피올라 Čorba od Karfiola

당근으로 노란색으로 물든 세르비아풍 콜리플라워 수프

로스트, 그릴, 스팀 등 콜리플라워는 다양한 방법으로 요리된다. 미국에서는 생것으로 먹고 유럽에서는 피클을 만든다. 조리법에 따라 닭고기 맛이 난다는 사람도 있다. 콜리플라워는 수프의 재료로도 안성맞춤이다. 콜리플라워가 익어서 흐물흐물해지면 수프가 포타주처럼 걸쭉해진다. 유제품과 궁합이 뛰어난데, 굳이 생크림이 아니더라도 우유로도 맛있는 수프가 완성된다. 이 수프는 완전히 퓌레하지만, 3분의 1에서 절반 정도를 퓌레하기 전에 꺼내서 나머지를 퓌레한 후에 넣는 것도 좋다.

재료(4인분)

식용유 2큰술, 양파 1개(슬라이스), 마늘 2알(슬라이스), 당근 소1개(슬라이스), 콜리플라워 500g(잘게 자르기), 감자 1개(슬라이스), 닭 육수 또는 물+치킨 부이용 800cc, 육두구 ¼작은술, 베지타(없으면 그 외의 허브 믹스 솔트) 1작은술+α, 흰 후춧가루 적당량, 우유 200cc, 이탈리안 파슬리(장식) 적당량(다지기)

만드는 법

❶ 냄비에 기름을 두르고 양파와 마늘을 넣어 양파가 투명해질 때까지 볶는다. ❷ 남은 채소, 육수, 육두구, 베지타 1작은술, 흰 후춧가루 한꼬집을 넣어 한소끔 끓이고 채소가 숨이 죽을 때까지 약불로 끓인다. ❸ 우유를 넣고 한소끔 끓으면 베지타와 흰 후춧가루로 간을 맞추고 블렌더로 퓌레한다. ❹ 수프를 그릇에 담고 이탈리안 파슬리를 뿌린다.

아이란 초르바스 **Ayran Çorbası**

터키

터키의 고품질 요구르트로 만드는 병아리콩과 보리 수프

아이란 초르바스는 병아리콩과 보리가 든 터키의 요구르트 수프이다. 병아리콩이 들어가지 않는 요구르트 포리지(죽) 같은 수프도 있는데, 이것은 야일라 초르바스라고 한다. 터키 북쪽 베이부루토 지방의 높은 산이 이어져 광대한 목초지가 펼쳐진 야일라에 빗댄 이름이다. 야일라는 질 좋은 요구르트 산지로 알려져 있다. 고기가 들어 있지 않지만 단백질을 풍부하게 포함한 영양가 있는 수프로 닭 육수를 사용하지 않고 물만 사용하면 이상적인 베지테리언 푸드가 된다. 추운 겨울에 빼놓을 수 없는 심신이 따뜻해지는 수프이다.

재료(4인분)

보리나 밀 90g, 닭 육수 또는 물+치킨 부이용 또는 물 750cc, 조리된 병아리콩 100g, 요구르트 380cc, 무염버터 2큰술, 양파 ½개(1cm 사각썰기), 말린 민트 2큰술, 칠리페퍼 플레이크 1작은술, 소금 적당량, 말린 민트(장식) 적당량

레드 페퍼 오일

올리브유 2큰술, 레드페퍼 파우더 1작은술

※올리브유를 팬에 두르고 레드페퍼 파우더를 넣고 섞은 후 불에서 내린다.

만드는 법

❶ 보리를 충분한 물(재료 외)에 넣고 끓여 부드러워질 때까지 익힌 후 소쿠리에서 물기를 빼둔다. 또는 밥솥에서 익혀둔다. ❷ 절반의 육수를 냄비에 넣고 한소끔 끓이고 콩을 넣어 몇 분 익힌다. ❸ 남은 육수와 요구르트를 볼에 넣어 잘 섞고 콩이 든 냄비에 ❶의 보리와 함께 넣어 한소끔 끓인 후 약불로 익힌다. ❹ 프라이팬에 버터를 두르고 양파를 넣어 투명해질 때까지 볶은 후 민트와 칠리페퍼를 더해 가볍게 섞는다. 냄비에 넣고 끓으면 소금으로 간을 한다. ❺ 수프를 그릇에 담고 레드페퍼 오일을 두르고 말린 민트를 뿌린다.

터키

도마테스 초르바스 Domates Çorbası

로스트해서 단맛이 증가한 토마토로 만드는 터키 수프

토마토 수프라고 하면 스페인의 가스파초가 떠오를 것이다. 더운 여름에 주스처럼 마시는 가스파초의 청량감은 각별하다. 터키의 토마토 수프도 맛에서는 가스파초에 뒤지지 않는다. 이 수프의 핵심은 재료를 볶는 데 있다. 채소와 과일은 구우면 당분이 캐러멜화해서 단맛이 증폭된다. 훈제 비슷한 맛도 더해진다. 양파, 마늘도 함께 볶는다. 구운 채소는 물에 오래 졸여 퓌레로 한 후 우유로 재료 모두를 섞어 부드러운 맛으로 완성한다. 이 레시피는 현대식 버전이고 전통 방식은 우유를 사용하지 않고 토마토도 생것을 이용한다.

재료(4인분)

토마토 4~5개(2등분), 양파 ½개, 마늘 2알, 올리브유 1큰술, 무염버터 2큰술, 밀가루 3큰술, 물 800cc, 우유 200cc, 소금·후춧가루 적당량, 모차렐라, 체다 등의 치즈(장식) 적당량(갈기)

만드는 법

❶ 오븐을 200도로 맞춘다. ❷ 토마토, 양파, 마늘을 트레이에 올려놓고 올리브유, 소금, 후춧가루를 조금 뿌려 20분 정도 굽는다. ❸ 조금 식으면 토마토는 껍질을 벗겨 자른다. 양파, 마늘도 마찬가지로 자른다. ❹ 냄비에 버터를 두르고 밀가루를 넣어 잘 섞으면서 물을 조금씩 추가해 루를 만든다. ❺ 토마토, 양파, 마늘을 넣고 끓으면 약불로 10분 정도 익힌다. 타지 않도록 자주 저을 것. ❻ 믹서로 퓌레하고 우유를 넣어 한소끔 끓으면 소금과 후춧가루로 간을 맞춘다. ❼ 수프를 그릇에 담고 치즈를 올린다.

타르하나 초르바스 Tarhana Çorbası

터키

수프 재료 하나하나가 수준 높은 터키의 국민 수프

타르하나는 밀가루, 요구르트, 토마토 등을 혼합하여 발효시켜 햇볕에 건조시켜 만드는 최초의 인스턴트 수프의 원료로 알려져 있다. 알바니아 수프에 사용되는 트라하나(p.94)는 타르하나의 기원이다. 타르하나를 만드는 데는 노력과 시간이 필요해서 보통은 시판되고 있는 가루를 주로 사용한다. 기본적으로 이 가루를 물에 풀어 끓이면 훌륭한 수프가 된다. 토마토 페이스트와 버터를 추가하면 더욱 맛있다. 말린 민트, 페타 치즈를 띄우면 터키에서 가장 인기 있는 수프에 합당한 최고급 수프가 된다.

재료(4인분)

타르하나가루 3큰술, 물 100cc, 무염버터 1큰술, 토마토 페이스트 1큰술, 닭 육수 또는 물+치킨 부이용 1000cc, 말린 민트 1작은술, 파프리카가루 ½작은술, 레드 칠리페퍼 1작은술, 소금 적당량, 이탈리안 파슬리(장식) 적당히(다지기), 페타 치즈(장식, 기호에 따라) 적당량, 말린 민트(장식) 적당량, 레드 칠리페퍼 파우더(장식) 적당량

만드는 법

❶ 타르하나 가루와 물을 그릇에 넣고 뭉치지 않도록 잘 섞어 1시간 정도 둔다. ❷ 냄비에 버터를 녹여 토마토 페이스트를 추가하고 1분 정도 섞는다. 육수와 ①의 타르하나액을 넣고 끓인 후 허브와 향신료를 첨가하여 5분 또는 원하는 농도가 될 때까지 약불로 끓인다. 진한 경우는 물을 첨가한다. ❸ 수프를 그릇에 담고 원하는 토핑을 올린다.

라하나 초르바스 Lahana Çorbası

터키

흑해 주변에서 자주 사용되는 케일이 주재료인 건강한 수프

흑해 연안에서는 양배추를 자주 사용한다. 우리나라에서 판매되는 딱딱하고 덩어리 모양의 양배추가 아니라 터키에서 블랙 케일이라고 불리는 로메인 상추처럼 잎이 핀 연녹색을 띤 것이다. 케일이라고 하지만, 터키에서 실제로 사용되는 케일이 미국 등에서 입수 가능한 것과 동일한지는 알 수 없다. 어쨌든 케일은 주로 익혀서 먹는 채소로 수프 재료로도 적합한 녹색잎 채소 중 하나다. 이 수프는 토마토 베이스에 흰강낭콩과 쌀이 들어간다. 보통은 콘플라워(옥수수가루)로 걸쭉함을 낸다. 매우 영양가 높은 수프이다.

재료(4인분)

케일 3~4장(심을 빼고 세로로 2~3등분해서 슬라이스), 무염버터 1큰술, 올리브유 1큰술, 양파 소2개(1cm 사각 썰기), 빨강 파프리카 페이스트 또는 토마토 페이스트 1큰술, 닭 육수 또는 물+치킨 부이용 1200cc, 쌀 150g, 레드 칠리페퍼 플레이크 1작은술, 조리 강낭콩 200g, 소금·후춧가루 적당량, 콘플라워(옥수수가루) 1큰술

만드는 법

❶ 케일을 볼에 넣고 가볍게 소금(재료 외)을 뿌려 잘 비벼서 소쿠리에 올려 씻어둔다. ❷ 냄비에 버터와 올리브유를 두르고 양파를 넣어 투명해질 때까지 볶는다. ❸ 빨강 파프리카 페이스트를 넣고 타지 않도록 약불로 2분 정도 볶아낸다. ❹ 케일을 넣고 수분이 나올 때까지 중불에서 볶다가 육수, 쌀, 칠리페퍼 플레이크, 소금 1작은술, 후춧가루 한꼬집을 더해 강불에서 한소끔 끓인다. ❺ 콩을 넣고 쌀이 부드러워질 때까지 약불로 끓이고 소금과 후춧가루 간을 맞춘다. ❻ 콘플라워를 2큰술 정도의 물(재료 외)에 풀어서 냄비에 넣고 한 번 끓인다.

바뎀 초르바스 Badem Çorbası

터키

아몬드의 단맛을 만끽할 수 있는 여름 수프

장기간 번영을 누린 거대 오스만 제국의 영향은 터키 음식 문화에 짙게 남아 있다. 아몬드가 주재료인 이 수프도 원래는 제국 요리였다. 모로코나 스페인에도 아몬드를 사용한 수프는 있다. 스페인은 오스만 제국의 지배를 당하지는 않았지만 식문화에서는 영향이 있을지도 모른다. 이 수프는 껍질을 벗긴 아몬드의 흰색 열매만을 사용하여 우유를 넣어 퓌레한다. 크림색을 띠는 흰색 국물은 보기에도 아름답다. 소금은 필수이지만 적게 사용하면 아몬드의 단맛이 한층 돋보인다. 식욕이 없는 더운 여름에 안성맞춤인 영양 풍부한 수프이다.

재료(4~6인분)

아몬드(가급적 로스트하지 않은 것) 150g, 무염버터 2큰술, 밀가루 ½큰술, 우유 500cc, 물 500cc, 육두구 한 꼬집, 소금·후춧가루 적당량, 슬라이스 아몬드(장식) 적당량

만드는 법

① 껍질 아몬드의 경우 끓는 물에 1분 끓여 바로 식히고 손으로 껍질을 벗긴다. 블렌더, 푸드 프로세서, 그라인더 등으로 아몬드 가루로 만든다. ② 냄비에 버터 1큰술을 두르고 밀가루를 추가해 잘 섞은 후 ❶의 아몬드를 넣고 2분 정도 섞는다. ③ 저으면서 우유를 조금씩 추가하여 섞고 물, 육두구, 소금과 후춧가루 약간을 넣고 한소끔 끓인 후 중불에서 5분 정도 끓이고 소금과 후춧가루로 간을 맞춘다. ④ 팬에 버터 1큰술을 두르고 슬라이스 아몬드를 넣어 옅은 갈색이 될 때까지 로스트한다. ⑤ 수프를 그릇에 담고 로스트한 아몬드를 올린다.

터키

술탄 초르바스 Sultan Çorbası

어떤 재료를 사용하는지, 어떻게 만드는지 알 수 없는 수수께끼의 수프

같은 이름의 수프이면서 사용하는 재료는 지역에 따라 다르다. 인터넷에서 보면 이 수프 요리법이 많이 나온다. 문제는 사용되는 재료가 완전히 다르다는 점이다. 닭고기가 들어가는가 하면 고기 경단이 들어가기도 한다. 시금치 수프인가 하면 당근 수프이기도 하다. 알면 알수록 정체를 알 수 없는 수프인 것이다. 술탄이란 오스만 제국 군주를 말한다. 이것만은 공통적이다. 여기서 소개하는 수프는 몇 가지 레시피에서 공통 부분을 찾아 만든 고심작이다.

재료(4인분)

무염버터 1큰술, 밀가루 2큰술, 당근 1개(거칠게 갈기), 닭 육수 또는 물+치킨 부이용 1000cc, 소금·후춧가루 적당량, 체다 치즈(장식) 적당량(갈기), 이탈리안 파슬리(장식) 적당량(다지기)

만드는 법

❶ 냄비에 버터를 두르고 밀가루를 넣어 잘 섞은 후 당근을 넣고 2~3분 더 볶는다. ❷ 육수를 넣고 한소끔 끓인 후 소금 1작은술, 후춧가루 한꼬집을 넣고 약불로 10분 정도 끓인다. 소금과 후춧가루로 간을 맞춘다. ❸ 수프를 그릇에 담고 치즈와 이탈리안 파슬리를 뿌린다.

The World's Soups

Chapter

3

북유럽

Northern Europe Europe

덴마크 | 핀란드 | 아이슬란드 | 노르웨이 | 스웨덴

구을레 에어터 Gule Ærter

덴마크

녹색이 아닌 노란완두콩을 사용한 덴마크 전통의 수프

피(완두콩)는 그린피스라고 불리는 것처럼 녹색과 잘 어울린다. 하지만 이 덴마크의 수프에서 사용되고 있는 것은 노란색이다. 완두콩과 양배추는 덴마크에서 가장 오래된 채소로 알려져 있으며, 1766년 덴마크에서 출판된 요리책에 이미 소개되어 있다. 완두콩 수프는 덴마크뿐만 아니라 북유럽 각국에서 볼 수 있으며 특징은 소금에 절인 돼지고기를 사용한다는 점이다. 고기도 생선도 소금에 절이면 보존이 용이할 뿐 아니라 맛도 좋아진다. 만약 소금을 사용한다면 소금기에 따라 다르지만 물에 하룻밤 담가 소금기를 빼는 게 좋다.

재료(4인분)

돼지고기 덩어리(목살 등) 500g, 물 1250cc, 백리향 1개, 이탈리안 파슬리 3대, 월계수 잎 1장, 말린 노란완두콩 250g(충분한 물에 하룻밤 담가둔다), 양파 1개(1cm 사각썰기), 셀러리 1대(곱게 썰기), 당근 1개, 파스닙(없으면 당근) ½개(1cm 통썰기), 감자 1개(1cm 사각썰기), 리크 또는 대파 1대(잘게 썰기), 소금·후춧가루 적당량

만드는 법

❶ 고기를 냄비에 넣고 물을 넣는다. 고기가 완전히 잠기지 않으면 고기를 자른다. ❷ 허브를 넣고 불에 올려 약불로 고기가 익을 때까지 끓인다. ❸ 고기를 꺼내 식기 전에 알루미늄 포일을 씌워둔다. 허브는 제거하고 수프만 2개의 냄비에 나눈다. ❹ 한 냄비에 콩을 넣고 부드러워질 때까지 삶아 믹서에 퓌레한다. ❺ 다른 냄비에 리크를 제외한 나머지 채소를 넣어 채소가 숨이 죽을 때까지 끓인 후 리크를 넣고 추가로 5분 정도 끓인다. ❻ 2개의 냄비 내용물을 하나의 냄비에 함께 넣고 끓인 후 소금과 후춧가루로 간을 맞춘다. ❼ 국물을 그릇에 담고 덜어둔 고기를 슬라이스해서 다른 접시에 담아낸다.

덴마크

헨시커서베 메 커벌러 Hønsekødssuppe med Kødboller

이름은 치킨 수프이지만 닭고기가 들어 있지 않은 묘한 수프

헨시커서베 메 커벌러는 아무래도 발음하기 어려운 이름인데, 이 수프의 이름을 직역하면 미트볼이 든 치킨 수프이다. 치킨 수프라고는 해도 닭고기가 들어 있지 않은 치킨 수프이다. 미트볼은 다진 돼지고기로 만든다. 닭고기는 수프를 만들 때 채소와 함께 삶아 소쿠리에 거르는데, 이때 당근과 셀러리는 잘라서 다시 냄비에 넣지만 닭은 다른 요리에 사용한다. 그래서 수프만 만들 거라면 국물용 닭뼈로도 충분하다. 덴마크에서는 한 마리를 통째로 삶아 국물을 내고 남은 몸통은 찢어서 다른 요리에 사용한다.

재료(4인분)

수프용 닭 또는 닭뼈 1마리분, 물 적당량(닭이 잠길 정도), 당근 2개(반으로 자르기), 셀러리 1대(반으로 자르기), 리크 또는 대파 2대(1대는 10cm 정도로 자르고 다른 1대는 곱게 썰기), 이탈리안 파슬리 10대, 백리향 4개, 월계수 잎 1장, 통후추 5알, 소금 적당량, 에샬롯 2개(세로로 반으로 잘라 얇게 슬라이스), 이탈리안 파슬리(장식) 적당량(다지기)

미트볼

간 돼지고기 400g, 달걀 1개, 양파 소1개(다지기), 이탈리안 파슬리 1대(다지기), 밀가루 40g, 우유 80cc, 소금 1작은술, 후춧가루 한꼬집

만드는 법

❶ 닭뼈를 사용하는 경우 찬물로 잘 씻어 뜨거운(미지근한) 물에 담가둔다. 냄비에 닭을 넣고 닭이 잠길 정도로 물을 붓는다. ❷ 당근, 셀러리, 10cm 길이로 자른 리크, 허브, 통후추와 소금 1작은술을 넣고 한소끔 끓인 후 닭에서 충분히 엑기스가 나올 때까지 2시간 정도 약불에서 끓인다. 당근과 셀러리는 익으면 꺼내서 따로 덜어둔다. ❸ 닭을 꺼내고 수프를 소쿠리에 걸러 냄비에 다시 넣고 소금과 후춧가루로 간을 하고 약불에서 따뜻하게 데운다. ❹ 수프가 데워지는 동안 미트볼을 만든다. 다른 냄비에 물(재료 외)을 끓인다. ❺ 미트볼 재료를 모두 볼에 넣고 손으로 잘 섞으면서 직경 2~5cm 크기로 둥글게 만든다. ❻ ❹에서 끓인 물에 미트볼을 넣고 떠오르면 건져서 볼에 옮겨 담는다. ❼ 꺼낸 당근과 월계수 잎을 먹기 좋은 크기로 잘라 미트볼, 잘게 썬 리크, 에샬롯과 함께 그릇에 담고 그 위에 뜨거운 수프를 붓는다. 이탈리안 파슬리를 장식한다.

핀란드

왈코시풀리께이또 Valkosipulikeitto

마늘이 듬뿍 들어가 먹을 때 조금 각오가 필요한 수프

왈코시풀리께이또는 헬싱키의 명물 마늘 수프이다. 핀란드 사람들은 마늘 수프뿐 아니라 마늘 자체를 좋아하는 것 같다. 마늘 아이스크림을 파는 마늘 전문 레스토랑도 있을 정도이니 그렇게 생각해도 틀리지 않다고 생각한다. 이 수프는 4인분에 마늘 한 통을 통째 사용한다. 이 레시피에서는 버터에 양파와 함께 소테하지만 소테하기 전에 양파와 마늘을 반으로 잘라 오븐에서 구우면 둘의 단맛이 나와 수프 맛이 배가된다. 맥주로 끓여도 맛있다.

재료(4인분)

무염버터 1큰술, 마늘 1통(껍질을 벗기기), 양파 2개(슬라이스), 맥주 250cc, 채소 육수 750cc, 백리향 적당량, 생크림 250cc, 소금·후춧가루 적당량, 이탈리안 파슬리(장식) 적당량, 크루통* 적당량, 백리향(장식) 1개

*크루통(croûton) : 장식. 수프에 띄우는 빵 조각 튀김

만드는 법

❶ 냄비에 버터를 두르고 마늘과 양파를 넣어 중불 이하로 타지 않도록 주의하면서 양파가 투명해질 때까지 볶는다. ❷ 맥주를 넣고 한 번 끓인 후 육수, 백리향을 넣고 약불로 1시간 정도 끓인다. ❸ 믹서로 퓌레하고 생크림을 넣어 섞으면서 끓기 직전까지 데운 후 소금과 후춧가루로 간을 맞춘다. ❹ 수프를 그릇에 담고 이탈리안 파슬리, 크루통, 백리향으로 장식한다.

시스콘막까라께이또 Siskonmakkarakeitto

핀란드

생 소시지를 짜낸 고기로 만드는 미트볼이 주재료

이 수프의 주재료인 시스콘막까라는 핀란드의 생 소시지로 매우 결이 미세하고 부드러운 것이 특징이다. 그대로 조리해 먹는 것은 물론 이 수프처럼 껍질을 제거하고 사용하는 일도 많다. 핀란드에서는 껍질에서 짜내서 경단 모양으로 조리하는 것 같다. 다른 나라에서는 구하기가 어렵기 때문에 생 소시지이면 무엇이든 상관없다. 또한 이 수프는 파스닙이나 루타바가라는 뿌리채소가 사용된다. 루타바가는 순무로 대용할 수 있지만, 파스닙은 대용품이 없기 때문에 생략하거나 당근을 많이 사용한다.

재료(4인분)

닭이나 채소 육수 또는 물+부이용 1500cc, 월계수 잎 1장, 파프리카가루 1작은술, 양파 1개(1cm 사각썰기), 셀러리 ½대(다지기), 파스닙(없으면 당근) 1개(1cm 깍둑썰기), 당근 1개(1cm 깍둑썰기), 루타바가 소1개(1cm 깍둑썰기), 감자 소3개(1cm 깍둑썰기), 시스콘마카라(없으면 바이스부르스트 또는 생 소시지) 400g(껍질에서 꺼내 2cm 정도로 자르거나 경단으로 만들기), 소금·후춧가루 적당량, 이탈리안 파슬리(장식) 적당량(다지기)

만드는 법

① 냄비에 육수를 끓인 후 월계수 잎, 파프리카가루, 양파, 셀러리, 파스닙, 당근, 루타바가를 넣고 약불로 채소가 익을 때까지 끓인다. ② 감자를 넣어 감자가 익을 때까지 삶은 후 소시지를 넣고 5분 정도 끓인다. 소금과 후춧가루로 간을 맞춘다. ③ 그릇에 담고 위에서 이탈리안 파슬리를 뿌린다.

케사께이또 Kesäkeitto

핀란드

여름에 따뜻한 수프가 먹고 싶을 때 제격인 수프

북유럽의 여름은 짧다. 여름이면 핀란드인들은 비타민D 부족을 방지하기 위해 그리고 따뜻한 햇살을 마음껏 맛보기 위해 공원으로 몰려든다. 핀란드에서는 여름 채소를 듬뿍 사용하여 따뜻한 수프를 만든다. 짧은 여름에도 변화하는 제철 채소를 즐기기에 이것만큼 적당한 요리는 없다. 레시피에 집착할 필요는 없다. 제철 채소라면 무엇이든 상관없다. 여름을 맛보는 것이 중요하다. 한 가지 절대로 빼놓을 수 없는 것이 딜(dill)이다. 이 수프의 매력은 딜이 가진 독특한 신맛과 향기라고 할 수 있다. 새하얀 수프와 형형색색의 채소 그리고 선명한 딜의 녹색이 아름답다.

재료(4인분)

채소 육수 또는 물+채소 부이용 600cc, 감자 2개(2cm 깍둑썰기), 당근 1개(1cm 깍둑썰기), 콜리플라워 ½개(잘게 나누어 줄기는 같은 크기로 썰기), 설탕 1작은술, 꼬투리 강낭콩 100g(길이 2cm 정도로 썰기), 우유 600cc, 밀가루 1큰술, 완두콩(냉동 가능) 100g, 소금 적당량, 흰 후춧가루 적당량, 딜, 이탈리안 파슬리 또는 차이브 또는 믹스(장식) 적당량(잘게 썰기)

만드는 법

❶ 육수를 냄비에 넣고 끓인 후 감자, 당근, 콜리플라워, 설탕, 소금 1작은술, 흰 후춧가루 한꼬집을 넣고 채소가 익을 때까지 약불로 끓인다. ❷ 꼬투리 강낭콩을 넣고 5분 정도 끓인 후 밀가루를 우유에 풀어 냄비에 넣는다. ❸ 잘 섞어가며 끓이다가 완두콩을 넣어 한소끔 끓으면 소금과 흰 후춧가루로 간을 맞춘다. ❹ 수프를 그릇에 담고 딜, 이탈리안 파슬리 등을 뿌린다.

피스키수파 Fiskisúpa

아이슬란드

바다로 둘러싸인 섬나라에 어울리는 크리미한 생선 수프

아이슬란드는 신선한 해산물이 풍부하다. 연어, 해덕(대구의 일종), 핼리벗(halibut, 넙칫과에 속하는 큰 넙치) 등 누구나 좋아하는 맛있는 생선들이다. 아이슬란드처럼 어업이 발전한 나라에 반드시 있는 것이 어패류를 사용한 수프이다. 머리와 뼈는 수프 베이스를 만들 때 사용하고 수프 베이스에 셰리주, 토마토 페이스트, 크림을 넣어 수프를 만든다. 이 레시피는 먹기 좋은 크기로 했지만 큼직하게 자르는 것도 좋다. 크림 수프는 연어와 흰살생선과도 잘 어울린다. 마지막으로 생선 요리에 빠뜨릴 수없는 딜을 뿌린다.

재료(6인분)

무염버터 3큰술, 양파 대1개(슬라이스), 리크 또는 대파 ½대(다지기), 셀러리 2대(다지기), 셰리주 80cc, 화이트와인 180cc, 생선 육수* 1500cc, 토마토 페이스트 3큰술, 토마토 3개(1cm 사각썰기), 감자 2개(1cm 깍둑썰기), 연어 또는 흰살생선(핼리벗, 대구, 해덕 등) 450g(먹기 쉬운 크기로 자르기), 생크림 180cc, 소금·후춧가루 적당량, 이탈리안 파슬리, 딜, 차이브 등(장식) 적당량(잘게 썰기), 방울토마토(장식) 4개(슬라이스)

*생선 육수

사용하는 생선의 머리, 뼈 1kg, 당근 2개(2cm 통썰기), 양파 1개(슬라이스), 장식용 이탈리안 파슬리와 딜 줄기 적당량, 소금 1작은술, 물 2000cc

※시판하는 육수도 가능. 닭 육수, 채소 육수도 상관없다.

만드는 법

❶ 생선 육수 재료를 모두 냄비에 넣고 끓으면 약불에서 40분 정도 끓인다. ❷ ①의 육수를 소쿠리에 걸려 볼에 덜어둔다. ❸ 팬에 버터를 두르고 양파, 리크, 셀러리를 추가하여 양파가 투명해질 때까지 볶는다. ❹ 셰리주와 화이트와인을 넣고 한소끔 끓인 후 중불로 5분 정도 끓인다. ❺ 육수, 토마토 페이스트를 넣고 끓인 다음 토마토와 감자를 넣고 감자가 부드러워질 때까지 약불로 끓인다. ❻ 생선을 넣고 생선이 으스러지지 않도록 가끔 섞으면서 생선이 익을 때까지 끓인다. ❼ 생크림을 추가하고 소금과 후춧가루로 간을 맞춘 후 생선이 흐트러지지 않도록 천천히 저으면서 끓인다. ❽ 수프를 그릇에 담고 장식을 한다.

아이슬란드

카코수파 Kakósúpa

수프 아니면 음료? 그것을 결정하는 것은 지역 주민에 달렸다

수파가 수프인 것은 왠지 상상할 수 있다. 그러면 카코는 무엇일까. 상식적인 수프의 범주에서 생각해도 언뜻 떠오르지 않는다. 카코는 코코아를 말한다. 코코아 수프? 맞다. 코코아가 들어간 수프이다. 솔직히 말하면 코코아다. 아이들이 즐겨 마시는 핫 초콜릿이다. 수프라고 말하는 데는 분명 차이가 있을 것이다. 확실히 있다. 옥수수 녹말로 걸쭉함을 더한 것이 일반 코코아와는 다른 점이다. 그뿐이다. 수프인 이유를 찾기보다는 수프라고 말하는 아이슬란드 사람들에게 박수를 보내고 싶다.

재료(4인분)

물 500cc, 코코아가루 3큰술, 설탕 2큰술, 계핏가루 1작은술, 우유 750cc, 옥수수 전분가루 또는 녹말가루 1큰술, 소금 적당량

만드는 법

① 냄비에 물을 끓여둔다. ② 다른 냄비에 코코아가루, 설탕, 계핏가루와 우유 2큰술을 넣고 숟가락 등으로 잘 반죽한다. ③ ❷를 거품기로 휘저으면서 끓인 물을 조금씩 추가하며 응어리가 생기지 않게 잘 섞으며 끓인다. ④ 볼에 우유로 옥수수 전분가루를 풀어 마찬가지로 휘저으면서 냄비에 넣고 끓기 직전까지 따뜻하게 데운다. ⑤ 소금을 약간 넣어 간을 맞춘다. ⑥ 비스킷 등과 함께 내놓는다.

랍스카우스 Lapskaus

노르웨이

노르웨이 사람들에게 가장 중요한 음식 중 하나

뉴욕 브루클린 8번가의 일부는 한때 랍스카우스 애비뉴라고 불렸다. 20세기 초 노르웨이 이민자가 많았던 이 지역은 리틀 노르웨이로도 알려졌다. 랍스카우스는 빈곤층부터 중산층 가정에서 가장 중요한 재료 중 하나임을 감안하면 랍스카우스라는 수프의 이름으로 불렸다는 것을 충분히 납득할 수 있다. 랍스카우스는 고기와 채소 스튜로 일반적으로 소고기가 사용되지만 돼지고기와 양고기도 자주 사용한다. 거의 수분이 없는 것부터 수프처럼 바슬바슬한 것까지 다양하다. 여기에서는 그중에서도 일반적이라고 여겨지는 랍스카우스를 소개한다.

재료(4인분)

무염버터 2큰술, 스튜용 소고기 800g(2cm 사각썰기), 소고기 육수 또는 물+비프 부이용 1000cc, 당근 3개(1cm 사각썰기), 루타바가 또는 터닙 ¼개(1cm 사각썰기), 감자 800g(1cm 깍둑썰기), 리크 또는 대파 ½대(다지기), 소금·후춧가루 적당량, 이탈리안 파슬리(장식, 기호에 따라) 적당량(다지기)

만드는 법

❶ 냄비에 버터를 두르고 고기를 넣어 노릇해질 때까지 굽는다. 소금 1작은술, 후추 약간, 육수를 넣고 약불로 고기가 부드러워질 때까지 푹 끓인다. ❷ 당근과 루타바가를 넣어 10분 정도 끓인 후 감자를 넣고 10분 정도 더 끓인다. ❸ 마지막으로 리크를 넣고 몇 분 익힌다. 그 사이에 소금과 후추로 간을 맞춘다. ❹ 수프를 그릇에 담고 이탈리안 파슬리를 뿌린다.

피스크수페 Fiskesuppe

노르웨이

흰살생선을 으갠 어육으로 만든 완자가 들어간 생선 수프

북극에 있는 노르웨이 로호텐제도의 거의 모든 식당에서 먹을 수 있는 생선 수프가 바로 피스크수페이다. 거리든 산이든, 겨울에도 여름에도 이 수프를 볼 수 있다. 피스크수페는 그만큼 인기 있다. 수프에 사용되는 생선은 대구, 해덕(대구의 일종), 연어 등 북유럽 사람들에게 익숙한 생선이다. 생선 토막을 그대로 익혀서 수프로 만들거나 으깬 어육에 달걀, 밀가루, 우유를 넣고 반죽해서 생선 완자로도 만든다. 노르웨이식 완자라고도 할 수 있는 흰색 생선 완자가 아주 맛있다.

재료(4인분)

무염버터 1큰술, 리크 또는 대파 1대(곱게 썰기), 셀러리 1대(다지기), 마늘 1알(다지기), 생선 육수(없으면 닭 육수 또는 물+치킨 부이용) 1000cc, 화이트와인 60cc, 당근 1개(1cm 깍둑썰기), 감자 소2개(1cm 깍둑썰기), 생크림 120cc, 생크림(액상) 120cc, 소금·후춧가루 적당량, 딜(장식) 적당량(잘게 썰기)

생선 완자

대구 500g, 달걀 2개, 우유 120cc, 밀가루 4~6큰술, 마늘 2알(다지기), 이탈리안 파슬리 3대(다지기), 소금·후춧가루 적당량

만드는 법

❶ 생선 완자 재료를 푸드 프로세서로 부드러운 경단 모양이 될 때까지 잘 섞은 다음 볼에 넣고 랩을 씌워 냉장고에 넣어둔다. 너무 부드러운 경우는 밀가루(분량 외)를 조금씩 넣는다. ❷ 냄비에 버터를 가열하고 리크, 월계수 잎, 마늘을 넣고 리크가 숨이 죽을 때까지 볶는다. ❸ 육수, 화이트와인을 붓고 가볍게 소금, 후춧가루를 뿌리고 당근, 감자를 넣어 약불로 채소가 숨이 죽을 때까지 끓인다. ❹ 다른 냄비에 충분한 물(재료 외)을 끓인다. ❺ 생선 완자 생지를 2개의 스푼 또는 손바닥으로 둥글게 모양을 내서 뜨거운 물에 살짝 집어넣는다. ❻ 떠오른 완자부터 건져내서 다른 그릇에 옮겨 닮는다. ❼ 수프에 생크림과 액상 생크림을 추가하고 소금과 후춧가루로 간을 한 후 생선 완자를 넣고 천천히 저으면서 끓인다. ❽ 수프를 그릇에 담고 위에 딜을 뿌린다.

스웨덴

알트수파 Ärtsoppa

팬케이크와 겨자가 함께 나오는 수프

콩 수프는 북유럽 전역에서 자주 먹는 수프로 덴마크의 콩(완두콩) 수프는 다른 페이지(p.108)에서 소개했다. 어느 나라든 콩 수프는 기본적으로는 같지만, 예를 들면 덴마크에서는 대부분의 경우 퓌레한다. 스웨덴의 경우 퓌레하지 않고 콩의 형태 그대로 들어 있는 경우가 많은 것 같다. 수프 자체는 비슷해도 수프에 곁들이는 요리가 달라 식문화의 차이를 엿보는 것도 흥미롭다. 스웨덴에서는 팬케이크, 겨자가 함께 제공되는 경우가 많다. 그리고 먹는 날은 대부분 목요일인 것 같다. 덴마크에서는 호밀빵을 곁들인다.

재료(4인분)

말린 노란완두콩 250g(충분한 물에 하룻밤 담가둔다), 소금에 절인 돼지고기(없으면 베이컨 블록이나 삼겹살) 250g (소금에 절인 돼지고기는 물에 하룻밤 담가둔다), 닭 육수 또는 물+치킨 부이용 1000cc, 양파 1개(거칠게 다지기), 셀러리 1대(곱게 썰기), 백리향 ¼작은술, 오레가노 ¼작은술, 정향 ¼작은술, 소금·후춧가루 적당량

만드는 법

① 콩을 소쿠리에 담아 대충 물로 씻어둔다. ② 소금에 절인 돼지고기와 육수를 냄비에 넣고 고기가 부드러워질 때까지 익힌다. ③ 고기를 꺼내 알루미늄 포일 등을 씌워 식지 않도록 해둔다. ④ 채소, 허브와 향신료, 콩을 냄비에 넣고 콩이 뭉개질 때까지 약불로 끓인 후 소금과 후춧가루로 간을 맞춘다. ⑤ 수프를 그릇에 담고 슬라이스한 고기를 위에 올리거나 다른 접시에 담아낸다.

프룩트수파 Fruktsoppa

스웨덴

달콤한 수프로 차가워진 몸을 따뜻하게 데운다. 차게 먹어도 맛있다

북유럽의 겨울은 추울 뿐 아니라 신선한 과일을 구하기 어려운 계절이기도 하다. 그래서 말린 과일을 사용하여 수프를 만든다. 아이슬란드에 코코아 수프가 있듯이 디저트 수프가 있어도 좋지 않을까. 프룩트수파는 크리스마스 시즌에 자주 먹는다. 디저트이므로 케이크와 함께 나오는 경우도 종종 있다. 모두가 말린 과일은 아니다. 겨울에도 구할 수 있는 사과 등을 첨가하기도 한다. 이 레시피에서는 주스가 들어가지만 물만 사용해도 좋다. 감자 전분으로 걸쭉함을 더한 달콤한 수프는 추위를 이겨낼 수 있는 최적의 수프이다.

재료(4인분)

사과 1개(한입 크기로 자르기), 말린 과일(자두, 살구, 건포도, 커런트 등) 150~180g, 계피 스틱 2개, 물 750cc, 라즈베리 주스 또는 좋아하는 주스 250cc, 설탕 1큰술(없어도 가능), 수용성 감자 전분 2큰술(물 1큰술+감자 전분 1큰술)

만드는 법

① 사과, 말린 과일, 계피 스틱, 물, 주스를 냄비에 넣고 끓으면 설탕을 넣고 약불로 해서 사과가 부드러워질 때까지 익힌다. ② 수용성 감자 전분을 넣어 걸쭉하게 한다.

스웨덴

바렌스 네슬소파 Vårens Nässelsoppa

쐐기풀이 성장하기 시작하면 맛있는 수프를 만들기 위해 따러 가자

내가 사는 미국 보스턴 근교에서도 봄이 되면 쐐기풀(stinging nettle)이 무성해진다. 계절이 되면 종이 봉투와 가위, 장갑을 챙겨 쐐기풀을 따러 간다. 40리터 쓰레기봉투보다 훨씬 큰 종이봉투 절반을 채울 때까지 새싹만 줄기째 딴다. 이 정도의 양이라도 수프로 만들면 4인분 정도이다. 스웨덴 사람들도 나와 마찬가지로 들뜬 마음으로 봄이 되면 쐐기풀을 따러 나설 것이다. 직접 따보면 그들의 마음을 알 수 있다. 이 야생 잡초가 고급 레스토랑 수프 못지 않은 우아하고 맛있는 수프로 완성되니까 당연히 그런 기분이 들 것이다.

재료(4인분)

쐐기풀 400g(줄기 포함), 무염버터 3큰술, 양파 소1개(슬라이스), 닭 육수 또는 물+치킨 부이용 1000cc, 백리향 1작은술, 밀가루 또는 감자 전분 2작은술, 물 2작은술, 소금·흰 후춧가루 적당량, 차이브(장식) 적당량(길이 1cm로 썰기), 생크림(액상. 장식) 적당량, 삶은 달걀(장식) 4개(2등분)

만드는 법

❶ 장갑을 끼고 쐐기풀을 물로 잘 씻는다. 가능한 한 쓰레기, 먼지, 벌레를 제거한다. ❷ 냄비에 충분한 물(재료 외)을 끓여 쐐기풀을 살짝 데치고 물로 다시 잘 씻는다. 물기를 빼고 잎을 잡아 뜯어 잘게 썬다. ❸ 냄비에 버터를 가열하고 양파를 넣어 볶다가 육수를 붓고 백리향, 소금 1작은술, 흰 후춧가루를 조금 넣고 끓인다. ❹ 10분 정도 끓인 후 쐐기풀을 추가하고 다시 2~3분 익힌다. ❺ 냄비의 내용물을 블렌더로 퓌레하고 끓으면 밀가루를 물에 풀어 추가한다. 소금과 흰 후춧가루로 간을 맞춘다. ❻ 그릇에 담고 차이브와 생크림으로 장식하고 삶은 달걀과 함께 제공한다. 삶은 달걀은 수프에 얹어도 좋다

The World's Soups

Chapter

4

동유럽

Eastern Europe

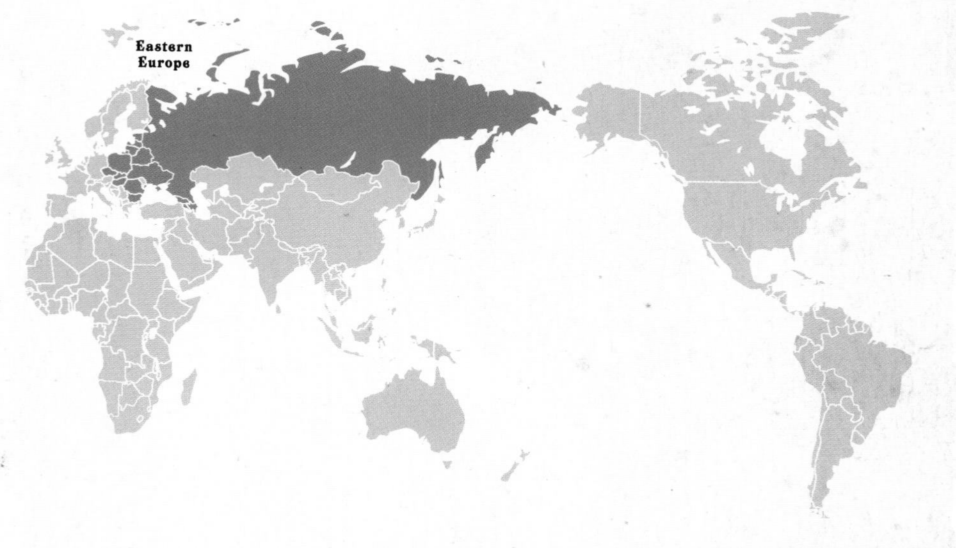

에스토니아 | 라트비아 | 리투아니아 | 벨라루스
불가리아 | 체코 | 헝가리 | 폴란드 | 루마니아 | 슬로바키아
러시아 | 우크라이나 | 아르메니아 | 조지아 | 아제르바이잔

에스토니아

발스케캅사수프 Värskekapsasupp

양배추가 주재료인 채소 수프에 다양한 고기를 더해 즐긴다

양배추를 소금에 발효시킨 사워크라우트를 사용한 수프는 에스토니아에서 가장 전통적인 수프이다. 신선한 양배추를 사용한 수프도 마찬가지로 인기 있다. 베이스가 되는 재료는 양배추와 보리이고, 여기에 당근과 감자, 양파 등의 채소가 추가된다. 이들 기본 재료만으로도 수프를 만드는 경우가 많지만 고기가 추가되는 것이 일반적이다. 고기는 무엇이든 상관없다. 실제로 닭, 소, 햄, 소시지, 미트볼 등 다양한 고기와 육가공품이 사용된다. 먹다 남은 고기를 사용해도 상관없다.

재료(4인분)

고기(무엇이든 가능) 400g, 물 1000cc, 보리 45g(물에 담가둔다), 양배추 ½개(채썰기), 양파 1개(1cm 사각썰기), 감자 소2개(1cm 깍둑썰기), 당근 1개(1cm 깍둑썰기), 소금·후춧가루 적당량, 딜(장식) 적당히(거칠게 다지기)

만드는 법

❶ 고기를 충분한 물(재료 외)에 넣고 끓인 후 고기를 꺼낸다. 삶은 국물은 버리고 냄비를 씻는다. ❷ 고기를 찬물에 씻어 불순물 등을 제거하고 냄비에 다시 넣고 물 1000cc, 소금 1작은술, 후춧가루 약간을 첨가하여 끓인 후 약불로 고기가 부드러워질 때까지 익힌다. ❸ 고기를 꺼내 접시 등에 놓아둔다. ❹ 보리를 소쿠리에 올려 씻어 냄비에 넣는다. 또한 양배추와 양파를 넣고 약불로 30분 정도 끓인다. ❺ 감자와 당근을 넣고 채소가 모두 익을 때까지 끓인다. ❻ 갈비고기의 경우는 뼈를 제거하고 먹기 좋은 크기로 자르거나 찢어 냄비에 넣고 한소끔 끓인다. ❼ 수프를 그릇에 담고 딜을 뿌린다.

셀랸카 Seljanka

에스토니아

고기, 피클, 사워크림이라는 기발한 조합의 수프

옛 소련의 일부였던 에스토니아는 식문화도 러시아의 영향을 받았다. 셀랸카도 러시아가 기원인 수프로 러시아에서는 솔리안카로 불린다. 에스토니아인도 이 수프가 러시아 수프라는 것을 부정하지 않는다. 하지만 같다고도 말하지 않는다. '러시아 수프보다 고기가 훨씬 적고 양파가 많이 들어 있다'고 말하는 사람도 있다. 2017년 에스토니아에서는 독립 100주년을 맞아 각지에서 이벤트가 성대히 열렸다. 그때 수많은 에스토니아인들이 먹은 것이 명물 요리인 작은 청어 오픈 샌드위치와 이 수프이다.

재료(4인분)

식용유 1큰술, 양파 1개(얇게 슬라이스), 마늘 2알(다지기), 토마토 페이스트 3큰술, 소고기 육수 또는 물+비프 부이용 1000cc, 월계수 잎 1장, 오이 피클 100g(세로로 반으로 잘라 슬라이스), 소고기 100g(2cm 깍둑썰기), 훈제 소시지(킬바서 등) 100g(세로로 반 잘라서 두껍게 슬라이스), 프랑크푸르트 소시지 100g(두껍게 슬라이스), 감자 1개(2cm 깍둑썰기), 딜 10개(큼직하게 썰기), 소금·후춧가루 적당량, 사워크림 또는 요구르트(장식) 적당량, 딜(장식) 적당량(큼직하게 썰기)

만드는 법

❶ 냄비에 기름을 두르고 양파를 넣어 투명해질 때까지 볶은 다음 토마토 페이스트를 넣고 양파와 골고루 섞일 때까지 1분 정도 볶는다. ❷ 육수, 월계수 잎, 피클, 소고기, 소시지, 감자, 딜을 더해 끓인 후 고기가 익을 때까지 약불로 끓인다. ❸ 소금과 후춧가루로 간을 맞추고 그릇에 담아 사워크림과 딜을 올린다.

프리카델루 주파 Frikadelu Zupa

라트비아

담백한 국물에 미트볼이 퐁당!
모두가 좋아하는 라트비아 수프

프리카델러, 프리카델르, 고기 완자, 미트볼 등 이름은 다르지만 소고기를 갈아서 둥글게 만든 음식은 세계 각지에 있다. 삶거나 튀기거나 소스를 뿌리거나 수프로 만드는 등 먹는 방법도 다양하다. 여기에서 소개하는 것은 라트비아의 미트볼 수프이다. 담백한 닭과 채소 국물에 3센티 정도의 둥근 미트볼이 굴러다닌다. 라트비아인들이 좋아하는 캐러웨이 씨(caraway seed)가 들어 있는 점을 빼고는 다른 재료는 우리나라 미트볼과 같다. 동유럽 수프에 자주 등장하는 사워크림과 딜은 이 수프에서도 빼놓을 수 없다. 어른 아이 모두가 즐길 수 있는 수프이다.

재료(4인분)

닭이나 채소 육수 또는 물+부이용 1200cc, 양파 소1개(2등분), 당근 1개(1cm 깍둑썰기), 감자 2개(1cm 깍둑썰기), 셀러리 1대(곱게 썰기), 통후추 1작은술, 백리향 1작은술, 딜 2개(거칠게 다지기), 월계수 잎 2장, 소금·후춧가루 적당량, 사워크림(장식) 적당량, 딜(장식) 적당량(거칠게 다지기)

미트볼

식용유 3큰술, 양파 소1개(거칠게 다지기), 간 소고기 300g, 빵가루 2큰술, 달걀 1개, 캐러웨이 씨 한꼬집, 소금 1작은술, 후춧가루 ½작은술, 밀가루 적당량

만드는 법

❶ 먼저 미트볼을 만든다. 프라이팬에 기름 1큰술을 두른 후 양파를 넣고 투명해질 때까지 볶은 다음 그릇에 담아 식힌다. ❷ 볶은 양파, 다른 미트볼 재료(남은 식용유 2큰술과 밀가루 이외)를 볼에 넣고 잘 섞어 3cm 정도로 둥글게 만든다. ❸ 미트볼에 밀가루를 골고루 묻혀 프라이팬에 기름 2큰술을 가열하여 미트볼을 넣고 굴리면서 굽는다. 노르스름해지면 접시 등에 올려둔다. ❹ 냄비에 육수와 채소, 허브, 향신료와 소금 1작은술 정도를 냄비에 넣고 한소끔 끓인 후 약불로 채소가 익을 때까지 익힌다. ❺ 미트볼을 넣고 익으면 소금과 후춧가루로 간을 맞춘다. ❻ 수프를 그릇에 담고 사워크림, 딜로 장식한다.

샬티바르스치에이 Šaltibarščiai

리투아니아

리투아니아가 자랑하는 세계에서 가장 아름다운 수프 중 하나!

이 정도로 색상이 선명한 수프도 드물다. 비트의 빨간색과 케피르(kefir)라는 유제품의 흰색이 섞여서 아름다운 핑크를 만들어내는 리투아니아의 차가운 비트 수프이다. 마무리로 삶은 달걀, 사워크림, 딜을 띄우면 한층 더 화려하다. 케피르와 버터밀크는 구하기 힘들 수도 있으니, 그런 때는 우유에 레몬즙을 조금 더하면 같은 맛이 난다. 비트의 흙냄새가 싫은 사람은 가볍게 데치면 어느 정도 냄새를 완화할 수 있다. 냉장고에 넣어 차게 해서 먹으면 더운 여름에 안성맞춤이다.

재료(4인분)

비트 2개(치즈 그레이터로 가늘게 슬라이스 또는 길이 3cm 정도로 잘게 썰기), 케피르 또는 버터우유 500cc, 오이 1개(다지기), 삶은 달걀 4개(2개는 가늘게 자르고 나머지는 4등분), 딜 5개(거칠게 다지기), 파 ½대(곱게 썰기), 소금 적당량, 사워크림 적당량, 딜 적당량(거칠게 다지기)

만드는 법

❶ 볼에 비트와 케피르를 넣고 잘 혼합한다. ❷ 오이, 잘게 썬 삶은 달걀, 딜, 파를 넣고 섞은 다음 소금으로 간을 하고 냉장고에서 충분히 차게 한다. ❸ 수프를 그릇에 담고 4등분한 삶은 달걀 2개, 사워크림을 수프에 올리고 딜을 뿌린다.

리투아니아

그리비엔 Grybiene

버섯을 좋아하는 리투아니아인이 만든 버섯 수프

리투아니아인들의 버섯 사랑은 보통이 아니다. 매년 9월 마지막 토요일, 벨라루스와의 국경에서 가까운 바레나(Varena)에서 야생 버섯 사냥 전국 대회가 열리고 수백 명의 사람들이 바구니를 안고 버섯을 찾아 숲을 뛰어 다닌다. 2017년 우승자는 무려 60킬로그램이나 되는 버섯을 수확했다. 그리비엔은 그렇게 버섯을 좋아하는 사람이 만드는 수프이다. 사용되는 버섯은 포르치니이지만, 노란색 꾀꼬리버섯 등도 사용된다. 생 포르치니를 구하기 어려워 이번에는 꾀꼬리버섯을 사용했는데, 그래도 꽤 맛있는 수프가 완성됐다.

재료(6인분)

올리브유 1큰술, 베이컨 3장(1cm 사각썰기), 양파 소1개(거칠게 다지기), 당근 1개(거칠게 갈기), 닭 육수 1250cc, 감자 소2개(1cm 사각썰기), 월계수 잎 1장, 통후추 4알, 백리향 적당량, 오레가노 적당량, 버섯(포르치니, 꾀꼬리버섯 등. 없으면 원하는 버섯) 150g(먹기 좋은 크기로 자르기), 생크림 100cc, 밀가루 1큰술, 소금·후춧가루 적당량, 딜(장식) 적당량, 사워크림(장식) 적당량

만드는 법

❶ 냄비에 올리브유를 두르고 베이컨을 넣어 베이컨에서 기름이 충분히 나올 때까지 볶는다. ❷ 양파와 당근을 추가하여 양파가 투명해질 때까지 볶는다. ❸ 육수를 붓고 감자, 허브와 향신료를 넣어 감자가 익을 때까지 익힌다. ❹ 버섯을 추가하고 5분 정도 더 끓인다. ❺ 볼에 생크림과 밀가루를 넣어 잘 섞어서 냄비에 넣고 중불에서 주걱 등으로 저으면서 끓인 후 소금과 후춧가루로 간을 맞춘다. ❻ 수프를 그릇에 담고 딜과 사워크림을 위에 올린다.

벨라루스

수프 사 슈챠우아 Sup sa Ščauja

수영의 신맛이 식욕을 돋우는 벨라루스의 봄을 알리는 수프

이 수프의 주재료인 수영(쌍떡잎식물 마디풀과의 여러해살이풀)을 처음 먹은 것은 30년 이상 전이다. 잡지사 일을 하면서 산나물 채취에 따라 나섰다가 받았다. 생으로 먹었을 때의 신맛은 지금도 잊을 수 없다. 4인분에 300그램이라고 하면 수프가 상당히 신맛이 날 것 같지만 그렇지도 않다. 비교가 될지 모르겠지만 식초를 1큰술 넣은 것보다 신맛은 덜하다. 신맛이 너무 강하다면 시금치를 추가하면 좋다. 신맛을 포함하고 있기 때문일까, 수영은 열을 가하면 바로 칙칙한 녹색으로 변한다. 선명한 녹색 수프는 기대하지 않는 것이 좋다.

재료(4인분)

훈제 갈비(없으면 갈비) 400g, 양파 소1개(거칠게 다지기), 마늘 2알(다지기), 물 1000cc, 수영 300g, 감자 소2개(1cm 깍둑썰기), 당근 소1개(1cm 깍둑썰기), 이탈리안 파슬리 5대(다지기), 무염버터 2큰술, 밀가루 1큰술, 소금·후춧가루 적당량, 삶은 달걀(장식) 2개(2등분), 사워크림(장식) 적당량, 딜(장식) 적당량

만드는 법

① 냄비에 훈제 갈비, 양파, 마늘, 소금 2작은술, 후춧가루 한꼬집을 넣고 물을 넣어 끓인 후 약불로 갈비가 완전히 익을 때까지 끓인다. ② 수영은 끓는 물(재료 외)에 살짝 데쳐 찬물로 헹군 후 물기를 빼고 잘게 자른다. ③ 갈비는 익은 후 꺼내 식으면 뼈를 제거하고 잘게 자른다. ④ 냄비의 수프를 끓여 감자, 당근, 이탈리안 파슬리를 넣고 채소가 익을 때까지 약불에서 끓인다. ⑤ 프라이팬에 버터를 두르고 밀가루를 넣어 잘 섞은 후 ❹의 수프를 조금씩 저으면서 냄비에 넣는다. ⑥ 수프가 다시 끓으면 수영을 넣고 소금과 후춧가루로 간을 맞춘다. ⑦ 수프를 그릇에 담고 삶은 달걀, 사워크림, 딜로 장식한다.

불가리아

스켐베 초르바 Shkembe Chorba

4~5시간에 걸쳐 익히는 소 위를 사용한 수프

트리프(tripe)는 반추동물의 위를 말한다. 소, 산양, 양 등의 가축은 초식동물로 4개의 위를 갖고 있다. 트리프는 그중 처음 3개를 의미한다. 모두 요리에 사용되며 사람에 따라 선호하는 맛이 있는 것 같고, 두 번째 벌집 모양의 벌집위가 가장 많이 사용된다. 보통 시장에 나와 있는 트리프는 깨끗이 세척 표백되어 있기 때문에 흰색이다. 트리프는 충분히 시간을 들여 조리하지 않으면 부드러워지지 않는다. 트리프 자체에는 특이한 맛은 없지만 다른 재료와 요리하면 재료의 맛을 제대로 느낄 수 있다. 바로 이 점이 트리프의 진미이다.

재료(4인분)

트리프 500g, 물 750cc, 무염버터 2큰술, 밀가루 1큰술, 우유 750cc, 파프리카가루 1작은술, 소금·후춧가루 적당량, 마늘(장식) 3알(다지기), 레드와인 식초(장식) 60cc, 레드 칠리페퍼(장식) 적당량

만드는 법

❶ 씻어서 표백하지 않은 트리프의 경우 트리프를 씻어 물(재료 외)과 함께 냄비에 넣고 끓여 5분 정도 삶아 소쿠리에 올려 찬물로 씻는다. 깨끗해질 때까지 반복한다. ❷ 트리프와 물을 냄비에 넣고 끓인 후 약불로 트리프가 부드러워질 때까지 충분히 삶는다. ❸ 불을 끄고 트리프를 꺼내 식힌 후 먹기 좋은 크기로 썬다. 수프는 소쿠리로 걸러서 볼에 담아두고 냄비는 씻는다. ❹ 팬에 버터를 두르고 밀가루를 넣어 잘 섞는다. ❺ 거른 국물 250cc, 우유, 파프리카가루, 소금 1작은술, 후춧가루 약간을 넣고 불에 올려 트리프를 한소끔 끓인 후 중불에서 10분 정도 더 끓인다. 소금과 후춧가루로 간을 맞춘다. ❻ 끓는 동안 레드와인 식초와 마늘을 섞어 작은 그릇에 담아둔다. ❼ 수프를 그릇에 담고 ❻ 마늘 소스와 칠리페퍼를 뿌린다.

봅 초르바 Bob Chorba

민트와 사보리라는 허브 맛이 나는 콩 수프

봅 초르바는 불가리아의 전통 음식인 콩 수프로 3000년 전부터 먹어왔다. 우리나라로 하면 뚝배기 요리이다. 소박한 수도원 방식의 봅 초르바는 주로 고기 요리를 피해야 하는 크리스마스이브 식사에 나온다. 이 레시피에서는 단순히 흰강낭콩을 사용했지만 실제로는 지방에 따라 다양한 콩이 사용된다. 그리스와 국경이 가까운 로도피산맥이 우뚝 솟아 있는 산촌 마을 시밀리앙(Similien)에서 재배되는 고품질의 시밀리앙콩을 최고라고 여긴다. 2종류의 허브, 민트와 백리향과 비슷한 맛이 나는 세이보리*가 이 수프에는 필수이다.

*세이보리(savory) : 지중해 연안이 원산지인 허브의 한 종류

재료(4인분)

말린 흰강낭콩 200g(충분한 물에 하룻밤 담가둔다), 식용유 2큰술, 양파 1개(1cm 사각썰기), 당근 ½개(1cm 깍둑썰기), 토마토 1개(1cm 깍둑썰기), 레드 칠리페퍼(말린 매운 고추) 1개(칼등으로 두드려둔다), 피망 3개(1cm 사각썰기), 물 1000cc, 말린 민트 2작은술, 세이보리 2작은술, 파프리카가루 ½작은술, 이탈리안 파슬리 10대(큼직하게 썰기), 소금·후춧가루 적당량, 이탈리안 파슬리(장식) 적당량(거칠게 다지기)

만드는 법

❶ 콩을 씻어 냄비에 충분한 물(재료 외)을 넣고 약불로 익을 때까지 끓인다. 익은 콩은 물기를 빼둔다. ❷ 냄비에 식용유를 두르고 양파를 넣어 볶다가 당근, 토마토, 칠리페퍼, 후춧가루, 피망을 더해 2분 정도 더 볶는다. ❸ 물을 넣어 한소끔 끓인 후 콩, 민트, 세이보리, 파프리카가루를 넣고 약불로 채소가 익을 때까지 끓인다. ❹ 이탈리안 파슬리를 추가하고 끓인 다음 소금과 후춧가루로 간을 맞춘다. ❺ 수프를 그릇에 담고 이탈리안 파슬리를 뿌린다.

레쉬타 초르바 Leshta Chorba

불가리아

샤레나 솔이라는 불가리아 허브 믹스가 관건

렌틸콩*은 인도에서 달(dal)이라고 불리는 작은 콩이라고도 생각할 수 있지만, 달 중에는 병아리콩, 녹두 등을 둘로 나눈 것도 포함하므로 실제로는 조금 다른 것 같다. 렌틸콩은 노란색, 빨간색, 갈색, 녹색, 검은색 등이 있다. 이 수프에 사용되는 것은 갈색 또는 녹색 렌틸콩으로 가장 손쉽게 구할 수 있다. 불가리아의 렌틸 수프에는 샤레나 솔(sharena sol)이라는 허브와 향신료, 소금을 혼합한 것이 사용되지만, 이 레시피에서는 믹스가 아닌 각각의 허브, 향신료를 사용했다.

*렌틸콩 : 볼록한 렌즈의 모양을 하고 있어 렌즈콩이라고도 불린다

재료(4~6인분)

올리브유 3큰술, 당근 1개(작은 깍둑썰기), 양파 1개(거칠게 다지기), 빨강 파프리카 1개(작게 깍둑썰기), 셀러리 1대(거칠게 다지기), 마늘 2알(다지기), 토마토 2개(작게 사각썰기), 물 1500cc, 갈색 또는 녹색 렌틸콩 500g(깨끗이 씻어둔다), 세이보리 2작은술, 파프리카가루 1작은술, 커민가루 1작은술, 호로파 잎(말린 허브) ½작은술, 소금·후춧가루 적당량, 사워크림 또는 다른 요구르트(장식) 적당량, 이탈리안 파슬리(장식) 적당량(다지기)

만드는 법

❶ 팬에 올리브유를 두르고 당근, 양파, 빨강 파프리카, 셀러리, 마늘을 넣어 볶은 후 토마토를 첨가하여 2분 정도 볶는다. ❷ 절반의 물을 끓여 콩, 세이보리, 파프리카가루, 커민가루, 호로파 잎, 소금 1작은술, 후춧가루 한꼬집을 추가하고 나머지 물을 넣어 다시 끓인 후 약불로 콩이 부드러워질 때까지 익힌다. ❸ 물이 부족하면 잠길랑 말랑할 정도로 물(재료 외)을 넣고, 소금과 후춧가루로 간을 해 끓인다. ❹ 수프를 그릇에 담고 사워크림 위에 얹고 이탈리안 파슬리를 뿌린다.

체코

체스네취카 Česnečka

아니스 향이 나는 캐러웨이 씨가 든 마늘 수프

마늘은 수프를 만드는 데 가장 중요한 재료 중 하나다. 고기, 생선, 콩, 채소 어느 재료를 불문하고 또한 유럽, 아메리카, 아프리카, 아시아 등 지역에 상관없이 꽤 높은 확률로 마늘이 사용된다. 그중에는 마늘이 주재료인 수프도 많다. 앞서 소개한 핀란드 왈코시풀리께이또(p.110)도 그중 하나다. 체코 마늘 수프의 특징은 감자로 걸쭉함을 더하고, 아니스와 비슷한 맛과 향기를 가진 캐러웨이 씨와 식초가 들어가는 것이다. 수프를 담은 후 소테한 호밀 빵, 치즈를 함께 곁들이면 맛이 배가된다.

재료(4인분)

무염버터 1큰술, 마늘 6알(다지기), 닭 육수 또는 물+치킨 부이용 1000cc, 감자 2개(1cm 깍둑썰기), 마조람 1작은술, 캐러웨이 씨 ½작은술, 달걀 1개, 소금·후춧가루 적당량, 올리브유(크루통용) 1큰술, 빵(크루통용, 가능하면 호밀 또는 전립분빵) 2매(1cm 깍둑썰기), 치즈(장식. 녹는 것이면 무엇이든 상관없다) 적당량(갈기)

만드는 법

① 냄비에 버터를 두르고 마늘을 넣어 충분히 향이 날 때까지 볶은 후 국물을 추가해 한소끔 끓인다. ② 감자, 마조람, 캐러웨이 씨, 소금 1작은술, 후춧가루 한꼬집을 넣고 약불로 감자가 익을 때까지 익힌다. ③ 프라이팬에 올리브유를 두르고 빵을 노릇노릇 구워 크루통을 만들어 그릇에 담아둔다. ④ 소금과 후춧가루로 수프의 간을 하고 강불에서 달걀을 넣어 달걀 수프처럼 한다. ⑤ 수프를 그릇에 담고 크루통과 치즈를 얹는다.

체코

브람보라취카 Bramboračka

말린 버섯과 뿌리채소의 맛이 조화로운 체코 수프

체코의 서쪽 절반을 차지하는 보헤미아는 자유로운 라이프스타일을 신조로 하는 보헤미안과는 전혀 관계없지만, 자연의 혜택이 넘치는 이 땅에서는 먼 옛날부터 숲을 자유롭게 돌아다니며 수확한 버섯이 중요한 식재료로 사용되어 왔다. 장기 보존을 위해 말린 버섯을 사용해서 만든 것이 이 수프의 기원이 아닐까 생각한다. 이 수프는 말린 버섯과 감자 등 여러 종류의 뿌리채소와 함께 끓인다. 말린 표고버섯에서 나오는 맛을 우리는 익히 알고 있다. 이 수프도 말린 버섯의 맛을 제대로 맛볼 수 있다.

재료(4인분)

말린 야생 버섯 35g(없으면 좋아하는 버섯 100g), 무염 버터 2큰술, 양파 1개(1cm 사각썰기), 마늘 2알(다지기), 당근 1개(⅓은 짧게 채썰고 나머지는 1cm 깍둑썰기), 밀가루 1큰술, 닭 육수 또는 물+치킨 부이용 1500cc, 감자 2개(1cm 깍둑썰기), 셀러리 뿌리(없으면 셀러리) 100g(1cm 깍둑썰기), 마조람 1큰술, 올스파이스* 약간, 캐러웨이 씨 약간, 소금·후춧가루 적당량, 딜(장식) 적당량(큼직하게 썰기)

*올스파이스(allspice) : 올스파이스나무의 열매가 성숙하기 전에 건조시킨 향신료

만드는 법

① 말린 버섯을 물에 담가 불리고 먹기 쉬운 크기로 썬다. ② 냄비에 버터를 두르고 양파, 마늘, 채썬 당근을 넣고 양파가 투명해질 때까지 중불에서 볶는다. ③ 약불로 밀가루를 넣고 골고루 잘 섞는다. ④ 육수를 반 컵 정도 부어 잘 섞어 부드러워지면 나머지 육수를 넣고 한소끔 끓인다. ⑤ 남은 채소, 버섯, 허브와 향신료, 소금 1작은술, 후춧가루 약간을 넣고 약불로 채소가 부드러워질 때까지 익힌다. ⑥ 소금과 후춧가루로 간을 맞춘 후 그릇에 담고 딜을 뿌린다.

파프리카를 대량 사용한 붉은색 소고기 수프

말을 몰고 대초원을 누비는 헝가리 카우보이가 큰 주철 냄비에 만들던 스튜가 구야시(굴라쉬)의 기원이다. 중세 시대부터 만들어 먹던 전통 요리로 헝가리의 상징이기도 하며 헝가리인들이 자랑스럽게 여기는 수프이다. 일반적으로 굴라쉬라 불리는 소고기와 채소를 끓인 요리로 동유럽 여러 나라의 명물 요리로 자리 잡고 있다. 비프스튜보다 바슬바슬하기(덜 끈적이기) 때문에 수프라고 하는 게 맞는 표현일 것이다. 가장 큰 차이점은 세계적으로 알려진 헝가리 파프리카가루가 들어가 새빨갛다는 점이다.

재료(4인분)

라드 또는 식용유 2큰술, 양파 2개(다지기), 마늘 4알(다지기), 노랑 파프리카 1개(1cm 깍둑썰기), 토마토 소 2개(1cm 깍둑썰기), 헝가리안 스위트 파프리카가루(없으면 일반 파프리카가루) 2큰술, 헝가리안 핫 파프리카가루(없으면 칠리페퍼 파우더, 기호에 따라) 1작은술＋α, 베지타(없으면 비프 부이용) 1큰술, 캐러웨이 씨 ¼작은술, 월계수 잎 2장, 물 1000cc, 소고기 또는 돼지고기 400g(한입 크기로 자르기), 당근 대1개(세로로 4등분해서 5mm 슬라이스), 파스닙(없으면 당근을 증량) 1개(세로로 4등분하여 5mm 슬라이스), 감자 2개(한입 크기로 자르기), 이탈리안 파슬리 20대(잘게 썰기), 소금·후춧가루 적당량, 이탈리안 파슬리(장식) 적당량(다지기)

만드는 법

① 냄비에 돼지기름을 두르고 양파, 마늘을 넣어 양파가 투명해질 때까지 볶는다. ② 약불로 노랑 파프리카, 토마토를 첨가하여 1분 정도 볶다가 가끔 섞어가며 토마토에서 충분히 수분이 나올 때까지 천천히 끓인다. ③ 스위트 파프리카, 핫 파프리카, 베지타, 캐러웨이 씨, 월계수 잎, 소금 1작은술, 후춧가루 한꼬집을 넣고 2분 정도 익힌다. ④ 물 200cc, 고기를 넣고 잘 섞은 후 고기가 거의 익을 때까지 약불로 끓인다. ⑤ 삶는 동안 치페트케* 반죽을 만든다. 볼에 밀가루, 소금을 넣고 잘 섞은 다음 달걀을 첨가하여 손바닥으로 세게 누르지 말고 찌그러지지 않을 정도의 경도로 생지를 만든다. 너무 질면 밀가루, 너무 딱딱하면 달걀을 조금 넣는다. 랩을 씌워 30분 정도 재운다. ⑥ 냄비에 물 800cc를 넣고 강불로 한소끔 끓인 후 당근, 파스닙, 감자를 넣고 약불로 고기와 채소가 익을 때까지 끓인다. ⑦ 소고기와 채소가 익으면 치페트케 생지를 잡아 뜯어 냄비에 떨어뜨린다. 크기는 팥 정도로 한다. 모두 추가하고 10분 정도 끓인다. 이탈리안 파슬리를 넣고 소금과 후춧가루로 간을 한 후 한소끔 끓인다. ⑧ 수프를 그릇에 담고 이탈리안 파슬리를 뿌린다.

*치페트케

밀가루 약 40g, 소금 한꼬집, 달걀 약 ⅓개분

헝가리

할라슬레 Halászlé

잉어, 메기 등을 사용한 매운 헝가리의 명물 수프

구야시(p.135)가 카우보이 요리라면 할라슬레는 헝가리 카르파티아 분지 주변의 어부 요리이다. 헝가리에는 바다가 없으니 어부가 있을 리 없는데, 있다. 카르파티아 분지는 다뉴브강의 중류에 해당한다. 즉, 고기잡이의 대상은 민물고기이다. 유럽 사람들은 잉어를 비롯한 민물고기를 주로 먹는다. 이 수프에 사용되는 것은 잉어, 메기, 농어, 강꼬치고기 등으로 한 가지 종류보다는 몇 종류 그리고 크고 작은 것을 섞으면 더 맛있는 수프가 완성된다. 잉어도 메기도 매우 맛있는 생선이다.

재료(4인분)

민물고기(잉어, 메기, 송어 등) 800g(비늘과 내장을 제거하고 머리와 꼬리를 잘라 큰 것은 토막을 낸다), 물 1500cc, 양파 1개(다지기), 헝가리안 스위트 파프리카가루(없으면 일반 파프리카가루) 2큰술, 헝가리안 핫 파프리카가루(없으면 핫 칠리페퍼. 기호에 따라) 적당량, 토마토 1개(1cm 깍둑썰기), 소금·후춧가루 적당량, 사워크림(장식) 적당량, 이탈리안 파슬리(장식) 적당량(거칠게 다지기)

만드는 법

❶ 냄비에 생선 머리와 꼬리, 물, 양파, 절반의 파프리카가루, 소금 1작은술, 후춧가루 한꼬집을 넣고 끓이다가 약불로 1시간 정도 끓인다. ❷ 생선 머리와 꼬리를 제거하고 나머지는 나무주걱으로 뼈만 남을 때까지 소쿠리에 거른다. 생선 머리와 꼬리는 차가워지면 살만 발라둔다. ❸ 냄비에 거른 국물과 생선살을 넣고 다시 끓이고 남은 파프리카가루, 토마토, 생선살을 넣고 약불로 15분 정도 끓인다. ❹ 수프를 그릇에 담아 사워크림을 얹고 이탈리안 파슬리를 뿌린다.

보루라베슈 Borleves

헝가리

따뜻하게는 물론 차게 해도 맛있는 화이트와인의 달콤한 수프

헝가리에는 파프리카를 듬뿍 사용해서 매운 생선 수프가 많은데, 보루라베슈는 외형도 맛도 그것들과는 전혀 다른 달콤한 와인 수프이다. 와인 수프라는 말을 듣고 무슨 이유에서인지 레드와인 수프라고 생각하겠지만 화이트와인 수프이다. 계핏가루와 정향으로 약하게 향을 내고 설탕을 넣고 끓인다. 그리고 휘핑한 달걀노른자를 불에서 내린 수프에 조금씩 추가한다. 마무리로 밀가루로 걸쭉함을 더하고 레몬과 민트 토핑이 한층 상쾌한 향을 더한다. 머랭을 띄우는 것도 많다.

재료(4인분)

화이트와인 700cc+2작은술, 계피 스틱 2개, 정향 4알, 레몬즙 ½개분, 달걀노른자 4개분, 설탕 100g, 밀가루 2작은술, 레몬 껍질(장식) 적당량(채썰기), 건포도(장식) 적당량, 민트 잎(장식) 적당량

만드는 법

❶ 냄비에 화이트와인 600cc, 계피 스틱, 정향을 넣고 한소끔 끓이고 약불로 5분 정도 졸인 후 계피 스틱과 정향을 꺼내고 레몬즙을 추가한다. ❷ 볼에 달걀노른자와 설탕을 넣고 하얗게 될 때까지 충분히 휘핑한 후 화이트와인 100cc를 첨가하여 더 휘핑한다. ❸ 냄비를 불에서 내리고 휘핑한 달걀노른자를 저어가며 조금씩 넣는다. ❹ 냄비를 약불에서 2작은술의 화이트와인에 푼 밀가루를 붓고 저으면서 걸쭉해질 때까지 따뜻하게 데운다. 끓지 않도록 주의할 것. ❺ 수프를 그릇에 담고 레몬 껍질, 건포도, 민트로 장식한다. 냉장고에서 차게 해도 좋다.

폴란드

비아위 바르쉬츠 Bialy Barszcz

빵을 발효시키는 데 사용하는 사워 생지가 관건인 색다른 수프

비아위 바르쉬츠는 화이트 바르쉬츠라고도 불리는 폴란드 수프인데, 비트를 사용한 빨간 보르쉬(러시아식 스튜)와는 비슷한 곳이 전혀 없다. 사실 그린 보르쉬라는 것도 있다. 이름 그대로 녹색 보르쉬이다. 이 하얀색 수프의 가장(아마도 다른 수프에는 없는) 큰 특징은 사워 생지 특유의 신맛, 단맛, 걸쭉함을 수프에 추가한 점이다. 사워 생지는 빵을 발효시킬 때 사용하는 생지와 동일하지만 마늘이 들어 있기 때문에 냄새가 심하다. 생 화이트 소시지를 사용한다는 점도 색다르다.

재료(4인분)

채소 육수나 물+채소 부이용 1000cc, 화이트 소시지 250g, 월계수 잎 1장, 사워 생지* 250g, 무염버터 1큰술, 베이컨 2장(슬라이스), 양파 1개(1cm 사각썰기), 마늘 1알(다지기), 당근 ½개(1cm 깍둑썰기), 감자 소2개(1cm 깍둑썰기), 마조람 1작은술, 고추냉이(홀스래디시, 갈기) 1큰술, 올스파이스 약간, 사워크림 120cc, 소금·후춧가루 적당량, 딜(장식) 적당량(거칠게 다지기), 이탈리안 파슬리(장식) 적당량(거칠게 다지기), 삶은 달걀(장식) 2개(세로로 4등분)

***사워 생지**

밀가루 60g, 마늘 2알(으깨기), 물 200cc

※뚜껑이 달린 병이나 플라스틱 용기에 밀가루와 물을 넣고 잘 섞은 후 마늘을 첨가하여 가볍게 섞는다. 살짝 뚜껑을 덮거나 랩을 씌우고 구멍을 뚫어 따뜻한 곳에서 5일 정도 발효 냄새가 날 때까지 둔다. 사용 전에 마늘은 제거한다.

만드는 법

❶ 국물을 냄비에 넣고 소시지, 월계수 잎, 소금 약간을 넣고 끓인 후 약불로 30분 정도 더 끓인다. ❷ 사워 생지를 원하는 신맛이 나는지 맛을 확인하면서 조금씩 추가한다. 모두 사용할 필요는 없다. ❸ 소시지를 익히는 사이에 프라이팬에 버터를 두르고 베이컨을 넣어 기름이 충분히 나오면 양파, 마늘을 추가하여 양파가 투명해질 때까지 볶는다. ❹ 냄비에 ❸과 당근, 감자를 추가하고 채소가 부드러워질 때까지 약불로 끓인다. ❺ 나머지 재료를 냄비에 넣고 소금과 후춧가루로 간을 하고 한소끔 끓인다. ❻ 소시지를 꺼내 먹기 좋은 크기로 슬라이스한다. ❼ 수프를 그릇에 담고 소시지, 딜, 이탈리안 파슬리, 삶은 달걀로 장식한다.

로솔 Rosół

폴란드

투명한 육수에 잘 삶은 닭고기와 당근이 인상적

로솔은 폴란드의 식문화에서 가장 중요한 음식 중 하나로 알려져 있다. 긴 세월 로솔은 고귀한 수프로 자리매김해 왔다. 원래는 소금에 절인 고기를 사용했지만, 지금은 생고기를 사용하는 것이 대부분이다. 종류가 여러 가지 있지만 일반적인 것은 닭고기 로솔이다. 닭과 채소로 우려낸 육수는 콩소메처럼 투명감이 있다. 국물을 만든 후 닭고기와 당근은 꺼내 먹기 좋은 크기로 잘라 그릇에 담고 그 위에 수프를 끼얹는다. 이 수프에 빠뜨릴 수 없는 것이 파스타이다. 보통 베르미첼리나 엔젤 헤어 같은 얇은 파스타가 사용된다.

재료(4~6인분)

양파 1개(껍질을 벗기지 않고 반으로 자르기), 닭고기(뼈째) 800g~1kg, 소뼈(기호에 따라) 100g, 칠면조 목(기호에 따라) 1개, 물 2000cc, 당근 1개(반으로 자르기), 셀러리 1대(반으로 자르기), 파스닙(없으면 당근을 증량) 1개(반으로 자르기), 리크 또는 대파 ½대(반으로 자르기), 양배추 소⅛개(반으로 자르기), 월계수 잎 2장, 올스파이스 3알, 통후추 5알, 소금 적당량, 파스타(베르미첼리나 엔젤 헤어 등) 적당량, 이탈리안 파슬리(장식) 적당량(큼직하게 썰기)

만드는 법

❶ 양파는 단면을 프라이팬에 기름을 두르지 않고 그릴 자국을 낸다. ❷ 냄비에 닭고기, 소뼈, 칠면조 목, 물을 넣고 끓인 후 채소, 허브와 향신료, 소금 2작은술을 더해 약불로 적어도 2시간, 가능하면 3시간 정도 끓인다. ❸ 파스타를 삶아 물기를 빼둔다. ❹ 닭고기와 당근을 꺼내 닭고기는 크게 분리하고 당근은 1cm 두께로 슬라이스한다. ❺ 그릇에 ❸의 파스타, 닭고기, 당근을 담고 냄비의 수프를 붓고 이탈리안 파슬리를 뿌린다.

폴란드

크룹닉 Krupnik

보리의 독특한 향과 식감을 즐기는 폴란드 건강 수프

우리나라에서는 곡물이라고 하면 쌀이 압도적이지만, 다른 나라에서는 보리, 밀, 피, 조, 기장 등 다양한 곡물이 쌀과 더불어 자주 사용된다. 수프에 각종 곡물을 더하면 수프만으로 충분한 영양을 얻을 수 있을 뿐 아니라 곡물에 포함된 전분이 국물에 녹아 걸쭉해져 쉽게 식지 않는다. 재료는 닭고기 육수에 보리와 채소를 넣고 끓인 수프로 독특한 향과 식감을 가진 보리가 이 수프의 주역이다. 말린 버섯이 더해지므로 맛은 생각보다 복잡하다. 닭 육수 대신 채소 육수를 사용해도 맛있다.

재료(4인분)

말린 버섯(포르치니 등) 10g, 보리 180g, 무염버터 2큰술, 양파 소1개(1cm 사각썰기), 마늘 1알(다지기), 닭 육수 또는 물+치킨 부이용 1000cc, 당근 ½개(1cm 깍둑썰기, 가는 것은 1cm 통썰기), 감자 소2개(1cm 깍둑썰기), 월계수 잎 1장, 올스파이스 2알, 소금 1작은술, 후춧가루 적당량, 베지타(없으면 다른 허브 믹스 솔트) 적당량, 리크나 대파 ½대(곱게 썰기), 이탈리안 파슬리(장식) 적당량

만드는 법

① 말린 버섯과 보리를 다른 볼에 넣고 각각 30분~1시간 물에 담가둔다. ② 냄비에 버터를 두르고 양파와 마늘을 넣어 양파가 투명해질 때까지 중불에서 볶는다. ③ 육수를 냄비에 추가하고 끓인 후 먹기 좋은 크기로 자른 버섯과 보리를 넣어 부드러워질 때까지 약불로 끓인다. ④ 당근, 감자, 허브와 향신료, 소금, 후춧가루를 넣고 채소가 익을 때까지 약불로 끓인다. ⑤ 베지타로 맛을 조절하고 리크를 넣어 한소끔 끓인다. ⑥ 수프를 그릇에 담고 이탈리안 파슬리로 장식한다.

루마니아

치오르바 데 파솔레 꾸 아푸마뚜라 Ciorbă de Fasole cu Afumătură

걸쭉하면서도 가벼운 느낌의 꼬투리 강낭콩 수프

치오르바 데 파솔레는 루마니아에서 매우 인기 있는 수프로 닭이나 채소 육수를 사용하지 않고 물만 사용하는 간단한 수프이다. 일반적으로 사용되는 콩은 흰강낭콩과 꼬투리 강낭콩이다. 여기에서 소개하는 것은 꼬투리 강낭콩 수프로 보통 베이컨 등 훈제고기가 더해져 이름이 치오르바 데 파솔레 꾸 아푸마뚜라가 된다. 아푸마뚜라는 훈제라는 의미이다. 생 꼬투리 강낭콩은 다른 말린 콩과는 달리 국물 맛에는 크게 영향을 주지 않는다. 그래서 훈제고기가 국물의 맛을 결정짓는 데 큰 역할을 한다. 꼬투리 강낭콩은 아삭한 식감이 남아 있는 정도가 맛있다.

재료(4인분)

베이컨 블록 200g(작은 깍둑썰기), 마늘 2알(다지기), 파 2대(두껍게 곱게 썰기), 당근 ½개(1cm 깍둑썰기 또는 1cm 통썰기), 꼬투리 강낭콩 40개 정도(3cm 길이로 자르기), 물 500cc, 사워크림 120cc, 밀가루 1작은술, 소금·후춧가루 적당량, 딜 또는 이탈리안 파슬리(장식) 적당량(다지기)

만드는 법

① 냄비를 가열하고 베이컨을 넣어 충분히 기름이 나올 때까지 볶는다. 마늘, 파, 당근을 넣고 2~3분 더 볶는다. ② 꼬투리 강낭콩, 소금과 후춧가루 약간을 추가하고 1~2분 더 볶는다. ③ 물을 더해 끓인 후 약불로 채소가 익을 때까지 끓인다. ④ 사워크림에 밀가루를 넣고 잘 섞어 냄비에 넣고 한소끔 끓인 후 소금과 후춧가루로 간을 맞춘다. ⑤ 수프를 그릇에 담고 딜 또는 이탈리안 파슬리를 뿌린다.

루마니아

치오르바 데 페슈테 Ciorbă de Peşte

광대한 다뉴브강 삼각주가 낳은 루마니아가 자랑하는 생선 수프

다뉴브강은 독일 슈바르츠발트(검은 숲)를 수원으로 하며 10개국을 흘러내려가 흑해로 들어가는 볼가강에 이어 유럽에서 두 번째로 긴 강이다. 흑해에 흘러드는 최하류 지역에는 광대한 다뉴브 델타(다뉴브강 삼각주. 루마니아 툴체아주와 우크라이나 오데사주 사이에 있는 삼각주)가 펼쳐져 있다. 다뉴브강 삼각주는 대부분 루마니아 서부에 위치하고 있다. 세계유산으로도 지정되어 있는 이 수역은 루마니아의 식문화에서 중요한 역할을 해왔다. 그런 다뉴브강 삼각주에서 잡은 생선으로 만드는 치오르바 데 페슈테는 루마니아인들에게 가장 중요한 요리로 계절별 다양한 생선을 사용하여 만든다.

재료(4인분)

민물고기(잉어, 메기 등. 머리, 뼈와 몸통이 반반 정도. 물고기 종류가 달라도 상관없다) 1kg, 물 1000cc, 쌀 2큰술, 양파 1개(1cm 사각썰기), 당근 1개(1cm 깍둑썰기), 파스닙(없으면 당근을 증량) 1개(1cm 깍둑썰기), 빨강 파프리카 1개(1cm 사각썰기), 셀러리 뿌리 또는 셀러리 소1대(셀러리라면 1개, 1cm 깍둑썰기), 통조림 토마토 400g(1cm 깍둑썰기), 소금에 절인 사워크라우트즙 500cc, 레몬즙 2큰술, 소금·후춧가루 적당량, 이탈리안 파슬리(장식) 적당량(거칠게 다지기), 레몬(장식) 1개(빗모양썰기)

만드는 법

❶ 냄비에 생선 머리, 뼈, 물, 소금 1작은술, 후춧가루 한꼬집을 넣고 끓인 후 약불로 생선살이 뼈에서 분리될 때까지 익힌다. ❷ 생선 머리와 뼈를 제거하고 나머지를 소쿠리에 거른 다음 거른 국물만 냄비에 다시 넣고 끓인다. ❸ 끓으면 쌀과 채소, 통조림 토마토, 소금에 절인 사워크라우트즙, 생선살을 넣고 한소끔 끓인 후 약불로 모든 재료가 익을 때까지 끓인다. ❹ 레몬즙을 넣고 5분 정도 끓이고 소금과 후춧가루로 간을 조절한다. ❺ 수프를 그릇에 담고 이탈리안 파슬리를 뿌리고 기호에 따라 레몬즙을 짠다.

슬로바키아

파줄로바 폴리요카 Fazulóvá Polievka

돼지뼈를 베이스로 푹 끓인 슬로바키아 콩 수프

식재료를 낭비하지 않는다는 점에서는 동서고금 공통이다. 소꼬리, 돼지뼈, 족발, 내장, 위 등 모든 부분이 요리에 사용되어 왔다. 원래는 고기를 쉽게 구하지 못하는 가난한 가정의 식재료였지만, 점차 그 맛이 알려져 지금은 빈부에 관계없이 이용되고 있다. 이 수프에 사용되는 돼지 무릎도 이전에는 버리는 재료였다. 햄헉이라고도 불리는 돼지의 다리 관절 주변 부위로 세계 각지의 수프에 등장하는 인기 있는 재료다. 돼지 무릎은 수프 자체를 맛있게 할 뿐 아니라 젤라틴을 함유한 고기는 맛도 좋다.

재료(4인분)

돼지 무릎 또는 쉽게 구할 수 있는 뼈 붙은 고기 500g, 물 1000cc, 월계수 잎 1장, 무염버터 1큰술, 양파 1개(1cm 사각썰기), 셀러리 1대(곱게 썰기), 마늘 1알(다지기), 당근 ½개(1cm 깍둑썰기 또는 1cm 통썰기), 이탈리안 파슬리 뿌리 또는 파스닙(기호에 따라. 없으면 당근을 증량) ½개(1cm 깍둑썰기 또는 1cm 통썰기), 감자 소2개(1cm 깍둑썰기), 파프리카가루 ½작은술, 조리 강낭콩(빨강) 400g, 마조람 1작은술, 소금·후춧가루 적당량, 사워크림(장식) 적당량, 이탈리안 파슬리(장식) 적당량

만드는 법

❶ 고기, 물, 월계수 잎, 소금과 후춧가루 약간을 냄비에 넣고 끓인 후 약불로 고기가 부드러워질 때까지 익힌다. ❷ 고기를 꺼내 접시에 올리고 식으면 뼈를 제거하고 먹기 쉬운 크기로 자르거나 찢어둔다. ❸ 프라이팬에 버터를 두르고 양파, 셀러리, 마늘을 첨가하여 양파가 투명해질 때까지 볶은 후 냄비에 넣는다. ❹ 남은 채소, 파프리카가루, 콩, 고기를 넣고 약불로 채소가 익을 때까지 끓인다. ❺ 소금과 후춧가루로 간을 하고 마조람을 추가해 한소끔 끓인다. ❻ 그릇에 수프를 담고 사워크림, 이탈리안 파슬리로 장식한다.

러시아

아크로시카 Okroshka

러시아에서 콜라보다 인기 있다는 청량음료가 수프로 변신

이 수프의 재료에는 2종류의 소프트 드링크(케피르, 크바스)가 등장한다. 케피르라는 음료를 들어 본 적이 있거나 실제로 마셔 본 적이 있는 사람도 있겠지만, 크바스는 대부분의 사람들이 모를 것이다. 크바스는 러시아 청량음료로 호밀 빵을 물에 담가 발효시켜 다양한 풍미를 더한 것이다. 발효 식품이므로 탄산음료처럼 거품이 인다. 아크로시카는 둘 중 하나를 사용하는 샐러드 감각의 냉 수프이다. 요리라고 말할 수 있는 것은 감자를 삶는 정도이다. 외형은 다르지 않지만 케피르를 사용한 것이 신맛이 조금 강하다.

재료(4인분)

감자 1개(1cm 깍둑썰기), 오이 1개(1cm 깍둑썰기), 레드 래디시 5개(슬라이스), 딜 20개(잎만 큼직하게 찢기), 대파 잎 2대(곱게 썰기), 닥터 소시지(없으면 볼로냐 소시지) 200g (1cm 깍둑썰기), 사워크림 60cc, 크바스 또는 케피르 500cc, 소금·후춧가루 적당량, 딜(장식) 적당량

만드는 법

❶ 냄비에 물을(재료 외) 끓여 감자가 부드러워질 때까지 삶은 후 소쿠리에 올려 물기를 빼고 식힌다. ❷ 큰 볼이나 냄비에 삶은 감자와 채소, 허브, 소시지를 넣고 잘 섞어 사워크림과 크바스 또는 케피르를 추가하여 잘 섞는다. ❸ 소금과 후춧가루로 간을 한 후 냉장고에서 충분히 차게 한다. ❹ 수프를 그릇에 담고 딜을 뿌린다.

러시아

스베콜니크 Svekolnik

콜드 수프라고도 불리는 비트를 사용한 붉고 시원한 국물

리투아니아 샬티바르스치에이(p.126)도 비트를 사용한 차가운 수프이다. 스베콜니크도 차가운 수프로 불리지만 러시아 버전이 보르쉬와 비슷하다. 그 차이는 케피르의 유무이다. 그러나 두 수프는 외형만으로는 알 수 없는 큰 차이가 있다. 샬티바르스치에이는 전혀 불을 사용하지 않고 기본적으로 소재를 잘라 케피르와 혼합할 뿐이다. 스베콜니크의 경우는 간 비트를 볶아 비트 자체에 함유된 수분으로 끓여 수프 베이스를 만든다. 그 과정에서 샬티바르스치에이에는 들어가지 않는 감자도 넣는다.

재료(4인분)

식용[illegible]술, 비트 2개(갈거나 또는 푸드 프로세서로 곱게 한[illegible]몬즙 또는 식초 1큰술, 물 800cc, 감자 1개(1cm 깍둑썰기), 오이 1개(세로로 반으로 잘라 슬라이스), 레드 래디시 4개(반으로 잘라 슬라이스), 소금 적당량, 삶은 달걀(장식) 2개(다지기), 사워크림(장식. 기호에 따라) 적당량, 딜(장식) 적당량(거칠게 다지기)

만드는 법

① 냄비에 기름을 두르고 강판에 간 비트, 레몬즙을 추가해 1분 정도 볶은 후 물과 감자를 추가해서 한소끔 끓여 감자가 익을 때까지 약불로 익히고 소금으로 간을 맞춘다. ② 냄비를 불에서 내려 식힌 후 냉장고에 넣어 식힌다. ③ 그릇에 오이, 레드 래디시를 놓고 차게 한 수프를 붓고 삶은 달걀, 딜, 사워크림(기호에 따라)으로 장식한다.

러시아

쉬 Shchi

1000년 전부터 먹은 러시아 요리

이미 9세기에 쉬와 카샤(메밀 씨로 만든 떡국과 같은 것)는 가장 중요한 음식으로 알려져 있었다. 남녀노소, 빈부에 관계없이 일상 음식으로 사랑받아 왔다. 간단하게 말하면 쉬는 양배추 수프이다. 부유층이 베이스 수프에 고기와 여러 가지 채소를 더해 고급 수프로 마무리하는 반면 빈곤층은 그냥 먹는다. 양배추만으로 만들건 재료를 잔뜩 사용하건 쉬는 쉬이다. 당시는 신선한 양배추를 먹을 수 있는 계절은 한정되어 있었기 때문에 없는 계절에는 사워크라우트가 이 수프의 재료로 사용됐다. 그래서인지 지금도 넣는 경우가 많다.

재료(4인분)

닭고기 또는 좋아하는 고기 400g, 닭 육수 또는 물+치킨 부이용 1000cc, 월계수 잎 1장, 무염버터 2큰술, 양파 1개(슬라이스), 당근 1개(거칠게 갈기), 셀러리 1대(곱게 썰기), 양배추 ½개(잘게 자르기), 토마토(기호에 따라) 2개(1cm 깍둑썰기), 감자 2개(한입 크기로 자르기), 소금·후춧가루 적당량, 사워크림(장식) 적당량, 딜(장식) 적당량(큼직하게 자르기)

만드는 법

① 냄비에 고기, 육수, 월계수 잎, 소금 1작은술, 후춧가루 한꼬집을 넣고 한소끔 끓인 후 고기가 익을 때까지 약불로 끓인다. 고기는 꺼내 식힌 후 먹기 좋은 크기로 찢는다. ② 프라이팬에 버터를 두르고 양파를 넣어 투명해질 때까지 볶은 후 당근, 셀러리, 양배추를 넣고 4~5분 더 볶는다. ③ ❷와 고기, 토마토, 감자를 냄비에 넣고 끓으면 약불로 해서 감자를 익힌다. ④ 소금과 후춧가루로 간을 하고 그릇에 담아 사워크림, 딜로 장식한다.

보르쉬 Borscht

우크라이나

비트로 물든 새빨간 국물이 인상적인 수프

새빨간 색이 인상적인 보르쉬는 러시아가 아닌 우크라이나가 원산지라는 사실은 그다지 알려져 있지 않다. 5~6세기경 우크라이나에서 비트와는 전혀 다른 어수리속(屬) 식물로 만든 것이 최초로 알려져 있다. 지금은 우크라이나, 러시아는 말할 것도 없이 폴란드, 리투아니아, 벨라루스, 루마니아와 같은 동유럽 국가에서 국민 요리로 사랑받고 있다. 우크라이나와 러시아의 보르쉬는 약간 다르다. 우크라이나는 돼지고기, 러시아는 소고기를 사용하고, 또한 우크라이나는 사워크림이지만, 러시아에서는 마요네즈가 사용되는 일도 있다.

재료(4~6인분)

돼지고기 300g, 월계수 잎 2장, 닭이나 채소 육수 또는 물+부이용 1500cc, 식용유 2큰술, 양파 소1개(다지기), 마늘 2알(다지기), 비트 대1개(거칠게 갈기), 당근 1개(거칠게 갈기), 토마토 2개(껍질을 벗겨 1cm 깍둑썰기), 양배추 소½개(채썰기), 감자 대1개(한입 크기로 자르기), 사워크림 2큰술, 딜 10개(거칠게 다지기), 소금·후춧가루 적당량, 사워크림(장식) 적당량, 딜(장식) 적당량(거칠게 자르기)

만드는 법

❶ 냄비에 고기, 월계수 잎, 소금 1작은술, 후춧가루 한 꼬집을 넣고 육수를 부어 한소끔 끓인 후 약불로 줄인다. ❷ 프라이팬에 기름을 두르고 양파, 마늘을 넣어 양파가 투명해질 때까지 볶은 후 비트, 당근을 넣고 2~3분 더 볶는다. ❸ 토마토를 넣고 토마토가 뭉개질 때까지 볶은 후 ❶의 냄비에 넣고 고기가 익을 때까지 약불로 끓인다. ❹ 양배추와 감자를 넣고 모두 익으면 사워크림, 딜을 추가하고 한소끔 끓인 후 소금과 후춧가루로 간을 맞춘다. ❺ 수프를 그릇에 담고 사워크림과 딜로 장식한다.

우크라이나

호로키스카 Horokhivka

말린 완두콩을 사용한 우크라이나 수프

완두콩을 사용한 수프는 다양하지만, 재료의 하나로 사용하는 경우는 낱알 그대로 사용하는 경우가 많다. 특히 생의 경우는 그렇다. 완두콩을 말려서 둘로 나눈 완두콩을 수프에 사용할 때는 그대로 모양을 남기지 않고 블렌더 등으로 퓌레하는 경우가 많다. 우크라이나 호로키스카는 퓌레상의 진한 것과 달리 콩의 모양이 그대로 남아 있는 드문 수프이다. 생 완두콩의 선명함은 없지만 당근의 빨간색, 감자의 흰색, 딜의 녹색과 조화를 이뤄 보기에도 맛있는 수프다.

재료(4인분)

완두콩(쪼개서 말린 것 또는 녹색 렌틸콩) 250g(충분한 물에 1시간 정도 담갔다가 물기를 뺀다), 물 1000cc, 무염버터 2큰술, 양파 1개(다지기), 마늘 4알(다지기), 작은 소시지 또는 훈제 햄 250g(작게 깍둑썰기), 당근 소1개(1cm 깍둑썰기), 감자 2개(1cm 깍둑썰기), 월계수 잎 2장, 소금·후춧가루 적당량, 딜 또는 이탈리안 파슬리(장식) 적당량(다지기)

만드는 법

❶ 냄비에 콩과 물을 넣고 끓인 후 약불로 익힌다. ❷ 끓이는 동안 프라이팬에 버터를 두르고 양파와 마늘을 넣어 양파가 숨이 죽을 때까지 볶는다. 소시지를 추가하여 1분 정도 볶는다. ❸ 냄비에 ❷와 당근, 감자, 월계수 잎, 소금 1작은술, 후춧가루 한꼬집을 넣고 약불로 모든 재료를 익힌다. ❹ 소금과 후춧가루로 간을 맞춘 후 그릇에 담고 딜 또는 이탈리안 파슬리를 뿌린다.

쿨리시 Kulish

우크라이나

기장을 걸쭉해질 때까지 끓인 우크라이나 죽 요리

쿨리시는 우크라이나 중서부 드네프로강 중간 유역에 위치한 자포로지에 지방의 카자크(남러시아에 사는 터키족과 슬라브족과의 혼혈 민족)에 의해 전파된 것으로 알려져 있다. 우리나라에도 알려진 카자크 댄스로 유명한 카자크이다. 지금도 자신은 카자크 사람이라고 주장하는 이들이 우크라이나와 러시아에 다수 있는 것 같다. 그들은 지금도 친척이나 친구를 초대하여 큰 냄비에 이 수프를 만들고 춤을 춘다. 쿨리시는 수프라기보다는 기장을 사용한 포리지(죽)에 가깝다. 고기와 채소와 함께 끓이는데, 형태가 사라질 정도로 걸쭉해질 때까지 끓이는 것이 포인트다.

재료(4인분)

살로*(없으면 베이컨 블록) 100g(1cm 깍둑썰기), 돼지고기 덩어리 200g(먹기 좋은 크기로 썰기), 양파 1개(1cm 사각썰기), 당근 ½개(1cm 깍둑썰기), 감자 1개(1cm 깍둑썰기), 물 1000cc, 기장 200g, 소금·후춧가루 적당량, 이탈리안 파슬리(장식) 적당량(다지기)

*살로(salo) : 돼지비계 소금 절임

만드는 법

① 냄비를 불에 올려 살로를 넣고 기름이 나오면 돼지고기, 양파, 당근, 감자, 물을 넣고 끓인다. ② 여기에 기장을 추가하고 가볍게 소금, 후춧가루를 넣어 기장이 죽처럼 걸쭉해질 때까지 약불로 끓인다. ③ 소금과 후춧가루로 간을 맞추고 그릇에 담아 이탈리안 파슬리를 뿌린다.

아르메니아

보즈바쉬 Bozbash

마르멜로, 사과, 자두의 자연의 단맛이 매력인 고기 스튜

보즈바쉬는 아제르바이잔이 원산지로 알려져 있지만, 아르메니아인들에게도 국민 음식으로 사랑받으며 기원에 관해서는 아직 논쟁이 있다. 유사한 스튜가 이란에도 있는 것 같다. 현재는 소고기도 일반적이지만 기본은 양고기 스튜로 다양한 채소, 향신료를 넣고 오래 끓인다. 두 나라의 보즈바쉬에 큰 차이가 있다. 아르메니아 보즈바쉬에는 다른 수프와 스튜에서는 볼 수 없는 재료를 사용한다. 그 하나가 마르멜로이다. 이 과일을 사과, 자두와 함께 넣으면 스튜에 자연스러운 단맛이 생긴다. 고추의 매운맛과 대비를 이루어 매력적인 맛을 낸다.

재료(4인분)

소 또는 양고기 500g(3cm 정도 큼직하게 자르기), 물 1500cc, 클래리파이드 버터 2큰술, 양파 소1개(거칠게 다지기), 마늘 1알(다지기), 강낭콩 6개(길이 3cm로 자르기), 마르멜로 1개(빗모양썰기로 8등분해서 반으로 자르고 심은 제거하고 껍질은 그대로 둔다), 사과 ½개(빗모양썰기로 4등분해서 반으로 자르고 심은 제거하고 껍질은 그대로), 토마토 1개(1cm 깍둑썰기), 조리 병아리콩 300g, 칠리 페퍼 페이스트 1~2큰술(또는 생 홍고추 1~2개, 꼭지를 제거하고 가볍게 두드린다), 커민가루, 고수가루, 후춧가루 각 ½작은술, 말린 자두 4개(큼직하게 4조각), 소금 적당량, 생 또는 말린 민트(장식) 적당량

만드는 법

❶ 냄비에 고기와 물을 넣고 끓인 후 약불로 고기가 부드러워질 때까지 끓인다. ❷ 고기를 꺼내 그릇에 담아둔다. ❸ 다른 냄비에 클래리파이드 버터를 두르고 양파, 마늘을 넣어 양파가 투명해질 때까지 볶는다. ❹ 강낭콩, 마르멜로, 사과, 토마토를 더해 살짝 볶다가 ①의 육수를 소쿠리에 걸러 붓는다. ❺ 고기와 콩, 향신료, 소금 1작은술 정도를 넣고 사과 등이 익을 때까지 약불로 익힌다. ❻ 말린 자두를 넣고 한소끔 끓인 후 소금으로 간을 맞춘다. ❼ 그릇에 담고 민트를 뿌린다.

콜로락 아푸 **Kololak Apur**

아르메니아

불구르가 들어간 미트볼이 신기한 아르메니아 수프

콜로락은 아르메니아식 미트볼로, 졸이거나 꼬치에 끼워 굽거나 또는 빵가루를 묻혀 튀기는 등 다양한 방식으로 식탁에 오른다. 매운 토마토소스로 먹는 콜로락은 파스타와도 어울린다. 재미있는 것은 밀을 말려 빻은 불구르*가 들어 있는 점이다. 우리의 미트볼에 빵가루를 넣는 감각이다. 여기에서 소개하는 것은 토마토 맛이 나는 파프리카가 든 수프이다. 레몬즙으로 은은한 신맛을 가미한 것 또한 흥미롭다. 드라이 민트로 마무리해 민트의 상쾌한 향기가 수프에 넣는 순간 퍼진다.

*불구르(bulgur) : 밀을 반쯤 삶아서 말렸다가 빻은 것

재료(4인분)

식용유 2큰술, 양파 소1개(다지기), 토마토소스 300cc, 닭 육수 또는 물+치킨 부이용 500cc, 파프리카가루 ½작은술, 월계수 잎 1장, 레몬즙 1큰술, 말린 민트 1큰술, 소금·후춧가루 적당량, 민트 잎(장식, 말린 것도 생도 가능) 적당량(생것은 다지기)

미트볼

불구르 200g, 간 소고기 450g, 양파 소1개(다지기), 마늘 1알(다지기), 이탈리안 파슬리 2대(다지기), 소금 1작은술, 후춧가루 ½작은술, 파프리카가루 1작은술, 달걀 1개

만드는 법

❶ 미트볼 재료를 모두 볼에 넣고 잘 섞은 다음 손바닥으로 2~3cm 크기로 불구르를 만든다. ❷ 냄비에 식용유를 두르고 양파를 넣어 투명해질 때까지 볶은 후 토마토소스, 육수, 파프리카가루, 월계수 잎, 소금과 후춧가루를 넣어 한소끔 끓인 후 레몬즙을 추가한다. ❸ 미트볼을 1개씩 수프에 넣고 다시 끓으면 약불에서 미트볼이 익을 때까지 익힌다. ❹ 소금과 후춧가루로 간을 맞추고 내놓기 직전에 민트를 넣고 섞는다. ❺ 그릇에 수프를 담고 민트를 뿌린다.

조지아

치히르트마 Chikhirtma

이렇게 아름답고 풍미 있는 닭고기 수프는 없다

초조해하지 않고 정중하게 조리하는 것이 보상받는 요리라는 것이 있다. 치히르트마가 바로 그런 요리로, 닭고기를 푹 끓인 수프를 만들고 사프란으로 색을 넣고 달걀로 크리미하게 마무리한다. 마무리에 초조해하면 안 된다. 달걀 수프가 돼 버리면 모든 게 엉망이 된다. 달걀을 추가할 때가 가장 신경을 써야 하는 단계이다. 진한 크림색 수프를 그릇에 담고 허브를 뿌려 선명한 녹색을 가미한다. 떠오르는 허브 향기를 들이키는 순간 잘 됐다는 만족감이 솟아난다. 단순한 치킨 수프이지만 조리하고 제공하고 먹는 모든 과정에서 만족감을 맛볼 수 있는 수프는 드물다.

재료(4~6인분)

뼈 있는 닭고기 600g, 물 1500cc, 사프란 한꼬집, 무염버터 2큰술, 양파 1개(거칠게 다지기), 마늘 4알(거칠게 다지기), 밀가루 2큰술, 고수 10개(다지기), 딜 5개(다지기), 레몬즙 1큰술, 달걀노른자 4개분, 소금·후춧가루 적당량, 고수, 민트, 딜, 이탈리안 파슬리(장식) 각 적당량(다지기)

만드는 법

① 고기, 물, 소금 1작은술을 냄비에 넣고 끓인 후 약불로 고기가 부드러워질 때까지 익힌다. 그 사이에 사프란을 작은 그릇에 넣고 ¼컵 정도의 수프를 덜어 담가둔다. ② 고기를 꺼내고 수프는 소쿠리에 거른다. 냄비는 깨끗이 씻어둔다. 고기는 식은 후 뼈와 껍질을 제거하고 손으로 먹기 좋은 크기로 찢는다. ③ 씻어 놓은 냄비에 버터를 가열하고 양파와 마늘을 넣어 양파가 투명해질 때까지 볶은 후 밀가루를 더해 잘 섞는다. ④ 걸러 놓은 국물을 저으면서 조금씩 넣고 밀가루를 펴 루를 만든다. 수프는 반컵 정도 덜어두고 나머지는 모두 냄비에 다시 넣는다. ⑤ 찢은 고기, 사프란이 든 수프, 고수, 딜을 넣고 약불로 끓인다. ⑥ 볼에 덜어둔 수프, 레몬즙, 달걀노른자를 넣고 잘 섞은 후 냄비에 조금씩 저으면서 넣는다. ⑦ 끓어오르지 않도록 주의하면서 따뜻하게 데우고 소금과 후춧가루로 간을 맞춘다. ⑧ 그릇에 장식 허브를 적당량 넣고 그 위에 수프를 끼얹는다.

아제르바이잔

쿠프타 보즈바쉬 Küftə-Bozbaş

엄청 큰 미트볼이 들어간 아제르바이잔 수프

코프타, 쿠프테, 코프테 등 호칭은 여러 가지이지만 간 소고기로 만든 미트볼이나 햄버거 같은 음식인 것은 변함이 없다. 중근동부터 동유럽에 걸쳐 매우 인기 있는 요리이다. 보즈바쉬 자체는 같은 이름의 아르메니아 요리와 기원은 같다고 생각된다. 큰 차이는 미트볼이다. 어쨌든 크기가 엄청나다. 직경이 4~5센티미터는 된다. 크기만 큰 게 아니라 재료 또한 다르다. 말린 민트가 많이 들어가는 것은 드문 일이기는 하지만 모르는 바는 아니다. 하지만 말린 자두(살구를 사용하기도 한다)를 엄청 큰 미트볼 속에 감춘 것은 놀랍다.

재료(4인분)

말린 병아리콩 60g(충분한 물에 하룻밤 담가둔다), 물 1000cc, 무염버터 2큰술, 감자 2개(껍질만 벗기기), 강황가루 ¼작은술, 소금·후춧가루 적당량, 고수 또는 이탈리안 파슬리(장식) 적당량(다지기)

미트볼

양고기 또는 소고기 간 것 450g, 양파 1개(갈아서 수분기를 짠다), 달걀 1개, 밥 100g, 말린 민트 1큰술, 세이버리(기호에 따라) 1작은술, 후춧가루 ½작은술, 소금 1작은술, 말린 자두 4~8개

만드는 법

① 콩을 소쿠리에 올려 씻은 후 물, 버터와 함께 냄비에 넣고 콩이 거의 익을 때까지 약불로 끓인다. ② 콩을 삶는 동안 말린 자두 이외의 미트볼 재료를 볼에 넣고 섞어 4등분 또는 8등분하여 가운데에 자두를 넣어 큰 볼 모양을 만든다. ③ ❶의 냄비에 미트볼과 감자, 강황가루를 넣고 끓인 후 약불에서 익힌다. ④ 소금과 후춧가루로 간을 맞춘 후 감자를 꺼내 2등분한다. ⑤ 각각의 그릇에 미트볼과 감자를 올리고 수프를 끼얹은 다음 고수 또는 이탈리안 파슬리를 뿌린다.

도브가 Dovga

아제르바이잔

요구르트 수프에 허브가 많이 들어간 채식 수프

도브가는 고수와 민트, 딜 등 허브가 많이 들어간 요구르트 베이스 수프이다. 본고장 아제르바이잔에서는 요구르트와 비슷한 맛조니(matsoni)라는 발효 유제품을 사용한다. 그러나 동유럽 및 중앙아시아라면 몰라도 다른 지역에서는 구하기 어렵다. 그런 이유로 다른 국가에서는 요구르트와 케피르(우유를 발효시킨 음료)를 대신 사용한다. 기본적인 도브가는 요구르트 수프에 허브와 쌀을 첨가한 간단한 요리이지만, 여기서 소개하는 도브가는 시금치와 병아리콩을 첨가한 호화로운 방식이다. 갓 만들어 따뜻하게 먹어도 맛있지만 차게 해서 먹어도 좋다.

재료(4~6인분)

말린 병아리콩 50g(또는 조리 콩 150g, 말린 콩을 사용하는 경우 충분한 물에 하룻밤 담가둔다), 달걀 1개, 밥 150g, 요구르트 500cc, 물 500cc, 고수 20개(거칠게 다지기), 딜 10개(거칠게 다지기), 시금치 5뿌리(거칠게 다지기), 이탈리안 파슬리 10대(거칠게 다지기), 민트 10개(거칠게 다지기), 소금·후춧가루 적당량, 민트 또는 고수(장식) 적당량(다지기)

만드는 법

❶ 말린 콩을 사용하는 경우는 소쿠리에 올린 후 냄비에 충분한 양의 물(재료 외)과 함께 넣고 끓인 후 약불로 물러질 때까지 삶는다. ❷ 냄비에 달걀, 쌀, 콩을 넣고 요구르트, 물을 첨가하여 잘 섞는다. ❸ 냄비의 내용물을 중불에서 계속 저으면서 천천히 끓인다. 달걀이 분리되어 굳지 않도록 천천히 계속 저으면서 데우는 것이 요령. 이때 소금을 첨가해서는 안된다. ❹ 끓으면 바로 불을 약하게 하고 채소와 허브를 넣고 저으면서 10분 정도 더 끓인다. ❺ 소금과 후춧가루로 간을 맞추고 그릇에 담아 민트나 고수를 뿌린다.

아제르바이잔

두쉬바라 Dushbere

노란색으로 물든 수프에 가라앉는 작은 덤플링이 예쁘다

중앙아시아와 서아시아에서는 덤플링을 자주 먹는다. 크기도 내용물도 다양하며 미국에서는 동유럽 전문 시장에 가면 냉동 덤플링이 여러 종류 놓여 있다. 아제르바이잔의 두쉬바라에 들어 있는 덤플링은 2센티미터 정도밖에 되지 않는 작은 것들이다. 작은 미트볼을 만들어 사각형으로 자른 생지 가운데에 놓고 싸서 모양을 만들면 되는데, 작게 만드는 것이 번거롭다. 게다가 생지는 점점 말라간다. 하지만 만들고 나면 나머지는 간단하다. 양고기 등으로 우려낸 수프에 넣고 떠오르기만 기다리면 된다. 식초, 강황, 민트로 마무리한다.

재료(4인분)

뼈 붙은 양고기 또는 소고기 450g, 양파 소1개(1cm 사각썰기), 물 2200cc, 강황가루 ½작은술, 식초(장식) 적당량, 강황가루(장식) 적당량, 말린 민트(장식) 적당량

※고기+양파+물은 물 2200cc+비프 부이용 2개로 대체 가능

덤플링 피

밀가루 240g, 달걀 1개, 소금 ½작은술, 물 80cc

덤플링 재료

양고기 또는 소고기 간 것 200g, 양파 소1개(갈아서 물기를 짠다), 소금 ½작은술, 후춧가루 약간

만드는 법

❶ 수프 재료(고기, 양파, 물, 강황)를 모두 냄비에 넣고 고기가 부드러워질 때까지 약불로 끓인 후 소쿠리에 거른다. ❷ 수프를 다시 냄비에 넣고 한소끔 끓인 후 약불로 줄인다. ❸ 덤플링 피를 만든다. 볼에 밀가루, 달걀, 소금, 물의 순서대로 넣어 잘 반죽한 후 둥글게 만들어 랩을 씌워 냉장고에 30분 재운다. ❹ 덤플링 속 재료를 다른 그릇에 넣고 손으로 잘 섞는다. ❺ 덤플링 피 생지를 밀가루(재료 외)를 뿌린 작업대에 얇게 펴서 사방 2cm의 격자 모양으로 자른다. ❻ 자른 각 생지 위에 덤플링 재료를 조금씩 올린다. ❼ 속재료를 올린 생지를 하나씩 떼어 절반으로 접어 내용물을 감싸고 끝을 손가락으로 눌러 닫고 양끝을 당겨 맞춰 모자 형태가 되게 한다. ❽ 수프를 다시 강불에서 끓인 후 덤플링을 넣고 덤플링이 익을 때까지 약불로 끓인다. ❾ 수프를 그릇에 담고 기호에 맞게 식초와 강황가루를 첨가하고 민트를 뿌린다.

The World's Soups

Chapter

5

카리브 제도

Garibbean

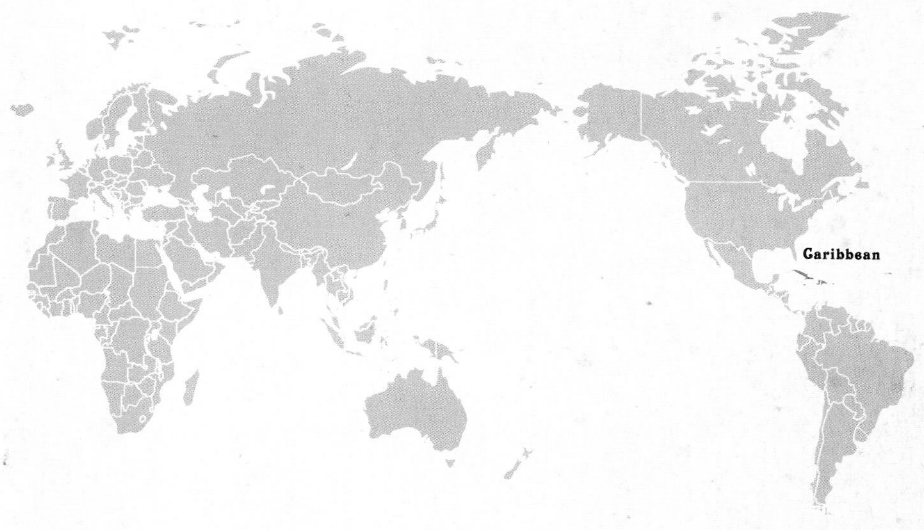

앤티가바부다 | 아루바 | 바하마 | 바베이도스 | 케이맨 제도 | 쿠바
도미니카공화국 | 아이티 | 자메이카 | 푸에르토리코 | 트리니다드토바고

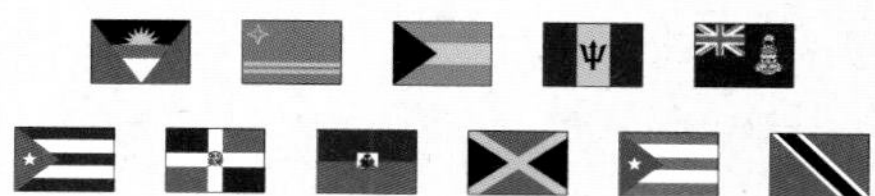

펀지 & 페퍼팟 Fungee & Pepperpot

옥수수가루로 만든 덤플링이 떠 있는 채소 수프

카리브해와 대서양에 둘러싸인 앤티가와 바부다라는 2개의 섬과 주변의 작은 섬으로 이루어진 작은 나라가 앤티가바부이다. 나라는 작아도 독특한 식문화는 당연히 존재한다. 펀지 & 페퍼팟은 이 작은 섬나라가 자랑하는 전통 음식이다. 옥수수가루로 만든 큰 경단 모양의 덤플링과 채소로 만든 이 수프는 단순히 펀지라고 부르기도 한다. 주요 채소는 가지, 호박, 주키니이지만 파파야가 들어가는 점이 남국납다. 오크라가 추가되는 경우도 많아 오크라가 수프의 주재료라고 생각하는 사람도 많다.

재료(4인분)

페퍼팟

식용유 2큰술, 스튜용 소고기 200g, 마늘 2알(다지기), 양파 소1개(1cm 깍둑썰기), 가지 대1개(껍질을 벗겨 한입 크기로 자르기), 호박 또는 버터넛 스쿼시(땅콩단호박) 소 ⅕개(껍질을 벗기고 한입 크기로 자르기), 주키니 1개(한입 크기로 자르기), 파파야 ½개(껍질을 벗기고 한입 크기로 자르기), 차이브 10개(곱게 자르기), 백리향 1작은술, 케첩 1큰술, 물 750cc, 시금치 2~3뿌리(뜨거운 물에 데쳐 2~3cm 크기로 자르기), 조리 완두콩(냉동 가능) 100g, 소금·후춧가루 적당량

펀지

옥수수가루 100g, 물 400cc, 소금 ¼작은술, 후춧가루 한꼬집, 버터 2작은술

만드는 법

❶ 페퍼팟을 만든다. 냄비에 기름을 두르고 고기를 넣어 노릇노릇해지면 마늘과 양파를 넣고 양파가 투명해질 때까지 볶는다. 나머지 채소(시금치 이외)와 파파야, 허브, 케첩, 소금 1작은술, 후춧가루 한꼬집을 넣어 대충 섞고 물을 부어 한소끔 끓인 후 약불로 고기와 채소가 부드러워질 때까지 익힌다. ❷ 끓이는 동안 펀지를 만든다. 다른 냄비에 옥수수가루를 넣고 물을 조금씩 더해 응어리 없이 완전히 옥수수가루가 녹으면 불에 올려 소금과 후춧가루를 뿌려 옥수수가루가 굳을 때까지 나무주걱 등으로 계속 젓는다. 냄비에서 옥수수가루가 분리될 정도로 굳으면 불을 끄고 버터를 첨가하여 잘 섞는다. 손바닥에 식용유(재료 외)를 발라 직경 4cm 정도로 동글게 말아 접시 등에 올려둔다. ❸ 냄비의 채소가 익으면 시금치와 완두콩을 넣고 한소끔 끓인 후 소금과 후춧가루로 간을 맞춘다. ❹ 그릇에 담고 수프를 끼얹는다.

아루바

소피 디 팜푸나 Sopi di Pampuna

핫소스로 매운맛을 더한 호박 수프

현재도 네덜란드의 통치하에 있지만 1986년에 단독 자치령이 되었다. 아루바는 카리브해에 떠 있는 섬나라이면서 네덜란드어가 공용어인 재미있는 나라다. 식문화도 네덜란드의 영향이 짙게 남아 있다. 이 호박 수프만 해도 네덜란드 요리의 영향을 받았다. 그러나 생크림과 크렘 프레슈로 크리미한 수프로 완성하기도 하지만 더 남국적인 분위기를 맛보려면 코코넛밀크를 사용하면 좋다. 수프 베이스는 소금에 절인 소고기 또는 돼지고기이다. 호박이 익으면 믹서로 퓌레하는데 당연히 고기는 그 전에 냄비에서 꺼내 작게 자른다.

재료(4인분)

소금에 절인 소고기 또는 소금에 절인 돼지고기 250g(전날 충분한 물에 담가 소금기를 빼둔다), 물 1000cc, 양파 1개(다지기), 마늘 2알(다지기), 셀러리 1대(곱게 썰기), 리크 또는 대파 1대(곱게 썰기), 채소 또는 치킨 부이용 1개, 백리향 ¼작은술, 올스파이스 ¼작은술, 핫소스(타바스코 등) ½작은술, 호박 소1개(깍둑썰기), 감자 2개(깍둑썰기), 코코넛밀크나 생크림 또는 크렘 프레슈 250cc, 무염버터 2큰술, 소금·후춧가루 적당량

만드는 법

❶ 소금에 절인 소고기를 물에서 꺼내 냄비에 넣는다. 물을 붓고 양파, 마늘, 셀러리, 리크, 부이용, 허브와 향신료, 핫소스를 넣고 끓인다. ❷ 한소끔 끓으면 약불로 고기가 부드러워질 때까지 끓인 후 고기를 꺼내 작게 깍둑썰기로 잘라서 다른 그릇에 덜어둔다. 수프는 소쿠리에 걸러 다시 냄비에 넣고 채소는 버린다. ❸ 호박과 감자를 냄비에 넣고 부드러워질 때까지 끓인다. ❹ 수프를 믹서로 부드럽게 한 후 코코넛밀크, 버터, 고기를 첨가하여 소금과 후춧가루로 간을 하고 한소끔 끓인다.

바하마

바하미안 피 & 덤플링 수프 Bahamian Pea & Dumpling Soup

비둘기콩, 뿌리채소류, 덤플링이 들어간 볼륨 만점 수프

오랫동안 영국 통치하에 있었던 바하마 식문화도 영국의 영향을 강하게 받고 있다. 이 완두콩 수프도 영국과 아프리카 식문화가 융합된 것으로 알려져 있다. 이 수프에 사용되는 콩은 완두콩 중에서도 비둘기콩이 사용된다. 비둘기콩은 아시아에서 아프리카로 건너가서 노예 매매와 함께 신대륙에 반입되었다. 이 비둘기콩이 영국에서 많이 사용되는 쪼개서 말린 완두콩 대신 사용됐다. 하지만 다른 콩을 사용해도 전혀 상관없다. 훈제 소고기와 토마토가 수프의 베이스이고 밀가루 덤플링이 들어가기 때문에 수프에 걸쭉함이 생긴다.

재료(4~6인분)

식용유 2큰술, 소금에 절인 소고기가 없으면 훈제 햄 450g(1cm 깍둑썰기, 소금에 절인 소고기를 사용하는 경우는 하룻밤 물에 담가 소금기를 뺀다), 양파 1개(1cm 사각썰기), 마늘 2알(다지기), 피망 2개(1cm 사각썰기), 토마토 1개(1cm 깍둑썰기), 토마토 페이스트 1큰술, 백리향 1작은술, 조리 비둘기콩 또는 메추라기콩, 덩굴강낭콩 등 400g, 물 750cc, 감자 2개(한입 크기로 썰기, 고구마도 가능), 소금·후춧가루 적당량

덤플링
밀가루 60g, 베이킹파우더 1작은술, 소금 약간, 물 60cc, 뵈르 퐁뒤(melted butter, 약간 녹아 있는 상태의 버터) 1큰술

만드는 법

① 냄비에 기름을 두르고 소금에 절인 소고기, 양파, 마늘을 넣고 양파가 투명해질 때까지 볶는다. ② 고추, 토마토, 토마토 페이스트, 백리향, 콩, 소금 1작은술, 후춧가루 한꼬집을 넣어 잘 섞고 물을 넣어 한소끔 끓인 후 약불로 고기를 익힌다. ③ 끓이는 동안 덤플링을 만든다. 그릇에 밀가루, 베이킹파우더, 소금을 넣고 잘 섞어 물과 녹인 버터를 섞어 추가한다. 손으로 잘 반죽하여 길이 3~4cm, 두께 1cm 정도의 양쪽이 조금 가는 통형으로 만들어 접시에 둔다. ④ 감자를 냄비에 넣고 부드러워질 때까지 끓인 후 강불에서 덤플링을 하나씩 넣고 덤플링이 떠오르면 소금과 후춧가루로 간을 맞춘다.

바하마

소파 드 카라콜 Sopa de Caracol

엄청 큰 소라고둥의 살을 사용한 수프

카라콜은 소라고둥의 일종으로 큰 것은 거뜬히 4인분의 양이 나온다. 바하마뿐만 아니라 카리브해, 라틴아메리카, 미국 플로리다 등에서 인기이며 1990년대에는 이 수프와 같은 이름의 노래가 히트했을 정도다. 내가 사는 미국 북부 보스턴 주변에서도 계절은 한정되지만 살아 있는 소라고둥을 구할 수 있다. 소라고둥은 비교적 살이 부드럽고 익혀도 크게 질겨지지 않는다. 이 수프는 소라고둥 차우더라고 하지만, 클램 차우더와 같은 크리미한 수프가 아니라 토마토 베이스이다. 온두라스에는 코코넛밀크를 사용한 소라고둥 수프도 있다.

재료(4인분)

올리브유 2큰술, 양파 1개(1cm 사각썰기), 마늘 2알(다지기), 셀러리 1대(1cm 사각썰기), 토마토 소2개(1cm 깍둑썰기), 토마토 페이스트(기호에 따라) 1큰술, 밀가루 2큰술, 소라고둥 살 500g(먹기 좋은 크기로 자르기), 생선 육수나 물 1500cc, 백리향 1큰술, 오레가노 ½작은술, 당근 1개(세로로 2~4등분해서 두껍게 슬라이스), 감자 대1개(한입 크기로 자르기), 소금·후춧가루 적당량

만드는 법

❶ 팬에 올리브유를 두르고 양파, 마늘, 셀러리를 넣고 양파가 투명해질 때까지 볶은 후 토마토, 토마토 페이스트를 추가하고 2분 정도 더 볶는다. ❷ 밀가루를 넣고 1분 정도 볶다가 조개를 넣고 다른 재료와 골고루 섞는다. ❸ 육수, 백리향, 오레가노, 소금 1작은술, 후춧가루 한꼬집을 더해 끓이다가 당근과 감자를 넣고 조개, 당근, 감자가 익을 때까지 약불로 끓인다. ❹ 소금과 후춧가루로 간을 맞춘다. 덜 걸쭉하면 수용성 녹말가루(재료 외)를 추가해서 원하는 걸쭉함을 낸다.

바잔 수프 Bajan Soup

잡탕이라고 할 만한 건더기 가득한 바베이도스식 수프

이 음식을 제외하고 바베이도스의 요리를 논할 수 없다. 그만큼 중요하게 여기고 있는 것이 바잔 수프이다. 바잔은 '바베이도스' 내지 '바베이도스 사람'을 뜻하는 바베이디안의 다른 표현으로, 그야말로 바베이도스 수프를 말한다. 건더기가 듬뿍 든 수프는 이외에도 있지만, 재료가 많다는 점에서는 의심할 여지없이 최고이다. 고기는 물론 호박을 닮은 땅콩단호박을 필두로 고구마, 감자, 당근, 토란 등 뿌리채소가 모두 들어 있다. 오크라를 추가하는가 하면 밀가루 경단도 들어간다.

재료(4~6인분)

식용유 1큰술, 양파 소1개(1cm 사각썰기), 뼈 닭고기(다리, 날개 등) 450g, 땅콩단호박 또는 호박 ¼개(호박의 경우는 소¼개, 2cm 깍둑썰기), 당근 ½개(1cm 깍둑썰기), 고구마 소1개(2cm 깍둑썰기), 감자 소2개(2cm 깍둑썰기), 토란 2개(2cm 깍둑썰기), 커리가루 1작은술, 백리향 1작은술, 닭 육수 또는 물+치킨 부이용 1500cc, 소금·후춧가루 적당량

덤플링
밀가루 180g, 설탕 3작은술, 육두구 ½작은술, 소금 약간, 물 적당량

만드는 법

❶ 냄비에 기름을 두르고 양파를 넣어 투명해질 때까지 볶은 후 고기 전체에 그릴 자국이 날 때까지 볶는다. ❷ 나머지 채소를 넣고 살짝 볶은 후 커리가루, 백리향, 소금, 후춧가루를 약간 첨가하여 볶는다. 국물을 넣고 고기가 부드러워질 때까지 약불로 익힌다. ❸ 끓이는 동안 덤플링을 만든다. 물 이외의 재료를 모두 볼에 넣고 섞어 조금씩 물을 첨가하면서 손에 붙지 않을 정도로 반죽한다. 종이 타월을 씌워 30분 정도 재운다. 3cm 정도의 볼 모양을 만들어 수건을 덮어둔다. ❹ 고기가 익으면 소금과 후춧가루로 간을 맞추고 덤플링을 넣어 떠오를 때까지 끓인다.

실력을 겨루는 콘테스트가 있을 정도로 인기 수프

피시 티? 물고기의 차? 왠지 묘한 단어의 조합이다. 티는 수프라는 뜻이다. 왜 수프를 티라고 부르는지는 솔직히 모르겠다. 하지만 티는 때로 국물을 나타내는 단어로 사용된다는 것만은 알아두자. 케이맨에서는 대회가 열릴 만큼 인기가 많은데, 많은 참가자가 자신들의 피시 티를 선보인다. 생선은 기본적으로 무엇이든 상관없다. 머리만 써도 상관없다. 채소는 배를 든든하게 하는 뿌리채소, 호박 등이 들어간다. 수프 자체는 산뜻하지만 꽤 먹은 보람이 있다.

재료(4인분)

생선(뭐든 가능. 머리만 써도 좋다) 500g, 물 1000cc, 마늘 1알(다지기), 양파 소1개(1cm 사각썰기), 칠리페퍼(가능하면 스카치 보네트*) 1개, 코코넛밀크 120cc, 그린 바나나 1책(한입 크기로 자르기), 카사바, 호박, 고구마 등의 믹스 총 400g(한입 크기로 자르기), 파프리카가루 한꼬집, 백리향 2개, 올스파이스 한꼬집, 파 1대(곱게 썰기), 소금·후춧가루 적당량, 백리향(장식, 생잎) 적당량, 파(장식) 적당량(곱게 썰기)

*스카치 보네트(scotch bonnets) : 자메이카에서 재배되는 아주 매운 고추의 일종

만드는 법

① 생선에 가볍게 소금, 후춧가루를 뿌려 냄비에 넣고 물을 넣어 끓인 후 약불로 생선이 익을 때까지 끓인다. ② 생선을 꺼내 식으면 뼈를 잡고 살을 헤쳐 놓는다. 수프는 걸러서 냄비에 다시 넣는다. ③ 마늘, 양파, 칠리페퍼를 푸드 프로세서에 넣고 곱게 간 후 냄비에 넣고 코코넛밀크를 넣고 끓인다. ④ 그린 바나나, 뿌리채소 믹스, 파프리카가루, 백리향, 피망, 소금 1작은술, 후춧가루 한꼬집을 넣고 약불로 채소가 부드러워질 때까지 익힌다. ⑤ 생선 살, 파를 넣고 한소끔 끓인 후 소금과 후춧가루로 간을 맞춘다. ⑥ 수프를 그릇에 담고 백리향과 파를 뿌린다.

프리카세 데 폴로 Fricasé de Pollo

쿠바

광귤 과즙과 커민으로 마리네이드한 닭고기 수프

프리카세 데 폴로는 프랑스의 프리카세 드 풀레(fricassee de poulet)가 기원인 것만은 확실하다. 의미는 모두 닭 프리카세, 닭 스튜 혹은 소스를 뿌린 것과 같은 것이다. 왜 스페인어권인 쿠바에 프랑스 기원의 요리가 있는 걸까. 18세기 후반에 시작된 아이티 혁명에서 탈출해서 쿠바에 온 프랑스인 이민자들이 들여왔다는 게 정설이다. 그러나 두 요리에는 큰 차이가 있다. 프랑스의 프리카세는 화이트소스인 데 반해 쿠바는 토마토 베이스라는 점이다. 프랑스뿐 아니라 다양한 나라의 식문화가 혼합한 결과라고 생각된다.

재료(4~6인분)

닭고기(가능하면 뼈가 붙은 것) 800g(인원수 또는 그 2배로 자르기), 커민가루 ½작은술, 광귤즙 2개분, 올리브유 2큰술, 마늘 2알(다지기), 양파 1개(1cm 사각썰기), 피망 2개(1cm 사각썰기), 빨강 파프리카 1개(1cm 사각썰기), 토마토 페이스트 2큰술, 화이트와인 120cc, 닭 육수 또는 물+치킨 부이용 500cc, 올리브(피망을 채운 올리브) 8~12개, 케이퍼 2작은술, 고수 5개(다지기), 오레가노 ½작은술, 월계수 잎 1장, 감자 1개(한입 크기로 자르기), 당근 1개(작은 한입 크기로 자르기), 소금·후춧가루 적당량, 이탈리안 파슬리(장식) 적당량(자르기)

만드는 법

① 고기에 커민가루와 소금, 후춧가루를 뿌리고 광귤즙을 뿌려 2시간, 가능하면 하룻밤 마리네이드한다. ② 냄비에 올리브유를 두르고 마늘, 양파, 피망, 빨강 파프리카를 추가하여 양파가 투명해질 때까지 볶는다. ③ ❶의 고기와 토마토 페이스트를 넣고 페이스트가 고기 전체를 덮을 때까지 섞어 화이트와인, 육수를 추가하고 끓인다. ④ 올리브, 나머지 채소와 허브를 넣고 다시 끓인 후 약불로 고기와 채소가 익으면 소금과 후춧가루로 간을 맞춘다. ⑤ 수프를 그릇에 담고 이탈리안 파슬리를 뿌린다. 밥과 함께 내놓는다.

쿠바

귀소 데 마이즈 **Guiso de Maiz**

콘 스튜라고 해도 채소가 많이 들어간 조림 요리

옥수수 수프라고 하면 크리미한 포타주가 떠오르지만 옥수수가 주식이라고도 할 수 있는 카리브해 및 라틴아메리카 국가에서는 그런 수프는 거의 볼 수 없다. 갓 딴 신선한 옥수수가 얼마든지 있기 때문인데, 그대로 탁탁 썰어 수프에 넣는다. 그런 느낌의 수프가 대부분이다. 귀소 데 마이즈는 수프가 아니라 스튜이다. 소고기 감자 조림이나 채소 조림에 가깝다. 실제로 옥수수뿐만 아니라 칼라바사(호리병박 열매)라 불리는 호박을 닮은 스쿼시, 감자 등이 들어가는 잡탕이다. 쌀과 함께 담아내는 것이 기본이다. 포크, 스푼, 나이프 그리고 손을 이용하여 먹는다.

재료(4인분)

올리브유 1큰술, 양파 ½개(1cm 사각썰기), 피망 2개(1cm 사각썰기), 마늘 2알(다지기), 햄 200g(1cm 사각썰기), 초리소 200g(1cm 사각썰기), 토마토소스 80cc, 화이트와인 2큰술, 식초 조금, 치킨 부이용 1개, 통조림 옥수수 400g, 물 1000cc, 아치오테 오일(기호에 따라) 1작은술, 월계수 잎 1장, 감자 소1개(1cm 사각썰기), 칼라바사 또는 버터넛 스쿼시 소½개(한입 크기로 자르기), 옥수수 2개(8개 또는 16개로 통썰기), 소금·후춧가루 적당량

만드는 법

❶ 냄비에 올리브유를 두르고 양파, 피망, 마늘을 넣어 양파가 숨이 죽을 때까지 볶는다. ❷ 햄과 초리소를 넣고 1분 정도 볶은 후 토마토소스, 화이트와인, 식초, 부이용, 통조림 옥수수(국물째), 물, 기호에 따라 아치오테 오일, 월계수 잎을 추가해 한소끔 끓인다. ❸ 감자, 호박, 옥수수를 넣고 약불로 채소가 부드러워질 때까지 익힌다. 소금과 후춧가루로 간을 맞추고 밥과 함께 내놓는다.

산꼬초 Sancocho

도미니카공화국

고기, 고기, 그리고 고기. 이것이 산꼬초의 매력이다

산꼬초는 라틴아메리카 각지에서 볼 수 있는 고기와 채소 수프라고도, 스튜라고도 할 수 있는 요리이다. 도미니카공화국에서는 전통 음식으로 통한다. 채소가 몇 종류 들어가지만 산꼬초의 주역은 뭐니뭐니 해도 고기이다. 고기는 한 종류만 사용하는 것은 드물고 적어도 3종류, 때로는 7종류의 고기가 들어간다. 사용되는 고기는 주로 소고기, 소꼬리, 돼지고기 등심, 닭고기, 염소고기, 롱가니사(소시지) 등 무엇이든 상관없으므로 좋아하는 것, 있는 것을 사용하면 된다. 하지만 카사바, 플랜테인 등 부재료도 잊지 말자.

재료(4~6인분)

스튜용 소고기, 소꼬리, 염소고기, 롱가니사(소시지), 돼지 어깨 등심, 돼지갈비, 닭고기 등의 믹스 총 1.5~1.8kg(모두 한입 크기로 자르기), 라임즙 1개분, 고수 5개(거칠게 다지기), 오레가노 ½작은술, 마늘 2알(다지기), 식용유 2큰술, 물 1200cc, 호박 소⅙개(난도질), 플랜테인 또는 그린 바나나 1개 반(1개는 3cm 크기로 동강내고 나머지는 갈기), 카사바(없으면 고구마) 150g(난도질), 옥수수 1개(인원수대로 자르기), 소금·후춧가루 적당량, 아보카도(장식) 1개(슬라이스), 고수(장식) 적당량(거칠게 다지기), 핫소스(장식) 적당량

만드는 법

❶ 소시지를 뺀 고기를 볼에 넣고 라임즙을 추가해 잘 섞은 후 고수, 오레가노, 마늘, 소금 약간을 넣고 섞어 최소 1시간 마리네이드한다. ❷ 팬에 기름을 두르고 닭고기를 넣어 전체에 그릴 자국이 생기면 꺼내둔다. ❸ 같은 프라이팬에 남은 고기를 넣어 10분 정도 볶는다. 탈 것 같으면 그때마다 1큰술 정도의 물(재료 외)을 추가한다. ❹ 닭고기 이외의 고기는 냄비에 옮기고 소금 1작은술을 넣고 물을 부어 한소끔 끓인 후 약불로 고기가 부드러워질 때까지 끓인다. 고기가 절반 익으면 닭고기를 추가한다. ❺ 강판에 간 플랜테인과 장식 이외의 채소를 추가하고 모든 재료가 익으면 강판에 간 플랜테인을 넣고 다시 10분 정도 끓인다. 수분이 줄어들면 물(재료 외)을 추가하고 수프의 농도를 원래 수준으로 되돌린다. ❻ 소금과 후춧가루로 간을 맞추고 그릇에 담아 아보카도와 고수로 장식하고, 기호에 따라 핫소스를 뿌려 밥과 함께 제공한다.

도미니카공화국

아비추엘라 귀사다스 Habichuelas Guisadas

라틴아메리카의 스튜치고는 드물게 고기가 없는 콩 스튜

아비추엘라 귀사다스는 콩 스튜이다. 수프라고 하기에는 수분이 적다. 스튜보다 적기도 하며 소스라 불리는 일조차 있다. 도미니카공화국에서는 크랜베리빈, 메추라기콩, 덩굴강낭콩, 블랙빈 등 다양한 콩이 요리에 쓰인다. 이 스튜에 사용되는 것은 주로 크랜베리빈, 메추라기콩이다. 재료에 나오는 쿨란트로는 실란트로(고수)와 같은 맛을 갖고 있지만 전혀 다르다. 라틴아메리카에서 자주 등장한다. 없는 경우는 고수의 양을 늘리면 된다.

재료(4인분)

식용유 1큰술, 적양파 소1개(1cm 사각썰기), 마늘 2알(다지기), 피망 2개(1개 8등분), 물 500cc, 조리 크랜베리빈 또는 메추라기콩 350g, 호박 또는 버터넛 스쿼시 소 ⅙개(버터넛 스쿼시의 경우 ¼개)(난도질), 쿨란트로 5장(없으면 고수 5개, 큼직하게 썰기), 백리향 ½작은술, 오레가노 ½작은술, 토마토 페이스트 1큰술, 소금·후춧가루 적당량

만드는 법

① 냄비에 기름을 두르고 적양파와 마늘을 넣어 양파가 투명해질 때까지 볶는다. ② 고추를 넣고 1분 정도 볶다가 물을 붓고 콩, 호박, 쿨란트로, 백리향, 오레가노, 토마토 페이스트, 소금 1작은술, 후춧가루 한꼬집을 넣어 한소끔 끓인 후 약불로 호박이 부드러워질 때까지 끓인다.

아소파오 Asopao

도미니카공화국

녹색, 노란색, 빨간색의 채색이 아름다운 향신료가 든 새우 스튜

아소파오는 푸에르토리코가 기원인 스튜이지만 카리브해 국가에서도 인기로, 도미니카공화국에서도 푸에르토리코 못지않게 대중적이다. 이 스튜에는 쌀이 들어가므로 죽과 비슷한 점이 있지만, 죽에 비해 수분이 많다. 아소파오에는 닭고기, 돼지고기, 소고기 등 여러 가지 고기가 사용되는데, 여기서 소개하는 것은 새우 아소파오이다. 피망과 빨강, 노랑 파프리카가 들어가는 색이 선명한 스튜로 분홍색 새우가 더욱 색채를 돋운다. 도미니칸 스파이스라는 향신료 믹스가 사용되지만 구하기 힘들면 좋아하는 시즈닝 믹스를 사용한다.

재료(4인분)

올리브유 2큰술, 양파 1개(1cm 사각썰기), 셀러리 1대(곱게 썰기), 마늘 2알(다지기), 피망, 빨강 파프리카, 노랑 파프리카 믹스 150g(1cm 깍둑썰기), 토마토 2개(1cm 깍둑썰기), 이탈리안 파슬리 1대(다지기), 고수 1개(다지기), 도미니칸 스파이스 믹스(없으면 좋아하는 시즈닝 믹스) 1작은술, 채소 육수 또는 물+채소 부이용 1000cc, 밥 200g, 새우 450g(껍질과 내장은 제거하고 꼬리는 남긴다), 소금·후춧가루 적당량, 이탈리안 파슬리(장식) 적당량(다지기)

만드는 법

❶ 냄비에 올리브유를 두르고 양파, 셀러리, 마늘을 넣어 양파가 숨이 죽을 때까지 볶는다. 나머지 채소, 허브와 향신료를 첨가하여 추가로 3분 정도 중불로 혼합한다. ❷ 육수, 소금 1작은술, 후춧가루 한꼬집을 넣고 한소끔 끓인다. ❸ 밥을 소쿠리에 넣고 물(재료 외)로 떼어낸 후 냄비에 넣고 5분 정도 중불에서 끓이고 새우를 넣어 새우가 익을 때까지 끓인다. 소금과 후춧가루로 간을 맞춘다. ❹ 수프를 그릇에 담고 이탈리안 파슬리를 뿌린다.

아이티

수프 주무 Soup Joumou

아이티 사람들에게는 수프 이상의 소중한 요리

1월 1일, 아이티 사람들은 노예제도에서 해방, 독립해 세계 최초의 흑인 공화제 국가를 세운 것을 축하한다. 그때 먹을 수 있는 것이 수프 주무이다. 국가적으로 가장 중요한 날 왜 이 수프를 먹을까. 거기에는 이유가 있다. 수프 주무는 호박과 아주 비슷한 칼라바사 호박으로 만든 수프로, 칼라바사 호박은 독립 전에는 노예였던 흑인은 절대로 먹을 수 없고 통치하는 프랑스인들만을 위한 음식이었다. 그것이 독립과 함께 아이티 사람들의 음식이 되었다. 수프 주무는 단순한 수프가 아니라 아이티 사람들에게 해방을 의미하는 둘도 없는 요리인 것이다.

재료(8인분)

스테이크용 소고기 450g(2cm 사각썰기), 마리네이드액* 160~180cc, 올리브유 2큰술, 소고기 육수 또는 물+비프 부이용 2000cc, 리크 또는 대파 ½대(한입 크기로 자르기), 양배추 ½개(2cm 사각썰기), 감자 2개(2~3cm 사각썰기), 터닙 또는 순무 1개(2~3cm 사각썰기), 셀러리 1대(2cm 폭으로 썰기), 당근 2개(2cm 폭으로 썰기), 스카치 보네트 또는 하바네로 고추 1개, 칼라바사(호리병박 열매) 또는 호박 ½개(2~3cm 사각썰기), 소금·후춧가루 적당량, 리크 또는 대파(장식) 적당량(곱게 썰기), 라임 인원수(빗모양썰기)

*마리네이드(모두 믹스)

에샬롯 1개(다지기), 리크나 대파 ½대(곱게 썰기), 마늘 1알(다지기), 피망 1개(거칠게 다지기), 백리향 1작은술, 라임즙 1개분, 소금 1작은술, 후춧가루 1작은술

만드는 법

❶ 고기를 마리네이드액에 최소 4시간, 가능하면 하룻밤 재운다. ❷ 재운 고기를 꺼내 종이 타월로 여분의 수분을 닦아낸다. 냄비에 올리브유를 두르고 소고기를 초벌구이한다. ❸ 냄비에 육수를 붓고 한소끔 끓인 후 약불로 해서 고기가 부드러워질 때까지 익힌다. ❹리크, 양배추, 감자, 터닙, 셀러리, 당근, 스카치 보네트를 냄비에 넣고 채소가 익을 때까지 끓인다. ❺ 수프를 끓이는 동안 호박을 삶거나 전자레인지에서 익힌다. 익힌 경우는 물을 뺀다. 냄비에서 반 컵 정도의 국물을 떠서 함께 블렌더에 넣고 퓌레한다. ❻ 퓌레를 수프 냄비에 덜고 재료가 뭉개지지 않도록 천천히 저으면서 끓기 직전까지 끓인다. ❼ 수프를 그릇에 담고 리크, 라임과 함께 담아낸다.

자메이카

자메이칸 레드 피 수프 Jamaican Red Pea Soup

'토요일은 모두가 레드 피 수프'라는 말이 있을 정도로 인기 요리

완두콩으로 대표되는 콩에 노란색은 있지만 빨간색은 없다. 여기서 말하는 레드 피는 덩굴강낭콩을 말한다. 자메이카에는 덩굴강낭콩을 사용한 대표 요리 3가지가 있다. 가장 인기 있는 것은 밥&콩(콩이 들어간 밥), 또 하나가 스튜 피(콩자반) 그리고 이 레드 피 수프이다. 토요일이 수프의 날인 것마냥 토요일이면 많은 가정에서 수프를 먹는다. 코코넛밀크 베이스에 뜨거운 스카치 보네트(scotch bonnet)를 더한 자연의 단맛과 매운맛이 가미된 수프에 밀가루 덤플링까지 든 올 인원 수프이다.

재료(4인분)

베이컨 2장(1cm 사각썰기), 소고기 또는 닭고기 450g(한입 크기로 자르기), 물 1000cc, 양파 1개(1cm 사각썰기), 대파 잎 2대(곱게 썰기), 당근 1개(1cm 깍둑썰기), 조리 덩굴강낭콩(붉은강낭콩) 800g, 노란 참마(없으면 고구마) 1개(한입 크기로 자르기), 감자 소2개(한입 크기로 자르기), 백리향 2작은술, 올스파이스 1작은술, 칠리페퍼(스카치 보네트 등) 1개(칼집 넣기), 코코넛밀크 120cc, 소금·후춧가루 적당량

덤플링

밀가루 120g, 물 40cc, 소금 한꼬집

만드는 법

❶ 볼에 덤플링 재료를 넣고 잘 반죽해서 손으로 끝이 가는 막대 모양(지름 1cm, 길이 4~5cm)으로 만든 후 랩을 씌워둔다. ❷ 냄비를 가열하고 베이컨을 넣어 기름이 충분히 나올 때까지 볶은 후 고기와 물, 소금 1작은술, 후춧가루 한꼬집을 추가하여 끓인 후 약불로 고기가 부드러워질 때까지 익힌다. ❸ 채소, 허브와 향신료를 첨가하여 채소가 익을 때까지 끓인다. ❹ 덤플링을 넣고 떠오르면 코코넛밀크를 첨가하여 끓인 후 소금과 후춧가루로 간을 맞춘다.

깔도 산또 Caldo Santo

푸에르토리코

라틴아메리카에서 사용하는 뿌리채소가 듬뿍 든 소금에 절인 대구 수프

푸에르토리코뿐 아니라 라틴아메리카에서는 뿌리채소를 자주 먹는다. 이 수프에도 카사바, 타로 고구마, 스위트 포테이토, 토란, 얌, 말랑가 등이 사용된다. 플랜테인도 들어간다. 이 중에서 쉽게 구할 수 있는 것은 토란과 말랑가뿐이다. 토란은 우리나라도 그렇지만 미국에서도 자주 먹는다. 카사바와 타로 고구마는 마로 대체할 수 있다. 스위트 포테이토와 얌은 고구마로, 플랜테인은 덜 익은 바나나로 대체할 수 있다. 여기서 소개하는 레시피는 우리나라에서 쉽게 구할 수 있는 것만 사용했다.

재료(4인분)

대구(가능하면 소금에 절인 대구) 200g, 그린 바나나 1개, 흰살생선 250g(한입 크기로 자르기), 코코넛밀크 1000cc, 물 500cc, 올리브유 1큰술, 마늘 2알(다지기), 피망 2개(1cm 사각썰기), 그린 칠리페퍼 1개(곱게 썰기), 고수 3개(큼직하게 썰기), 아치오테 오일 1큰술(없으면 파프리카가루 1작은술), 스위트 포테이토 또는 고구마 1개(한입 크기로 자르기), 호박 ⅛개(한입 크기로 자르기), 토란 3개(한입 크기로 자르기), 소금·후춧가루 적당량

만드는 법

❶ 생물 대구를 사용하는 경우는 그대로 한입 크기로 자른다. 소금에 절인 대구를 사용하는 경우는 소금을 씻어 찬물에 담가 24시간 냉장고에 넣어 소금기를 빼고(8시간마다 물을 보충한다) 한입 크기로 썬다. ❷ 그린 바나나는 껍질을 벗겨 강판에 갈고 손으로 2~3cm 크기로 둥글게 만든다. ❸ 냄비에 대구와 흰살 생선을 담고, 코코넛밀크와 물을 붓는다. 소금 1작은술, 후춧가루 한꼬집을 넣고 끓인 후 약불로 생선을 익힌다. ❹ 냄비의 내용물을 소쿠리에 거르고 생선은 접시에 덜어 둔다. 냄비는 잘 씻는다. ❺ 냄비에 올리브유를 두르고 마늘, 피망, 칠리페퍼, 고수를 추가해 2~3분 볶는다. ❻ 거른 육수를 넣고 한소끔 끓인 후 아치오테 오일, 스위트 포테이토, 감자, 호박, 토란, ❷의 바나나 볼을 추가해 중불에서 채소가 부드러워질 때까지 익힌다. ❼ 생선을 냄비에 넣고 10분 정도 더 끓이고 소금과 후춧가루로 간을 맞춘다.

트리니다디안 콘 수프 Trinidadian Corn Soup

옥수수가루 경단이 들어간 트리니다드토바고의 일상식

신대륙이 원산지인 채소는 많다. 그중에서도 중요한 것은 토마토, 옥수수, 페퍼가 아닐까. 특히 옥수수와 페퍼는 원산지 미국 사람들에게 없어서는 안 되는 재료로 이 수프는 그 전형이다. 심째 두껍게 썬 옥수수가 굴러다니고 먹으면 칠리페퍼의 매운 맛이 혀를 자극한다. 금요일 밤, 트리니다드토바고의 거리에는 길거리 음식을 찾아 사람들이 쏟아진다. 그들은 뜨거운 옥수수 수프를 마시며 밤거리를 걷고 이야기꽃을 피운다. 트리니다드토바고 사람들의 일상 요리가 바로 옥수수 수프이다.

재료(4인분)

무염버터 1큰술, 양파 ½개(슬라이스), 리크 또는 대파 10cm(곱게 썰기), 셀러리 10cm(곱게 썰기), 마늘 1개(다지기), 노란완두콩(쪼개서 말린 것) 60g(충분한 물에 30분 담가둔다), 고수 4개(다지기), 호박 소⅒개(슬라이스), 치킨 부이용 1개, 물 1250cc, 코코넛밀크 250cc, 옥수수 3개(2cm 통썰기), 당근 ½개(1cm 통썰기), 피망 ½개(1cm 사각썰기), 빨강 파프리카 ½개(1cm 사각썰기), 고구마 ½개(1cm 사각썰기), 핫 칠리페퍼(스카치 보네트 등) 1개, 백리향 1작은술

덤플링

밀가루·옥수수가루 각 45g(또는 밀가루 90g), 소금 조금, 물 적당량

만드는 법

❶ 냄비에 버터를 두르고 양파, 리크, 셀러리, 마늘을 넣고 양파가 투명해질 때까지 볶는다. ❷ 콩, 고수, 호박, 비벼 으깬 부이용을 넣고 섞은 후 물 750cc를 넣어 끓인다. ❸ 약불로 콩이 부드러워질 때까지 끓인 후 불을 끄고 믹서로 페이스트로 만든다. 물이 부족하면 물을 더한다. ❹ 물 500cc, 코코넛밀크를 넣고 나머지 채소도 추가해 한소끔 끓인 후 약불로 줄인다. ❺ 끓는 동안 덤플링을 만든다. 밀가루, 옥수수가루와 소금을 섞어 물을 조금씩 더하면서 쫄깃한 생지를 만든다. ❻ 밀가루(재료 외)를 뿌린 도마에 반죽을 올리고 생지 위에도 밀가루(재료 외)를 뿌려 4등분하고 각각을 두께 2cm 정도의 띠 모양으로 만든 후 2cm 폭으로 자른다. ❼ 수프에 덤플링을 추가하고 모두 익을 때까지 끓인다.

The World's Soups

Chapter

6

라틴아메리카

Latin America

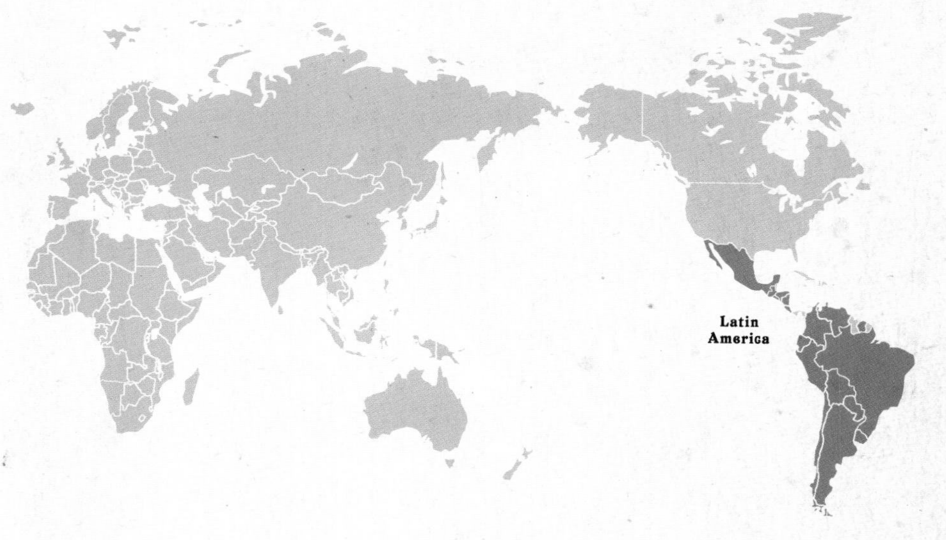

벨리즈 | 코스타리카 | 엘살바도르 | 과테말라 | 온두라스 | 멕시코
니카라과 | 아르헨티나 | 볼리비아 | 브라질 | 칠레 | 콜롬비아 | 에콰도르
파라과이 | 페루 | 수리남 | 우루과이 | 베네수엘라

벨리즈

에스카베슈 Escabeche

허브와 향신료가 들어간 수프에 광귤이 단맛과 신맛을 추가

2007년 벨리즈에서 양파가 부족해져 갑자기 멕시코에서 수입하는 사태가 발생하자 양파의 가격이 급등했다. 곤란해진 것은 레스토랑이었고, 특정 요리를 부득이 메뉴에서 내려야 했다. 이유는 채산성이 맞지 않기 때문이다. 그 어느 요리가 바로 에스카베슈이다. 에스카베슈는 닭고기 수프이지만 양파를 많이 써야 하기 때문이다. 이 수프는 양파의 단맛이 향신료와 허브, 할라페뇨와 조화를 이뤄 독특한 맛을 낸다. 또 하나 빼놓을 수 없는 것이 광귤이다. 광귤의 적당한 단맛과 신맛이 수프의 주인공이다.

재료(4~6인분)

뼈 있는 닭고기 1kg, 물 1500cc, 올스파이스 5알, 오레가노 1작은술, 정향 4알, 커민 씨 1작은술, 통후추 1작은술, 계피 스틱 1개, 마늘 4알, 할라페뇨 1~4개(기호에 따라, 칼집을 넣는다), 양파 5개(얇게 통썰기해서 떼어놓는다), 무염버터 2큰술, 광귤즙 1개분, 소금·후춧가루 적당량

만드는 법

❶ 고기를 냄비에 넣고 물, 향신료와 허브, 마늘, 할라페뇨, 소금 2작은술을 넣고 끓인 후 약불로 고기가 부드러워질 때까지 익힌다. ❷ ❹에서 오븐을 사용하는 경우는 직화 또는 고온으로 설정한다. ❸ 고기를 삶는 동안 주전자에 충분한 양의 물(재료 외)을 끓여 양파를 큰 그릇이나 냄비에 넣고 뜨거운 물을 끼얹는다. 3~4분 정도 해서 소쿠리에 걸러둔다. ❹ 고기가 부드러워지면 꺼내서 종이 타월로 가볍게 수분을 제거하고 버터를 전체에 발라 그릴이나 가열해둔 오븐에 넣는다. 고기에 그릴 자국이 생길 때까지 굽는다. 수프는 소쿠리에 걸러둔다. ❺ 냄비에 수프를 다시 넣고 양파, 광귤즙을 더해 소금과 후춧가루로 간을 맞추고 양파가 원하는 경도가 될 때까지 끓인다. ❻ 그릇에 구운 고기를 담고 수프를 부어 토르티야와 함께 내놓는다.

벨리즈

치몰레 Chimole

윤기 나는 검은색 수프는 다른 곳에서는 절대 맛볼 수 없는 독특한 맛

치몰레는 벨리즈에서 가장 유명한 요리이다. 검은 저녁이라는 별칭을 가진 칠흑의 수프는 충격적이라고 할 수 있다. 이 색상은 가또 네그로라는 검은색 페이스트로 만든다. 칠리페퍼의 일종인 안초고추 또는 아르볼고추를 검게 될 때까지 굽고 다른 향신료, 허브와 함께 페이스트한 것이 가또 네그로이다. 가또 네그로에 의해 만들어지는 훈제향, 쓴맛, 매운맛, 단맛은 다른 재료로는 절대 내지 못할 만큼 독특하다. 이 수프는 에파조테라는 허브가 사용되지만 넣지 않는 경우도 있으므로, 없으면 그냥 생략한다.

재료(6인분)

식용유 1큰술, 뼈 붙은 닭 허벅지살 소6장, 물 2000cc, 마늘 4알(으깨기), 양파 1개(1cm 사각썰기), 월계수 잎 1장, 가또 네그로* 6큰술, 에파조테 잎 6장(말린 경우 1작은술), 토마토 2개(1cm 사각썰기), 피망 2개(1cm 사각썰기), 소금·후춧가루 적당량, 삶은 달걀(장식) 6개(세로로 반으로 자르기)

*가또 네그로

말린 안초고추 또는 아르볼고추 또는 믹스 5개, 마늘 2알, 통 올스파이스 1개, 아치오테 씨 ½큰술, 오레가노 ½작은술, 커민가루 ¼작은술, 정향 1알, 화이트와인 식초 ½큰술, 후춧가루 1작은술, 소금 한꼬집

※고추를 직화로 검게 될 때까지 굽는다(타지 않도록 주의). 구워지면 바로 물에 담가 식혀 심과 씨를 제거한다. 모든 재료를 믹서에 넣어 페이스트한다. 사용하고 남은 것은 냉장고에 보관한다.

만드는 법

① 냄비에 식용유를 두르고 고기를 넣어 전체에 그릴 자국이 생길 때까지 굽는다. ② 물, 마늘, 양파, 월계수 잎을 넣고 약불로 고기가 익을 때까지 끓인다. ③ 가또 네그로를 추가해 완전히 녹을 때까지 끓이면서 섞는다. ④ 에파조테 잎, 토마토, 피망을 넣고 피망이 익을 때까지 약불에서 익힌다. ⑤ 소금과 후춧가루로 간을 한 후 그릇에 고기 1장을 담아 육수를 붓고 삶은 달걀을 곁들인다.

소파 데 몬동고 Sopa de Mondongo

함께 끓인 채소의 맛을 흡수한 트리프의 식감이 매력

몬동고는 트리프(소의 위)를 말하며, 코스타리카뿐 아니라 라틴아메리카 국가에서 수프 등에 많이 사용하는 재료이다. 트리프에 관해서는 불가리아의 트리프 수프에서 설명했다(p.129). 트리프는 냄새가 강해서 싫어하는 사람이 많지만 깨끗이 씻어 코스타리카 사람들이 하듯이 레몬즙 등 광귤계 과일을 추가하면 신경 쓰이지 않는다. 세척 표백한 흰색을 구입하는 것도 중요하다. 코스타리카 소파 데 몬동고는 토마토 베이스 수프로 함께 끓이는 카사바, 차요테 등의 맛을 흡수해서 부드러워진 트리프가 익힌 채소와는 식감이 달라 입이 즐겁다.

재료(8인분)

트리프 1kg, 레몬 2개(반으로 자르기), 물 2000cc, 무염 버터 2큰술, 양파 2개(1cm 사각썰기), 마늘 2알(다지기), 오레가노 2작은술, 토마토 2개(1cm 사각썰기), 챠요테 2개(껍질을 벗겨 2cm 사각썰기), 카사바(없으면 고구마) 소 1개(껍질을 벗겨 2cm 사각썰기), 플랜테인 2개(2cm 통썰기), 고수 4개(큼직하게 썰기), 소금·후춧가루 적당량

만드는 법

① 트리프를 냄비에 넣고 소금 2작은술, 레몬, 물을 넣어 한소끔 끓인 후 약불로 트리프가 부드러워질 때까지 2시간 정도 끓인다. ② 트리프를 삶는 동안 프라이팬에 버터를 두르고 양파와 마늘을 첨가하여 양파가 투명해질 때까지 볶는다. 오레가노와 토마토를 넣어 다시 5분 정도 볶다가 불을 끄고 트리프가 끓을 때까지 둔다. ③ 부드러워진 트리프를 꺼내 한입 크기로 썬다. 냄비에 든 레몬은 꺼내서 버린다. ④ 트리프를 국물이 든 냄비에 다시 넣고 프라이팬에서 볶은 ❷를 포함한 모든 재료를 냄비에 넣는다. ⑤ 채소가 부드러워질 때까지 약불로 끓인다. 소금과 후춧가루로 간을 맞춘다.

소파 네그라 Sopa Negra

코스타리카

영양 만점, 라틴아메리카에서 인기인 검은콩 수프

코스타리카에서 가장 중요한 음식은 쌀과 검은콩이다. 검은콩은 코스타리카뿐 아니라 다른 라틴아메리카 국가에서도 중요하며 라틴아메리카 이민자가 많은 미국에서는 어느 슈퍼에든 반드시 놓여 있다. 블랙빈, 즉 검은콩으로 대두의 일종인 우리나라 검은콩과는 다른 종류이다. 소파 네그라는 검은 수프, 블랙빈 수프이다. 삶은 콩은 매시 또는 믹서로 퓌레하되, 절반은 그대로 남겨두는 것이 재미있다. 이 레시피에서는 토핑은 고수뿐이지만 사워크림을 얹어도 맛있다.

재료(4인분)

조리 블랙빈(검은강낭콩) 600g, 닭 또는 채소 육수나 물+부이용 1000cc, 식용유 2큰술, 양파 1개(1cm 사각썰기), 마늘 2알(다지기), 셀러리 1대(곱게 썰기), 빨강 파프리카 1개(1cm 사각썰기), 오레가노 1작은술, 고수 10개(거칠게 다지기), 달걀 4개, 소금·후춧가루 적당량, 고수(장식) 적당량(다지기)

만드는 법

❶ 냄비에 콩과 육수를 넣고 한소끔 끓인 후 약불로 10분 정도 끓인다. ❷ 냄비의 내용물을 소쿠리에 거르고, 국물만 다시 냄비에 넣어 끓인다. 콩은 그대로 남겨둔다. ❸ 프라이팬에 식용유를 두르고 양파와 마늘을 추가하여 양파가 투명해질 때까지 볶은 후 셀러리, 빨강 파프리카, 오레가노, 고수, 소금 1작은술, 후춧가루 한꼬집을 넣고 2~3분 볶아 냄비에 추가한다. ❹ 달걀을 깨끗하게 씻어 냄비에 넣고 약불로 한 10분 정도 익힌다. 달걀은 원하는 경도가 되면 꺼내둔다. ❺ 남겨 놓은 콩의 절반을 으깨거나 블렌더에 반 컵 정도의 수프와 함께 넣어 퓌레해서 냄비에 넣는다. 나머지 콩은 이때 넣어도 좋다. 그릇에 수프를 부은 후 토핑한다. 밥과 섞어 수프를 함께 내놓는 방법도 있다. ❻ 수프를 한소끔 끓인 후 소금과 후춧가루로 간을 맞춰 그릇에 담고 고수, 껍질을 벗겨 반 또는 4등분으로 자른 달걀을 장식한다.

엘살바도르

소파 데 포요 Sopa de Pollo

닭고기가 잘 보이지 않아도 치킨 수프는 치킨 수프

아마 치킨 수프는 세계에서 가장 대중적인 수프가 아닐까. 치킨 수프만으로도 한 권의 책으로 꾸밀 만큼 종류가 많다. 맛의 베이스도 천차만별이어서 보통은 치킨으로만 만들지만, 치킨 수프인지 채소 수프인지 모를 정도로 건더기가 많은 것까지 다양하다. 엘살바도르의 소파 데 포요는 라틴아메리카 특유의 건더기가 가득한 치킨 수프이다. 셀러리, 부추, 양파, 토마토, 양배추, 당근, 감자 등 재료에 채소가 끝없이 이어진다. 게다가 밥까지 들어간다. 닭이 보이지 않는 치킨 수프인 셈이다.

재료(4인분)

식용유 2큰술, 닭 허벅지살 500g(껍질을 제거하고 1인 2조각 정도가 되도록 자르기), 마늘 2알(다지기), 셀러리 1대(1cm 사각썰기), 리크 또는 대파 1~1½대(곱게 썰기), 양파 1개(슬라이스), 물 1000cc, 토마토 대1개(1cm 깍둑썰기), 고수 10개(큼직하게 썰기), 이탈리안 파슬리 10대(큼직하게 썰기), 롱 라이스 ¼컵, 양배추 ⅛개(2cm 사각썰기), 당근 대1개(8개 스틱으로 자르기), 감자 대1개(8등분), 옥수수 2개(반으로 자르기), 피망 2개(큼직하게 썰기), 강황가루 ½작은술, 커민가루 ½작은술, 아치오테가루(없으면 파프리카가루) ½작은술, 소금·후춧가루 적당량, 고수 또는 이탈리안 파슬리(장식) 적당량(다지기)

만드는 법

❶ 냄비에 식용유를 두르고 고기를 넣어 노릇노릇하게 익으면 접시에 덜어둔다. ❷ 같은 냄비에 마늘, 셀러리, 리크, 양파를 넣고 양파가 투명해질 때까지 볶는다. ❸ 물, 덜어둔 고기, 고수 이외의 나머지 재료, 소금 2작은술, 후춧가루 한꼬집을 넣고 끓인 후 약불로 줄여 모두 익으면 소금과 후춧가루로 간을 맞춘다. ❹ 각 그릇에 균등하게 고기, 채소를 배분해서 덜고 고수 또는 이탈리안 파슬리를 뿌린다.

엘살바도르

소파 데 프리홀리스 Sopa de Frijoles

살사 소스를 얹어 수프에 상쾌함을 가미

라틴아메리카 국가답게 엘살바도르 사람들도 콩을 잘 먹는다. 카사미엔토(casamiento, 콩이 들어간 밥), 플라타노스 콘 프리홀리스 이 크레마(튀긴 플랜테인, 콩 페이스트, 크레마로 구성된 원 플레이트 요리)는 그들이 좋아하는 요리이다. 그리고 잊어서는 안 되는 것이 콩 수프 소파 데 프리홀리스이다. 사용되는 콩은 영어로 레드 실크빈이라고 하는 엘살바도르 특산 붉은콩이 사용된다. 우리나라에서는 구하기 어려우므로 덩굴강낭콩 등으로 대체한다. 마무리에 살사 소스(chirmol)를 올린다.

재료(4인분)

식용유 2큰술, 돼지갈비(가능하면 3cm 정도 자른 것) 450g, 양파 ½개(1cm 사각썰기), 마늘 3알(다지기), 닭육수 또는 물+치킨 부이용 1000cc, 고수 10개(거칠게 다지기), 조리 덩굴강낭콩(붉은강낭콩, 없으면 강낭콩 등) 600g, 차요테 1개(한입 크기로 자르기), 호박 1개(한입 크기로 자르기), 소금·후춧가루 적당량

살사 소스(chirmol)

토마토 1개(1cm 깍둑썰기), 양파 ⅙개(다지기), 고수 2개(다지기), 그린 칠리 적당량(다지기), 오레가노 한꼬집, 소금·후춧가루 적당량

만드는 법

① 살사 소스 재료를 볼에 넣고 잘 섞어둔다. ② 팬에 식용유를 두르고 돼지갈비를 넣어 전체에 그릴 자국이 나면 양파, 마늘을 첨가하여 양파가 투명해질 때까지 볶는다. ③ 육수, 고수, 소금 1작은술, 후춧가루 한 꼬집을 더해 약불로 돼지갈비가 익을 때까지 끓인다. ④ 콩, 차요테, 주키니를 넣고 채소가 익을 때까지 끓인 후 소금과 후춧가루로 간을 맞춘다. ⑤ 수프를 그릇에 담고 살사 소스를 위에 올린다.

카킥 Kak'ik

라틴아메리카에서는 드문 과테말라 산속의 칠면조 수프

카킥은 과테말라의 칠면조 수프이지만 왜 라틴아메리카에서 북아메리카산 칠면조를 사용하는지 의아할 것이다. 실제로 마야인들은 꽤 오래전부터 가축으로 기른 것 같다. 이 수프는 과테말라의 거의 중앙에 위치하는 카본이 원산지이다. 이 지역 사람들은 지금도 마야어 계열의 언어로 알려진 케크치어를 일상적으로 사용하고 있다. 카본 사람들은 이 수프를 새해에 먹는 것 같다. 이 수프에는 생소한 칠리페퍼가 사용된다. 라틴아메리카에서 일반적으로 사용되는 말린 칠리페퍼라면 그나마 대용이 가능하다고 생각해도 좋다. 어쨌든 우리나라에서는 구하기 힘들다.

재료(6인분)

칠면조 다리 2개(허벅지와 다리고기로 잘라 분리한다), 닭 육수 또는 물+치킨 부이용 1000cc, 마늘 1알, 리크 또는 대파 ½대, 고수 10개, 월계수 잎 1장, 토마토 4개(심을 제거한다), 토마티요(꽈리토마토, 없으면 익지 않은 그린 토마토) 10개, 양파 1개(6등분), 빨강 파프리카 1개(6등분), 말린 파케 칠리페퍼 1개(씨를 제거한다), 말린 파사 칠리페퍼 1개(씨를 제거한다), 말린 레드 칠리페퍼 2개(씨를 제거한다), 아치오테 오일 1큰술, 소금·후춧가루 적당량, 민트 잎(장식) 적당량

만드는 법

❶ 오븐을 250도로 설정한다. ❷ 냄비에 칠면조를 넣고 육수를 붓는다. 마늘, 리크, 고수를 자르지 않고 그대로 냄비에 넣고 월계수 잎을 추가해 끓인 후 약불로 칠면조가 익을 때까지 끓인다. ❸ 칠면조를 익히는 동안 토마토, 토마티요, 양파, 빨강 파프리카, 칠리페퍼를 접시에 늘어놓고 오븐에 넣어 그릴 자국을 낸다. 지켜보면서 살짝 탄 자국이 있는 것부터 꺼낸다. ❹ 오븐에서 구운 재료 모두 믹서에 넣고 퓌레한다. ❺ 칠면조가 익으면 마늘, 리크, 고수, 월계수 잎을 꺼내 버린다. ❻ ❹의 퓌레를 냄비에 넣고 아치오테 오일을 더해 중불에서 30분 정도 끓인 후 소금과 후춧가루로 간을 한다. ❼ 적당한 크기로 잘라낸 칠면조와 함께 수프를 그릇에 담고 민트를 뿌린다.

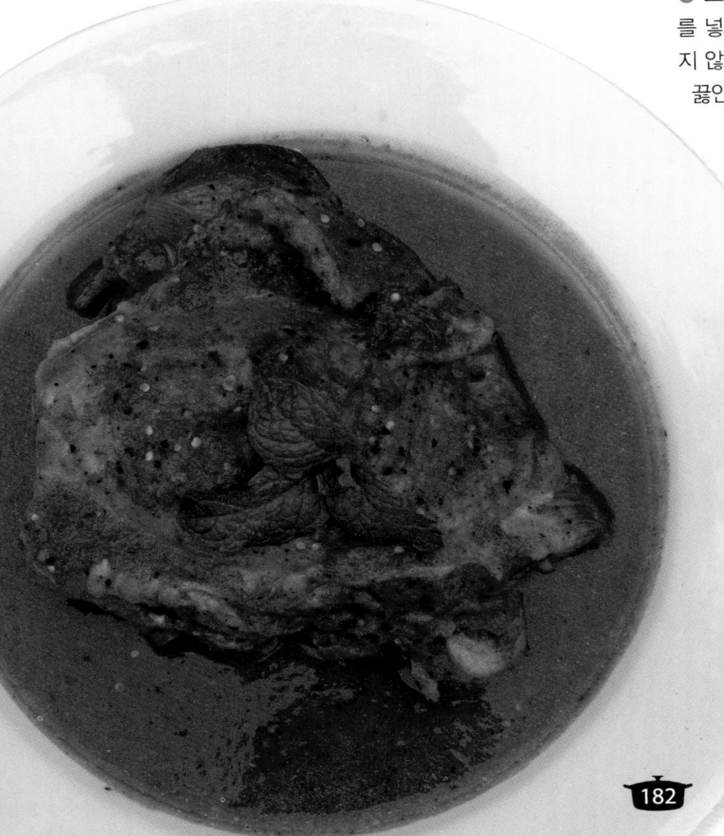

칼도 데 레스 Caldo de Res

과테말라의 포토푀라고도 할 수 있는 채소가 한가득인 수프

칼도 데 레스는 과테말라를 대표하는 수프로 특히 과테말라 시티와 주변 지역에서 주로 먹는 수프이다. 이 수프가 메뉴에 없는 레스토랑은 있을 수 없다. 재료를 작게 썰 뿐인데 고기와 채소가 작은 그릇에 넘쳐날 정도로 양이 많다. 외형은 소박하게 만든 프랑스 포토푀와 비슷하다. 큰 차이는 밥 또는 토르티야, 라임, 아보카도가 함께 제공되는 것이다. 고기는 소고기를 사용하지만 스테이크용의 비싼 부위는 아니다. 저렴하고 뼈가 붙은 부위가 잘 어울린다.

재료(4인분)

식용유 1큰술, 소고기 450g(4등분), 토마토 1개(꼭지를 제거하고 4등분), 양파 1개(8등분), 셀러리 2대(5cm로 썰기), 카사바 1개(세로로 반으로 잘라 3cm 두께로 썰기), 당근 2개(4~5cm 크기로 자르기), 차요테 1개(심을 제거하거나 4등분), 양배추 ½개(4등분), 옥수수 2개(2~4등분), 감자 2개(4등분), 물 적당량, 소금·후춧가루 적당량, 고수(장식) 적당량(잘게 썰기), 라임(인원수. 장식) 빗모양썰기, 아보카도(장식) 적당량(슬라이스)

만드는 법

❶ 냄비에 기름을 두르고 고기 전체에 그릴 자국을 낸다. ❷ 장식용 이외의 채소를 모두 냄비에 넣고 재료가 잠길 정도로 물을 붓는다. 1작은술의 소금과 후춧가루를 넣고 채소가 숨이 죽을 때까지 약불로 끓인다. ❸ 소금과 후춧가루로 간을 맞춘다. ❹ 그릇에 수프를 담고 고수를 뿌리고 장식용 라임과 아보카도를 다른 그릇에 얹어 함께 제공한다. 그릇에 밥을 담고 그 위에 수프를 끼얹어도 좋다.

온두라스

아톨 데 엘로떼 Atol de Elote

수프인가 음료인가? 마야 기원의 달콤한 옥수수 수프

마야인들에게 옥수수는 신성한 식물인 동시에 일상의 음식이기도 했다. 토르티야에서 수프에 이르기까지 옥수수가 없으면 성립되지 않는 요리가 많이 있다. 아톨 데 엘로떼는 온두라스뿐 아니라 많은 마야인이 생활하는 멕시코와 과테말라에서도 대중적이다. 아톨 데 엘로떼를 수프라고 하는 것에 반론도 있을 수 있다. 그러나 아이슬란드에 카코수파(p.114)라는 코코아 수프가 있다. 가스파초(p.63)는 스페인 사람들이 음료처럼 잔에 담아 마시는 마시는 일도 많다. 그렇게 생각하면 아톨 데 엘로떼도 훌륭한 수프가 아닐까.

재료(4~6인분)

옥수수(통조림도 가능) 400g, 물 1000cc, 설탕 60g(기호에 따라), 소금 한꼬집, 계핏가루(장식) 적당량

만드는 법

① 옥수수 알을 토핑용으로 조금 남기고 나머지는 믹서에 넣고 물 250cc를 더해 퓌레한다. 통조림의 경우는 소쿠리에 거른 국물에 물을 추가해 250cc에 맞춘 후 옥수수와 국물을 블렌더에 넣어 퓌레한다. ② ❶을 소쿠리에 걸러 냄비에 넣는다. 나무 주걱 등으로 옥수수 즙을 짜내고 나머지는 버린다. ③ 물 750cc를 더해 끓여 설탕을 넣고 기호에 따라 단맛을 조절하고 소금을 한꼬집을 넣어 약불로 5분 정도 졸인다. 통조림의 경우는 소금을 넣지 않고 설탕은 줄인다. ④ 걸쭉한 것을 원하는 경우 1큰술의 옥수수 녹말이나 녹말(재료 외)을 2큰술(재료 외)의 물에 풀어 넣는다. ⑤ 수프를 그릇에 담고 남겨 둔 옥수수 알과 계핏가루로 장식한다.

깔도 데 카마론 Caldo de Camaron

멕시코

부드러운 칠리페퍼를 사용한 토마토 베이스의 새우 수프

멕시코 요리에는 반드시라고 해도 좋을 정도 칠리페퍼가 들어간다. 생 페퍼와 말린 페퍼, 달콤한 것부터 엄청나게 매운 것까지 다양한 페퍼를 요리에 사용한다. 재료가 시푸드여도 마찬가지이다. 깔도 데 카마론, 즉 새우 수프에 사용하는 과히요 페퍼는 미라솔 고추를 말린 것으로, 매우 순한 칠리페퍼이다. 그래서 섬세한 새우 맛을 훼손하지 않고 부드러운 매운맛으로 마무리된다. 새우의 껍질과 말린 새우를 수프 베이스에 사용하기 때문에 육수가 아닌 물을 사용한다.

재료(4인분)

과히요 페퍼 3개(꼭지와 씨를 제거), 물 1200cc, 올리브유 2큰술, 양파 1개(1cm 사각썰기), 마늘 2알(다지기), 셀러리 1대(두껍게 썰기), 당근 소1개(한입 크기로 자르기), 감자 1개(한입 크기로 자르기), 토마토 1개(1cm 깍둑썰기), 말린 새우 40g, 고수 10개(큼직하게 썰기), 생새우 160g(껍질과 내장을 제거), 소금·후춧가루 적당량, 고수(장식) 적당량(다지기), 라임 또는 레몬(장식) 적당량(슬라이스)

만드는 법

① 과히요 페퍼와 물 200cc, 소금 한꼬집을 냄비에 넣고 한소끔 끓여 5분 정도 익힌 후 믹서로 페이스트를 만든다. ② 다른 냄비에 올리브유를 두르고 양파와 마늘을 첨가하여 양파가 투명해질 때까지 볶은 후 다른 채소를 더해 가볍게 버무린다. ③ 말린 새우, 생새우 껍질, 물 1000cc, 소금 1작은술, 후춧가루 한꼬집을 넣고 끓여 ❶의 페퍼 페이스트를 소쿠리에 거르면서 추가한다. ④ 다시 끓으면 고수를 넣고 약불로 채소가 익을 때까지 삶은 후 생새우를 추가하고 5분 정도 더 끓인다. ⑤ 소금과 후춧가루로 간을 하고 그릇에 담아 고수를 뿌리고 라임 슬라이스를 곁들인다.)

뽀솔레 Pozole

말린 옥수수로 만든 콩 같은 호미니가 들어간 수프

뽀솔레는 영어로 호미니*라는 말린 옥수수로 만드는 흰콩과 같은 색다른 음식으로 멕시코에서 자주 사용한다. 뽀솔레는 3종류가 있다. 뽀솔레 블랑코(화이트)는 간단한 맑은 수프, 뽀솔레 베르데(그린)는 토마티요(녹색 작은 토마토와 같은 채소)와 할라페뇨, 뽀솔레 로호(레드)는 과히요와 토마토 수프이다. 여기서 소개하는 뽀솔레는 토마토 베이스의 닭고기 수프로 정확히 뽀솔레 로호 데 뽀요이다. 토핑에 아보카도와 레드 래디시를 사용해서 외형도 화려하고 아름답다.

*호미니(hominy) : 껍질과 씨눈을 제거하고 거칠게 간 인디안 옥수수

재료(4인분)

돼지고기 350g, 물 1500cc, 양파 1개(절반은 2등분, 나머지 절반은 1cm 사각썰기), 마늘 4알, 오레가노(가능하면 멕시칸 오레가노) 1큰술, 월계수 잎 2장, 과히요 페퍼 2개(심과 씨를 제거), 통조림 뽀솔레(호미니) 또는 원하는 콩 350g, 소금·후춧가루 적당량

토핑

양상추 또는 양배추 적당량(채썰기), 양파 적당량(거칠게 다지기), 레드 래디시 적당량(슬라이스), 라임 1~2개(빗모양썰기), 오레가노 적당량, 그린 칠리페퍼 적당량(거칠게 다지기)

만드는 법

① 냄비에 고기, 물 1000cc, 2등분한 양파, 마늘 2알, 오레가노, 월계수 잎, 소금 1작은술, 후춧가루 한꼬집을 넣고 한소끔 끓인 후 약불로 고기가 부드러워질 때까지 익힌다. ② 다른 냄비에 1cm 크기로 자른 양파, 마늘 2알, 물 500cc, 과히요 페퍼를 넣고 한소끔 끓인 후 페퍼가 충분히 부드러워질 때까지 약불로 졸인다. ③ ❷의 냄비의 내용물을 믹서에 넣고 퓌레하고 거른 고기 국물과 함께 냄비에 넣고 섞어 호미니를 더해 약불에서 10분 정도 끓인다. ④ 소금과 후춧가루로 간을 하고 그릇에 담아 토핑 재료를 다른 용기에 담아 제공하고 원하는 토핑을 얹어 먹는다.

멕시코

소파 아즈테카 Sopa Azteca

토르티야 칩에 올려 먹는 멕시코식 치킨 수프

이름에서 짐작할 때 메소아메리카 문명인 아즈테카가 기원인 것 같지만 실제로는 멕시코 중서부 미초아칸주의 타라스카인들이 먹던 음식이 아닐까 여기는 사람도 있다. 토르티야 수프라고도 하는 이 수프는 파시야(Pasilla) 페퍼와 토마토 베이스의 닭고기 수프이다. 파시야 페퍼는 비교적 부드러운 칠리페퍼로 말린 것을 소스 등에 사용한다. 다른 멕시칸 수프와 마찬가지로 여러 가지가 수프에 오른다. 재미있는 것은 기름에 튀긴 토르티야 칩스를 그릇에 놓고 그 위에 수프를 끼얹는 점이다. 오래되어 딱딱해진 빵에 수프를 얹는 식이다.

재료(4~6인분)

파시야 페퍼(말린 칠리페퍼) 대1개, 식용유 2큰술, 마늘 3알(다지기), 양파 1개(1cm 사각썰기), 통조림토마토 400g(1cm 깍둑썰기), 닭 육수 또는 물+치킨 부이용 2000cc, 고수 2개(거칠게 다지기), 닭고기 600g(한입 크기로 자르기), 소금·후춧가루 적당량, 토르티야 칩스 적당량(손으로 부수기), 몬터레이 잭 또는 체다 치즈(장식) 적당량(장식), 아보카도(장식) 1개(1.5cm 깍둑썰기), 멕시칸 크레마, 사워크림 또는 크렘 프레슈(장식) 적당량, 라임(장식) 1개(슬라이스)

만드는 법

❶ 프라이팬을 달구어 기름 없이 파시야 페퍼의 양면을 볶은 후 꼭지를 제거하고 열어 씨를 빼고 큼직하게 잘라 믹서에 넣는다. ❷ 같은 프라이팬에 식용유를 두르고 마늘과 양파를 넣어 양파가 투명해질 때까지 볶다가 마찬가지로 믹서에 넣는다. ❸ 믹서에 통조림 토마토를 첨가하고 부드러워질 때까지 섞는다. ❹ 믹서의 내용물을 냄비에 넣고 끓인 후 중불에서 10분 정도 바짝 졸인다. 육수, 고수, 고기, 소금 1작은술, 후춧가루 한꼬집을 넣고 한소끔 끓인 후 고기가 부드러워질 때까지 익혀 소금과 후춧가루로 간을 맞춘다. ❺ 그릇에 토르티야 칩스를 적당량 부수어 올리고 그 위에 수프를 붓는다. ❻ 수프 위에 장식을 한다.

멕시코

카르네 엔 수 후고 Carne en Su Jugo

토마티요의 신맛이 기분 좋은 테킬라의 산지 할리스코 수프

중앙 멕시코의 할리스코주는 테킬라의 특산지로 알려져 있을 뿐 아니라 멕시코에서 주목할 만한 식문화를 쌓아왔다. 카르네 엔 수 후고는 작게 깍둑썰기한 소고기 수프이지만, 주재료는 수프 베이스인 토마티요이다. 토마티요는 토마토와 비슷하지만, 토마토가 아닌 꽈리(alkekengi)와 같은 과일이다. 실제로 팔리고 있는 것은 꽈리처럼 얇은 껍질에 싸여 있다. 토마티요는 토마토보다 신맛이 있고 깨끗한 녹색이다. 살사 베르데(그린 살사) 등에 사용하는 외에 이렇게 수프 베이스로도 사용된다.

재료(6인분)

스테이크용 소고기 650g(한입 크기로 자르기), 라임즙 1큰술, 마늘 2알(다지기), 리크 또는 대파 ½대(곱게 썰기), 고수 4개(큼직하게 썰기), 세라노 칠리페퍼 2개, 토마티요 4개(큰 깍둑썰기), 닭 육수 또는 물+치킨 부이용 1000cc, 베이컨(장식) 2장(1cm 사각썰기), 조리 핀토콩(메추라기콩) 400g, 소금·후춧가루 적당량, 고수(장식) 적당량(큼직하게 썰기), 레드 래디시(장식) 적당량(슬라이스), 토르티야 칩스(장식) 적당량, 아보카도 슬라이스(장식) 12매(1인 2매)

만드는 법

❶ 소고기에 라임즙, 소금과 후춧가루 약간을 뿌려 잘 섞어둔다. ❷ 믹서에 마늘, 부추, 고수, 칠리페퍼, 토마티요, 육수 500cc를 넣고 부드러워질 때까지 섞는다. ❸ 냄비를 가열하고 베이컨을 바삭 구운 후 베이컨만 꺼내 장식으로 그릇에 덜어둔다. ❹ 종이 타월로 소고기의 수분을 닦아내고 ❸ 냄비에 넣어 전체에 그릴 자국이 날 때까지 소테한다. ❺ ❷의 믹서 내용물, 육수 500cc를 추가해 끓인 후 약불로 고기가 부드러워질 때까지 약 1시간 졸인다. ❻ 콩을 추가로 넣고 20분 더 끓인다. ❼ 그릇에 수프와 고기를 담고 장식을 위에서 뿌린다.

멕시코

소파 데 아과카테 Sopa de Aguacate

그린색이 선명한, 여름 더위에 최적인 아보카도 수프

아보카도의 원산지는 멕시코이지만 미국 대륙은 물론 지금은 전 세계에서 재배되고 있다. 아보카도는 생으로 먹지만 수프의 재료로 사용하거나 튀김옷을 입혀 튀겨 먹을 수도 있다. 소파 데 아과카테는 원산지인 멕시코가 자랑하는 아보카도 수프이다. 맑은 육수와 섞어 퓌레하고 냉장고에서 차게 해서 먹으면 식욕이 떨어지는 여름에 최적인 영양 만점 수프이다. 또한 더운 여름을 날릴 싱그러움을 주기 위해 수프는 보통 라임즙이 첨가된다. 크레마라는 멕시코 크림과 다진 할라페뇨로 마무리한다.

재료(4인분)

식용유 1작은술, 양파 ½개(다지기), 마늘 1알(다지기), 할라페뇨 또는 다른 그린 칠리 ½개(잘게 썰기), 닭 또는 채소 육수나 물+부이용 1200cc, 고수 20개(큼직하게 썰기), 라임즙 1개분, 아보카도 2개(슬라이스), 소금·후춧가루 적당량, 크레마 또는 사워크림(장식) 적당량

만드는 법

① 프라이팬에 기름을 두르고 양파, 마늘을 넣어 양파가 투명해질 때까지 볶은 후 절반의 할라페뇨(나머지는 장식용으로 남겨둔다)를 첨가하여 2분 정도 볶는다. ② ❶의 프라이팬 내용물, 육수, 고수, 라임즙, 소금 약간, 후춧가루 한꼬집을 믹서에 넣고 부드러워질 때까지 섞은 후, 아보카도를 넣어 퓌레한다. ③ 소금과 후춧가루로 간을 해서 수프를 그릇에 담고 크레마, 남겨둔 할라페뇨를 올린다.

소파 데 리마 Sopa de lima

은은한 신맛과 독특한 시트러스향이 나는 향기 넘치는 수프

소파 데 리마는 직역하면 라임 수프이다. 라임은 레몬과 더불어 신맛이 강한 감귤류의 과일이다. 그러나 아무래도 다른 것 같다. 멕시코 남서부에 위치한 유카탄반도에는 유카탄 리마라는 과일이 있는데, 신맛이 적고 매우 향기롭다. 이 과일은 스페인 사람이 들여온 것으로 알려져 있고, 보통은 리마 스위트 레몬이나 스위트 라임이라고도 불린다. 이 리마를 사용한 수프가 소파 데 리마이다. 라임을 많이 넣으면 신맛이 꽤 나지만 이 리마라면 그렇지 않고 훌륭한 시트러스 향이 국물에 가미된다.

재료(4인분)

닭고기 200g(큰 한입 크기로 자르기), 닭 육수 또는 물+치킨 부이용 1000cc, 양파 1개(절반은 그대로, 나머지는 1cm 사각썰기), 마늘 2알(다지기), 월계수 잎 1장, 식용유 2큰술, 할라페뇨 페퍼 1개(다지기), 계핏가루 ¼작은술, 정향 한꼬집, 토마토 소2개(1cm 깍둑썰기), 오레가노 1작은술, 리마(스위트 라임) 또는 라임즙 2개분, 소금·후춧가루 적당량, 옥수수 토르티야(장식) 6장(1×3cm 직사각형으로 자르기), 아보카도(장식) 1개(1~2cm 깍둑썰기), 리마 또는 라임(장식) 1개분(슬라이스), 고수(장식) 적당량(다지기)

만드는 법

1 냄비에 닭고기, 육수, 반으로 자른 양파, 마늘 1알, 월계수 잎을 넣고 끓인 후 약불로 고기가 부드러워질 때까지 졸인다. 2 고기는 익으면 꺼내 식혀 먹기 좋은 크기로 찢어둔다. 수프를 소쿠리에 걸러둔다. 3 냄비를 깨끗하게 씻고 식용유를 둘러 1cm 사각썰기한 양파, 마늘 1알을 추가하고 양파가 투명해질 때까지 볶는다. 4 할라페뇨, 계핏가루, 정향, 토마토를 넣고 2분 정도 더 볶다가 소쿠리에 거른 수프, 찢은 고기, 오레가노를 냄비에 넣고 끓인다. 5 약불로 10분 정도 끓인 후 리마를 넣고 소금과 후춧가루로 간을 맞춘다. 6 장식 토르티야를 기름(재료 외)으로 노릇노릇 튀겨 놓는다. 기름은 적은 양이 좋다. 7 수프를 그릇에 담고 장식을 위에 올린다.

니카라과

인디오 비에호 Indio Viejo

옥수수가루와 토르티야로 걸쭉함을 낸 소고기 스튜

니카라과의 식문화는 원주민인 미스키토족, 스페인 그리고 아이티 크레올에 기반을 두고 있다고 하며, 다른 라틴아메리카 국가들과는 다소 차이 나는 식문화이지만 주변 나라들 이상으로 옥수수에 의존하고 있다. 인디오 비에호에도 옥수수가 중요한 역할을 한다. 마사라고 하는 콘플라워를 듬뿍 더해 걸쭉함을 낸다. 옥수수 토르티야를 물에 불린 생지로 걸쭉함을 내는 것이 본래의 방법이다. 그래서 이 요리는 수프라기보다는 스튜에 가깝다. 비터 오렌지(광귤)가 상쾌한 맛과 향을 더한다.

재료(4~6인분)

스테이크용 소고기 400g, 양파 2개(½개는 그대로, 나머지는 1cm 사각썰기), 마늘 4알, 소고기 육수 또는 물+비프 부이용 500cc, 식용유 2큰술, 피망 4개(채썰기), 토마토 3개(거칠게 다지기), 민트 또는 고수 10개(큼직하게 썰기), 마사(콘플라워. 옥수수가루) 120g, 물 250cc, 아치오테 오일 1큰술(또는 파프리카가루 1작은술), 광귤즙 1개분, 소금·후춧가루 적당량, 삶은 또는 튀긴 플랜테인 슬라이스(장식) 적당량, 민트 또는 고수(장식) 적당량(다지기)

만드는 법

① 냄비에 고기, 양파 ½개, 마늘, 육수를 넣고 한소끔 끓인 후 약불로 고기가 익을 때까지 삶는다. ② 고기를 꺼내고 냄비의 내용물을 소쿠리에 거른다. 고기는 식혀서 가늘게 찢어 놓는다. ③ 씻은 냄비에 식용유를 두르고 1cm 사각썰기한 양파를 넣어 투명해질 때까지 볶는다. ④ 피망을 넣고 2분 정도 볶은 후 토마토, 민트를 더해 가볍게 섞고 소쿠리에 거른 육수, 소고기를 넣고 끓인다. ⑤ 콘플라워를 물에 녹여 아치오테 오일을 추가한 것을 볼에 넣어 섞으면서 냄비에 조금씩 첨가하고 끓으면 약불로 15분 정도 익힌다. ⑥ 비터 오렌지즙을 더해 섞은 후 불을 끈다. ⑦ 그릇에 스튜를 담고 위에 플랜테인을 놓고 민트를 뿌린다.

소파 데 알본디가스 Sopa de Albondigas

니카라과

독특한 방법으로 만든 덤플링이 흥미로운 건더기 가득한 수프

세상에는 여러 가지 덤플링이 있지만 니카라과 치킨 덤플링만큼 독특한 것도 없을 것이다. 미트볼이든 완탕 타입 수프든 그냥 가루 생지를 둥글게 만든 것이든 보통은 수프와는 완전히 따로 만들어 중간 또는 마지막에 둘을 섞는 방식이 대부분이다. 하지만 이 수프는 처음부터 동시에 진행된다. 무슨 얘기인가 하면 육수를 낸 닭고기를 꺼내 잘게 찢고 그것을 콘플라워로 만든 생지에 섞어 덤플링을 만드는 것이다. 이 방법은 다른 곳에서는 볼 수 없다고 확신한다.

재료(4인분)

닭고기 800g, 양파 1개(8등분), 마늘 2알(다지기), 피망 3개(한입 크기로 슬라이스), 닭 육수 또는 물+치킨 부이용 1200cc, 뿌리채소, 옥수수, 스쿼시 등의 믹스 600~800g(한입 크기로 자르기), 콘플라워(없으면 밀가루) 200g, 물 약 60cc, 식용유 1큰술, 아치오테 페이스트 또는 아나토 가루(없으면 파프리카가루) 1작은술, 비터 오렌지즙 1개분(없으면 오렌지즙 2큰술+라임즙 1큰술), 고수 10개(다지기), 민트 잎 20장(다지기), 소금·후춧가루 적당량, 고수(장식) 적당량(다지기), 민트 잎(장식) 적당량(다지기)

만드는 법

❶ 소고기, 양파, 마늘, 피망, 육수, 소금 1작은술, 후춧가루 한꼬집을 냄비에 넣고 한소끔 끓인 후 약불로 고기가 익을 때까지 졸인다. ❷ 고기는 익으면 꺼내 식혀 잘게 찢어둔다. 냄비에 남은 채소를 추가하고 다시 끓여 채소가 숨이 죽을 때까지 익힌다. ❸ 볼에 콘플라워, 물, 식용유, 아치오테 페이스트, 광귤즙, 소금 약간, 고수 5개분, 민트 10장 분량을 다져서 넣고 잘 반죽해서 손에 들러붙지 않을 정도로 반죽을 만든다. 질면 가루를, 되면 물을 소량씩 첨가하여 조절한다. 남아 있는 고수 5개분, 민트 10장 분량을 다지고 남은 닭고기는 냄비에 넣는다. ❹ 생지와 절반의 닭고기를 잘 섞은 후 골프 공 크기로 덤플링을 만든다. ❺ 냄비의 내용물이 익으면 강불로 끓여 덤플링을 하나씩 넣고 전부 떠오르면 소금과 후춧가루로 간을 맞춘다. ❻ 수프를 그릇에 담고 고수와 민트 잎를 뿌린다.

로끄로 Locro

라틴아메리카의 고대 문명이 기원인 안데스의 명물 스튜

로끄로의 기원은 잉카 시대까지 거슬러 올라간다. 그 시절 이미 안데스산맥에 사는 원주민이 로끄로의 기원으로 여겨지는 비슷한 음식을 먹었다. 지금은 아르헨티나뿐 아니라 에콰도르, 페루, 볼리비아 등의 전통 음식이다. 이 스튜는 지역에서 나는 감자를 사용하지만, 라틴아메리카의 일부 국가를 제외하고는 구하기 어렵다. 그러나 레시피 재료에 구애받지 않고 자유로운 발상으로 친밀한 재료를 선택해서 만든다. 로끄로는 원래 그런 요리다. 이 레시피에서는 호박이 뭉개질 때까지 끓인다고 돼 있지만, 번거롭다면 채소를 으깨도 된다.

재료(4~6인분)

판체타 200g(1cm 깍둑썰기), 양파 2개(1cm 사각썰기), 소치마살 스테이크(없으면 다른 부위의 스테이크 고기) 200g(한입 크기로 자르기), 돼지 어깨 등심 덩어리 고기 200g(한입 크기로 자르기), 파프리카가루 1작은술, 커민가루 1작은술, 채소 육수 또는 물+채소 부이용 750cc, 돼지고기 소시지 100g(1cm 폭으로 자르기), 초리소 100g(1cm 폭으로 썰기), 빨강 파프리카 1개(1cm 사각썰기), 호박 ¼개(1cm 깍둑썰기), 스위트 포테이토 또는 고구마 1개(1cm 깍둑썰기), 통조림 호미니 또는 원하는 콩 300g, 소금·후춧가루 적당량, 파(장식) 1대(곱게 썰기), 파프리카가루(장식) 적당량, 레드 페퍼 플레이크(장식) 적당량

만드는 법

❶ 냄비를 가열하여 판체타를 넣고 충분히 기름이 나올 때까지 볶은 후 양파를 더해 투명해질 때까지 볶는다. ❷ 소고기와 돼지고기를 넣어 전체에 그릴 자국이 날 때까지 소테하고 파프리카가루, 커민가루, 소금 1작은술, 후춧가루 한꼬집을 넣고 살짝 볶다가 육수를 부어 끓인다. ❸ 약불로 고기가 익을 때까지 삶은 후 소시지, 초리소를 더해 끓인다. ❹ 빨강 파프리카, 호박, 스위트 포테이토, 호미니, 소금과 후춧가루를 조금 넣고 다시 끓인 후 호박이 으깨질 때까지 약불로 졸인다. ❺ 소금과 후춧가루로 간을 하고 그릇에 담고 파, 파프리카가루, 페퍼 플레이크로 장식한다.

까르보나다 크리올라 Carbonada Griolla

아르헨티나

호박을 그릇에 담아 제공하기도 하는 이색 비프스튜

스튜라고 하면 비프스튜나 치킨 크림 스튜를 떠올린다. 하지만 세계에는 스튜라고 불리는 요리가 많다. 비프스튜도 한결 같지 않고 저마다 개성적이다. 까르보나다 크리올라는 개성이라는 점에서는 압도적이다. 우선 삶는 재료가 그렇다. 호박과 스위트 포테이토가 들어가는 것은 라틴아메리카의 요리니 이해할 수 있다. 그렇다 해도 말린 과일이라고 하면 깜짝 놀라는 사람도 있겠지만, 놀랄 필요는 없다. 수프에 과일을 추가하는 것은 드물지 않다. 특히 비프스튜에는 잘 맞는다. 말린 과일이 아니라 생 복숭아를 사용하기도 한다.

재료(4인분)

올리브유 2큰술, 스튜용 소고기 600g, 양파 1개(2cm 크기로 자르기), 마늘 3알(거칠게 다지기), 레드와인 250cc, 소고기 또는 채소 육수나 물+부이용 750cc, 통조림 토마토 300g(1cm 깍둑썰기), 월계수 잎 1장, 오레가노 ½작은술, 파프리카가루 ½작은술, 호박 또는 버터넛 스쿼시 ⅓(크게 난도질), 스위트 포테이토 또는 고구마 대1개(그게 난도질), 감자 2개(1개를 2등분 또는 4등분으로 자르기), 말린 살구 또는 자두 100g, 소금·후춧가루 적당량

만드는 법

❶ 냄비에 올리브유를 두르고 소고기를 넣어 전체에 그릴 자국을 낸다. ❷ 고기를 꺼내고 양파와 마늘을 넣어 양파가 투명해질 때까지 볶는다. ❸ 고기를 냄비에 다시 넣고 레드와인, 육수, 통조림 토마토, 월계수 잎, 오레가노, 파프리카가루, 소금 1작은술, 후춧가루 한꼬집을 넣어 끓인 후 약불로 고기가 부드러워질 때까지 졸인다. ❹ 호박, 스위트 포테이토, 감자, 말린 살구를 더해 채소가 부드러워질 때까지 약불로 익힌다. ❺ 소금과 후춧가루로 간을 하고 그릇에 담는다.

아르헨티나

기소 데 렌떼하스 Guiso de Lentejas

판체타와 초리소가 들어가는 볼륨 만점 렌틸콩 수프

어느 나라에나 몸도 마음도 따뜻하게 해주는 요리가 있다. 영하로 좀처럼 내려가지 않는 부에노스아이레스도 예외는 아니다. 많은 레스토랑이 추운 겨울에 제공하는 심신이 따뜻해지는 수프, 그것이 기소 데 렌떼하스이다. 렌틸콩 수프는 보통 페이스트상으로 하지만 이 수프는 렌틸콩의 형태를 그대로 둔다. 사용되는 렌틸콩은 주로 갈색 렌틸콩이다. 초리소가 들어가는 부분은 스페인어권에 속하는 아르헨티나답다. 재미있는 것은 초리소에서 나오는 기름으로 느끼하지 않도록 한 번 삶아 기름기를 뺀 후 사용하는 점이다. 렌틸콩 수프는 타기 쉬우므로 적당한 수분을 유지하는 것이 중요하다.

재료(4인분)

초리소 450g(껍질을 제거하고 1cm 깍둑썰기), 판체타 또는 베이컨 300g, 양파 1개(1cm 사각썰기), 마늘 3알(다지기), 빨강 파프리카 1개(1cm 사각썰기), 토마토 소2개(1cm 깍둑썰기), 토마토 페이스트 1큰술, 채소 육수나 물+채소 부이용 1000cc, 월계수 잎 1장, 오레가노 1작은술, 파프리카 가루 1작은술, 마늘가루 ½작은술, 갈색 렌틸콩(렌즈콩) 350g(충분한 물에 1시간 정도 담가둔다), 당근 ½개(1cm 깍둑썰기), 감자 1개(당근보다 조금 크게 깍둑썰기), 소금·후춧가루 적당량, 올리브유(장식) 적당량, 이탈리안 파슬리(장식) 적당량(다지기)

만드는 법

❶ 냄비에 물(재료 외)을 끓여 초리소를 넣고 15분 정도 끓인다(여분의 지방을 제거하기 위해). ❷ 다른 냄비를 가열하고 판체타를 넣어 충분히 지방이 나오면 데친 초리소를 넣고 소테한다. ❸ 양파와 마늘을 넣어 양파가 투명해질 때까지 볶은 후 빨강 파프리카, 토마토, 토마토 페이스트, 소금 1작은술, 후춧가루 한꼬집을 넣고 2분 정도 더 볶는다. ❹ 육수를 붓고 허브와 향신료를 더해 끓인다. ❺ 콩을 물에서 건져 가볍게 물로 씻어 냄비에 넣고 다시 마늘, 감자를 추가해 약불로 콩이 부드러워질 때까지 익힌다. 수분이 적어지면 타지 않도록 물을 적당량 추가한다. ❻ 소금과 후춧가루로 간을 하고 그릇에 담아 올리브유를 끼얹고 이탈리안 파슬리를 뿌린다.

생땅콩으로 맛을 낸 안데스의 고기&채소 수프

마니는 땅콩이라는 의미로, 이름 그대로 즉 땅콩 수프이다. 볼리비아의 거의 중앙에 위치한 코차밤바가 발상지이지만, 지금은 전국에서 먹고 있다. 땅콩을 사용한 수프는 라틴아메리카와 아프리카에 꽤 있다. 구운 땅콩을 사용하기도 하지만 이 수프와 같이 생것을 사용하는 것도 적지 않다. 잘게 간 땅콩을 수프에 넣는 것이 본래의 방법이지만 믹서를 사용하면 간단하게 만들 수 있다. 채소는 딱히 정해져 있지 않으니 있는 재료를 사용하는 것이 이 수프의 참모습일 것이다. 그러나 프라이드 포테이토는 빼놓을 수 없다.

재료(4인분)

식용유 2큰술, 소고기(가능하면 짧은 갈비 등의 뼈 붙은 고기) 또는 닭고기 400g(한입 크기로 자르기), 양파 1개(1cm 사각썰기), 마늘 2알(다지기), 셀러리 1대(곱게 썰기), 커민가루 ¼작은술, 오레가노 ½작은술, 소고기나 닭 육수 또는 물+부이용 1200cc, 땅콩(껍질 없이, 본래는 생) 100g, 빨강 파프리카 ½개(1cm 사각썰기), 당근 1개(1cm 깍둑썰기), 감자튀김(장식) 감자 2개분(스틱으로 잘라 식용유에 튀긴다), 완두콩(냉동도 가능) 80g, 소금·후춧가루 적당량, 고수(장식) 적당량(다지기), 이탈리안 파슬리(장식) 적당량(다지기), 핫 페퍼 소스(장식) 적당량

만드는 법

① 냄비에 기름을 두르고 고기를 넣어 전체에 그릴 자국이 생기면 꺼낸다. 양파, 마늘, 셀러리를 추가하여 양파가 투명해질 때까지 볶는다. ② 고기를 냄비에 다시 넣고 커민, 오레가노, 소금 1작은술, 후춧가루 한꼬집을 넣어 살짝 볶은 후 육수를 더해 고기가 부드러워질 때까지 약불로 졸인다. ③ 믹서에 땅콩을 넣고 끓는 ❷의 수프를 200cc 정도 넣어 부드러워질 때까지 저어준다. ④ 믹서의 내용물을 냄비에 넣고 빨강 파프리카, 당근을 추가하여 당근이 부드러워질 때까지 약불로 익힌다. ⑤ 끓이는 동안 장식용 감자튀김을 튀긴다. 다른 냄비에 식용유(재료 외)를 적당량 넣고 감자를 튀겨 종이 타월에 올려 기름기를 빼둔다. ⑥ 완두콩을 넣고 5분 정도 더 끓인 후 소금과 후춧가루로 간을 맞춘다. ⑦ 수프를 그릇에 붓고 감자튀김, 고수, 이탈리안 파슬리를 얹고 기호에 따라 핫 페퍼 소스를 뿌린다.

프리카세 Fricasé

볼리비아

감자가 들어간 돼지고기 스튜

볼리비아 프리카세는 쿠바의 프리카세 데 폴로(p.165), 프랑스의 프리카세와는 다른 요리라고 생각하는 편이 좋다. 원래 쿠바와 프랑스 프리카세는 닭고기이지만 볼리비아 프리카세는 돼지고기이고 꽤 매콤한 스튜이다. 이 스튜의 가장 특징은 추뇨(chuno)라 불리는 동결 건조 감자를 사용한다는 점이다. 단, 볼리비아 추뇨는 원형 그대로 수프 등에 사용된다. 구할 수 없는 경우는 일반 감자를 사용하면 된다. 가능하면 입자가 작은 것을 사용하는 것이 좋다.

재료(4인분)

식용유 2큰술, 돼지고기(뼈 붙은 것, 돼지갈비, 돼지갈비살 등) 800g(가능하면 한입 크기로 자르기), 양파 1개(1cm 사각썰기), 마늘 4알(다지기), 파 1개(곱게 썰기), 커민가루 1작은술, 카엔페퍼(없으면 다른 칠리 페이스트. 가능하면 노란색으로 원하는 양), 아히 아마리요(페루의 대표 고추) 페이스트 120cc, 물이나 소고기 육수 또는 물+부이용 1000cc, 감자 2개(1개 4~6등분), 통조림 호미니 또는 좋아하는 콩 400g, 오레가노 1큰술, 빵가루 4큰술, 소금·후춧가루 적당량, 조리 옥수수(장식) 적당량

만드는 법

❶ 냄비에 기름을 두르고 고기를 넣어 전체에 그릴 자국이 날 때까지 소테한 후 양파, 마늘을 첨가하여 양파가 투명해질 때까지 볶는다. ❷ 파, 커민가루, 카엔페퍼, 아히 아마리요 페이스트, 소금 1작은술, 후춧가루 한꼬집을 더해 1~2분 볶다가 물이나 육수를 부어 끓이고 약불로 고기가 부드러워질 때까지 익힌다. ❸ 졸이는 동안 다른 냄비에 충분한 물(재료 외)을 끓여 감자를 삶아둔다. ❹ 호미니, 오레가노, 빵가루를 넣고 5분 정도 끓인 후 소금과 후춧가루로 간을 한다. ❺ 삶은 감자를 고르게 그릇에 나누어 담고 수프를 끼얹은 후 옥수수를 올린다.

페이조아다 브라질리아 Feijoada Brasileira

고기와 콩을 끓인 스튜

페이조아다는 포르투갈 요리이지만 과거 포르투갈령이었던 나라에서도 일부 재료가 각 지역의 재료로 대체되어 서민들 사이에서 일상 음식으로 즐기고 있다. 페이조아다 브라질리아라는 이름 그대로 브라질 버전으로 포르투갈의 그것과는 상당히 다르다. 다양한 소시지가 들어가는 것은 포르투갈과 같지만 소금에 절여 햇빛에 말린 소고기가 사용되는 것은 아마도 브라질뿐일 것이다. 또 하나의 큰 차이는 콩이다. 포르투갈은 덩굴강낭콩, 브라질은 블랙빈이다.

재료(4~6인분)

올리브유 2큰술, 양파 1개(1cm 사각썰기), 마늘 4알(다지기), 소금에 절인 소고기(없으면 소고기) 150g(소금에 절인 경우 물에 담가 소금기를 빼고 한입 크기로 썰기), 돼지갈비 150g(가능하면 한입 크기로 자르기), 돼지 어깨 로스 150g(한입 크기로 자르기), 링귀사 또는 초리소 150g(1cm 통썰기), 돼지 귀 하나 또는 돼지 다리 반(가능하면 인원수대로 자르기), 물 1200cc, 월계수 잎 2장, 소금·후춧가루 적당량, 콜라드 그린 또는 케일 잎 10장(심을 제거), 말린 블랙빈(검은강낭콩) 200g(가볍게 씻어 충분한 물에 하룻밤 담가둔다), 롱 라이스 적당량, 오렌지(장식) 1개(빗모양썰기로 8등분)

만드는 법

❶ 냄비에 올리브유 1큰술을 두르고 양파와 마늘을 넣어 양파가 투명해질 때까지 볶는다. ❷ 육류를 넣어 가볍게 섞고 물, 월계수 잎, 소금 1작은술, 후춧가루 한 꼬집을 추가하여 한소끔 끓인 후 약불로 고기가 부드러워질 때까지 익힌다. ❸ 익는 동안 다른 냄비에 물(재료 외)을 끓여 소금 약간을 더해 콜라드 그린을 데쳐서 여분의 수분을 짜고 큼직하게 슬라이스해서 올리브유 1큰술을 가열한 프라이팬에 볶아 소금과 후춧가루를 뿌려둔다. ❹ 육류는 익으면 모두 꺼내서 다른 그릇에 덜어둔다. ❺ 콩을 소쿠리에서 내려 냄비에 넣고 부드러워질 때까지 약불로 졸인다. 고기를 다시 넣고 소금과 후춧가루로 간을 맞춘다. ❻ 스튜를 콜라드 그린, 롱 라이스와 함께 그릇에 담고 오렌지를 곁들인다.

토마토와 코코넛밀크가 베이스인 새우 수프

브라질 남동부의 이스피리투산투가 기원인 모케카 데 카마로는 노예로 넘겨진 아프리카 사람들의 식문화와 포르투갈의 식문화가 혼합된 요리이다. 이 레시피에서는 사용하지 않았지만, 원래는 팜 오일을 사용한다. 팜 오일은 아프리카에서 들여온 것이 틀림 없다. 모케카 데 카마로의 특징 중 하나는 토마토와 코코넛밀크가 수프의 기반이라는 점이다. 토마토와 우유는 어울릴 것 같지 않지만, 코코넛밀크를 포함해서 두 가지를 조합하는 요리는 의외로 많다. 우유를 첨가하면 맛이 부드러워진다.

재료(4인분)

코코넛오일(없으면 올리브유) 2큰술, 생새우 500g(껍질과 내장을 제거), 양파 소1개(거칠게 다지기), 마늘 3알(다지기), 카옌페퍼 ½작은술, 빨강 파프리카 1개(5mm 슬라이스), 피망 2개(5mm 슬라이스), 고수 10개(다지기), 통조림 토마토 500g(1cm 깍둑썰기), 코코넛밀크 400cc, 라임즙 1개분, 소금·후춧가루 적당량, 라임(장식) 1개(슬라이스), 고수(장식) 적당량(다지기)

만드는 법

❶ 냄비에 1큰술의 코코넛오일을 두르고 새우를 넣어 전체가 살짝 분홍색이 될 때까지 볶아 일단 꺼내 접시 등에 덜어둔다. ❷ 같은 냄비에 1큰술의 코코넛오일을 넣고 양파, 마늘을 첨가하여 양파가 투명해질 때까지 볶는다. 카옌페퍼, 빨강 파프리카, 피망, 고수, 통조림 토마토, 소금 1작은술, 후춧가루 한꼬집을 넣고 파프리카와 피망이 익을 때까지 볶는다. ❸ 코코넛밀크를 첨가해 끓이고 새우를 냄비에 다시 넣어 소금과 후춧가루로 간을 맞추고 새우가 익을 때까지 약불로 졸인다. 불을 끄고 라임즙을 넣어 섞는다. ❹ 수프를 그릇에 담고 장식을 한다.

칠레

소파 데 마리스코스 **Sopa de Mariscos**

해산물이 제대로 우러난 담박한 국물이 매력

소파 데 마리스코스는 해산물 수프라는 의미로 생선, 조개, 오징어 등 다양한 해산물이 들어간 아주 부드러운 수프이다. 파일라 마리나(paila marina)라 부르기도 한다. 파일라는 칠레에서 수프를 만들 때 사용되는 뚝배기를, 마리나는 바다를 뜻한다. 토마토가 들어가는 경우도 있지만 이 레시피와 같이 들어가지 않는 것도 많아 매우 담박한 맛을 낸다. 재료에 연어가 등장해 깜짝 놀라는 사람도 있을 것이다. 연어는 북반구의 생선이지만, 남반구 국가들도 생산하고 있다. 남미에서도 낚시 대상 어종으로 인기 있다.

재료(4인분)

홍합, 바지락, 조개관자, 오징어 등의 해산물 믹스(냉동도 가능) 400g, 올리브유 2큰술, 양파 소1개(1cm 사각썰기), 마늘 2알(다지기), 셀러리 1대(곱게 썰기), 피망 2개(1cm 사각썰기), 흰살생선이나 연어 200g(한입 크기로 자르기), 화이트와인 100cc, 물 또는 생선 육수 800~1000cc, 오레가노 1작은술, 파프리카가루 ½작은술, 새우 80g(껍질과 내장을 제거), 고수 20~30개(거칠게 다지기), 소금·후춧가루 적당량, 고수 또는 이탈리안 파슬리(장식) 적당량(다지기), 라임(장식) 1개(빗모양썰기)

만드는 법

❶ 생홍합과 바지락을 껍질째 사용할 때는 껍질을 잘 씻어 소금물(재료 외)에 담가 해감한다. 냉동의 경우 해동해둔다. ❷ 냄비에 올리브유를 두르고 양파와 마늘, 셀러리, 피망을 넣어 양파가 투명해질 때까지 볶는다. ❸ 생선, 화이트와인, 물 또는 육수, 오레가노, 파프리카가루, 소금 1작은술, 후춧가루 한꼬집을 넣고 한소끔 끓인 후 5분 정도 약불로 익힌다. ❹ 해산물 믹스, 새우를 추가해 약불에서 모든 재료가 익을 때까지 삶은 후 소금과 후춧가루로 간을 맞추고 고수를 넣어 한소끔 끓인다. ❺ 육수를 그릇에 담고 고수 또는 이탈리안 파슬리를 뿌리고 기호에 따라 라임을 짠다.

콜롬비아

창구아 Changua

빵을 우유에 담그고 달걀이 있으면 금상첨화. 그런 수프가 이것!

밥에 된장국, 김치. 베이컨에그에 빵, 우유. 국가별로 다양한 조식 스타일이 있다. 유럽과 미국의 조식에 빠뜨릴 수 없는 것은 우유와 빵 그리고 아마 달걀일 것이다. 이 3가지 음식을 함께 하면 어떨까 하는 발상도 전혀 이상하지 않다. 그것이 바로 창구아이다. 기본형은 바로 빵, 우유, 달걀, 물이지만 물 대신 육수가 사용될 수도 있다. 치즈와 토마토, 고수를 위에 올리는 호화로운 버전도 있다. 콜롬비아 보고타에서 인기 조식이지만 아플 때나 식욕이 감퇴할 때 먹으면 좋다.

재료(4인분)

닭 육수 또는 물+치킨 부이용(물도 가능) 500cc, 우유 500cc, 파 ½대, 고수 6개, 마늘 1알(으깨기), 달걀 4개, 바게트(슬라이스) 4개, 소금 적당량, 파(장식) 적당량(다지기), 고수(장식) 적당량(다지기)

만드는 법

❶ 냄비에 육수와 우유, 자르지 않은 파와 고수, 마늘, 소금을 넣고 한소끔 끓인 후 약불로 5분 정도 익힌다. 파, 고수, 마늘을 꺼내고 소금으로 간을 맞춘다. ❷ 달걀을 깨 넣고 원하는 경도가 될 때까지 1~6분 익힌다. ❸ 각각의 그릇에 달걀이 흐트러지지 않게 떠 놓고 그 위에 수프를 붓는다. ❹ 파와 고수를 뿌리고 바게트를 한입 크기로 뜯어 곁들인다.

콜롬비아

아히아꼬 Ajiaco

후아스카스라는 허브가 결정적인 맛을 내는 콜롬비아 치킨 수프

아히아꼬는 세계에서 가장 맛있는 치킨 수프라고도 불린다. 재료를 보는 한 특별한 것은 없다. 감자는 콜롬비아 특산품이 사용되는 것은 말할 필요도 없다. 하지만 그게 핵심은 아니다. 그렇다면 무엇이 핵심일까. 그것은 라틴아메리카에서 자주 사용하는 별꽃아재비(guascas)라는 허브이다. 콜롬비아 사람들에게 이 허브가 들어 있지 않은 아히아꼬는 아히아꼬가 아니다. 구할 수 없는 경우 오레가노로 대용하는 일이 많은 것 같다.

재료(4인분)

닭가슴살 450g, 옥수수 1개(4등분), 파 2대, 마늘 2알(슬라이스), 고수 6개(다지기), 닭 또는 물+치킨 부이용 1000cc, 감자 3종(레드, 옐로, 화이트 등) 500g(한입 크기로 자르기. 작은 것은 그대로 껍질째), 허브(guascas, 말린 것) 3큰술(오레가노 사용 시 2작은술), 소금·후춧가루 적당량, 아보카도(장식) 1개(1cm 깍둑썰기), 사워크림 또는 생크림(장식) 적당량, 케이퍼(장식) 적당량, 고수(장식) 적당량

만드는 법

❶ 냄비에 고기, 옥수수, 파, 마늘, 고수, 소금 1작은술, 후춧가루 한꼬집을 넣고 육수를 부어 끓인 후 약불로 고기가 익을 때까지 졸인다. ❷ 고기를 꺼내 식으면 먹기 좋은 크기로 찢어둔다. 파는 꺼낸다. ❸ 감자와 허브를 추가하여 감자가 익을 때까지 약불로 끓인 후 고기를 다시 넣고 소금과 후춧가루로 간을 맞춘다. ❹ 수프를 그릇에 담고 장식한다.

쿠츄코 Cuchuco

콜롬비아

원주민이 기원인 다양한 곡물로 만든 역사 있는 수프

쿠츄코는 원주민인 무이스카인들의 요리가 기원이라고 알려져 있는 콜롬비아 수프이다. 주재료는 돼지갈비, 누에콩 그리고 곡물이다. 사용하는 곡물의 차이에 따라 쿠츄코 데 트리고(trigo, 밀), 쿠츄코 데 세바다(cebada, 보리), 쿠츄코 데 메이즈(maize, 옥수수)라고 부른다. 갈비에서 나온 엑기스가 수프의 베이스이지만, 기름기 없이 담백한 국물은 누구나 저항감 없이 먹을 수 있다. 누에콩은 껍질을 벗기지 않는 것이 습관 같지만, 먹기 좋게 벗기는 편이 좋다.

재료(4인분)

돼지갈비(가능하면 3~4cm 크기로 자르기) 600g, 물 1200cc, 보리 80g(충분한 물에 1시간 정도 담가둔다), 파 2대(곱게 썰기), 고수 10개(큼직하게 썰기), 당근 ½개(1cm 깍둑썰기), 감자 소2개(한입 크기로 자르기), 완두콩(냉동 가능) 60g, 누에콩(냉동 가능) 120g(냉동의 경우 해동하고 껍질은 벗기지 않는다), 소금·후춧가루 적당량, 고수(장식) 적당량(다지기), 라임(장식) 적당량(빗모양썰기)

만드는 법

❶ 돼지갈비와 물을 냄비에 넣고 한소끔 끓인 후 약불로 갈비가 익을 때까지 익힌다. ❷ 보리를 소쿠리에 올려 잘 씻은 후 냄비에 넣고 파, 고수, 당근, 감자, 소금 1작은술, 후춧가루 한꼬집을 더해 보리와 채소가 익을 때까지 약불로 끓인다. ❸ 소금과 후춧가루로 간을 하고 완두콩과 누에콩을 추가해 콩이 익을 때까지 끓인다. ❹ 수프를 그릇에 담아 고수를 뿌리고 라임을 곁들인다.

에콰도르

비슈 데 페스카도 Biche de Pescado

땅콩 맛이 조금 이상한, 에콰도르의 생선&채소 수프

에콰도르 수프는 많은 재료를 준비해서 수프, 속재료 등 여러 파트로 나누어 조리를 진행하고 최종적으로 하나의 수프로 마무리하는 유형이 많다. 결코 어려운 요리는 아니지만 나름대로 수고가 필요하다. 이 수프의 가장 큰 특징은 땅콩을 베이스로 하는 점이다. 생선을 손질한 후 머리와 뼈로 국물을 내고 볶은 땅콩과 함께 믹서에 넣어 수프 베이스를 만든다. 땅콩의 달콤함과 생선 국물이 믹스되어 독특한 맛을 만들어낸다. 생선은 아무거나 상관없다. 채소도 우리나라에서 구하기 힘든 것이 대부분이지만 대체 가능한 것으로 만들어도 된다.

재료(4인분)

수프 베이스

생선 머리와 뼈 300g, 물 1000cc, 식용유 1큰술, 양파 ½개(다지기), 마늘 2알(다지기), 우유 120cc, 볶은 땅콩 100g, 커민가루 ½작은술

수프

무염버터 1큰술, 양파 ½개(1cm 사각썰기), 마늘 1알(다지기), 오레가노 1작은술, 커민가루 1작은술, 아치오테 가루(없으면 파프리카가루) ½작은술, 피넛버터(가능하면 무염) 1큰술, 옥수수 1개(4 또는 8개로 통썰기), 카사바(없으면 고구마) 300g(한입 크기로 자르기), 피망 1개(1cm 사각썰기), 플랜테인 또는 그린 바나나 1개(한입 크기로 슬라이스), 강낭콩 5개(길이 3cm로 자르기), 고수 4개, 흰살생선 400g(한입 크기로 자르기), 소금·호추 적당량, 고수(장식) 적당량(큼직하게 썰기), 핫 소스(장식) 적당량, 라임 또는 레몬 슬라이스(장식) 4장

만드는 법

❶ 먼저 수프 베이스를 만든다. 생선 머리와 뼈, 물을 냄비에 넣고 불에 올려 30분 정도 끓인다. 국물을 걸러 그릇에 담아둔다. ❷ 프라이팬에 식용유를 두르고 양파와 마늘을 넣어 양파가 투명해질 때까지 볶는다. ❸ ❷와 우유, 땅콩, 커민 그리고 ❶의 절반을 믹서에 넣어 페이스트한다. ❹ ❸을 볼에 옮겨 ❶의 나머지를 넣고 잘 섞는다. 수프 베이스 완성! ❺ 버터를 냄비에 넣고 양파, 마늘을 첨가해 양파가 투명해질 때까지 볶는다. 허브와 스파이스(고수 이외)를 첨가하여 다시 1분 정도 볶는다. ❻ 수프 베이스, 피넛버터, 소금과 후춧가루 약간을 냄비에 넣고 끓으면 옥수수와 카사바를 넣고 카사바가 부드러워질 때까지 약불로 끓인다. ❼ 또한 피망, 플랜테인, 강낭콩, 고수를 넣어 익을 때까지 끓인다. ❽ 생선을 넣어 익히고 소금과 후춧가루로 간을 맞춘다. ❾ 수프를 그릇에 담아 고수와 핫소스를 뿌리고 라임 슬라이스를 곁들인다.

칼도 데 보라스 데 베르데 Caldo de Bolas de Verde

에콰도르

에콰도르 사람은 플랜테인을 덤플링으로 만들었다

앞 페이지의 비슈 데 페스카도와 이 수프처럼 플랜테인과 땅콩을 조합하는 것은 에콰도르 해안선 지역에서 볼 수 있는 전형인 것 같다. 그 자체가 신기한데 이 수프의 특징은 그 이상이다. 수프 안에서 익은 플랜테인을 꺼내서 강판에 간 생플랜테인과 믹서에 넣어 생지를 만든다. 그리고 그것을 사용하여 덤플링을 만든다. 덤플링의 내용물은 피넛버터가 들어가는 것 외에 기묘한 점은 없다. 이상한 것은 내용물을 둥글게 해서 으깬 플랜테인으로 감싸는 것이다. 그렇게 만든 덤플링의 크기는 당구공만 하다.

재료(6인분)

무염버터 1큰술, 양파 ½개(1cm 사각썰기), 마늘2알(다지기), 토마토 소2개(1cm 사각썰기), 피망 1개(1cm 사각썰기), 커민가루 1작은술, 아치오테 오일 1작은술, 고수 1큰술(다지기), 오레가노 1작은술(없으면 파프리카가루 ½작은술), 칠리페퍼 1작은술, 피넛버터 1큰술, 닭 육수 또는 물 1250cc, 뼈 있는 소고기 400g, 그린 플랜테인(없으면 그린 바나나) 2개(그린 바나나라면 3개, 3cm 크기로 슬라이스), 당근 1개(1cm 통썰기), 카사바(없으면 고구마) 400g (한입 크기로 자르기), 옥수수 1개(6개 또는 12등분), 양배추 4장(난도질), 고수(장식) 적당량(다지기), 라임(장식) 4개(빗 모양썰기)

덤플링 재료

무염버터 1큰술, 양파 ¼개(다지기), 토마토 소1개 (1cm 사각썰기), 마늘 1알(다지기), 피망 ¼(거칠게 다지기), 커민가루 ½작은술, 아치오테 오일 1작은술(없으면 파프리카가루 ½작은술), 피넛버터 1큰술, 물 2큰술, 완두콩 30g, 고수 1개(다지기), 삶은 달걀 1개(거칠게 다지기), 소금·후춧가루 적당량

덤플링 피

간 플랜테인 또는 그린 바나나 1개분, 달걀 1개, 소금·후춧가루 한꼬집

만드는 법

❶ 냄비에 버터를 두르고 양파, 마늘, 토마토, 피망을 넣어 양파가 투명해질 때까지 볶는다. ❷ 향신료와 허브, 피넛버터, 육수를 더하고 다시 고기를 넣어 한소끔 끓인 후 고기가 익을 때까지 약불로 졸인다. ❸ 장식 이외의 나머지 채소를 추가하고 카사바가 익을 때까지 끓인다. ❹ 수프를 끓이는 동안 덤플링을 만든다. 프라이팬에 버터를 두르고 양파, 토마토, 마늘, 피망, 향신료를 추가해 채소가 부드러워질 때까지 볶는다. 아치오테 오일, 피넛버터, 물을 넣어 잘 섞고 완두콩과 고수를 추가해 살짝 볶는다. ❺ 불을 끄고 삶은 달걀을 넣어 섞고 소금과 후춧가루로 간을 한다. ❻ 수프의 불을 일단 끄고 플랜테인을 꺼내 수프 2큰술, 강판에 간 플랜테인, 달걀, 소금과 후춧가루 한꼬집과 함께 믹서에 넣고 덤플링의 피 생지를 만든다. ❼ 피 생지를 12등분하여 손바닥 위에서 둥글고 얇게 편다. 중앙에 2작은술 정도의 ❺를 두고 생지로 감싸 둥글게 모양을 정돈한다. 재료가 남으면 수프에 넣는다. ❽ 수프를 다시 약불로 따뜻하게 데우고 감싼 덤플링을 넣어 10~15분 끓인다. ❾ 그릇에 수프를 담아 고수를 뿌리고 라임과 함께 내놓는다.

파네스카 Fanesca

부활절에 필수인 20가지 이상의 식재료로 만든 호화 수프

에콰도르에 살고 있는 친구에게 국내에서도 알려진 수프를 묻자 가장 먼저 나온 것이 이 수프다. 부활절 때 먹는 특별한 음식으로 12종류의 콩이 들어가는 것으로 알려져 있다. 콩뿐 아니라 다른 여러 재료도 필요해 현지인들이 만들기에도 만만치 않은 것 같다. 당연히 며칠 전부터 준비를 시작하는 것 같다. 20종류에 이르는 식재료로 만든 수프 위에 다시 삶은 달걀, 아보카도, 플랜테인 튀김, 고수, 파이 같은 엠파나다*가 올라간다. 이번에 구입한 엠파나다는 컸기 때문에 국물 위에 올려 놓을 공간이 없었다.

*엠파나다(empanada) : 밀가루 반죽 속에 고기나 야채를 넣고 구운 아르헨티나의 전통요리

재료(4인분)

소금에 절인 대구 200g, 호박 1개(폭 1cm로 통썰기), 호박 ⅛개(한입 크기로 자르기), 양배추 3장(채썰기), 땅콩 60g, 롱 라이스(조리) 45g, 물 120cc, 무염버터 2큰술, 아치오테 오일 2작은술(없으면 파프리카가루 1작은술), 양파 1개(1cm 사각썰기), 마늘 2알(다지기), 칠리 파우더 ⅓작은술, 커민가루 1작은술, 우유 500cc, 조리 노란 렌틸콩(렌즈콩) 50g, 조리 병아리콩 50g, 옥수수(냉동 가능) 200g, 조리 흰강낭콩 60g, 조리 누에콩 150g(껍질을 벗겨둔다), 완두콩(냉동 가능) 100g, 조리 루피니콩(병 제품 가능. 없으면 누에콩을 증량) 60g(껍질을 벗겨둔다), 크렘 프레슈 또는 생크림 2큰술, 크림치즈 2큰술, 고수 6개(거칠게 다지기), 소금·후춧가루 적당량, 삶은 달걀(장식) 4개(2 또는 4등분), 플랜테인 튀김(장식) 적당량, 엠파나다(장식) 4개, 좋아하는 매운 고추(장식) 적당량(슬라이스), 핫소스(장식) 적당량, 아보카도(장식) 1개(슬라이스), 고수(장식) 적당량(거칠게 다지기)

만드는 법

❶ 소금에 절인 대구는 씻어서 소금기를 제거하고 충분한 물에 24시간 담가 소금기를 뺀다. 8시간마다 물을 바꾼다. ❷ 주키니, 호박, 양배추를 따로 삶거나 레인지에 넣어 부드럽게 한다. ❸ ❷를 믹서에 넣고 땅콩, 롱 라이스, 물을 더해 퓌레한다. ❹ 냄비에 버터를 두르고 대구를 넣어 양면을 살짝 구운 후 접시 등에 덜어두고 식으면 작게 찢어둔다. ❺ 대구를 꺼낸 냄비에 아치오테 오일을 넣고 양파, 마늘을 넣어 양파가 투명해질 때까지 볶는다. ❻ 칠리 파우더, 커민을 추가해 살짝 섞고 우유, 렌즈콩, 병아리콩, 옥수수, 흰강낭콩, 누에콩, 찢은 대구, ❸의 퓌레를 더해 끓으면 약불로 15~20분 끓인다. ❼ 완두콩, 루피니콩을 넣고 끓인 후 다시 크렘 프레슈 크림치즈, 고수를 넣고 크림치즈가 녹으면 소금과 후춧가루로 간을 맞춘다. ❽ 수프를 그릇에 담고 장식을 올린다.

파라과이

소요 Soyo

간 소고기와 잘게 다진 채소가 들어가는 먹기 좋은 수프

파라과이의 공용어는 스페인어이지만, 원주민의 과라니어도 공용어로 쓰이는데 주민의 90퍼센트 가까이가 과라니어를 말한다. 소요는 눌러 으깬 고기라는 의미이다. 즉 고기를 절구에 갈아서 으깨는 것이 본래 방식이지만, 지금은 소고기를 사용하는 것이 일반적이다. 소요는 빈곤층의 음식이었지만, 지금은 계층을 불문하고 매우 인기 있는 요리이다. 끓이는 사이에 뭉개지는 토마토를 제외한 다른 채소는 간 소고기, 쌀과 같은 정도로 다진다. 채소를 많이 사용하는 다른 라틴아메리카 국가의 수프와는 대조적이다.

재료(4인분)

간 소고기 400g, 물 1000cc, 올리브유 1큰술, 양파 1개(다지기), 마늘 1알(다지기), 당근 ¼개(거칠게 다지기), 피망 2개(거칠게 다지기), 토마토 1개(1cm 깍둑썰기), 월계수 잎 1장, 쌀 30g, 오레가노 ½작은술, 소금·후춧가루 적당량, 이탈리안 파슬리(장식) 적당량(다지기)

만드는 법

❶ 고기, 소금 한꼬집을 볼에 넣고 물을 넣어 잘 섞어 둔다. ❷ 팬에 올리브유를 두르고 양파와 마늘을 넣어 양파가 투명해질 때까지 볶는다. ❸ 당근과 피망을 넣고 1분 정도 볶은 후 토마토를 넣어 토마토가 뭉개질 때까지 볶는다. ❹ 월계수 잎, 물에 담근 고기를 물째 쌀, 오레가노, 소금과 후춧가루 한꼬집을 넣고 중불로 해서 끓인 후 약불로 쌀이 부드러워질 때까지 끓인다. 나무주걱으로 자주 섞도록! ❺ 소금과 후춧가루로 간을 하고 월계수 잎을 꺼낸 후 그릇에 담고 이탈리안 파슬리를 뿌린다.

파라과이

보리 보리 Vori Vori

작은 볼이 많이 들어 있다. 보리 보리는 그런 의미

보리 보리 역시 재미있는 이름이다. 어떤 수프인지는 몰라도, 이름은 쉽게 기억된다. 보리는 스페인어 볼리타에서 파생된 단어로 작은 공이라는 뜻이다. 여기에 파라과이 원주민의 언어 과라니어의 표현이 더해졌다. 단어가 하나라면 단순히 1개, 2번 계속되면 2개 이상인 것 같다. 보리 보리는 많은 공이라는 의미가 아닐까. 보리 보리는 옥수수가루와 파라과이의 신선한 치즈로 만든 생지를 둥글게 만든 것으로 모차렐라 치즈를 강판에 갈아 리코타와 코티지 치즈를 사용하면 똑같이 만들 수 있다.

재료(4~6인분)

올리브유 2큰술, 닭고기 800g(한입 크기로 썰기), 양파 1개(다지기), 파 2개(곱게 썰기), 빨강 파프리카 1개(1cm 사각썰기), 토마토 1개(1cm 깍둑썰기), 오레가노 2작은술, 물 1000~1200cc, 소금·후춧가루 적당량, 오레가노(장식) 적당량

보리 보리

옥수수가루 200g, 신선한 치즈(모차렐라, 케소 프레스코 등. 리코타도 가능) 100g(강판에 갈되, 리코타는 그대로), 달걀 1개, 조리 중인 수프 적당량

만드는 법

❶ 팬에 올리브유를 두르고 고기를 넣어 전체에 그릴 자국이 날 때까지 소테한 후 양파를 추가해 투명해질 때까지 볶는다. ❷ 파, 빨강 파프리카, 토마토, 오레가노를 첨가하여 2분 정도 볶다가 물을 넣고 끓인 후 고기가 익을 때까지 약불로 졸인다. ❸ 수프를 끓이는 동안 보리 보리를 만든다. 그릇에 콘플라워, 치즈, 달걀을 넣고 요리 중인 육수를 조금씩 넣어 손에 들러붙지 않을 정도의 반죽을 만들어 직경 2cm 크기의 볼로 만든다. ❹ 고기가 익으면 강불로 해서 보리 보리를 1개씩 넣고 보리 보리가 떠오르면 소금과 후춧가루로 간을 맞춘다. ❺ 수프를 그릇에 담고 오레가노를 뿌린다.

산꼬차도 **Sancochado**

페루

건더기와 국물을 나누어 2가지의 다른 요리를 즐길 수 있다

스페인과 잉카의 퓨전으로 알려진 산꼬차도는 무엇이든 냄비에 넣고 익힌다는 점에서는 수프는 물론 모든 요리의 기본으로, 어디서나 누구나 하는 것이다. 라틴아메리카의 식재료를 사용해서 포토푀를 만들면 이렇게 된다는 것을 보여주는 요리가 산꼬차도이다. 익힌 고기와 채소를 다른 접시에 담아 제공하는 것은 드문 일이 아니다. 뭔가 2가지 요리를 한 번에 만든다는 느낌으로 매우 합리적이다. 포토푀는 겨자를 찍어 먹는 것이 보통이지만, 그건 라틴아메리카 방식이고 겨자는 당연히 살사로 바뀐다.

재료(4인분)

소고기 800g, 물 1000cc+α, 오레가노 1큰술, 양파 대 1개, 셀러리 2대, 옥수수 2개, 당근 대1개, 터닙(없으면 순무) 2개, 카사바(없으면 말랑가, 토란, 고구마도 가능) 소1개, 스위트 포테이토 또는 고구마 대1개, 감자 2개, 양배추 ½개, 리크 또는 대파 1대, 소금·후춧가루 적당량

※소고기와 채소는 모두 인원에 따라 4등분 또는 8등분한다.

만드는 법

❶ 소고기, 물 1000cc, 소금 2작은술, 후춧가루 한꼬집, 오레가노를 냄비에 넣고 한소끔 끓인 후 고기가 익을 때까지 약불로 익힌다. ❷ 양배추와 리크 외의 채소를 냄비에 넣고 다시 끓인 후 채소가 숨이 죽을 때까지 약불로 익힌다. 채소가 익는 시간이 다르기 때문에 익은 순서대로 꺼내두면 좋다. ❸ 모든 채소가 익으면 꺼내뒀던 채소를 다시 넣는다. 양배추, 리크를 추가하여 부드러워질 때까지 익힌다. ❹ 고기와 채소를 인원수대로 접시에 균등하게 담는다. ❺ 수프는 소금과 후춧가루로 간을 하고 다른 그릇에 붓는다. 고기와 채소를 담은 접시와 함께 제공한다.

추페 데 카마로네스 Chupe de Camarones

크리미하고 매운 페루 특산 칠리를 사용한 새우 수프

페루의 추페 데 카마로네스는 매운 새우 수프. 페루에서도 새우의 머리와 껍질을 버리지 않고 육수를 내서 채소 등을 익힌다. 이 수프의 핵심인 매운맛은 페루 특산 아히판카라는 칠리페퍼가 사용되는데, 레드 페퍼 플레이크와 캐시컴 아눔이면 충분하다. 걸쭉함을 내는 역할도 하는 케소 프레스코는 라틴아메리카에서 가장 많이 사용되는 프레시 치즈이다. 이 치즈는 수프에 넣어도 녹지 않는다. 더 걸쭉하게 하려면 리코타, 코티지, 모차렐라 치즈가 좋다.

재료(4인분)

새우(가능하면 머리 포함) 450g, 채소 육수 또는 물+채소 부이용 1000cc, 올리브유 1큰술, 양파 소1개(1cm 사각 썰기), 마늘 1알(다지기), 레드 페퍼 플레이크 ½작은술, 토마토 1개(1cm 깍둑썰기), 토마토 페이스트 1큰술, 감자 대1개(한입 크기로 자르기), 옥수수 1개(4 또는 8등분), 쌀 2큰술, 오레가노 1작은술, 완두콩(냉동 가능) 100g, 달걀 4개, 무가당 연유(무당) 120cc, 케소 프레스코(없으면 리코타, 코티지 치즈 등) 40g, 소금·후춧가루 적당량, 고수(장식) 적당량(거칠게 다지기)

만드는 법

① 머리째 새우를 사용하는 경우는 머리와 껍질, 내장을 제거하고 한소끔 끓여 육수를 내고 머리와 껍질을 다시 넣어 10분 정도 끓여 머리와 껍질을 제거한다. ② 다른 냄비에 올리브유를 두르고 양파, 마늘을 넣어 양파가 투명해질 때까지 볶는다. ③ 레드 페퍼 플레이크, 토마토, 토마토 페이스를 넣고 2분 정도 볶은 후 ❶의 국물을 더해 한소끔 끓인다. ④ 감자, 옥수수, 쌀, 오레가노, 소금과 후춧가루 한꼬집을 추가하여 쌀이 부드러워질 때까지 약불로 끓인다. ⑤ 새우와 완두콩을 넣고 한소끔 끓은 다음 달걀을 깨 넣고 원하는 경도가 될 때까지 익힌다. ⑥ 무가당 연유와 치즈를 넣고 한소끔 끓여 소금과 후춧가루로 간을 맞춘다. 수프를 그릇에 담고 고수를 뿌린다.

인치카피 Inchicapi

페루

땅콩 소스를 얹은 같은 다소 진한 차우더

인치카피는 페루 산속 아마존에서 탄생한 닭 차우더이다. 차우더라고 해도 우유와 크림 대신 땅콩이 들어가 있다고 표현해도 좋을지 모르겠다. 땅콩, 콘플라워 등을 퓌레한 것을, 닭을 끓이는 수프에 넣어 걸쭉함을 낸다. 채소는 유카(mound lily) 또는 카사바라는 뿌리채소가 사용되지만 우리나라에서는 구할 수 없다. 하지만 감자나 익지 않은 바나나를 넣어도 맛있다. 닭고기는 가능한 한 크게 자르는 것이 보통이지만, 익혀 잘게 찢으면 나이프와 포크 없이 숟가락으로 먹을 수 있다.

재료(4인분)

뼈 있는 닭고기 500g, 물 1500cc, 땅콩(가능하면 생땅콩) 40g, 고수 6개(큼직하게 썰기), 마늘 2알, 양파 1개(난도질), 콘플라워 3큰술, 카사바, 플랜테인, 감자 등 400g (인원수대로 자르기), 소금·후춧가루 적당량

만드는 법

① 소고기, 물, 소금 1작은술, 후춧가루 한꼬집을 냄비에 넣고 끓인 후 약불로 익힌다. ② 끓이는 동안 믹서에 땅콩, 고수, 마늘, 양파, 콘플라워, 냄비의 국물을 ½컵 정도 넣고 퓌레하여 냄비에 넣는다. ③ 닭고기가 대체로 익으면 카사바 등의 채소를 넣고 채소가 익을 때까지 약불로 끓인다. 소금과 후춧가루로 간을 맞춘다. ④ 고기를 적당한 크기로 잘라 나누어 그릇에 담고 수프를 붓는다. 뿌리채소는 다른 그릇에 담는다.

수리남

사오토 Saoto

사오토는 라틴아메리카 국가에서 사랑받는 아시아 수프

남미의 북동쪽에 있는 수리남은 재미있는 나라이다. 남미에서 유일하게 네덜란드를 공용어로 쓰는 국가일 뿐 아니라 인도, 중국, 인도네시아에서 온 이민자가 많아 세계 각지의 문화가 섞여 있다. 이 사오토도 다른 라틴아메리카에는 없는 독특한 기원을 갖고 있다. 소토라고도 불리는 이 수프는 인도네시아 자바가 원산지이다. 가랑갈(생강의 일종), 레몬그라스, 인도네시아산 말린 월계수 잎 등의 재료를 보면 틀림없다. 당면, 콩나물 등을 토핑으로 사용하는 것으로 보아도 라틴아메리카보다는 아시아 수프이다.

재료(4인분)

닭고기 600g, 닭 육수 또는 물+치킨 부이용 2000cc, 마늘 4알(다지기), 양파 1개(4등분), 가랑갈 30g(슬라이스), 레몬 2개(중앙 부분만, 반으로 자르기), 인도네시아산 말린 월계수 잎(기호에 따라. 없으면 월계수 잎) 1장, 올스파이스 5알, 통후추 1큰술, 간장 1작은술, 소금 적당량

토핑

밥 4큰술, 삶은 달걀 4개(세로로 반 또는 4등분), 콩나물 적당량, 당면튀김 적당량, 양파튀김 적당량, 슈스트링 감자튀김, 스위트 간장 소스(케첩 마니스 등의 달콤한 간장) 적당량, 이탈리안 파슬리나 고수 적당량(다지기)

만드는 법

① 냄비에 소고기와 육수를 넣어 한소끔 끓인 후 마늘, 양파, 가랑갈, 허브와 향신료, 간장, 소금 1작은술을 넣고 약불로 고기가 익을 때까지 익힌다. ② 고기가 익으면 꺼내서 식힌 후 먹기 좋은 크기로 찢어둔다. ③ 냄비의 내용물은 약불로 다시 1시간 정도 끓인다. 그 사이에 삶은 달걀을 포함하여 토핑을 준비한다. ④ 각각의 그릇에 밥 1큰술, 찢은 닭고기를 올리고 수프를 붓는다(수프에 들어 있는 채소 등은 건지지 않고 국물만). ⑤ 삶은 달걀을 그릇 모서리에 놓고 중앙에 콩나물, 당면튀김, 양파튀김, 슈스트링 감자튀김을 쌓고 스위트 간장 소스를 뿌리고 이탈리안 파슬리를 얹는다.

푸체로 Puchero

우루과이

우루과이뿐만 아니라 라틴아메리카의 다른 나라에서 인기 수프

푸체로는 스페인 요리이다. 다양한 고기와 채소를 익힌 안달루시아 지방의 파프리카를 듬뿍 사용한 수프이다. 우루과이 푸체로도 베이스는 스페인과 같다. 라틴아메리카에서 산꼬차도(p.215)라 불리는 수프도 아마 같은 기원을 가진 요리인 것 같다. 스페인과 우루과이 푸체로는 요리법은 같지만 재료가 전혀 다르다. 가장 큰 차이점은 채소이다. 국가나 지역에 따라 재배되고 먹을 수 있는 채소가 다르니까 당연하다. 구하기 힘든 것은 오소부코(송아지 뒷다리 정강이)이다. 없으면 생략한다.

재료(4인분)

물 1000cc, 스튜용 소고기 450g, 오소부코(가로로 슬라이스하기, 기호에 따라) 4장(450g), 양파 1개(큰 사각썰기), 조리 병아리콩 440g, 셀러리 2대(2등분), 호박 또는 버터넛 스쿼시 소 ⅕~¼개(버터넛 스쿼시는 ⅙~¼개)(4 또는 8등분), 당근 대1개(4등분), 옥수수 2개(2등분), 양배추 소½개(4등분), 주키니 2개(2등분), 초리소 200g(4등분), 소금·후춧가루 적당량, 겨자, 마요네즈 등(장식) 적당량

만드는 법

❶ 냄비에 물, 소고기, 오소부코, 양파, 소금 2작은술, 후춧가루 한꼬집을 넣고 한소끔 끓인 후 소고기, 오소부코가 부드러워질 때까지 약불로 졸인다. ❷ 병아리콩, 셀러리, 호박, 당근을 더해 약불로 5분 정도 끓인 후 옥수수, 양배추, 호박, 초리소를 추가하고 모두 익을 때까지 약불로 끓인다. 소금과 후춧가루로 간을 맞춘다. ❸ 그릇을 1인당 2개 준비해서 하나는 고기와 채소를 담아 수프를 붓는다. 소고기와 채소는 겨자 등 원하는 것을 찍어 먹는다. 수프에 삶은 파스타나 밥을 추가해도 좋다.

베네수엘라

추페 안디노 Chupe Andino

안데스의 추운 겨울을 극복하기 위한 따뜻하고 영양이 풍부한 수프

남미의 북단에서 남단까지 이어지는 세계에서 가장 긴 안데스산맥의 겨울은 춥다. 그곳에 사는 사람들에게 몸을 따뜻하게 하고 추운 겨울을 극복하기 위한 영양을 효율적으로 공급할 수 있는 수프는 가장 중요한 음식 중 하나다. 추페 안디노는 안데스 사람들이 먹는 몇 가지 수프 중 하나이다. 채소의 종류를 조금 줄이는 대신 수란이 들어가는 피스카 안디나도 인기다. 두 수프에 공통되는 것은 닭고기는 물론 크림 또는 우유와 치즈가 들어가는 점이다. 겨울을 극복하는 데 필요한 지방과 단백질을 충분히 섭취할 수 있다.

재료(4인분)

올리브유 1 큰술, 양파 대1개(1cm 사각썰기), 마늘 2알(다지기), 셀러리 1대(곱게 썰기), 피망 1개(1cm 사각썰기), 빨강 파프리카 ½개(1cm 사각썰기), 닭고기 500g, 물 1000cc, 옥수수 2개(4등분), 당근 1개(1cm 깍둑썰기), 감자 2개(2cm 깍둑썰기), 크리미 스위트콘(통조림) 400g, 고수 10개(큼직하게 썰기), 우유 또는 생크림 100cc, 소금·후춧가루 적당량, 프레시 치즈(케소 프레스코, 모차렐라, 파니르 등 장식) 200g(1~1.5cm 깍둑썰기), 고수(장식) 적당량(다지기)

만드는 법

❶ 냄비에 올리브유를 두르고 양파와 마늘을 넣어 투명해질 때까지 볶다가 셀러리, 피망, 빨강 파프리카를 넣고 2분 정도 더 볶는다. ❷ 소금 1작은술, 후춧가루 한꼬집, 소고기를 넣어 볶다가 고기 표면이 하얘지면 물을 넣고 고기가 익을 때까지 약불로 익힌다. ❸ 고기를 꺼내 식으면 먹기 좋은 크기로 찢어둔다. ❹ 냄비에 옥수수, 당근, 감자를 더해 다시 끓인 후 약불로 채소가 익을 때까지 끓인다. ❺ 찢은 고기를 냄비에 다시 넣고 크리미 스위트콘, 고수를 추가하여 10분 정도 더 끓인 후 우유를 넣고 소금과 후춧가루로 간을 맞춘다. ❻ 수프를 그릇에 담고 치즈와 고수로 장식한다.

The World's Soups

Chapter

7

북아메리카

North America

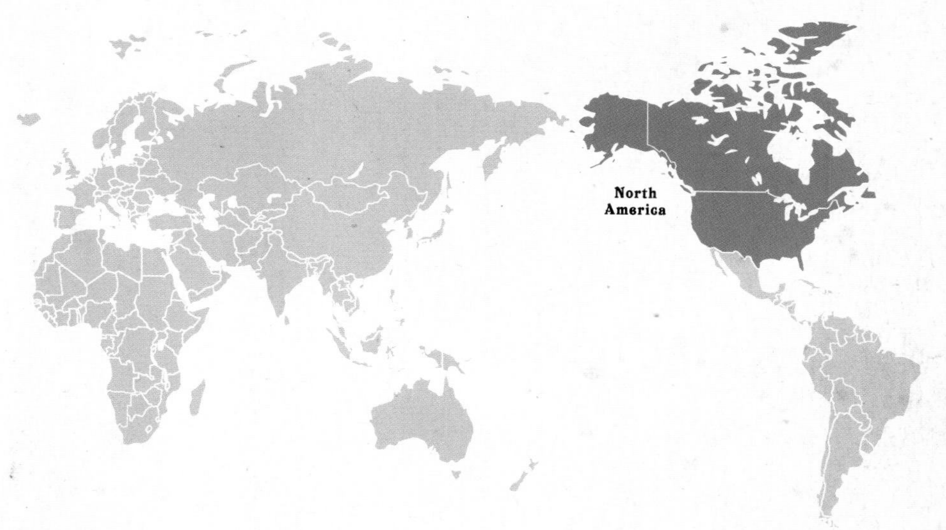

버뮤다 제도 | 캐나다 | 미국

버뮤다 제도

버뮤다 피시 차우더 Bermuda Fish Chowder

버뮤다식 부야베스인 토마토 베이스의 생선 수프

독립 국가가 아닌 영국의 해외 영토인 버뮤다는 식문화도 영국의 영향을 강하게 받았다. 꼭 그래서만은 아니지만, 차우더라고 해도 미국 북동부 뉴잉글랜드의 클램 차우더로 대표되는 크림 스튜 같은 차우더와는 다르다. 버뮤다 피시 수프는 생선 머리 등으로 우려낸 육수와 토마토가 베이스로 걸쭉함을 더하는 밀가루, 녹말 등이 들어가 있지 않아 끈적이지 않는다. 다른 나라에서는 보기 힘든 이 수프만의 재료는 블랙 럼주와 체리 페퍼 소스이다. 셰리 페퍼 소스는 버뮤다 특산 칠리페퍼를 셰리주에 담근 핫소스이다.

재료(4인분)

흰살생선(가능하면 머리 포함) 800g(내장, 비늘, 지느러미를 제거), 물 1250cc, 커리가루 1작은술, 오레가노 1작은술, 마조람 1작은술, 백리향 ½작은술, 월계수 잎 1장, 올리브유 2큰술, 양파 1개(거칠게 다지기), 마늘 3알(다지기), 당근 1개(작은 깍둑썰기), 피망 3개(거칠게 다지기), 우스터소스 1큰술, 블랙 럼주 120cc, 셰리 페퍼 소스(없으면 핫소스) 2큰술, 통조림 토마토 200g(작게 깍둑썰기), 소금·후춧가루 적당량, 블랙 럼주(장식) 적당량, 셰리 페퍼 소스 또는 핫소스(장식) 적당량

만드는 법

❶ 생선과 물, 허브와 향신료, 소금 1작은술, 후춧가루 한꼬집을 냄비에 넣고 한소끔 끓여 약불로 천천히 생선이 익을 때까지 졸인다. ❷ 생선을 꺼내고 냄비의 내용물을 소쿠리 등으로 걸러 볼에 덜어둔다. 생선은 식으면 뼈를 제거하고 살을 발라둔다. ❸ 깨끗이 씻은 냄비에 올리브유를 두르고 양파, 마늘을 넣어 양파가 투명해질 때까지 볶은 후 당근, 피망을 더해 2분 정도 볶는다. ❹ 거른 수프, 생선을 냄비에 다시 넣고 우스터소스, 블랙 럼주, 셰리 페퍼 소스, 통조림 토마토를 더해 끓인 후 약불로 20분 정도 익혀 소금과 후춧가루로 간을 맞춘다. ❺ 그릇에 담고 기호에 따라 블랙 럼주, 셰리 페퍼 소스를 조금 떨어뜨린다.

캐나다

캐나디안 옐로 피 수프 Canadian Yellow Pea Soup

동그란 완두콩이 타피오카처럼 보이는 캐나다 수프

캐나다 동부 퀘벡 지방이 원산지인 수프인데 지금은 캐나다 전역에서 먹는 국민 수프의 지위를 확립하고 있다. 말린 노란완두콩은 2종류가 있다. 그대로인 것과 반으로 쪼개서 말린 스플릿 완두콩이다. 스플릿 완두콩이 일반적이지만, 이 수프는 원형 그대로 완두콩을 사용하는 것이 원형이다. 또한 퓌레하지 않고 그대로 형태를 남긴다. 퓌레하는 경우도 있는 것 같지만, 이 경우도 완전히 퓌레하지 않고 데굴데굴 구르는 느낌을 남겨둔다. 수프 베이스에는 소금에 절인 훈제 돼지고기가 사용된다.

재료(4인분)

말린 노란완두콩 또는 쪼개서 말린 노란완두콩 220g, 무염버터 2큰술, 양파 1개(다지기), 당근 ½개(아주 작은 깍둑썰기), 셀러리 1대(아주 작은 깍둑썰기), 닭 육수 또는 물+치킨 부이용 1000cc, 훈제 햄헉, 솔트 돼지고기 또는 베이컨 블록 300g, 소금·후춧가루 적당량, 이탈리안 파슬리(장식) 적당량(다지기)

만드는 법

❶ 쪼개지 않은 노란완두콩을 사용하는 경우에는 충분한 물에 하룻밤 담가둔다. 스플릿 완두콩의 경우는 담글 필요가 없다. 염분이 강한 솔트 돼지고기를 사용할 때는 따로 물에 담가둔다. ❷ 냄비에 버터를 두르고 양파를 넣어 투명해질 때까지 볶은 후 당근과 셀러리를 추가해 2~3분 더 볶는다. ❸ 육수, 햄헉 등의 고기, 콩을 더해 끓인 후 약불로 고기와 콩이 익을 때까지 졸인다. 스플릿 완두콩을 사용하는 경우는 고기가 거의 익었을 때 추가하는 것이 좋다. ❹ 고기를 꺼내 햄헉의 경우는 껍질과 뼈를 제거하고 작게 자른다. 소금에 절인 돼지고기와 베이컨은 작은 깍둑썰기해서 냄비에 다시 넣는다. ❺ 소금과 후춧가루로 간을 맞추고 그릇에 담아 이탈리안 파슬리를 뿌린다.

캐나디안 체다 치즈 수프 Canadian Cheddar Cheese Soup

캐나다

디즈니랜드에서 가장 인기 있는 체다 치즈가 듬뿍 든 수프

캐나다에서 멀리 떨어진 플로리다주 올랜드에 있는 디즈니랜드. 이 놀이동산에 자리한 스테이크 하우스의 인기 메뉴가 캐나디안 치즈 수프이다. 물론 레스토랑의 주방장이 수프를 생각해낸 것은 아니다. 캐나다가 자랑하는 캐나다 전통 수프이다. 볶은 베이컨이 식욕을 돋우는 크림 베이스의 수프로 세계 최고 수준의 캐나다산 체다 치즈를 듬뿍 넣는다. 말린 겨자를 추가하면 크리미한 수프에 다소 매운맛을 부여한다. 익힐 때 에일이나 맥주를 넣는 경우도 있다.

재료(4인분)

무염버터 2큰술, 캐나디안 베이컨 100g(작은 깍둑썰기), 양파 소1개(1cm 사각썰기), 당근 소½개(강판에 갈기), 밀가루 30g, 닭 육수 또는 물+치킨 부이용 250cc, 파프리카가루 ½작은술, 말린 겨자 ½작은술, 우유 1000cc, 체다 치즈(가능하면 캐나다산) 250g, 크루통(장식) 적당량, 파프리카가루 적당량

만드는 법

❶ 냄비에 버터를 두르고 베이컨, 양파, 당근을 넣어 타지 않도록 주의하면서 채소가 부드러워질 때까지 볶는다. ❷ 밀가루를 더해 잘 섞은 후 국물을 조금씩 더하면서 루를 만든다. ❸ 휘저으면서 파프리카가루, 말린 겨자, 우유를 조금씩 넣으면서 끓인다. ❹ 불에서 내리고 체다 치즈를 넣어 잘 섞은 후 그릇에 담고 크루통과 파프리카가루로 장식한다.

치킨 누들 수프 Chicken Noodle Soup

미국

미국에서 가장 인기 있는 수프

치킨 누들 수프는 미국에서 가장 잘 팔리는 캔 수프이다. 그뿐만은 아니다. 미국에서 가장 많이 먹는 수프이기도 하다. 깡통을 열어 수프를 볼에 붓고 같은 양의 물을 넣어 전자레인지로 3분. 그러나 이렇게 완성하는 것을 소개한다면 의미가 없다. 조리된 닭 또는 칠면조를 추가하거나, 인스턴트 라면을 추가하거나, 인스턴트 라면의 수프를 추가하거나 올리브유를 뿌리고 버터를 녹이고, 마늘가루와 허브를 추가하는 등 캔 수프를 더욱 맛있게 먹는 방법은 여러 가지가 있다. 하지만 여기서는 처음부터 제대로 만드는 방법을 소개한다.

재료(4인분)

얇은 달걀국수(없으면 쇼트 파스타 또는 페투치네를 3~5cm로 접는다) 120g, 무염버터 2큰술, 양파 1개(1cm 사각 썰기), 마늘 2알(다지기), 닭고기(가능하면 뼈 붙은 허벅지살과 가슴살 믹스) 450g, 닭 육수 또는 물+치킨 부이용 2000cc, 당근 1개(두께 3mm 정도, 굵기에 맞춰 통썰기, 빗모양썰기, 십자썰기), 셀러리 2대(두께 3mm 정도로 곱게 썰기), 백리향 1작은술, 소금·후춧가루 적당량, 이탈리안 파슬리(장식) 적당량(거칠게 다지기)

만드는 법

❶ 냄비에 충분한 물(재료 외)을 끓여 국수를 조금 딱딱하게 삶아 찬물에 식혀 소쿠리에 걸러둔다. ❷ 냄비에 버터를 두르고 양파와 마늘을 넣어 양파가 투명해질 때까지 볶는다. ❸ 소고기, 육수, 소금 1작은술, 후춧가루 한꼬집을 넣고 끓인 후 약불로 고기가 익을 때까지 익힌다. ❹ 고기를 꺼내 식혀 뼈와 껍질을 제거하고 먹기 좋은 크기로 찢어서 냄비에 다시 넣는다. ❺ 당근, 셀러리, 백리향을 넣어 당근이 부드러워질 때까지 약불로 끓인 후 소금과 후춧가루로 간을 한다. ❻ 국수를 넣어 한소끔 끓인 다음 그릇에 담고 이탈리안 파슬리를 뿌린다.

미국

브런즈윅 스튜 Brunswick Stew

리마콩, 오크라가 들어간 토마토 베이스의 고기 채소 스튜

조지아니, 버지니아니 하는 여전히 끝나지 않고 있는 기원 논쟁은 제쳐두고, 양 주에서는 교회의 이벤트 등에서 대량으로 만들어 방문자들에게 대접할 정도로 인기 있는 수프이다. 다람쥐, 토끼, 주머니쥐는 거리를 어슬렁거리는 미국에서는 친숙한 동물이다. 물론 그것을 잡아 수프를 만드는 것은 아니겠지만 그 옛날 이런 야생동물의 고기가 이 스튜의 주재료였다. 지금도 토끼를 사용할 수 있지만, 현재 버지니아의 경우 닭고기, 조지아에서는 돼지고기와 소고기를 사용하는 것이 일반적이다. 재료의 하나인 리마콩은 녹색 콩이다.

재료(4인분)

베이컨 2장(잘게 다지기), 양파 2개(얇게 슬라이스), 마늘 1알(다지기), 닭고기 450g, 닭 육수 또는 물+치킨 부이용 500cc, 우스터소스 1 큰술, 케첩(기호에 따라) 3큰술, 마데이라 와인(없으면 포트와인) 100cc, 로즈마리 1작은술, 백리향 1작은술, 월계수 잎 1장, 토마토 2개(껍질을 벗겨 1cm 깍둑썰기), 감자 1개(1cm 깍둑썰기), 오크라 8개(두껍게 슬라이스), 리마콩 또는 누에콩(통조림, 냉동 가능) 80g(냉동은 해동하고 껍질은 벗긴다), 옥수수(통조림 가능) 180g, 소금·후춧가루 적당량

만드는 법

❶ 냄비를 가열하고 베이컨을 넣어 기름이 충분히 나올 때까지 볶은 후 양파, 마늘을 첨가하여 양파가 투명해질 때까지 볶는다. ❷ 닭고기를 넣고 전체가 흰색이 될 때까지 볶은 후 육수, 소금 1작은술, 후춧가루 한 꼬집을 넣어 끓이고 약불로 줄여 고기가 익을 때까지 익힌다. ❸ 고기를 꺼내서 식혀 먹기 좋은 크기로 찢는다. ❹ 냄비에 우스터소스, 케첩, 마데이라 와인, 로즈마리, 백리향, 월계수 잎을 넣고 찢은 닭고기, 토마토, 감자, 오크라, 콩, 옥수수를 더해 약불로 20분 정도 끓인다. ❺ 소금과 후춧가루로 간을 하고 그릇에 담는다.

미국

팟 리커 수프 Pot Likker Soup

녹색 잎채소가 가득 들어간 미국 남부의 건강 수프

시금치도 쑥갓도 좋다. 채소를 데친 후 냄비에 남아 있는 삶은 국물을 보고, 이것을 사용해서 수프로 만들면 맛있지 않을까. 팟 리커는 그런 발상에서 태어난 수프이다. 팟은 냄비, 리커는 액체, 즉 냄비에 남은 삶은 국물이라는 뜻이다. 예전에는 데친 콜라드 그린, 갓, 케일 등 녹색 잎채소를 수프와 따로 제공했지만, 지금은 다른 재료와 함께 하나의 수프로 식탁에 올리는 것이 대부분이다. 끓여서 맛있고, 게다가 간단하게 구할 수 있는 녹색 잎채소는 우리나라에는 적으나, 그나마 갓이 손쉽게 구할 수 있는 재료이다.

재료(4인분)

훈제 햄혁(없으면 베이컨 블록 또는 훈제 소시지) 450g, 채소 육수 또는 물+채소 부이용 1250cc, 식용유 1큰술, 양파 1개(1cm 사각썰기), 마늘 1알(다지기), 화이트와인 1큰술, 레드 페퍼 플레이크 ½작은술, 당근 소1개(1cm 깍둑썰기), 설탕 ½작은술, 콜라드 그린, 머스터드 그린, 터닙 그린 등 원하는 녹색 잎이 많은 채소 또는 믹스 450g(심을 제거), 소금·후춧가루 적당량

만드는 법

❶ 냄비에 햄혁과 육수, 소금 1작은술, 후춧가루 한꼬집을 넣어 한소끔 끓인 후 약불로 햄혁이 부드러워질 때까지 익힌다. ❷ 햄혁을 꺼내 식으면 뼈와 껍질을 제거하고 먹기 좋은 크기로 찢는다. 베이컨이라면 1.5cm 정도의 깍둑썰기를 하고 소시지라면 1cm 두께로 통썰기한다. ❸ 다른 냄비에 기름을 두르고 양파와 마늘을 넣어 양파가 투명해질 때까지 볶은 후 화이트와인을 넣고 와인이 증발할 때까지 섞는다. ❹ 레드 페퍼 플레이크와 당근을 넣고 1분 정도 볶은 후 설탕, 고기, ❶의 수프를 더해 끓이고 당근이 익을 때까지 중불에서 끓인다. 다시 녹색 잎채소가 부드러워질 때까지 약불로 끓인다. ❺ 소금과 후춧가루로 간을 맞추고 그릇에 담는다.

그린 칠리 스튜 Green Chile Stew

미국

토마토 베이스 칠리보다 산뜻한 녹색 칠리 스튜

칠리 콘 가르네는 멕시코 요리와 미국 요리의 퓨전인 텍사스풍 멕스코의 대표 요리이다. 보통은 칠리라고 부르는 경우가 많다. 칠리는 토마토 베이스의 빨간색 스튜이지만, 뉴멕시코에 가면 토마티요(녹색 토마토 같은 열매)를 사용한 녹색 칠리가 된다. 이것이 그린 칠리 스튜이다. 색상뿐 아니라 재료도 바뀐다. 칠리페퍼는 그린 해치 칠리 또는 안하임 칠리, 고기는 소고기 대신 돼지고기, 일반 칠리에는 들어가지 않는 감자가 더해진다. 칠리이므로 매운맛이지만, 베이스 수프는 산뜻하다. 콜로라도에 그린 칠리가 있지만, 토마토 베이스이다.

재료(4인분)

돼지 어깨 등심고기 450g(한입 크기로 자르기), 식용유 1큰술, 양파 ½개(거칠게 다지기), 마늘 1알(다지기), 그린 칠리페퍼+피망 250g(기호에 따라 비율을 조정, 1cm 사각 썰기), 닭 육수 또는 물+치킨 부이용 750cc, 오레가노 ½작은술, 월계수 잎 1장, 커민가루 한꼬집, 토마티요(없으면 그린 토마토 또는 일반 토마토, 통조림 가능) 3개(토마토라면 1개, 1cm 깍둑썰기), 감자 소2개(1cm 깍둑썰기), 수용성 밀가루(또는 콘스타치오나 녹말) 밀가루 1큰술+물 1큰술, 소금·후춧가루 적당량, 고수(장식) 적당량

만드는 법

❶ 소고기에 가볍게 소금과 후춧가루를 뿌린다. 냄비에 식용유를 두르고 소고기, 양파, 마늘을 넣어 고기 전체에 그릴 자국이 날 때까지 볶는다. ❷ 칠리페퍼와 피망을 더해 2~3분 볶은 후 육수, 허브와 향신료를 첨가해 끓인 후 약불로 고기가 부드러워질 때까지 익힌다. ❸ 토마티요와 감자를 넣고 감자가 부드러워질 때까지 약불로 끓인 후 소금과 후춧가루로 간을 맞춘다. ❹ 수용성 밀가루를 넣고 걸쭉함을 낸다. ❺ 스튜를 그릇에 담고 고수를 뿌린다.

미국

검보 Gumbo

미국을 대표하는 루이지애나주 크레올 요리의 상징적인 요리

루이지애나 크레올 요리의 대표격인 검보는 프랑스와 스페인, 아프리카 등의 식문화가 혼합된 독특한 요리이다. 이 스튜의 기본이 되는 필수 요소는 비프스튜 등에 사용되는 브라운 루로 이것으로 걸쭉함을 낼 수 있다. 재료는 여러 가지가 있지만 보통은 닭고기, 소시지, 새우, 오크라가 대부분의 검보에 등장한다고 해도 틀리지 않다. 크레올과 나란히 루이지애나의 케이준 요리에도 검보가 있지만 케이준의 검보에는 새우가 들어 있지 않는 경우가 많은 것 같다. 캐나다에서 이주해 온 프랑스인에 의해 구축된 케이준 요리는 크레올 요리보다 간단한 경우가 많다

재료(4인분)

식용유 60cc+2작은술, 밀가루 90g, 닭 허벅지살이나 닭가슴살 100g(한입 크기로 자르기), 양파 1개(거칠게 다지기), 마늘 1알(다지기), 셀러리 1대(곱게 썰기), 피망 2개(1cm 사각썰기), 칠리페퍼 파우더 ¼작은술, 백리향 ¼작은술, 레드 페퍼 플레이크 ¼작은술(기호에 따라), 닭 육수 또는 물+치킨 부이용 750cc, 통조림 토마토 200g(손으로 으깨기), 월계수 잎 1장, 앙두유 소시지*(없으면 훈제 소시지) 200g(1cm 크기로 슬라이스), 오크라(냉동 가능) 15개(3cm 크기로 자르기), 이탈리안 파슬리 5대(거칠게 다지기), 생 새우(중간 크기) 200g(껍질과 꼬리, 내장을 제거), 핫소스(장식) 적당량

*앙두유 소시지(andouille sausage) : 매운맛의 훈연한 큰 돼지고기나 돼지창자로 이루어진 샤퀴트리 소시지 요리로 안쪽에는 작은창자를 채워 넣어 차가운 상태에서 제공한다.

만드는 법

1 프라이팬을 달구어 식용유 60cc와 밀가루를 넣고 응어리가 생기지 않도록 나무주걱으로 잘 저어 짙은 갈색 루를 만든다. 볼 등에 넣고 랩 등을 씌워둔다. 2 프라이팬을 씻어 불에 올리고 식용유 2작은술을 두르고 고기를 넣어 고기 전체에 그릴 자국이 날 때까지 소테한다. 3 양파, 마늘, 셀러리를 넣고 양파가 투명해질 때까지 볶다가 피망, 칠리페퍼 가루, 백리향, 레드 페퍼 플레이크, 소금과 후춧가루 약간을 추가하여 1분 정도 볶는다. 4 육수를 부어 통조림 토마토, 월계수 잎을 넣고 끓인 다음 소시지를 넣고 고기가 익을 때까지 중불에서 끓인다. 5 약불로 ❶의 루를 넣고 끓지 않도록 하면서 10분 익힌다. 6 오크라, 이탈리안 파슬리, 새우를 추가하고 새우가 익을 때까지 약불에서 그대로 끓인다. 7 그릇에 담아 밥과 핫소스와 함께 제공한다. 수프와 밥을 같은 그릇에 담아도 좋다.

뉴잉글랜드 클램 차우더 New England Clam Chowder

보스턴의 해안선은 대합의 보고. 그것을 사용한 명물 수프

보스턴에서 차우더라고 하면 크램 차우더, 게다가 뉴잉글랜드 스타일의 크램 차우더를 가리킨다. 맨해튼 스타일도 로드아일랜드 스타일도 아닌 크리미한 차우더이다. 보스턴 사람들, 매사추세츠 사람들, 그리고 뉴잉글랜드 지방 사람들이 자랑하는 조개 수프이다. 보스턴 로건 국제공항 주변에서도 잡히는 조개를 사용한다. 이외에 양파, 셀러리, 감자 등이 들어가지만 잊어서는 안 되는 것이 오이스터 크래커*다. 왜 굴인지 아직도 수수께끼이지만 이것이 없으면 차우더는 완성되지 않는다고 현지인들은 굳게 믿는다.

*오이스터 크래커(oyster cracker) : 굴 수프에 곁들이는 짭짤한 작은 크래커

재료(4인분)

감자 2개(작은 깍둑썰기), 두껍게 썬 베이컨 1장(작은 깍둑썰기), 무염버터 2큰술, 양파 소1개(거칠게 다지기), 셀러리 1대(거칠게 다지기), 백리향 ½작은술, 월계수 잎 1장, 밀가루 45g, 물 250cc, 대합 주스 250cc, 대합 없으면 바지락, 대합 등의 조갯살(통조림, 냉동 가능) 400g(먹기 좋은 크기로 자르기), 생크림 250cc, 소금 적당량, 흰 후춧가루 적당량, 오이스터 크래커(없으면 일반 크래커, 장식) 적당량

만드는 법

❶ 냄비에 물(재료 외)을 끓여 감자, 소금 한꼬집을 넣고 감자가 익을 때까지 삶은 후 소쿠리에 올린다. ❷ 냄비를 가열하고 베이컨을 넣어 기름이 충분히 나올 때까지 볶다가 버터를 넣고 녹으면 양파, 셀러리, 백리향, 월계수 잎을 추가해 양파가 투명해질 때까지 볶는다. ❸ 불을 약하게 하고 밀가루를 넣어 재료를 코팅하듯이 잘 섞는다. ❹ 물을 조금씩 더하면서 섞어 루 모양으로 한 후 크램 주스를 조금씩 섞으며 붓는다. ❺ 끓으면 조개와 삶은 감자를 더하고, 조개가 익을 때까지 약불로 익힌다. ❻ 생크림을 첨가하고 소금과 흰 후춧가루로 간을 맞춘다. ❼ 그릇에 담고 오이스터 크래커, 없으면 부순 크래커를 뿌린다.

메릴랜드 크랩 수프 Maryland Crab Soup

미국

체서피크만에서 자란 특산 블루 크랩으로 만드는 수프

미국의 동해안에서 게라고 하면 블루 크랩, 블루 크랩이라고 하면 체서피크만이다. 포토맥강 등이 바다에 흘러들어가는 광대한 만(湾)은 해산물의 보고이다. 그중에서도 블루 크랩은 다양한 요리로 만들어져 레스토랑과 가정의 식탁에 오른다. 이 수프에서 게 다음으로 중요한 것은 올드베이 시즈닝이다. 직접 향신료를 혼합하여 만들 수도 있지만, 슈퍼에서도 팔고 있는 것을 굳이 만드는 사람은 별로 없다. 올드베이 시즈닝은 메릴랜드의 향신료 믹스로 동해안에서는 모든 해산물 요리에 사용되는 식탁의 필수 아이템이다

재료(4인분)

무염버터 1큰술, 양파 1개(다지기), 셀러리 1대(곱게 썰기), 닭 육수 또는 물+치킨 부이용 1000cc, 레드 페퍼 플레이크 ¼작은술, 올드베이 시즈닝 1큰술, 월계수 잎 1장, 우스터소스 1큰술, 양배추 100g(1cm 사각썰기), 리마콩 또는 누에콩(냉동, 통조림 가능) 150g(껍질을 벗긴다), 감자 1개(1cm 깍둑썰기), 당근 ½개(1cm 깍둑썰기), 옥수수(냉동, 통조림 가능) 100g, 통조림 토마토 200g(1cm 깍둑썰기), 블루 크랩 살(없으면 구할 수 있는 게살) 450g, 완두콩(냉동, 통조림 가능) 50g, 소금·후춧가루 적당량

만드는 법

❶ 냄비에 버터를 가열하여 양파와 셀러리를 넣고 양파가 투명해질 때까지 볶다가 육수, 레드 페퍼 플레이크, 올드베이 시즈닝, 월계수 잎, 우스터소스를 넣고 끓인다. ❷ 양배추, 리마콩, 감자, 당근, 옥수수, 통조림 토마토를 넣고 한소끔 끓인 후 약불로 채소가 익을 때까지 끓인다. ❸ 게살을 추가하고 10분 정도 끓인 후 소금과 후춧가루로 간을 맞추고 완두콩을 넣어 한소끔 끓인다.

타코 수프 Taco Soup

미국

향신료 믹스를 사용한 간단한 콩과 간 소고기 수프

타코는 향신료 타코스*를 말한다. 그렇다고 해서 타코스가 수프가 됐다는 것은 아니다. 간단하게 말하면 타코스 시즈닝을 사용한 수프이다. 타코스 시즈닝은 토르티야 위에 올리는 고기와 콩을 요리할 때 사용하는 향신료 믹스로 칠리 파우더, 마늘가루, 커민 등이 주재료이다. 칠리빈(chillibean)을 좋아한다면 타코 수프도 분명 입에 맞을 것이다. 타코 수프와 칠리빈의 재료는 같은데, 여러 가지 스파이스를 넣는 것이 번거로우므로 아마도 시판 스파이스 믹스를 사용한다는 발상에서 생겨난 수프이다.

*타코스(tacos) : 밀가루나 옥수수 가루 반죽을 살짝 구워 만든 얇은 부침개 같은 것에 고기, 콩, 야채 등을 싸서 먹는 멕시코 음식

재료(4~6인분)

올리브유 1큰술, 간 소고기(돼지고기, 닭고기도 가능) 400g, 양파 1개(거칠게 다지기), 토마토 페이스트 1큰술, 타코 시즈닝 1팩(약 30g), 블랙빈 통조림(검은강낭콩) 400g, 캔에 든 핀토콩 또는 덩굴강낭콩 400g, 옥수수(냉동 또는 통조림) 300g, 통조림 토마토 400g(1cm 깍둑썰기), 통조림 그린 칠리(생도 가능, 할라페뇨 등) 100g, 채소 육수 또는 물+채소 부이용 750cc, 소금·후춧가루 적당량, 아보카도(장식) 1개(슬라이스), 할라페뇨(장식) 적당량(통썰기), 토르티야 칩스(장식) 적당량, 고수(장식) 적당량(다지기), 사워크림(장식) 적당량, 체다 치즈(장식) 적당량(갈거나 슬라이스)

만드는 법

❶ 냄비에 올리브유를 두르고 간 고기를 넣어 볶은 후 양파를 더해 투명해질 때까지 볶는다. ❷ 토마토 페이스트, 타코스 시즈닝을 넣고 전체적으로 섞은 후 콩, 통조림 토마토, 칠리, 육수, 소금 1작은술, 후춧가루 한꼬집을 넣고 약불로 모든 재료가 익을 때까지 끓인다. ❸ 소금과 후춧가루로 간을 맞추고 그릇에 담아 기호에 따라 장식을 올린다. 장식은 모두 갖출 필요는 없다.

The World's Soups

Chapter

8

아프리카

Africa

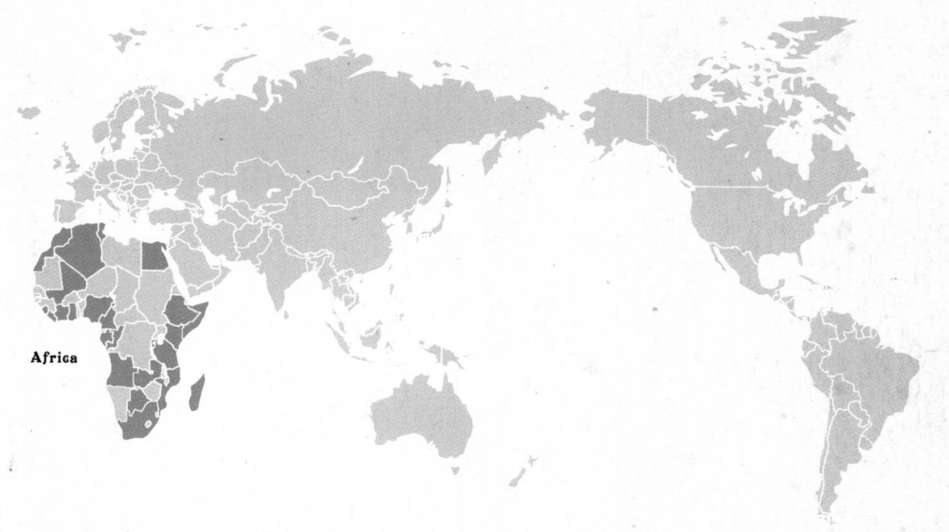

부룬디 | 에티오피아 | 케냐 | 마다가스카르 | 모잠비크 | 르완다 | 소말리아 | 탄자니아
잠비아 | 앙골라 | 카메룬 | 콩고 | 가봉 | 알제리 | 이집트 | 모로코 | 튀니지
보츠와나 | 남아프리카공화국 | 말리 | 코트디부아르 | 감비아 | 시에라리온
가나 | 라이베리아 | 나이지리아

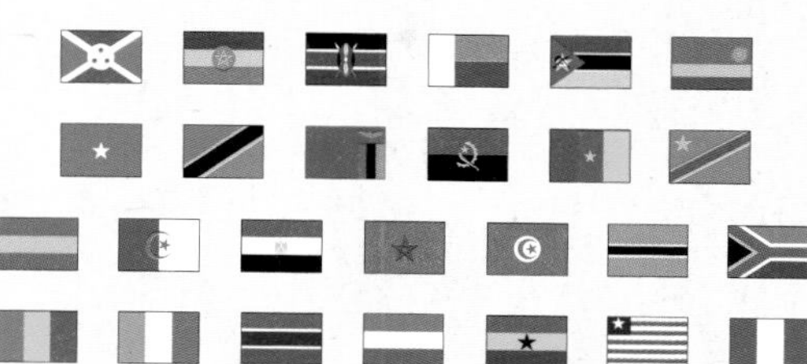

부룬디안 빈 수프 Burundian Bean Soup

부룬디

채식주의자에게 안성맞춤, 3종의 콩을 사용한 부룬디 수프

동아프리카 내륙에 위치한 부룬디는 아프리카에서 가장 작은 나라 중 하나이다. 경제적으로 곤궁한 부룬디는 세계에서 가장 빈곤한 국가 중 하나이기도 하다. 경제의 기반은 농업으로 주요 농산물은 커피, 차, 옥수수, 콩이다. 부룬디 식문화 자체는 콩에 의존하는 부분이 크다. 이 수프는 보통 누에콩, 덩굴강낭콩, 흰강낭콩 3종류가 사용된다. 슬라이스한 플랜테인도 빼놓을 수 없다. 수프 베이스는 콩과 볶은 양파로 육수가 아니라 물뿐이다. 채식주의자에게 적합한, 단순하면서도 콩 본래의 맛을 즐길 수 있는 완벽한 수프이다. 또한 이 수프는 카사바 또는 옥수수 전분으로 만드는 푸푸(fufu)라고 불리는 경단과 같은 것을 함께 제공한다.

재료(4인분)

식용유 2큰술, 양파 1개(1cm 사각썰기), 조리 덩굴강낭콩(붉은강낭콩) 또는 여러 종류의 콩 800g, 플랜테인 1개(없으면 그린 바나나 1.5개, 1.5cm 슬라이스), 칠리페퍼 1작은술, 물 500cc, 소금·후춧가루 적당량

만드는 법

❶ 냄비에 기름을 두르고 양파를 넣어 투명해질 때까지 볶는다. ❷ 콩과 플랜테인, 칠리 파우더를 넣고 가볍게 섞은 후 물, 소금과 후춧가루 약간을 넣어 한소끔 끓이고 약불로 물이 절반이 될 때까지 졸인다. 소금과 후춧가루로 간을 하고 푸푸와 함께 제공한다.

에티오피아

미시르 왓 Misir Wot

렌틸콩이 이렇게 맛있었나 생각하게 하는 맛있는 스튜

예전에 살던 아파트 근처에 에티오피아 레스토랑이 있었다. 소쿠리와 같은 물건에 인제라*라고 하는 갈색 플랫 브레드를 놓고 그 위에 형형색색의 요리를 올린다. 그 아름다움에 늘 감탄하곤 했다. 에티오피아 요리는 세계 최고 요리라고 나는 생각한다. 그 대표가 렌틸콩 스튜 미시르 왓이다. 물을 최대한 줄이고 타지 않도록 항상 섞어가며 렌틸콩이 부드러워질 때까지 익힌다. 시간은 걸리지만 제대로 응축된 렌틸콩의 맛을 맛볼 수 있다.

*인제라(injera) : 테프 밀가루로 만든 얇고 평평하며 둥근 모양의 빵

재료(4~6인분)

렌틸콩(렌즈콩) 200g, 양파 소2개(거칠게 다지기), 식용유 4큰술, 마늘 4알(다지기), 토마토 1개(거칠게 다지기), 바르바레(에티오피안 스파이스 믹스)* 3큰술, 물 1000cc, 소금·후춧가루 적당량

*바르바레

파프리카가루 3큰술, 카옌페퍼 2작은술, 생강가루, 마늘가루 각 1작은술, 계핏가루, 올스파이스, 카르다몸가루, 커민가루, 코리앤더가루 각 ½작은술, 육두구, 호로파 씨 각 ¼작은술

만드는 법

❶ 콩을 물에 씻어 소쿠리에 올려둔다. ❷ 냄비를 중불로 가열하고 양파를 넣어 양파가 타지 않도록 저으면서 양파가 투명해질 때까지 기름 없이 볶는다. ❸ 기름을 넣고 몇 분 더 볶은 후 마늘을 넣고 다시 몇 분 더 볶는다. ❹ 토마토를 더해 토마토가 뭉개질 때까지 저으면서 볶다가 바르바레를 넣고 5분 정도 더 볶는다. 냄비 바닥에 달라붙은 재료는 나무주걱으로 정성스럽게 벗긴다. 태우지 않도록 주의한다. ❺ 콩과 물 250cc를 넣고 수시로 저으면서 재료가 냄비 바닥에 달라붙을 정도까지 끓여 달라붙은 재료를 떼어내고 다시 물을 250cc 넣고 같은 일을 두 번 더 반복한다(총 1000cc의 물을 추가한다). 그래도 콩이 부드러워지지 않는 경우는 부드러워질 때까지 반복한다. ❻ 소금과 후춧가루로 간을 맞추고 인제라와 함께 제공한다.

에티오피아

시로 왓 Shiro Wat

향신료가 든 스튜는 밥 위에 올려 먹어도 맛있다

시로 왓은 병아리콩을 사용한 스튜이다. 시로 왓은 콩으로 조리하기 때문에 번거롭지만 시로 왓은 가루이므로 조리법이 다소 간편하다. 시로 왓뿐 아니라 에티오피아 요리의 핵심은 향신료이다. 자주 사용되는 것은 바르바레라고 하는, 호로파, 카르다몸, 코리앤더 등이 들어간 향신료 믹스이다. 이 향신료가 에티오피아 요리 특유의 복잡한 맛을 낸다. 시로 왓에는 또 하나 중요한 재료가 있다. 향신료를 더한 정제 버터(niter kibben)이다. 재료만 있으면 간단하게 만들 수 있고 다양한 요리에 사용할 수 있어 만드는 방법을 실었다.

재료(4~6인분)

양파 1개(가능한 한 잘게 다지기), 식용유 2큰술, 마늘 2알(다지기), 토마토 퓌레 1큰술, 바르바레 1작은술, 병아리콩 가루 90g, 물 500cc, 정제 버터* 1큰술, 소금·후춧가루 적당량

*정제 버터(niter kibben)
무염버터 450g, 마늘 2알(거칠게 다지기), 생강 15g (거칠게 다지기), 계피 스틱 1개, 블랙 카르다몸 4알, 호로파 씨 1작은술, 코리앤더 씨 1작은술, 통후추 1작은술, 오레가노 1작은술, 커민 씨 ½작은술, 육두구 ½작은술, 강황가루 ½작은술

※재료를 모두 냄비에 넣고 매우 약불에서 1시간 끓인다. 입자가 고운 천으로 거른다.

만드는 법

❶ 냄비를 중불로 가열해 양파를 넣고 기름 없이 투명해질 때까지 볶는다. ❷ 식용유, 마늘을 첨가하여 몇 분 더 볶은 다음 토마토 퓌레와 바르바레를 넣고 조금 더 볶는다. ❸ 볼에 병아리콩 가루와 물을 넣어 잘 섞고, 섞은 내용물을 냄비에 조금씩 섞어가며 추가한다. ❹ 한소끔 끓으면 약불로 줄여 15~20분가량 나무주걱으로 저으면서 끓인다. ❺ 정제 버터를 넣고 소금과 후춧가루로 간을 해 인제라(에티오피아 플랫 브레드)와 함께 제공한다.

케냐 머시룸 수프 Kenyan Mushroom Soup

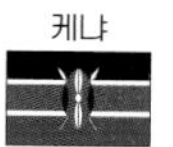

캐비어와 함께 제공되는 고급 크림 버섯 수프

케냐의 수도 나이로비는 아프리카에서 10번째로 큰 도시로 시내에는 고층 건물이 들어서 있고 세계적인 기업이 지부를 둔 대도시이다. 이 버섯 수프는 그런 대도시 나이로비에 있는 노퍽 호텔(Norfolk Hotel)에서 제공된 것이 시초이다. 지금은 나이로비를 대표하는 수프로 사랑받고 있다. 버섯을 기름 없이 화이트와인, 포트와인과 함께 천천히 볶다가 생크림을 넣어 크림 수프로 마무리한다. 수프 자체도 이미 고급스럽지만, 여기에 휘핑크림과 캐비어가 함께 제공되는 호화로운 수프이다. 짠 캐비어와 달콤한 수프의 궁합이 아주 뛰어나다.

재료(4인분)

버섯 1kg(얇게 슬라이스), 에샬롯 1개(다지기), 화이트와인 2큰술, 포트와인 60cc, 우유 60cc, 생크림 60cc, 소금·후춧가루 적당량, 휘핑크림(장식) 적당량, 새알고기 캐비어(장식) 적당량

만드는 법

❶ 냄비에 버섯, 에샬롯, 화이트와인, 포트와인, 소금 1작은술, 후춧가루 한꼬집을 넣어 한소끔 끓인 후 자주 저어가며 20분 정도 더 끓인다. ❷ 버섯 슬라이스를 장식용으로 12~16장 덜어두고 나머지를 블렌더로 퓌레 한다. ❸ 우유, 생크림을 넣고 약불로 끓어오르지 않도록 주의하면서 익힌다. 소금과 후춧가루로 간을 맞춘다. ❹ 수프를 그릇에 붓고 덜어둔 버섯 슬라이스를 위에 올리고 휘핑크림과 캐비어를 곁들인다.

케냐

케냐 틸라피아 피시 스튜 Kenyan Tilapia Fish Stew

틸라피아를 통째로 사용한 토마토 맛 스튜

틸라피아는 아프리카가 원산인 민물고기로 식용으로 가장 중요한 생선 중 하나로 꼽힌다. 지금은 아프리카뿐 아니라 세계적으로도 중요한 식용 생선이기도 한데, 미국에서 가장 많이 먹는 생선 톱5에 속한다. 흰살에 담백한 맛의 틸라피아는 생선회, 볶음, 튀김 등 다양한 요리에 쓰인다. 하지만 수프와 스튜 재료로도 안성맞춤이라는 것은 별로 알려지지 않았다. 케냐의 이 스튜는 토마토 베이스로 물의 양을 적게 하고 토마토의 수분으로 조리해야 한다. 틸라피아는 통째로 조리하기 때문에 생선 엑기스가 듬뿍 담겨 있다. 3색의 피망, 파프리카로 색채를 더한다.

재료(2~4인분)

틸라피아 대1마리 또는 소2마리, 밀가루 적당량, 식용유 7큰술, 양파 ½개(슬라이스), 마늘 1알(다지기), 생강 10g(다지기), 토마토 페이스트 1큰술, 커리가루 또는 가람 마살라 2작은술, 그린 칠리페퍼 1개(세로로 칼집을 넣어둔다), 토마토 2개(1cm 깍둑썰기), 물 500cc, 피망 1개(1cm 사각썰기), 노랑 파프리카 ½개(1cm 사각썰기), 빨강 파프리카 ½개(1cm 사각썰기), 소금·후춧가루 적당량, 파(장식) 적당히(곱게 썰기), 고수(장식) 적당량(큼직하게 썰기), 레몬(장식) 1개(빗모양썰기)

만드는 법

① 틸라피아를 씻어 종이 타월로 물기를 제거하고 잘 익도록 양쪽에 3곳씩 칼집을 넣는다. ② 틸라피아 전체에 밀가루를 묻힌 후 프라이팬에 식용유 6큰술을 두르고 틸라피아 전체에 그릴 자국이 생길 때까지 굽는다. ③ 틸라피아를 접시에 놓고 새로운 팬에 기름 1큰술을 두르고 양파, 마늘, 생강을 넣어 양파가 투명해질 때까지 볶는다. ④ 토마토 페이스트를 더해 2분 정도 볶다가 커리가루, 칠리페퍼를 더해 2분 정도 볶는다. ⑤ 토마토를 추가해 토마토가 뭉개질 때까지 볶은 후 물을 넣어 끓인다. ⑥ ❺의 절반을 볼 등 다른 그릇에 덜어둔다. 틸라피아를 프라이팬에 다시 넣고 덜어둔 수프 절반을 틸라피아 위에 붓는다. ⑦ 틸라피아가 익을 때까지 약불로 끓인 후 위에 피망과 파프리카를 뿌리고 피망과 파프리카가 부드러워질 때까지 익힌다. ⑧ 틸라피아가 으깨지지 않도록 그릇에 담고 위에 파와 고수를 뿌리고 레몬을 곁들인다. ⑨ 수프를 틸라피아와는 다른 그릇에 담고 레몬을 짠다.

로마자바 Romazava

마다가스카르

녹음 짙은 마다가스카르가 자랑하는 소고기와 녹색 잎채소 스튜

마다가스카르는 아름다운 자연이 풍요로운 섬나라이다. 그러나 이미 90%의 자연이 소실되었다고 한다. 세계에서 가장 가난한 나라 중 하나이기도 하다. 또한 온난화의 영향으로 거대한 사이클론이 섬을 덮친다. 하지만 가혹한 생활을 강요당하는 마다가스카르에도 사람들이 사랑해온 요리가 있다. 모두 둘도 없는 보물이다. 로마자바는 그런 마다가스카르 사람들이 소중하게 여겨온 소고기와 양배추 녹색 잎채소 스튜이다. 고기는 주브르(zubr)라는 야생 소고기를 사용한다. 채소는 지역 채소인데, 구하기 어려우면 시금치를 사용하도록 한다.

재료(4인분)

식용유 2큰술, 스튜용 소고기 200g, 돼지고기 덩어리 200g(소고기와 같은 크기로 썰기), 닭고기 200g(소고기와 같은 크기로 썰기), 양파 1개(1cm 사각썰기), 마늘 4알(다지기), 생강 10g(다지기), 토마토 2개(1cm 깍둑썰기), 닭 육수 또는 물+치킨 부이용 500cc, 머스터드 그린(갓) 잎 6장(심을 빼고 큼직하게 썰기), 루꼴라 100g(큼직하게 썰기), 시금치 잎 10장(큼직하게 썰기), 소금·후춧가루 적당량, 익힌 롱 라이스 적당량

만드는 법

❶ 냄비에 기름을 두르고 고기를 넣어 전체에 그릴 자국이 날 때까지 구운 후 꺼내서 접시에 덜어둔다. ❷ 기름이 남은 냄비에 양파, 마늘을 넣고 양파가 투명해질 때까지 볶은 후 생강, 토마토를 더해 토마토가 뭉개지기 시작할 때까지 중불에서 볶는다. ❸ 고기를 냄비에 다시 넣고 육수, 소금 1작은술, 후춧가루 한꼬집을 넣고 약불로 고기가 부드러워질 때까지 익힌다. ❹ 머스터드 그린, 루꼴라, 시금치를 넣고 약불로 채소가 부드러워질 때까지 끓인 후 소금과 후춧가루로 간을 맞춘다. ❺ 그릇에 롱 라이스를 적당량 담고 위에 수프를 끼얹는다.

모잠비크

소파 데 훼이저웅 베르데 Sopa de Feijao Verde

꼬투리 강낭콩의 녹색이 아름다운 토마토 베이스의 포타지 수프

아프리카 남동부에 위치한 모잠비크는 오랫동안 포르투갈의 통치하에 있었다. 때문에 지금도 공용어는 포르투갈어이다. 식문화도 당연히 포르투갈의 영향을 받았다. 소파 데 훼이저웅 베르데도 포르투갈 수프로 모잠비크의 그것과 큰 차이는 없다. 꼬투리 강낭콩 이외의 재료를 끓인 후 소쿠리에 걸러 퓌레한 것이 이 수프의 특징이다. 으깨거나 믹서에 갈아도 되지만, 모잠비크는 소쿠리를 사용하는 것이 일반적인 방법인 것 같다. 꼬투리 강낭콩은 마지막에 넣기 때문에 씹는 맛이 있고 색도 선명하다.

재료(4인분)

식용유 1큰술, 파 1½대(곱게 썰기), 감자 중2개(슬라이스), 토마토 3개(1cm 깍둑썰기), 닭 육수 또는 물+치킨 부이용 1000cc, 꼬투리 강낭콩 40개(길이 2cm로 썰기), 소금·후춧가루 적당량

만드는 법

① 냄비에 기름을 두르고 파를 넣어 부드러워질 때까지 볶는다. ② 감자와 토마토를 더해 토마토가 뭉개지기 시작할 때까지 볶다가 육수, 소금과 후춧가루 약간을 넣고 약불로 감자가 부드러워질 때까지 익힌다. ③ 냄비의 내용물을 소쿠리에 걸러서 냄비에 다시 넣고, 끓으면 강낭콩을 넣어 강낭콩이 부드러워질 때까지 익힌다. 소금과 후춧가루로 간을 한다.

아가토고 Agatogo

르완다

꼬투리 강낭콩의 녹색이 아름다운 토마토 베이스의 포타지 수프

라틴아메리카와 아프리카 요리는 요리에 따라서는 왠지 모르게 닮은 데가 있다. 바로 재료이다. 특히 아프리카 요리에 자주 등장하는 것은 플랜테인과 땅콩인데, 모두 아프리카가 원산지는 아닌 것 같다. 땅콩은 남아메리카가 원산지로 포르투갈인들이 아프리카에 들여왔다. 플랜테인은 동남아시아가 원산지로 말레이시아에서 마다가스카르에 들여온 것이 최초인 듯하다. 그것이 이제는 아프리카에서 가장 중요한 음식으로 꼽힌다. 아가토고는 이 2가지 재료를 사용한 수프다. 군고구마와 비슷한 따끈따끈한 플랜테인의 식감이 왠지 그립다.

재료(4인분)

식용유 2큰술, 양파 1개(1cm 사각썰기), 마늘 5알(슬라이스), 토마토 퓌레 200g, 플랜테인 또는 그린 바나나 4개(바나나의 경우 5개, 1cm 두께로 자르기), 콜라드 그린 또는 케일 잎 5장(슬라이스), 채소 육수 또는 물+채소 부이용 1000cc, 볶은 땅콩 60g(절구 등으로 찧는다), 소금 적당량

만드는 법

❶ 냄비에 기름을 두르고 양파와 마늘을 넣어 양파가 투명해질 때까지 볶는다. ❷ 토마토 퓌레를 넣어 잘 섞은 후 플랜테인, 콜라드 그린, 육수, 소금 1작은술 정도를 추가하여 플랜테인이 완전히 익을 때까지 약불로 익힌다. 소금으로 간을 맞춘다. ❸ 수프를 그릇에 담고 땅콩을 듬뿍 뿌린다.

소말리아

마라크 파파 Maraq Fahfah

우리나라에서도 구할 수 있는 재료로 만든 소말리아 고기&채소 수프

이 수프의 의미가 일단 뭔지는 잘 모른다. 마라크는 수프를 뜻하고 파파는 이웃나라 지부티의 스튜이다. 파파 자체는 소말리아 요리의 영향을 강하게 받아서인지 마라크 파파는 소말리아 요리로 여겨진다. 어쨌든 이 수프의 기원이 소말리아인 것만은 확실한 것 같다. 이 수프의 메인은 고기로, 양고기 또는 염소가 사용된다. 닭고기를 사용하는 경우도 있는 것 같지만 이름이 바뀐다. 그린 칠리가 들어가기 때문에 맵지만, 아프리카 고유의 특수한 재료가 아닌 어디서든 쉽게 구할 수 있는 재료를 사용하는 것이 흥미롭다.

재료(4인분)

양고기, 염소고기 또는 소고기 600g(한입 크기로 자르기), 소고기 육수 또는 물+비프 부이용 1500cc, 감자 2개(한입 크기로 자르기), 양배추 ½개(채썰기), 당근 1개(한입 크기로 썰기), 리크 또는 대파 2대(곱게 썰기), 토마토 2개(1cm 깍둑썰기), 마늘 2알(다지기), 좋아하는 그린 칠리페퍼 1개(다지기), 양파 2개(슬라이스), 코리앤더가루 2작은술, 소금·후춧가루 적당량, 고수(장식, 기호에 따라) 적당량(거칠게 다지기)

만드는 법

❶ 냄비에 고기와 육수, 소금 1작은술, 후춧가루 한꼬집을 넣고 끓인 후 약불로 고기가 부드러워질 때까지 익힌다. ❷ 감자, 양배추, 당근을 넣고 끓인 후 나머지 채소, 칠리페퍼, 코리앤더를 추가해 약불로 20분 더 끓인다. 소금과 후춧가루로 간을 한다. ❸ 수프를 그릇에 담고 고수를 뿌린다.

수프 야 은디지 Supu ya Ndizi

세계에서 가장 간단한 수프 중 하나. 주요 재료는 플랜테인

탄자니아에서 인기있는 음식은 필라프 비리야니*, 케밥, 옥수수 가루로 만든 부드러운 경단 등이다. 이 중에서 아프리카가 원산인 음식이라고 하면 경단 정도이다. 다른 요리를 보면 알 수 있듯이 탄자니아의 요리는 다른 나라의 영향을 받고 있다. 그 대표는 인도일 것이다. 탄자니아에는 인도인 커뮤니티가 있다. 하지만 적어도 이 수프는 탄자니아 고유의 요리이다. 이 수프의 재료는 으깬 플랜테인인데, 이것을 육수에 으깨서 소금과 후춧가루로 간을 하기만 하면 되는 매우 간단한 수프이다.

*비리야니(biryani) : 생쌀에 향신료에 잰 고기, 생선 또는 달걀, 채소를 넣어서 찌거나 고기 등의 재료를 미리 볶아 반쯤 익힌 쌀과 함께 찐 인도의 쌀 요리

재료(3~4인분)

그린 플랜테인 또는 그린 바나나 1.5~2개(껍질을 벗겨 얇게 슬라이스), 닭 육수 또는 물+치킨 부이용 1000cc, 소금·후춧가루 적당량

만드는 법

❶ 플랜테인과 육수 500cc를 믹서에 넣고 퓌레한다. ❷ 퓌레와 나머지 육수 500cc를 냄비에 넣어 섞고 한소금 끓인 후 수시로 저으며 약불에서 30분 정도 끓인다. ❸ 소금과 후춧가루로 간을 한다. ❹ 수프를 그릇에 담고 차파티*를 곁들여 제공한다.

*차파티(chapati) : 밀가루를 반죽하여 둥글고 얇게 만들어 구운 인도의 음식

솔검 수프 Sorghum Soup

건강을 추구하는 사람에게 딱 맞는 잡곡 죽

잡곡이 건강식품으로 주목받고 있다. 밀가루, 쌀에 알레르기가 있는 사람에게 같은 영양가를 얻기 위해 잡곡은 필수이다. 피, 기장, 수수, 퀴노아 등은 미국의 어느 슈퍼에서도 손쉽게 구할 수 있다. 아프리카 잠비아에서는 수수의 생산이 왕성하다. 기후가 수수 생산에 적합한 것 같다. 그래서인지 아프리카에서는 수천 년 전부터 수수를 재배해왔다. 수수가 주재료인 이 수프는 수프라기보다 죽에 가깝다. 수수 외에 으깬 땅콩이 들어가는 점은 그야말로 아프리카답다.

재료(4인분)

수수 300g, 물 1500cc, 땅콩 80g(절구 등으로 으깨기), 소금 적당량, 이탈리안 파슬리 적당량(다지기)

만드는 법

❶ 수수를 깨끗하게 씻어 냄비에 물을 넣어 끓인 후 약불로 부드러워질 때까지 익힌다. ❷ 땅콩을 넣고 소금으로 간을 해서 저어가며 한소끔 끓인다. ❸ 그릇에 담고 이탈리안 파슬리를 뿌린다.

칼루루 Galulu

앙골라

앙골라 연안의 풍부한 생선과 채소를 쌓아 만든 스튜

앙골라는 어업이 발달하여 매일 다양한 물고기가 어획되어 시장에 나온다. 전 세계 낚시꾼들에게도 인기 있는 명소이다. 이 수프는 풍부한 생선을 이용한 스튜이지만, 앙골라가 기원은 아닌 것 같다. 좀 복잡한데, 앙골라 사람들은 포르투갈인에 의해 노예로 브라질에 건너갔다. 그때 함께 건너간 것이 오크라와 앙골라 요리 기법이다. 그것이 브라질 요리와 믹스되어 이 스튜가 만들어졌다. 그것을 다시 조국 앙골라로 들여온 것이 스튜에 얽힌 이야기이다. 재료를 순서대로 켜켜이 냄비에 깔고 동시에 익히는 독특한 방법으로 조리한다.

재료(4인분)

양파 2개(1cm 사각썰기), 마늘 2알(다지기), 물고기(생, 건어물, 훈제 등 뭐든 가능) 500g, 토마토 4개(1cm 깍둑썰기), 가지 1개(5mm 슬라이스), 칠리페퍼(없으면 캐시컴 아늄) 12개(기호에 따라 증감, 다지기), 월계수 잎 2장, 오크라 10개(4mm 세로 슬라이스), 케일(없으면 시금치 등) 잎 8장(큼직하게 썰기), 레몬즙 1큰술, 팜유(없으면 올리브유) 3큰술, 채소 육수 또는 물＋채소 부이용 500cc, 소금·후춧가루 적당량

만드는 법

① 냄비에 양파, 마늘, 생선, 토마토, 가지 순으로 겹겹이 쌓아 칠리페퍼를 뿌리고 월계수 잎을 올린다. 소금 1작은술과 후춧가루 약간을 뿌린다. ② 그 위에 오크라, 케일을 올리고 레몬즙, 이어서 팜유를 전체에 부은 다음 마지막에 육수를 부어 끓인다. ③ 끓어오르면 약불로 모든 재료가 익을 때까지 약 20분 끓인다. ④ 뒤섞은 후 소금과 후춧가루로 간을 한다.

카메룬

엘리펀트 수프 Elephant Soup

육포, 생크림, 땅콩. 뜻밖의 조합이 매력

이전에는 코끼리 고기를 사용했는지 여부는 알 수 없다. 하지만 먼 옛날, 사냥에 나서 큰 먹잇감을 잡았다고 해도 한꺼번에 먹어 버릴 수 없었다. 그래서 그들은 말린 고기로 저장하는 방법을 생각했다. 그 말린 고기가 이 수프의 중심 재료이다. 아프리카 육포 빌통(biltong)은 거칠게 다진 후춧가루가 든 얼얼한 맛의 육포로, 미국의 육포처럼 달지 않다. 이것을 육수에 넣고 부드러워질 때까지 끓이면 맛있는 엑기스가 수프에 배어 나온다. 또한 땅콩, 렌틸콩, 생크림, 버섯이 첨가되어 맛은 매우 복잡하다.

재료(4인분)

빌통(없으면 육포) 120g(뜨거운 물로 조금 부드럽게 한 후 먹기 좋은 크기로 자르기), 닭이나 소고기 육수 또는 물+부이용 1000cc, 양파 1개(거칠게 다지기), 볶은 땅콩 또는 피넛버터 60g, 조리 렌틸콩(뭐든 가능) 100g, 리크 또는 대파 ½대(곱게 썰기), 버섯 6~8개(두껍게 슬라이스), 무염버터 1큰술, 생크림 60cc, 소금·후춧가루 적당량

만드는 법

① 빌통, 육수를 냄비에 넣고 한소끔 끓인 후 약불로 빌통이 부드러워질 때까지 익힌다. ② 양파, 땅콩, 렌틸콩, 리크, 버섯을 추가하여 땅콩이 부드러워질 때까지 익힌다. ③ 소금과 후춧가루로 간을 맞추고 버터와 생크림을 더해 섞은 후 그릇에 붓는다.

콩고

무암바 스스 Muamba Nsusu

무암바는 오렌지(팜유 색), 스스는 닭이라는 의미

팜유 자체를 본 적 있는 사람은 적을지도 모르지만, 전병, 초콜릿, 연료에 이르기까지 다양하게 사용되는 중요한 기름이다. 팜유는 삼림 벌채, 인권 문제, 기후변화 등 큰 문제에 직면해 있기도 한데, 수천 년이나 팜유를 사용해온 서부 아프리카, 중앙 아프리카 요리에 빼놓을 수 없다. 무안바 스스는 치킨 스튜이지만 팜유와 땅콩 스튜라고도 할 수 있다. 그만큼 팜유와 땅콩이 중요한 역할을 하고 있다. 이 스튜는 푸푸(p.236)라는 카사바 가루로 만든 경단과 같은 것을 곁들여 식탁에 올린다.

재료(4인분)

물 1000cc, 뼈 있는 닭고기 1kg, 팜유 2큰술, 양파 1개(1cm 사각썰기), 토마토 페이스트 6큰술, 설탕이 들어 있지 않은 땅콩 버터 100g, 고추 적당량, 소금 적당량, 부순 땅콩(장식) 적당량, 파(장식) 적당히(곱게 썰기)

만드는 법

❶ 냄비에 물을 넣고 끓으면 고기를 넣어 약불로 고기가 부드러워질 때까지 익힌다. ❷ 고기를 꺼내 식으면 뼈와 껍질을 제거하고 먹기 좋은 크기로 찢어둔다. ❸ 다른 냄비에 팜유를 두르고 양파를 넣어 투명해질 때까지 볶은 후 ❶의 냄비에서 수프 250cc를 따라 토마토 페이스트, 땅콩 버터, 그리고 카옌페퍼를 기호에 따라 넣고 잘 섞는다. ❹ ❸을 수프 냄비에 넣고 찢은 닭고기도 추가한다. ❺ 저으면서 걸쭉해질 때까지 끓인다. ❻ 수프를 그릇에 담고 땅콩과 파를 뿌리고 푸푸와 함께 제공한다.

가봉

풀레 넴브웨 Poulet Nyembwe

팜버터로 푹 끓인 가봉 전통 음식

서아프리카에 위치한 작은 나라 가봉은 석유가 발굴된 이후 경제적으로 부유해졌지만 국민의 대부분은 여전히 가난에 고통받고 있다. 한때 프랑스령이었던 까닭에 가봉의 요리는 프랑스와 서아프리카의 식문화가 혼합된 형태이다. 이 스튜의 이름도 풀레는 프랑스어로 닭고기를 뜻하고, 넴브웨는 아프리카어 중 하나인 반투어로 팜유이다. 이 스튜에서 가장 중요한 재료는 넴브웨 소스로 일반적인 팜유보다 딱딱하고 팜버터라 불리는 버터에 가깝다. 이 오렌지색 소스와 토마토에 의해 스튜는 선명한 색상을 띤다.

재료(4인분)

팜유 또는 식용유 2큰술, 양파 1개(1cm 사각썰기), 마늘 2알(다지기), 뼈 있는 닭고기 1.5kg, 캐시컴 아늄 1개(다지기), 토마토 1개(1cm 깍둑썰기), 팜버터 400g, 물 250cc, 고추 적당량, 소금·후춧가루 적당량

만드는 법

❶ 냄비에 팜유를 두르고 양파와 마늘을 넣어 양파가 투명해질 때까지 볶은 후 고기를 더해 전체에 그릴 자국이 날 때까지 굽는다. ❷ 캐시컴 아늄, 토마토를 추가하여 섞고 팜버터, 물을 넣고 끓인다. ❸ 소금 1작은술, 후춧가루 한꼬집을 더해 약불로 고기가 부드러워질 때까지 끓인다. ❹ 카옌페퍼로 매운맛을 조절하고 소금과 후춧가루로 간을 한다.

베르쿠케스 Berkoukes

알제리

큰 타피오카 크기의 쿠스쿠스가 들어간 알제리의 명물 요리

베르쿠케스는 세몰리나 가루로 만든 쿠스쿠스 같은 파스타이지만, 크기가 타피오카 정도로 커서 자이언트 쿠스쿠스라고도 한다. 쿠스쿠스는 작은 구멍의 소쿠리를 이용해서 만들지만, 베르쿠케스는 큰 접시 위에 반죽을 손바닥으로 굴려서 둥글게 만드는 것 같다. 베르쿠케스는 파스타의 이름인 동시에 수프의 이름이기도 하다. 알제리 요리는 터키의 영향을 강하게 받은 지중해 요리라고 할 수 있고, 토마토와 향신료를 절묘하게 사용한다. 이 수프는 토마토 페이스트가 베이스인데 커민, 하리사*가 들어가 수프 맛에 액센트를 준다.

*하리사(harrisa) : 고추를 향신료와 함께 갈아서 만든 북아프리카 튀니지의 소스

재료(4인분)

기* 1큰술, 양파 소1개(다지기), 마늘 1알(다지기), 토마토 페이스트 1큰술, 하리사 또는 다른 칠리 페이스트 2작은술, 닭 허벅지살(가능하면 뼈 붙은 거) 또는 닭다리 300g, 코리앤더가루 2작은술, 커민가루 1작은술, 파프리카가루 2작은술, 물 1000cc, 당근 1개(1cm 깍둑썰기), 조리 병아리콩 150g, 자이언트 쿠스쿠스 160g, 햇빛에 말린 토마토 50g(1cm 폭으로 썰기), 호박 1개(1cm 깍둑썰기), 완두콩(냉동 가능) 150g, 고수 5개(다지기), 이탈리안 파슬리 5개(다지기), 소금·후춧가루 적당량, 하리사(장식) 적당량

*기(ghee) : 인도에서 식사와 요리에 상용하는 식용 버터

만드는 법

❶ 냄비에 버터를 두르고 양파, 마늘을 넣어 양파가 투명해질 때까지 볶는다. ❷ 토마토 페이스트와 하리사를 추가해 섞어가며 양파에 잘 스며들게 한다. ❸ 소고기, 향신료, 소금과 후춧가루 약간을 첨가하여 고기 전체에 향신료가 잘 스며들게 혼합한다. ❹ 물을 부어 고기가 익을 때까지 약불로 끓인 후 식으면 뼈를 제거하고 먹기 좋은 크기로 찢어둔다. ❺ 당근, 병아리콩, 쿠스쿠스, 햇빛에 말린 토마토를 넣어 당근, 쿠스쿠스가 부드러워질 때까지 약불에서 익힌다. 수분이 부족하면 물을 적당량 추가한다. ❻ 주키니, 완두콩, 고수, 이탈리안 파슬리, 찢은 고기를 넣고 모든 재료가 익을 때까지 약불로 끓인다. 도중에 수분이 부족해지면 물을 적당량 더한다. 소금과 후춧가루로 간을 한다. ❼ 수프를 그릇에 담고 기호에 따라 하리사를 얹는다.

알제리

부크투후 Bouktouf

삶은 채소를 퓌레한 먹기 좋고 건강한 수프

컴포트 푸드(comfort food, 그리운 옛맛)란 부크투후와 같은 요리를 말하는 게 아닐까. 어머니와 할머니가 만드는 된장국처럼 가라앉은 기분을 달래주는 어린 시절부터 익숙한 요리. 부크투후는 알제리 사람들에게 그런 요리임에 틀림 없다. 고수가 많이 들어가 있는데도 새빨간 토마토 페이스트 덕분에 수프는 선명한 오렌지색을 띤다. 고기는 물론 고기와 뼈로 우려낸 육수도 들어 있지 않은 미트리스(고기가 없는) 수프여서 완전채식주의자도 안심하고 먹을 수 있을 뿐 아니라 식욕이 없을 때도 먹을 수 있는 몸에 좋은 수프이다.

재료(4인분)

올리브유 3큰술, 양파 1개(슬라이스), 감자 대2개(슬라이스), 주키니 2개(슬라이스), 토마토 페이스트 5큰술, 물 1000cc(모든 재료가 잠길 정도), 고수 10개(큼직하게 썰기), 소금·후춧가루 적당량, 고수(장식) 적당량, 레몬(장식) 1개(빗모양썰기)

만드는 법

❶ 냄비에 올리브유를 두르고 양파를 넣어 투명해질 때까지 볶다가 감자, 주키니, 토마토 페이스트를 더해 토마토 페이스트가 채소에 골고루 입혀질 때까지 섞는다. ❷ 재료가 잠길 정도로 물을 넣고 끓인 후 약불로 채소가 숨이 죽을 때까지 삶는다. ❸ 고수를 넣고 한소끔 끓인 후 불을 끄고 믹서로 퓌레한다. ❹ 냄비에 다시 넣어 한소끔 끓이고 소금과 후춧가루로 간을 맞춘다. 그릇에 담아 고수를 뿌리고 레몬을 짠다.

콜카스 Kolkas

이집트

이집트 요리인데 왠지 그리움이 느껴지는 토란 수프

된장국이나 조림 등 토란탕은 우리네 식탁에서도 볼 수 있다. 토란은 세계 도처에서 일상적으로 먹을 수 있는 뿌리채소다. 미국에서도 타로(taro)라는 이름으로 일반 슈퍼에서도 손쉽게 구할 수 있다. 이 이집트 수프는 바로 끈적끈적한 토란 수프이다. 콜카스는 타로토란을 말하는 것으로, 이 수프 자체의 이름이기도 하다. 닭고기 맛의 수프에 크게 자른 토란이 데굴데굴 구르고 녹색 잎채소와 고수를 다져 장식한다. 토란의 맛을 제대로 맛볼 수 있다.

재료(4인분)

무염버터 2큰술, 마늘 4알(다지기), 근대(없으면 다른 녹색 채소) 잎 5장(심을 제거하고 거칠게 다지기), 고수 10개(다지기), 토란 16개(한입 크기로 자르기), 닭 육수나 물+치킨 부이용 750cc, 소금·후춧가루 적당량, 라임(장식) 1개(빗모양썰기)

만드는 법

❶ 냄비에 버터를 두르고 마늘을 넣어 향이 날 때까지 볶다가 근대, 고수, 소금 1작은술, 후춧가루 한꼬집을 더해 2분 정도 더 볶는다. ❷ 토란을 추가하여 섞고 육수를 넣어 한소끔 끓인 후 약불로 토란이 부드러워질 때까지 익힌다. 소금과 후춧가루로 간을 한다. ❸ 수프를 그릇에 담고 라임을 곁들인다.

몰로키아 Molokhiya

이집트

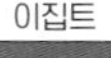

거부감 없이 단골 요리가 될 것 같은 모로헤이야 수프

몰로키아는 이집트에서 모로헤이야를 말한다. 이집트에서는 이집트 문명 시절부터 모로헤이야를 먹은 것 같다. 수프라고도 스튜라고도 할 수 있는 이 이집트 요리는 카르다몸 향이 기분 좋은 토마토 베이스에 끈적끈적한 모로헤이야가 가득 들어 있다. 큰 거부감 없이 먹을 수 있고 모로헤이야의 양을 조절하면 끈적한 정도를 조정할 수 있다. 이집트에서는 밥에 끼얹어 먹는 것 같다.

재료(4인분)

양파 2개(1개는 4등분, 1개는 다지기), 카르다몸 깍지 4알, 후춧가루 1작은술, 토마토 페이스트 1작은술, 물 적당량, 소고기, 염소고기 또는 닭고기 300g(한입 크기로 자르기), 모로헤이야(생 또는 냉동) 800g, 코리앤더가루 2작은술, 마늘 4알(다지기), 기 2큰술, 식용유 1큰술, 소금 적당량

만드는 법

❶ 냄비에 4등분한 양파, 카르다몸 깍지, 후춧가루, 토마토 페이스트, 소금 2작은술과 잠길랑 말랑할 정도의 물을 넣고 끓인 후 고기를 첨가하여 끓으면 약불로 고기가 부드러워질 때까지 익힌다. ❷ 고기는 꺼내서 접시 등에 덜어둔다. 나머지는 소쿠리에 걸러 수프를 덜어 둔다. ❸ 모로헤이야를 믹서에 넣고 퓌레한다. ❹ ❸을 볼에 덜어 코리앤더 1작은술, 양파 다진 것, 마늘 다진 것 2알분을 넣어 잘 섞은 후 ❷의 수프를 조금씩 추가하여 원하는 농도로 조절한다. 냄비에 넣고 불에 올려 끓인다. ❺ 프라이팬에 기를 두르고 코리앤더 1작은술, 나머지 마늘 2알분을 추가하여 향이 나면 바로 냄비에 넣고 5~10분 중불에서 끓인다. ❻ 끓이는 동안 프라이팬에 기름을 두르고 고기를 넣어 전체에 그릴 자국을 낸다. ❼ 수프를 그릇에 담고 밥이나 피타빵과 함께 내놓는다. 소테한 고기는 밥 또는 피타빵 위에 올린다.

하리라 Harira

모로코

자연의 단맛, 매운맛, 감칠맛, 신맛이 조화를 이룬 수프

북아프리카는 맛있는 음식의 보고이다. 그중에서도 핵심을 이루는 것이 모로코이다. 다양한 식문화가 얽혀 독특한 식문화를 만들고내고 있다. 하리라는 모로코에서는 먹지 않는 가정이 없을 정도로 모로코 사람들의 일상생활에 깊이 뿌리 내린 국민음식이다. 거의 모든 사람들이 라마단 기간에 매일 먹는다고도 한다. 2종류의 콩을 적당하게 향신료가 든 토마토 베이스의 수프로 졸이고 마무리로 달걀을 얹어 재료의 모든 맛을 조합해 일품요리로 마무리한다. 고기는 양고기 또는 소고기를 사용하지만, 고기를 사용하지 않는 채식 버전도 맛있다.

재료(4인분)

올리브유 2큰술, 양고기 또는 소고기 150g(다지기), 양파 1개(다지기), 셀러리 1대(다지기), 생강 5g(다지기), 계핏가루 ½작은술, 강황가루 ½작은술, 토마토 4개(믹서 등으로 퓌레), 채소 육수 또는 물+채소 부이용 1600cc, 녹색 또는 갈색 렌틸콩 60g(씻어서 1시간 정도 충분한 물에 담가둔다), 쌀 2큰술, 이탈리안 파슬리 5대(다지기), 고수 5개(다지기), 조리 병아리콩 300g, 달걀 1개, 소금·후춧가루 적당량, 고수(장식) 적당량(큼직하게 썰기), 레몬(장식) 1개(빗모양썰기)

만드는 법

❶ 냄비에 올리브유를 두르고 고기를 넣어 표면이 하얗게 될 때까지 볶은 후 양파, 셀러리를 추가하여 양파가 투명해질 때까지 볶는다. ❷ 생강, 계핏가루, 강황가루, 퓌레한 토마토를 넣고 2분 정도 볶은 다음 육수, 렌틸콩, 쌀, 소금 1작은술, 후춧가루 한꼬집을 추가한다. ❸ 끓은 후 이탈리안 파슬리와 고수를 더해 약불로 고기, 렌틸콩, 쌀이 익을 때까지 익힌다. ❹ 병아리콩을 넣고 10분 정도 끓인 후 소금과 후춧가루로 간을 하고 달걀을 풀어 저으면서 넣고 한소끔 끓인다. ❺ 수프를 그릇에 담아 고수를 뿌리고 레몬을 곁들인다.

모로코

비사라 Bissara

빵이나 피타를 담가 먹어도 맛있는 모로코 콩 수프

비사라는 콩 딥이라고도, 수프라고도 할 수 있는 요리로 포타지 수프 정도의 농도부터 홈무스*와 비슷한 농도까지 다양하다. 비사라에 사용되는 콩은 누에콩이나 완두콩 또는 둘을 혼합한다. 공통점은 모두 말린 콩을 사용한다는 점이다. 그래서 완두콩의 경우 스플릿 완두콩을 사용한다. 만드는 방법은 간단해서 기본적으로 재료를 끓여서 퓌레하면 된다. 먹기 전에 커민, 칠리 파우더를 뿌리고 올리브유를 끼얹는 것이 비사라의 일반적인 먹는 방법이다. 레몬을 꽉 짜도 맛있다.

*홈무스(hummus) : 병아리콩을 으깨어 만든 음식으로, 레반트 지역과 이집트의 대중음식

재료(4~6인분)

올리브유 2큰술, 양파 1개(슬라이스), 마늘 2알(다지기), 그린 스플릿 완두콩 또는 말린 누에콩 400g(1시간 정도, 누에콩의 경우 하룻밤 물에 담가둔다), 이탈리안 파슬리 또는 고수 8개(큼직하게 썰기), 파프리카가루 1작은술, 커민가루 2작은술, 닭 육수 또는 물+치킨 부이용 1500cc, 소금·후춧가루 적당량, 올리브유(장식) 적당량, 레드 칠리페퍼 파우더(장식) 적당량, 커민가루(장식) 적당량

만드는 법

❶ 냄비에 올리브유를 두르고 양파, 마늘을 넣어 양파가 투명해질 때까지 볶는다. ❷ 콩, 허브와 향신료, 육수, 소금 1작은술을 더해 한소끔 끓인 후 콩이 부드러워질 때까지 약불로 끓인다. ❸ ❷를 믹서로 퓌레한다. 조금 보슬보슬한 걸 원하면 물을 넣어 원하는 농도를 조절하고 소금과 후춧가루로 간을 한다. ❹ 수프를 그릇에 담고 올리브유, 칠리페퍼 파우더, 커민으로 장식한다.

모로코

케프타 므카와라 Kefta Mkaoura

스파게티가 먹고 싶어지는 미트볼 스튜

모로코의 뚝배기 타진(tajine)을 사용한 요리는 다양한 소재를 구사해서 만드는 복잡한 요리가 많다. 그러나 다른 타진 요리와 비교하면 이 케프타 므카와라은 아주 간단하다. 케프타는 이름은 조금씩 다르지만 서아시아나 동유럽에도 있는 미트볼이다. 크기는 유리 구슬부터 당구공 크기까지 다양하지만 이 미트볼은 우리에게도 친숙한 크기이다. 커민, 계핏가루, 강황가루가 들어가 조금 매운 미트볼을 토마토에서 나오는 수분으로 졸이기 때문에 완성품은 스튜와 같은데, 더 끓여서 소스 상태로 해도 좋다.

재료(4인분)

올리브유 2큰술, 양파 1개(다지기), 마늘 4알(다지기), 파프리카가루 1, 커민가루 1, 토마토 대4개(1cm 깍둑썰기), 이탈리안 파슬리 5대(거칠게 다지기), 달걀 4개, 소금·후춧가루 적당량, 커민가루(장식) 적당량, 이탈리안 파슬리(장식) 적당량(거칠게 다지기)

미트볼

양고기 또는 간 소고기 450g, 양파 소1개(다지기), 이탈리안 파슬리 5대(다지기), 고수 5개(다지기), 파프리카가루 1작은술 1, 커민가루 1작은술, 소금 1작은술, 후춧가루 ¼작은술, 강황가루 ¼작은술, 계핏가루 ¼작은술

만드는 법

① 미트볼 재료를 모두 볼에 넣고 잘 혼합한 후 직경 4cm 정도의 동그란 모양으로 만든다. ② 타진(냄비)에 올리브유를 두르고 양파와 마늘을 넣어 양파가 투명해질 때까지 볶은 후 파프리카가루, 커민가루를 추가하여 충분히 향이 날 때까지 볶는다. ③ 토마토, 이탈리안 파슬리, 소금 1작은술, 후춧가루 한꼬집을 넣어 잘 섞고 약불로 15분 정도 끓인 후 소금과 후춧가루로 간을 한다. ④ 미트볼을 넣고 약불로 미트볼이 익을 때까지 끓인다. ⑤ 달걀을 깨서 넣고 3~4분 익힌다. ⑥ 미트볼과 달걀을 각각 그릇에 담고 국물을 부어 달걀 위에 커민가루를 흔들어 뿌리고 전체에 이탈리안 파슬리를 뿌린다.

모로코

므루지아 Mrouzia

세계적으로 알려진 모로코를 상징하는 타진 요리

므루지아는 모로코 요리 중에서도 전 세계적으로 가장 유명한 요리가 아닐까. 아마 양고기 타진이라고 하는 것이 일반적일지도 모른다. 타진은 삼각뿔의 뚜껑을 가진 모로코 뚝배기로 열효율이 좋아 시간을 들여 익히는 요리에 적합하다. 또한 타진은 이 뚝배기를 사용한 요리라는 의미도 있다. 므루지아의 다양한 재료가 혼합된 복잡한 맛은 다른 요리에서는 좀처럼 맛볼 수 없다. 본격적으로 요리하고 싶은 경우 타진이 갖고 싶을 법도 하지만, 타진 없이도 냄비(가능하면 얕고 폭이 있는 뚝배기) 하나 있으면 똑같은 므루지아를 만들 수 있다.

재료(4인분)

마늘 2알(다지기), 생강 15g(다지기), 므루지아 스파이스* 2큰술, 사프란 한꼬집, 계피 스틱 2개, 코리앤더가루 2작은술, 커민가루 1작은술, 강황가루 ½작은술, 후춧가루 1작은술, 소금 1작은술, 올리브유 2큰술, 뼈 붙은 양고기 500g, 에샬롯 2개(슬라이스), 물 250cc

장식

생 아몬드(가능하면 껍질을 벗긴다) 60g, 올리브유 2큰술, 씨 없는 말린 자두 12개, 말린 살구 6개, 오렌지 껍질 ½개분(슬라이스), 꿀 2큰술, 고수 적당량

***므루지아 스파이스**

생강가루, 카르다몸가루, 메이스* 각 2작은술, 계피, 올스파이스, 코리앤더가루, 육두구, 강황가루 각 1작은술, 블랙·화이트 페퍼, 카옌페퍼, 아니스* 각 ½작은술, 정향 ¼작은술

*메이스(mace) : 향신료의 하나. 육두구 열매의 씨를 둘러싸고 있는 그물 모양의 빨간 씨껍질 부분을 말린 것.

*아니스(anise) : 향신료로 쓰이는 쌍떡잎식물 산형화목 미나리과의 한해살이풀

❶ 장식 아몬드의 밑준비를 한다. 껍질이 있는 아몬드는 냄비에 물(재료 외)을 끓여 1분 데친 후 바로 찬물에 담갔다가 종이 타월로 물기를 제거하고 손으로 하나씩 껍질을 벗긴다. 프라이팬에 올리브유를 두르고 아몬드를 넣어 황금색이 될 때까지 볶는다. ❷ 타진 또는 냄비에 마늘, 생강, 향신료, 소금을 넣고 위에서 올리브를 끼얹어 숟가락 등으로 잘 섞는다. ❸ 고기를 넣고 ❷를 고기 전체에 잘 묻혀 뚜껑을 덮고 적어도 2시간 배게 한다. ❹ ❸을 중불에서 고기 표면이 노릇노릇해질 때까지 섞어가며 볶는다. ❺ 에샬롯을 고기 위에 뿌리고 물을 냄비 옆쪽 면을 따라 따른 후 약불에서 고기가 부드러워질 때까지 익힌다. ❻ 장식용 말린 과일의 밑준비를 한다. 작은 냄비에 자두와 살구를 넣고 잠길 정도의 물(재료 외), 오렌지 껍질, 벌꿀을 넣어 약불로 수분이 거의 사라지고 말린 과일이 부드러워질 때까지 익힌다. ❼ 고기 위에 말린 과일, 아몬드, 고수로 꾸민다.

튀니지

마르카 질바나 Marka Jelbana

여러 나라의 향기가 감도는 음식 문화의 공존, 튀니지 요리

튀니지도 모로코와 마찬가지로 지중해와 북아프리카 원주민인 베르베르족의 식문화가 융합한 독특한 음식 문화를 갖고 있지만, 모로코 요리보다 향신료가 약간 더 들어 있다. 북아프리카, 특히 튀니지에서는 자주 사용하는 재료에 하리사라는 것이 있다. 이른바 칠리 페이스트로 볶은 칠리페퍼와 허브, 마늘, 커민, 캐러웨이 씨 등을 섞어서 만든다. 이 수프에도 하리사가 사용된다. 이 수프는 완두콩과 고기 수프로, 아티초크가 들어가 있는 것으로 보아 이탈리아 남부 섬, 시칠리아 음식 문화의 영향도 받은 것을 알 수 있다.

재료(4~6인분)

올리브유 2큰술, 양고기, 소고기 또는 닭고기 600g (1인분 2~3개가 되도록 자르기), 양파 ½개(두꺼운 슬라이스), 강황가루 1작은술, 하리사(없으면 다른 핫 페퍼 페이스트) 120cc, 토마토 페이스트 1큰술, 토마토 2개(다지기), 물 120cc, 프레시 그린페퍼(매운 것을 좋아한다면 핫 페퍼, 마일드한 맛이 좋으면 피망) 2개, 완두콩(냉동 가능) 400g, 아티초크 하트(통조림 가능) 5개(반으로 자르기)

만드는 법

❶ 냄비에 올리브유를 두르고 고기, 양파, 소금 2작은술을 넣고 가볍게 섞은 후 강황가루, 하리사, 토마토 페이스트를 넣고 중불에서 고기가 고르게 코팅될 때까지 섞는다. ❷ 토마토, 물을 넣어 한소끔 끓인 후 약불로 고기가 대체로 익을 때까지 끓인다. 중간에 수분이 부족하면 물을 적당량 첨가하되 너무 많이 넣지 않도록. ❸ 그린페퍼, 완두콩, 아티초크 하트를 넣고 다시 10분 정도 끓인다. ❹ 그릇에 담아 바게트와 함께 먹는다. 바게트를 담가 먹어도 좋다.

튀니지

라블라비 Lablabi

튀니지 서민의 사랑을 받는 싸고 맛있는 병아리콩 수프

튀니지라고 하면 쿠스쿠스이지만 그 이상으로 인기 있는 것이 라블라비이다. 음식점에 가면 그릇에 뜯은 빵을 듬뿍 넣고 그 위에 라블라비를 부어준다. 그리고 올리브유, 하리사, 커민, 라임즙 등 좋아하는 토핑을 올려달라고 한다. 마지막으로 달걀(이 레시피에서는 포치드 에그)을 깨서 넣는 것이 필수이다. 먹기 전에 숟가락으로 잘 섞는다. 전혀 멋 부리지 않는 서민 요리, 그것이 라블라비이다. 수프 자체는 병아리콩, 마늘, 하리사, 물로 만들어 아주 심플하다.

재료(4인분)

말린 병아리콩 400g(충분한 물에 하룻밤 담가둔다), 물 2000cc, 하리사(없으면 다른 칠리페퍼 페이스트) 2큰술, 마늘 2알(다지기), 소금 적당량, 달걀 4개, 바게트 슬라이스(장식) 4장, 하리사(장식) 적당량, 올리브유(장식) 적당량, 레몬 또는 라임(장식) 1개(빗모양썰기), 커민가루(장식) 적당량

만드는 법

❶ 냄비에 콩, 물을 담고 하리사, 마늘, 소금 1작은술을 넣어 한소끔 끓인 후 약불로 콩이 부드러워질 때까지 졸인다. 소금으로 간을 한다. ❷ 끓이는 동안 포치드 에그를 만든다. 다른 냄비에 충분한 물(재료 외)을 끓여 식초(재료 외) 1작은술을 추가한다. 달걀을 작은 그릇에 깨 넣고 식초가 들어간 물을 섞으면서 소용돌이를 만들고 그 중앙에 달걀을 떨어뜨린다. 원하는 경도가 되면 달걀을 꺼내 다른 그릇에 덜어둔다. ❸ 그릇에 뜯은 빵을 넣고 그 위에 포치드 에그를 올리고 수프를 붓는다. 하리사, 올리브유를 떨어뜨려고 레몬을 짜고 커민가루를 한꼬집 뿌린 후 레몬을 곁들인다.

보츠와나

보츠와나 펌킨 수프 Botswana Pumpkin Soup

유명한 탐정 소설로도 알려진 보츠와나 호박 포타주

알렉산더 매콜 스미스의 탐정소설 〈넘버원 여탐정 에이전시〉 시리즈에 나오는 단 한 명의 여자 탐정, 음마 라모츠웨는 큰 호박을 좋아하는 것 같다. 이 인기 캐릭터의 요리 책이 2009년에 출간됐다. 제목은 〈음마 라모츠에의 쿡 북〉. 여기에 커리 맛 호박 수프가 등장한다. 실제로 보츠와나에서는 호박이 매우 중요한 식재료인 것 같다. 그중에서도 계피가 든 조림은 인기 만점이다. 호박 수프라고도 할 수 있는 이 포타주는 커민가루, 칠리가 들어가는 조금 매운 수프로 호박, 고구마, 사과의 단맛을 즐길 수 있다.

재료(4인분)

무염버터 2큰술, 양파 1개(1cm 사각썰기, 마늘 1알(다지기), 칠리페퍼 한꼬집, 커민가루 ½작은술, 파프리카가루2작은술, 호박 소1개(슬라이스), 물 1000cc, 우유 250cc, 감자 소1개(슬라이스), 고구마 소1개(슬라이스), 풋사과 ½개(슬라이스), 생크림 120cc, 채소 또는 닭고기 부이용 1개, 세이지 약간, 백리향 조금, 계피 스틱 1개, 소금·후춧가루 적당량, 칠리페퍼(장식) 적당량

만드는 법

❶ 냄비에 버터를 두르고 양파와 마늘을 첨가하여 양파가 투명해질 때까지 볶는다. ❷ 칠리페퍼, 커민, 파프리카가루를 더해 다시 1분 정도 볶는다. ❸ 소금과 후춧가루 이외의 나머지 재료를 모두 냄비에 넣고 채소가 부드러워질 때까지 익힌다. ❹ 계피 스틱을 꺼내 믹서로 부드럽게 잘 섞는다. ❺ 수프를 그릇에 담고 칠리페퍼를 뿌린다.

사우스 아프리카 버터넛 수프 South African Butternut Soup

남아프리카공화국

오렌지색이 예쁘고 달콤한 버터넛 스쿼시 수프

버터넛 스쿼시는 내가 사는 미국 매사추세츠주에서 2종류의 품종을 교배해서 재배한 것이 시초이다. 그것을 남아프리카공화국의 기업이 현재의 음봄벨라에 반입해서 대대적으로 재배를 시작했고, 지금은 가장 흔히 먹을 수 있는 호박이 됐다. 버터넛 스쿼시는 우리나라의 호박처럼 폭식폭신한 느낌은 아니지만, 단맛이 강하고 너츠와 같은 맛이 난다. 색상은 선명한 오렌지색이고 매시나 수프, 파이 등에 자주 사용된다. 남아프리카공화국의 이 수프는 단 버터넛 스쿼시의 맛과 부드러운 식감을 마음껏 즐길 수 있다. 코코넛밀크와도 잘 어울린다.

재료(4인분)

무염버터 2큰술, 리크나 대파 1대(곱게 썰기), 양파 1개(1cm 사각썰기), 마늘 1알(다지기), 커리가루 1큰술, 강황가루 1작은술, 버터넛 스쿼시 또는 호박 소1개(2cm 사각썰기), 감자 1개(2cm 사각썰기), 닭 육수 또는 물+치킨 부이용 750cc, 코코넛밀크 250cc, 소금·후춧가루 적당량, 크루통(장식) 적당량, 코코넛밀크(장식, 수프용으로 조금 남겨둔다), 이탈리안 파슬리(장식) 적당히(다지기), 칠리페퍼 또는 카옌페퍼(장식) 적당량

만드는 법

❶ 냄비에 버터를 두르고 리크, 양파, 마늘을 넣어 양파가 투명해질 때까지 볶은 후 커리가루, 강황가루를 넣어 기름이 물들 때까지 볶는다. ❷ 스쿼시, 감자를 넣고 육수를 채소가 딱 잠길 정도까지 붓는다. 소금과 후춧가루를 약간 뿌린다. ❸ 약불로 채소가 부드러워질 때까지 익힌 후 불을 끄고 블렌더로 퓌레한다. ❹ 코코넛밀크(장식용으로 조금 남겨둔다)을 추가하고 다시 불을 켜 섞으면서 끓어오르기 직전까지 끓인다. 소금과 후춧가루로 간을 한다. ❺ 그릇에 담고 크루통, 코코넛밀크, 이탈리안 파슬리, 칠리페퍼로 장식한다.

마페 Maafe

말리

땅콩을 갈아 수프로 만든 진한 고기&채소 스튜

아프리카에서는 땅콩을 그라운드 너츠라고 부른다. 아몬드나 호두와 같은 지상에서 열매를 맺는 다른 견과류와 달리 땅 아래에서 열매를 맺기 때문이다. 마페는 아프리카 땅콩 스튜이다. 말리의 만딩고족과 밤바라족 요리에서 기원한 것으로 알려져 있다. 지금은 아프리카 전역, 특히 중앙아프리카, 서아프리카에서는 식문화의 상징으로 자리매김하고 있다. 원래는 생 땅콩을 구어 곱게 갈아서 베이스로 사용하지만 피넛버터를 사용하면 훨씬 수월하다. 그러나 설탕이 들어 있지 않은 것을 사용하는 것이 조건이다.

재료(4인분)

소고기 또는 닭고기 500g(스튜용 크기), 식용유 2큰술, 양파 1개(1cm 사각썰기), 마늘 3알(다지기), 토마토 2개(1cm 깍둑썰기), 파프리카가루 1작은술, 닭 육수 또는 물+치킨 부이용 1000cc, 피넛버터(설탕이 들어 있지 않은 것) 120cc, 채소(감자, 당근, 가지, 피망, 파프리카, 꼬투리 강낭콩, 오크라 등) 500g(한입 크기), 좋아하는 칠리페퍼 또는 캐시컴 아늄 1개 이상(칼등으로 부수기), 이탈리안 파슬리 6대(다지기), 소금·후춧가루 적당량, 이탈리안 파슬리 적당히(다지기)

만드는 법

❶ 고기에 소금 1작은술, 후춧가루 한꼬집을 바른다. 냄비에 기름을 가열하고 고기를 넣어 소테한 후 꺼내서 접시 등에 덜어둔다. ❷ 같은 냄비에 양파와 마늘을 넣고 양파가 투명해질 때까지 볶은 후 토마토, 파프리카 가루, 꺼낸 고기, 소금 1작은술, 후춧가루 한꼬집을 추가하여 몇 분 더 볶는다. ❸ 국물을 넣고 한소끔 끓인 후 피넛버터를 60~120cc의 육수에서 부드러워질 때까지 펴서 냄비에 넣고 약불로 고기가 부드러워질 때까지 끓인다. ❹ 채소, 칠리페퍼, 이탈리안 파슬리를 넣고 끓인 후 약불로 채소가 숨이 죽을 때까지 익힌다. 소금과 후춧가루로 간을 한다. ❺ 그릇에 담아 이탈리안 파슬리를 뿌리고 밥과 함께 제공한다.

케제누 Kedjenou

코트디부아르

쿠스쿠스와 같은 사이드 디시와 함께 먹는 닭고기 스튜

케제누는 코트디부아르의 닭 또는 뿔닭을 사용한 스튜이다. 수분을 거의 넣지 않고 조리하는 것이 특징으로, 고기나 채소에서 나오는 엑기스로 조리하기 때문에 물로 희석하지 않아 재료 본래의 맛이 농축되어 있다. 코트디부아르에서는 입 좁은 항아리 같은 뚝배기를 직화불 위에 두고 천천히 오래 끓인다. 바나나 껍질에 싸서 찜처럼 요리하기도 한다. 완성된 스튜는 밥 또는 발효시킨 카사바 가루로 만드는 쿠스쿠스와 같은 음식과 함께 제공된다.

재료(4인분)

닭고기 800g(한입 크기), 가지 2개(크게 깍둑썰기), 양파 소2개(1cm 사각썰기), 피망 2개(1cm 사각썰기), 빨강 파프리카 1개(1cm 사각썰기) 당근 소1개(1cm 깍둑썰기), 토마토 2~3개(크게 깍둑썰기), 칠리페퍼(없으면 캐시컴 아늄) 1개(곱게 썰기), 마늘 2알(다지기), 생강 10g(다지기), 월계수 잎 1장, 백리향 ½작은술, 화이트와인 120cc, 소금·후춧가루 적당량

만드는 법

❶ 소금 2작은술, 후춧가루 ½작은술과 화이트와인 이외의 재료를 냄비에 넣어 잘 섞고 화이트와인을 부어 끓인다. ❷ 약불로 재료 모두가 익을 때까지 끓인다. ❸ 소금과 후춧가루로 간을 한다.

감비아

에베 Ebbeh

카사바라는 뿌리채소와 해산물이 든 색다른 맛의 수프

감비아는 삼면이 세네갈에 둘러싸인 아프리카 서해안의 작은 나라다. 요리로는 도모다(피넛버터 소스), 슈퍼칸자(오크라 수프)가 잘 알려져 있다. 여기서는 감비아에서 가장 자주 먹는 뿌리채소인 카사바 수프를 소개한다. 카사바와 비슷한 뿌리채소로는 말랑가를 꼽을 수 있다. 또 하나 이 수프에서 중요한 재료는 방가라는 청어와 비슷한 훈제 생선인데, 메기와 틸라피아를 사용하는 일도 있다. 수분이 거의 없는 파삭파삭한 훈제로 수프 등에 사용된다. 작은 생선포라고 생각하면 된다.

재료(4인분)

카사바(없으면 고구마) 500g(한입 크기), 물 1500cc, 팜유 120cc, 칠리페퍼 또는 캐시컴 아늄 1~2개(두드려 둔다), 치킨 부이용 1개, 고등어 익힌 것 100g(뼈를 제거하고 먹기 좋은 크기로 찢어둔다), 방가(메기 훈제, 없으면 다른 훈제 생선) 100g(딱딱한 것은 물에 담가 부드럽게 한 후 뼈를 제거하고 먹기 좋은 크기로 찢는다), 새우(기호에 따라) 200g(껍질과 내장을 제거), 타마린드 페이스트 1큰술, 레몬즙 2큰술, 소금·후춧가루 적당량

만드는 법

❶ 카사바와 물, 소금 1작은술을 냄비에 넣고 끓인 후 약불로 카사바가 익을 때까지 졸인다. ❷ 데친 카사바를 ⅓ 정도 꺼내 으깨고 냄비에 다시 넣어 잘 섞는다. ❸ 팜유, 칠리페퍼, 후춧가루 한꼬집, 치킨 부이용을 넣어 잘 섞고 다시 끓으면 생선, 새우를 넣어 약불로 해산물이 익을 때까지 익힌다. ❹ 타마린드 페이스트, 레몬즙을 추가하고, 소금과 후춧가루로 간을 한다.

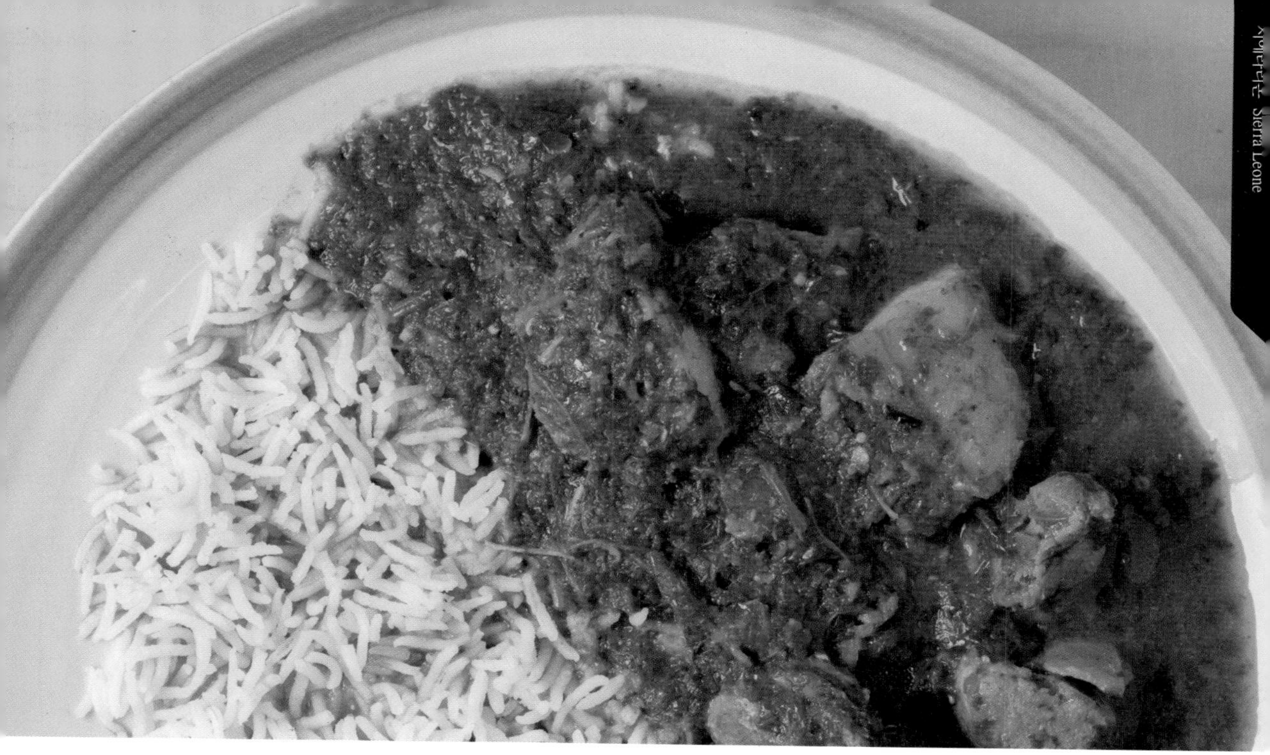

플라사스 Plasas

시에라리온

밥에 올려 먹어도 좋은 카사바 잎이 주재료인 끈적한 스튜

아프리카와 라틴아메리카의 요리에 자주 등장하는 카사바는 우리나라에서는 생소한 채소이지만, 실은 우리도 먹고 있다. 바로 타피오카이다. 타피오카는 카사바 분말을 정제해서 전분질만 취한 녹말이다. 이 요리에 사용하는 것은 뿌리가 아니라 잎이다. 뿌리든 잎이든 카사바에는 청매실과 같은 독성이 있는 시안 배당체가 함유되어 있다. 시안 배당체는 가열 조리하면 제거된다. 카사바 잎은 냉동도 있지만 우리나라에서는 구하기 어렵기 때문에 시금치로 대체하는 것이 좋다.

재료(4인분)

좋아하는 고기 300g(한입 크기), 양파 2개(1cm 사각썰기), 닭 육수 또는 물+치킨 부이용 1000cc, 팜유 120cc, 크레이피시 가루(없으면 말린 새우가루) 1큰술, 오크라 3개(다지기), 좋아하는 칠리페퍼 적당량, 카사바 잎(냉동 가능. 없으면 시금치) 400g, 피넛버터 4큰술, 좋아하는 생선 300g(고기보다 크게 자르기), 소금·후춧가루 적당량, 롱 라이스 적당량

만드는 법

❶ 냄비에 고기, 양파 절반, 육수 절반, 팜유, 크레이피시 가루, 소금 1작은술, 후춧가루 한꼬집을 넣고 불에 올려 끓으면 약불로 고기가 부드러워질 때까지 익힌다. ❷ 믹서에 남은 양파, 오크라, 칠리페퍼, 나머지 육수를 넣어 퓌레한다. ❸ 생 카사바 잎은 살짝 데친 후 양파 등과는 별도로 블렌더나 푸드 프로세서로 곱게 간다. ❹ 볼 등에 피넛버터를 넣고 냄비에서 반컵 정도의 수프를 덜어 피넛버터를 푼 후 냄비에 다시 넣고 생선, ❷의 블렌더 내용물도 함께 넣는다. ❺ 끓으면 ❸의 카사바 잎을 넣고 잎이 부드러워질 때까지 약불로 삶은 후 소금과 후춧가루로 간을 한다. ❻ 그릇에 밥을 곁들이고 그 위에 스튜를 뿌린다.

가나

페트리 에치 Fetri Detsi

다진 오크라로 만든 걸쭉한 가나의 국민 스튜

"이거 뭔지 알아?"라고 가나 출신의 지인에게 사진을 보여 주자 "이건 내가 태어난 고향의 음식이다"라고 스마트폰 사진을 가리크며 말하였다. 그때 보여준 사진이 페트리 에치이다. 그는 이렇게 맛있는 오크라를 왜 먹지 않냐며 내게 물었다. 페트리 에치는 잘게 썬 오크라 스튜이다. 숟가락으로 뜨면 계속 실이 달려온다. 반쿠라는 카사바가루와 옥수수가루로 만든 큰 경단과 함께 제공된다.

재료(4인분)

뼈 붙은 닭고기 800g, 생강 4작은술(갈기), 마늘 2알(갈기), 소금 1작은술, 캐시컴 아늄 1개(다지기), 양파 1개(¼은 슬라이스하고, 나머지는 거칠게 다지기), 식용유 2큰술, 토마토 2개(껍질을 벗겨 1cm 깍둑썰기), 토마토 페이스트 1큰술, 물 500cc, 크레이피시 가루(없으면 말린 새우가루) 1큰술, 치킨 부이용 1개, 칠리 파우더 1작은술, 오크라 10~12개(슬라이스한 후 칼로 두드려서 최대한 잘게 썰기), 가지 1개(1cm 깍둑썰기), 소금·후춧가루 적당량

반쿠

카사바가루 100g, 옥수수가루 또는 콘밀 200g, 물 200cc +α

만드는 법

❶ 냄비에 고기를 담고 생강, 마늘, 소금 1작은술, 캐시컴 아늄, 후춧가루 약간을 넣어 고기에 골고루 묻힌다. 여기에 슬라이스한 양파를 넣어 잘 섞는다. ❷ 프라이팬에 식용유를 두르고 다진 양파, 토마토, 토마토 페이스트를 추가하여 토마토가 뭉개질 때까지 볶은 후 믹서로 퓌레한다. ❸ ❷의 퓌레, 물, 크레이피시 가루, 부이용, 칠리 파우더를 고기가 들어 있는 냄비에 넣고 끓으면 약불로 고기가 부드러워질 때까지 익힌다. ❹ 오크라와 가지를 추가하여 가지가 익을 때까지 약불로 익인 후 소금과 후춧가루로 간을 한다. ❺ 그릇에 수프를 담고 반쿠와 함께 제공한다.

반쿠 만드는 법

❶ 볼에 카사바 가루를 넣고 손으로 혼합하면서 따뜻한 물(재료 외)을 조금씩 부어 가루를 완전히 섞어 생지를 만든다. ❷ 콘플라워도 마찬가지로 따로 생지를 만든다. ❸ 2개의 생지를 별도의 용기에 넣고 천으로 덮어 따뜻한 장소에서 2~3일 발효시킨다. ❹ 냄비에 200cc의 물, 발효된 2개의 생지를 넣고 반죽이 완전히 물에 녹아날 때까지 잘 섞는다. 물이 부족할 때는 조금씩 물을 더하면서 섞는다. ❺ 냄비를 중불에 올리고 나무주걱 등으로 계속 섞는다. 점점 떡 모양이 되는데 타지 않도록 속도를 빨리 해 약간 부드러운 떡 모양이 될 때까지 섞는다. ❻ 적당량을 그릇에 담고 물을 조금 넣어 동그랗게 모양을 만든다.

라이베리아

라이베리안 에그플랜트 수프 Liberian Eggplant Soup

아프리카에서는 이색적인 미국식 토마토와 가지 수프

아프리카 서해안의 작은 나라 라이베리아는 아프리카에서 두 번째로 오래된 독립 국가이자 아프리카 최초의 공화국이다. 라이베리아는 여느 아프리카 국가와는 다른 역사를 갖고 있다. 아메리카의 노예 해방에 의해 자유로워진 흑인은 더 나은 삶을 찾아 신천지로 향했다. 그 행선지가 현재의 라이베리아이다. 식문화도 미국의 식문화에 기반을 두고 있다. 라이베리아 요리에도 다른 아프리카 국가와 마찬가지로 카사바, 플랜테인, 오크라 같은 재료가 자주 등장한다. 그러나 이 수프의 주요 재료는 토마토와 가지로, 아프리카 색채가 강한 재료를 사용하지 않는 이색적인 요리라고 할 수 있다.

재료(4인분)

식용유 2큰술, 양파 1개(다지기), 가지 6개(껍질을 벗겨 작은 깍둑썰기), 토마토 2개(1cm 깍둑썰기), 토마토 페이스트 1큰술, 칠리페퍼 1개(다지기), 물 750cc, 치킨 부이용 1개, 고기 또는 생선(기호에 따라. 믹스 가능) 500g(고기의 경우는 한입 크기, 생선은 크게 자르기), 소금·후춧가루 적당량

만드는 법

❶ 냄비에 식용유를 두르고 양파를 넣어 투명해질 때까지 볶은 후 가지를 넣고 충분히 기름을 흡수할 때까지 볶는다. ❷ 토마토, 토마토 페이스트, 칠리페퍼를 넣어 토마토가 뭉개지기 시작할 때까지 볶다가 물, 치킨 부이용, 소금과 후춧가루 약간을 추가해 끓인다. 고기 또는 생선을 넣고 가지가 완전히 뭉개질 때까지 약불로 졸인다. ❸ 소금과 후춧가루로 간을 하고 그릇에 담는다.

에구시 수프 Egusi Soup

나이지리아

뭐라고 표현하기 힘든 여러 가지 맛이 혼합된 불가사의 수프

에구시는 요리 이름이자 재료 이름이기도 하다. 에구시는 말린 수박의 큰 씨앗으로 껍질을 벗긴 것이 판매되고 있다. 이것을 가루로 만들어 수프 베이스로 사용한다. 지방분을 많이 함유한 영양가 있는 식품이다. 호박씨라면 우리나라에서도 구할 수 있기 때문에 대신 사용해도 좋다. 또 하나 신경 쓰이는 것이 비터리프(bitterleaf)이다. 이름 그대로 매우 쓴맛이 나는 잎으로 꽤 오래 끓이지 않으면 쓴맛이 잡히지 않는다. 여기서는 말린 것을 사용했지만 시금치로 대체하는 방법도 있다. 어쨌든 이 수프는 이 책에서 소개하는 요리 중 가장 만만치 않은 것 중 하나이다.

재료(4인분)

건어물(무엇이든 좋지만 대구 등 두께감 있는 것) 200g, 비터리프(건조, 냉동 가능) 또는 시금치 5뿌리, 물 500cc +α, 트리프(소의 위) 100g(한입 크기로 자르기), 소고기 400g(한입 크기로 자르기), 치킨 부이용 1개, 크레이피시 가루(없으면 말린 새우가루) 2큰술, 에구시 멜론 씨(없으면 호박씨) 100g(글라인더로 갈기), 팜유 또는 식용유 2큰술, 소금·후춧가루 적당량

만드는 법

❶ 딱딱한 건어물을 사용하는 경우에는 물(재료 외)에 담가 해동시킨다. 소금에 절인 대구 등은 염분이 많은 것은 물(재료 외)에 담가 충분히 소금기를 뺀다. ❷ 비터리프를 사용하는 경우에는 먼저 물로 씻어 이물질을 제거하고 충분한 물(재료 외)에 30분 정도 삶아 소쿠리에 올려 찬물에 헹군 후 물기를 짜고 잘게 썬다. 시금치도 데쳐서 마찬가지로 잘라둔다. ❸ 냄비에 물과 트리프를 넣고 한소끔 끓인 후 약불로 트리프가 부드러워질 때까지 익힌다. ❹ 건어물과 소고기, 닭고기 부이용을 추가해 모두 부드러워질 때까지 약불로 끓인다. 익으면 꺼내서 접시에 덜어둔다. ❺ 냄비의 수프를 끓여 크레이피시 가루, 후춧가루 한꼬집을 더해 가볍게 섞은 후 에구시를 넣어 잘 섞는다. ❻ 자주 저으면서 약불에 끓이면 에구시가 입자 모양이 된다. 더 졸이면 표면에 에구시에서 나온 기름이 뜬다. 타지 않도록 하는 것이 중요하다. 중간에 수분이 줄어들면 물을 조금씩 추가해서 타지 않게 한다. 에구시가 잠길랑 말랑한 정도가 적정하다. ❼ 팜유, 비터리프, 덜어둔 건어물과 고기를 더해 한소끔 끓인 후 소금과 후춧가루로 간을 한다.

나이지리아

아팡 수프 Afang Soup

생각지 못한 소재의 조합이 예상치 못한 맛을 낸다

앞 페이지의 에구시 수프와 마찬가지로 아팡 수프도 아프리카 특유의 녹색 잎채소를 사용하기 때문에 우리나라뿐 아니라 어느 나라에서도 재현하기는 어렵다. 아팡은 앞 페이지의 비터리프 정도는 아니지만 쓴맛이 있다. 이 수프에서는 말린 것을 사용했지만 데쳐도 쉽게 부드러워지지 않았다. 워터리프만큼 거부감은 없지만 모두 시금치로 대체할 수밖에 없다. 워터리프는 크레송을 사용해도 좋다. 생선 건어물, 염소고기, 조개까지 추가되므로 실제로 먹어 보지 않으면 알 수 없는 복잡한 맛의 수프이다.

재료(4인분)

말린 아팡 잎(없으면 시금치) 15g, 염소고기 또는 소고기 500g(크게 한입 크기), 물 1000cc, 생선 건어물(아무거나 가능) 100g(딱딱한 것은 물에 불리고 부드러운 것은 그대로), 팜유 60cc, 적양파 1개(1cm 사각썰기), 칠리페퍼 또는 캐시컴 아늄 1개(으깨기), 크레이피시 가루(없으면 말린 새우가루) 2큰술, 치킨 부이용 1개, 고둥 등의 조갯살(기호에 따라) 100g, 워터리프(없으면 시금치 또는 크레송) 500g(잘게 썰기), 소금·후춧가루 적당량

만드는 법

❶ 말린 아팡 잎을 물에 담가 불리고 블렌더로 최대한 곱게 간다. ❷ 냄비에 고기, 물을 넣고 고기가 부드러워질 때까지 약불로 삶는다. ❸ 생선 건어물, 팜유, 적양파, 칠리페퍼, 크레이피시 가루, 치킨 부이용, 소금 1작은술, 후춧가루 한꼬집을 넣고 양파가 부드러워질 때까지 약불로 끓인다. 고둥을 추가하려면 이때 넣는다. ❹ 아팡 잎을 추가해 부드러워지면 워터리프를 넣고 부드러워질 때까지 끓인다. 소금과 후춧가루로 간을 한다.

The World's Soups

Chapter

9

동아시아

East Asia

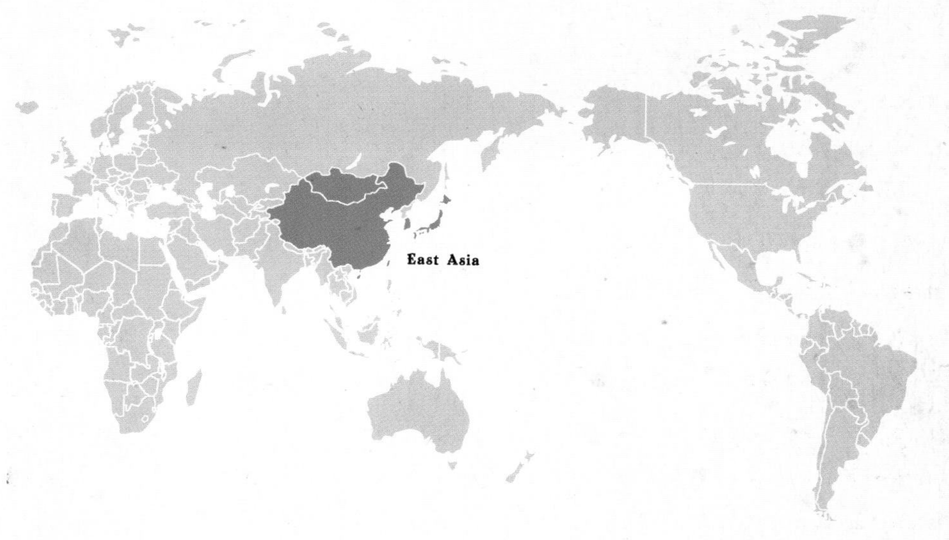

중국 | 일본 | 몽골 | 한국 | 대만

쯔마후 芝麻糊

중국

먹물 같은 외형이 놀랍지만 달콤하고 맛있는 참깨죽

쯔마후는 중국, 특히 남부와 대만 등에서 인기 있는 디저트 수프이다. 상하이에서 미국에 온 유학생들에게 물어 보면, 고등학생 시절에 언제나 인스턴트 쯔마후를 점심으로 갖고 다녔다고 한다. 그녀의 말에 따르면 뜨거운 물을 부어 휘젓지만 완전히 섞지 않으면 가루가 남아 있을 수 있는데 그게 또 맛있다고 한다. 덧붙여서 쌀가루가 많기 때문인지 인스턴트 제품은 회색이다. 간단한 수프이지만 정성스럽게 만드는 것이 포인트이다. 참깨는 몸을 따뜻하게 하는 작용을 하는 것 같다. 영양 만점인데 술술 넘어가 추운 겨울에 먹으면 특히 달콤하다.

재료(4~6인분)

검은 깨 150g, 물 1250cc, 빙당(rock suger, 얼음설탕) 100g, 쌀가루 30~40g

만드는 법

❶ 검은 깨를 향이 날 때까지 볶는다. ❷ 검은 깨와 물 500cc를 믹서에 넣고 곱게 몇 분 동안 간다. ❸ ❷를 소쿠리에 거르고 소쿠리에 남은 깨를 500cc의 물을 첨가하여 믹서에 곱게 간다. ❹ ❸의 내용물을 소쿠리에 거른 다음 소쿠리에 남은 찌꺼기는 버린다. ❺ ❹의 참깨 액을 냄비에 넣고 중불에서 빙딩을 더해 완전히 녹인다. ❻ 물 250cc에 쌀가루를 녹이고 냄비에 조금씩 더해 조금 묽은 포타주 정도로 걸쭉하게 한다. 물에 푼 쌀가루는 모두 사용할 필요는 없다.

지위탕 鲫鱼汤

중국

지금까지 간과한 민물고기의 맛을 재발견. 중국식 붕어 수프

붕어는 아주 맛있는 생선이다. 동유럽에서는 가장 맛있는 생선 중 하나로 인기 있다. 우리나라에서도 옛날부터 붕어를 먹어왔다. 중국의 이 수프도 가정에서 자주 만들어 먹는 인기 요리이다. 현재 식용으로 판매하는 붕어는 양식이므로 흙냄새가 나지 않는다. 이 수프의 재료는 기본적으로 붕어, 생강, 물, 두부, 소금, 술뿐이다. 붕어에서 충분히 양질의 국물이 나온다. 간단한 조리법이 붕어의 맛을 돋보이게 한다. 꼭 시도해보기를 추천하는 수프 중 하나다.

재료(4인분)

식용유 2큰술, 생강 10g(슬라이스), 붕어(유럽 붕어) 500g, 술 2큰술, 파 1대(반으로 자르기), 물 2000cc, 무(기호에 따라) ¼개(채썰기), 두부(기호에 따라) 1모(한입 크기), 소금 적당량, 고수(장식) 적당히(거칠게 다지기)

만드는 법

① 프라이팬에 기름을 두르고 생강을 넣어 향이 나면 생선을 넣고 생선 전체에 그릴 자국을 낸다. ② 프라이팬의 모든 내용물을 냄비에 옮기고 술, 파, 물, 소금 1작은술을 넣어 끓인다. ③ 강불 그대로 30분 정도 끓인 후 소금으로 간을 한다. 무와 두부를 넣을 때는 불에서 내리기 5~10분 정도 전에 추가한다. ④ 생선을 그릇에 담고 그 위에 수프를 끼얹고 고수를 뿌린다.

중국

야오샨지탕 药膳鸡汤

부드러운 생약의 향기와 은은한 단맛이 식욕을 돋우는 약선 수프

중국의 허브를 모두 준비하는 것은 힘들다. 필요한 생약이 모두 들어간 팩을 구하면 경제적이다. 이 수프에 사용하는 생약은 p.302에 소개하는 야오둔파이구도 약선 수프로 공통점이 있기는 하지만 재료에 의한 것인지 효과에 의한 것인지는 알 수 없지만 차이가 있다. 허브는 한방 특유의 냄새가 나지만 요리를 하면 상당히 옅어진다. 맛은 부드럽고 단맛도 느껴진다. 여기에서는 일반 닭고기를 사용했지만, 오골계를 사용할 수도 있는 것 같다. 오골계라면 외형도 상당히 달라질 것이다.

재료(4인분)

말린 더덕(党参) 5개, 말린 마(淮山) 3개, 말린 황기 4개, 말린 둥글레(玉竹) 3개, 당귀 4개, 천궁 4개, 마(淮山) 3개, 당삼 3개, 용안 4개, 물 3000cc, 닭고기(가능하면 뼈 붙은 것) 1kg(한입 크기), 생강 20g(슬라이스), 구기자 8알, 대추 3개, 대추야자 2개, 소금 적당량, 고수(장식) 적당량(얼추 썰기)

만드는 법

① 생약을 씻어 이물질을 제거한 후 볼에 넣고 물을 부어 30분 정도 둔다. ② 냄비에 충분한 물(재료 외)을 끓여 고기, 생강 슬라이스 몇 개를 넣고 몇 분 삶은 후 고기를 꺼내 찬물에 담가 고기를 씻어 놓는다. ③ ❶의 볼의 내용물을 냄비에 넣고 나머지 생강, 고기, 소금 1작은술을 넣어 한소끔 끓인 후 약불로 30분 끓인다. ④ 구기자, 대추, 대추야자를 넣고 30분 익힌다. ⑤ 소금으로 간을 해 그릇에 담고 고수를 뿌린다.

시에로우유미탕 蟹肉玉米汤

중국

게, 옥수수, 달걀이라는 최고 조합의 중화 수프

이 수프는 유미탕에 게살이 들어 있다고 생각하면 이해하기 쉽다. 즉, 게가 들어간 중화풍 옥수수 수프이다. 이런 종류의 수프는 시간을 들이지 않고 손쉽게 만들어 먹는 것에 의미가 있다. 중국집에서도 만드는 데 아마 5분도 걸리지 않을 것이다. 원래 중국 요리에 사용되는 게는 무당게나 털게처럼 크지 않다. 일일이 딱딱한 껍질을 깨고 살을 꺼내는 것은 번거롭다. 그래서 그런 짓은 하지 않는다. 옥수수도 게도 통조림을 사용한다. 재료를 모두 준비하고 솜씨 좋게 재빠르게 조리한다. 그 쪽이 더 맛있다.

재료(4인분)

식용유 1큰술, 생강 20g(채썰기), 국물용 닭뼈 수프 500cc, 술 2큰술, 간장 ½큰술, 참기름 1작은술, 설탕 1작은술, 흰 후춧가루 1작은술, 통조림 옥수수 200g, 콘스타치 또는 녹말가루 2큰술, 물 2큰술, 게살 200g, 달걀 1개, 소금 적당량, 파 적당량(다지기)

만드는 법

❶ 팬에 식용유를 두르고 생강을 넣어 향이 나면 국물용 닭뼈 수프, 술, 간장, 참기름, 설탕, 흰 후춧가루를 더해 끓인 후 옥수수를 넣고 10~15분 중불로 익힌다. ❷ 콘스타치에 물을 넣어 잘 섞어 휘저으면서 냄비에 조금씩 더해 걸쭉함을 낸다. ❸ 게살을 넣고 한소끔 끓으면 달걀을 풀어 섞으면서 냄비에 넣는다. ❹ 소금으로 간을 하고 그릇에 담은 후 파를 뿌린다.

산차이위 酸菜鱼

중국

사천요리이면서 매운맛이 알맞은 민물고기와 절인 채소 수프

산차이위는 사천의 민물고기와 채소를 사용한 수프이다. 채소는 갓을 소금에 절인 것(쏸차이)을 사용해서 완성된 수프에는 신맛이 난다. 야생 민물고기를 사용하는 경우에는 비린내를 제거하기 위해 꼼꼼하게 손질해야 한다. 얇게 저민 생선을 소금으로 살살 비벼 냄새를 잡는 것이 사천식 방법인 것 같다. 이 수프에 주로 사용하는 생선은 초어, 가물치, 메기 등이고, 그중에서도 가물치는 특히 맛있다고들 한다. 실제로 이번에는 가물치를 사용했지만, 담백한 흰살이 감칠맛 나는 생선이었다. 채소 절임과 생선으로 만든 수프는 알맞은 신맛이 있어 식욕을 돋운다.

재료(4인분)

초어, 가물치 또는 메기(없으면 틸라피아 등 흰살생선) 1kg, 술 5큰술, 녹말가루 4큰술, 쏸차이(酸菜, 가능하면 갓) 200g(2~3cm 크기), 식용유 3큰술, 무 4cm(십자썰기), 생강 50g(슬라이스), 캐시컴 아늄 1개(곱게 썰기), 물 1500cc, 소금·후춧가루 적당량

만드는 법

❶ 생선은 비늘을 벗긴 뒤 3등분하기 전에 소금으로 껍질의 점액을 정성껏 문질러 제거한다. 머리는 절반으로, 뼈는 4cm 폭으로 잘라둔다. ❷ 3등분한 생선에 대각선으로 칼집을 넣어 얇게 뜨듯이 자른다. ❸ ❷의 조각을 볼에 넣고 청주 2큰술, 소금 2작은술을 추가해 손으로 잘 비벼 물로 깨끗이 씻는다. 머리의 검은 부분, 아가미 등을 깨끗이 제거한다. ❹ 토막과 다른 부분을 다른 그릇에 넣고 토막에는 청주 1큰술, 소금과 후춧가루 각 1작은술과 녹말가루 2큰술, 다른 부분은 녹말가루 2큰술을 넣고 잘 혼합한다. ❺ 냄비에 충분한 물(재료 외)을 끓여 쏸차이를 넣고 살짝 데쳐 신맛을 조금 제거해 소쿠리에 물을 뺀다. ❻ 큰 프라이팬 또는 중화냄비에 1큰술의 기름을 두르고 뜨거워지면 무, 생강, 캐시컴 아늄, 쏸차이를 넣고 2~3분 볶아 그릇 등에 덜어둔다. ❼ 같은 프라이팬 또는 중화냄비를 가열해 충분히 뜨거워지면 기름 2큰술을 넣고 생선 토막 이외의 부분을 투입하여 표면 전체를 굽는다. ❽ 물과 ❻의 볶은 채소를 넣고 다시 청주 2큰술, 소금과 후춧가루로 간을 하고 끓으면 강불에서 2~3분 익힌다. ❾ 속재료만 건져서 그릇에 담고 남은 국물에 생선 토막을 넣어 부드럽게 섞어가며 생선이 익을 때까지 익힌다. ❿ 생선이 들어간 수프를 채소가 든 그릇에 따른다.

돈구아완즈탕 冬瓜丸子汤

중국

여름에도 겨울에도 맛있는 광둥요리. 동과(冬瓜)가 들어간 고기완자 수프

여름에 수확되는 동과는 서늘한 곳에 보관하면 겨울까지 간다고 해서 이렇게 불린다. 옛날부터 이뇨, 변비 해소에 효과가 있다고 전해진다. 볶음, 조림, 무침 등 여러 가지 요리에 사용할 수 있다. 이 수프는 동과와 고기완자로 만든 수프로 동과 덕분에 의외로 깔끔한 맛을 즐길 수 있는 만인이 좋아하는 요리이다. 동과는 푹 끓이면 다른 재료의 엑기스를 흡수해서 맛이 증대한다. 동과는 너무 삶으면 뭉개지므로 너무 오래 끓이지 않도록 주의한다. 어느 정도 두께감이 있어야 잘 뭉개지지 않고 식감도 좋다.

재료(4인분)

간 돼지고기 150g, 생강 10g(다지기), 술 1큰술, 간장 2작은술, 참기름 몇 방울, 달걀흰자 1개분, 녹말가루 1작은술, 닭뼈 육수 1000cc, 동과 500g(두꺼운 사각기둥 모양 썰기), 소금·후춧가루 적당량, 고수(장식) 적당량

만드는 법

① 간 고기, 생강, 술, 간장, 소금 한꼬집, 참기름, 달걀흰자, 녹말가루를 볼에 넣고 잘 섞는다. ② 냄비에 닭뼈 육수를 부어 끓으면 후춧가루 한꼬집을 추가하고 약불에서 ❶을 숟가락 등으로 둥글게 만들어 하나씩 떨어뜨린다. ③ 완자의 표면이 하얗게 변하면 강불로 해서 동과를 추가하고 완자와 동과가 익을 때까지 끓인다. ④ 소금과 후춧가루로 간을 하고 그릇에 담아 고수를 뿌린다.

중국

파이구리안오탕 排骨蓮藕汤

갈비, 연근, 땅콩 3종의 식감이 매력인 수프

이 수프는 후베이성의 대표적인 요리로 빈혈, 불면증 등에 좋다고 알려져 있다. 겨울보다는 봄에 먹는 수프로 후베이성의 봄 축제와 중국의 음력설에 먹는 음식이다. 이 수프의 재미는 땅콩이 들어간다는 점이다. 땅콩은 하룻밤 물에 담그거나 온수를 부어 30분 두었다가 사용한다. 갈비, 연근, 땅콩 3종류의 다른 식감을 즐길 수 있는 것도 이 수프의 매력 중 하나이다. 매우 볼륨감이 있어 밥을 곁들이면 저녁식사로 충분하다. 갈비는 끓는 물에 한 번 데치면 떫은맛이 크게 나지 않는다.

재료(4인분)

구기자 15g, 갈비 500g, 물 1500cc, 생 땅콩 150g(하룻밤 물에 담가둔다), 연근 350g(5mm 통썰기), 당근 1개(난도질), 뫼대추 10개, 술 2큰술, 소금 적당량

만드는 법

① 요리를 시작하기 전에 구기자를 물(재료 외)에 담가둔다. ② 냄비에 충분한 물(재료 외)을 끓여 갈비를 넣고 5분 정도 끓인 후 꺼내 찬물에 씻어둔다. ③ 냄비에 물을 붓고 끓으면 술 1작은술과 소금, 나머지 재료를 모두 냄비에 넣고 2~3시간 고기가 부드러워질 때까지 약불로 끓인다. ④ 소금으로 간을 한다.

단화탕 蛋花汤

중국

중화 수프라고 하면 이 수프. 모두가 좋아하는 달걀 수프

단화탕은 우리나라에 많이 알려진, 그리고 자주 먹는 중화 수프이다. 중화 수프라고 하면 이 수프를 가리킨다고도 할 수 있다. 가정에서도 당연히 식탁에 오른다. 어느 나라에서든 수프 베이스는 거의 100% 닭고기이다. 그러나 중국에서는 주로 물만 사용하기도 한다. 닭고기 살이 들어가는 경우도 종종 있다. 또한 달걀은 다른 그릇에서 푼 후 냄비에 추가하는 것이 일반적이지만, 흰자와 노른자를 따로 냄비에 넣어 완전히 색을 구분하는 것을 좋아하는 사람도 있다.

재료(4인분)

달걀 2개, 닭뼈 육수 1000cc, 생강 ½작은술(다지기), 간장 조금, 소금·흰 후춧가루 적당량, 수용성 밀가루 2큰술, 물 3큰술, 실파(장식) 적당량(곱게 썰기), 참기름(장식) 적당량

만드는 법

① 달걀을 그릇에 나누어 넣고 잘 풀어둔다. ② 닭뼈 육수와 생강을 냄비에 넣고 끓인 후 간장, 소금과 흰 후춧가루로 간을 맞추고 수용성 녹말을 추가한다. ③ 다시 끓으면 ❶의 달걀을 추가한다. 젓가락 등으로 섞어 달걀을 무너뜨린다. ④ 수프를 그릇에 담고 실파와 참기름으로 마무리한다.

중국

쏸라탕 酸辣汤

매운 후춧가루와 신 식초로 완성하는 수프

쏸라탕은 매운 신맛이 나는 중화 수프이다. 본고장 중국에서는 매운 맛을 내기 위해 대부분의 경우 흰 후춧가루만 사용한다. 마무리로 마지막에 식초를 추가하고 후춧가루는 조리 중간에 추가하기도 하지만, 보통은 마무리에 추가하는 경우가 많은 것 같다. 중국의 홈페이지에서 흔히 볼 수 있는 방법은 다음과 같다. 그릇에 후춧가루와 식초를 넣어 섞고 완성된 수프를 붓는다.

재료(4인분)

죽순 100g(4cm 길이로 채썰기), 팽이버섯 또는 표고버섯 50g(밑뿌리를 제거하고 절반으로 자른다. 표고버섯은 두껍게 슬라이스), 말린 목이버섯 150g(물에 불린다), 식용유 1큰술, 당근 ⅓개(4cm 길이로 채썰기), 물 440cc, 닭뼈 육수 250cc, 간장 1작은술, 설탕 ½작은술, 녹말가루 30g, 두부 ⅓모(4cm 길이로 채썰기), 달걀 1개, 흰 후춧가루 1큰술, 식초 2큰술, 소금 적당량

만드는 법

❶ 냄비에 충분한 물(재료 외)을 끓여 죽순, 팽이버섯, 목이버섯을 넣고 2~3분 끓인 후 소쿠리에 올려둔다. ❷ 냄비를 닦아 식용유를 두르고 당근을 넣어 살짝 볶는다. ❸ 물 380cc, 닭뼈 육수, 소쿠리에 올린 ❶, 간장, 소금 ½작은술, 설탕을 넣고 끓인 후 약불로 몇 분 더 익힌다. 싱거우면 소금으로 간을 한다. ❹ 녹말을 물 60cc에 풀어 천천히 저으면서 조금씩 넣어 걸쭉하게 한다. ❺ 두부를 추가하여 깨지지 않도록 살살 저으면서 한소끔 끓인다. ❻ 달걀을 풀어 넣고 젓가락으로 가볍게 섞은 다음 불에서 내린다. ❼ 수프 모두가 들어가는 그릇에 흰 후춧가루, 식초를 넣어 잘 젓고 그 위에 수프를 부어 가볍게 섞는다.

주식이 될 수 있는 건더기 가득한 돼지고기 된장국

보통은 반드시 돼지고기가 들어가지만, 이외에 어떤 재료를 넣는가 하면 터무니 없다. 반대 의견도 있겠지만 굳이 자주 사용하는 재료를 든다면 우엉, 당근, 무, 파, 토란, 곤약, 두부, 유부가 아닐까 하는 게 나의 견해이다. 재료를 졸일 때 된장의 절반을 넣으면 된장 맛이 재료에 스며든다. 고기는 삼겹살이 가장 좋은 선택지다. 돈지루는 서민 음식이다. 채소를 반쯤 익히거나 고기를 차돌박이로 하는 등 번거로운 일은 하지 않아도 된다는 것이 나의 생각이다.

재료(4인분)

참기름 1큰술, 삼겹살 200g(슬라이스), 무 6cm(5mm 두께로 십자썰기), 당근 ½개(크기에 맞게 십자썰기, 반달썰기, 통썰기 5mm 두께), 우엉 ½개(어슷썰기), 곤약 ½장(물에 씻어 먹기 좋은 크기로 찢는다), 맛국물* 1000cc, 된장 4큰술, 토란 소3개(한입 크기로 자르기), 대파 ½대(1cm 폭 통썰기), 실파(장식) 적당량(곱게 썰기), 시치미*(장식) 적당량

*맛국물(出汁) : 다시라고도 한다. 다시마, 가다랑어포, 멸치 등을 끓여 우린 국물

*시치미(七味) : 일본의 7가지 양념(고추, 깨, 진피, 앵속, 평지, 삼씨, 산초를 빻아서 섞은 향신료)

만드는 법

① 냄비에 참기름을 두르고 중불에서 고기를 넣어 표면이 하얗게 될 때까지 볶다가 무, 당근, 우엉, 곤약을 넣어 채소에서 수분이 나올 때까지 볶는다. ② 육수를 넣어 끓으면 된장 절반을 넣어 풀고 뚜껑을 덮은 상태에서 채소가 익을 때까지 끓인다. ③ 토란과 대파를 넣고 토란이 익을 때까지 끓인 후 불을 끄고 남은 된장을 간을 보면서 풀어 넣는다. ④ 끓기 직전에 불을 끄고 그릇에 담아 장식을 한다.

일본

미소시루 味噌汁

건더기가 무엇이든, 맛이 짙든 연하든, 된장국은 된장국이다

맑아도 된장국, 진해도 된장국. 무슨 말인가 하면 맑아도 맛있고 진해도 맛있다는 게 된장국의 매력이다. 어떤 재료도 받아들이는 넓은 포용력도 매력이다. 된장국의 전통이라고 하면 두부, 파, 미역이지만 그중에는 이런 재료가!라며 놀랄 만한 것도 된장국에 넣으면 맛있다. 토마토, 비트, 베이컨, 요구르트, 우유, 아보카도 등 일일이 다 열거할 수 없다. 어떤 재료를 넣어도 된장국은 된장국이다. 다양한 재료에 도전해보는 건 어떨까.

재료(4인분)

맛국물 800cc, 원하는 재료 적당량, 된장 4큰술(기호에 따라)

만드는 법

❶ 육수를 끓여 무, 당근 등 익혀야 하는 재료를 넣고 익을 때까지 끓인다. ❷ 일단 불을 끄고 국자로 국물을 떠서 그 안에서 된장을 푼다. ❸ 다시 불을 켜 두부, 미역 등의 재료를 넣고 따뜻하게 데운다. 끓어 오르지 않게 한다.

일본

카스지루 粕汁

추우면 그리워지는 심신이 따뜻해지는 겨울을 대표하는 장국

일본에는 국물 요리의 선택지가 많이 있지만 겨울 추위가 다가오면 꼭 먹고 싶어지는 것이 이 카스지루이다. 몸을 따뜻하게 하는 점에서는 돈지루보다 낫다. 카스지루의 기원은 간사이로 알려져 있으나 자세한 내용은 알 수 없어 생략한다. 기원, 지방색 등은 무시하고 카스지루는 이시카리나베*의 소형 버전 정도로 나는 생각한다. 따라서 개인적으로 카스지루에 연어는 빼놓을 수 없다. 방어도 소고기도 아니다. 술 지게미는 국물에 담가 부드러워지면 소쿠리에 걸러 퓌레한다. 이 과정이 꽤 번거로운데, 믹서를 사용하면 편리하다.

*아카리나베(石狩鍋) : 연어를 주재료로 된장으로 양념한 일본의 냄비요리

재료(4인분)

맛국물 600cc, 술지게미 80g, 무(3cm 두께로 십자썰기), 당근 ⅓개(십자썰기), 토란 1개(1cm 두께로 십자썰기), 곤약 ¼개(두껍게 긴 직사각형으로 잘라 미지근한 물에 담가둔다), 싱겁게 소금에 절인 연어 2개(먹기 좋은 크기로 자르기), 유부 ½개(미지근한 물에 담갔다가 긴 직사각형으로 썰기), 대파 ½대(1cm 통썰기), 된장 1큰술, 실파(장식) 1개(곱게 썰기)

만드는 법

① 100cc 맛국물에 술 지게미를 으깨 넣고 부드럽게 한다. ② 나머지 맛국물 500cc를 냄비에 넣고 무, 당근, 토란, 곤약을 넣고 끓이다가 연어를 넣고 채소가 부드러워질 때까지 약불로 끓인다. ③ 유부, 대파를 추가하고 한소끔 끓인 후 불을 끄고 맛국물에 담근 술지게미를 소쿠리에 걸러 된장을 함께 녹여 넣고 중불에서 끓기 직전까지 따뜻하게 데운다. ④ 그릇에 담고 실파로 장식한다.

일본

오조니 雜煮

정월에 모두가 먹는 오조니라도 개개인이 떠올리는 오조니는 전혀 다르다

맛국물에 닭고기를 넣어 끓이고 간장으로 간을 한다. 구운 사각형 떡(角餠)을 그릇에 담고 그 위에 닭고기를 올리고 국물을 붓는다. 그리고 파드득나물을 띄운다. 이것이 내가 어린 시절 먹던 오조니다. 도쿄식보다 더 간단하지만 정월에 모두 모여 오조니를 먹어도 아무도 의아하게 생각하지 않았다. 간사이는 둥근 떡을 넣는다는 것을 알게 된 것은 20대 때이다. 오조니만큼 지방색이 다채로운 요리도 없다. 누구나 고향을 떠오르게 하는 오조니가 있다. 건더기가 무엇이든 관계없이 새해에 맛보는 고향의 맛이라는 점은 모두가 인정하는 공통점이 아닐까. 여기에서 소개하는 것은 도쿄식이다.

재료(4인분)

닭 허벅지살 100g(한입 크기), 술 2큰술, 소송채(장식) 3개, 가다랑어와 다시마 육수 750cc, 간장 1작은술, 소금 적당량, 사각 떡 4개, 어묵 또는 나루토(어묵의 일종, 장식) 4개, 파드득나물(장식) 적당량

만드는 법

❶ 고기에 술을 뿌려둔다. 소송채는 데쳐서 물기를 짜고 3cm 정도로 자른다. ❷ 맛국물을 끓여 고기, 간장을 넣고 소금으로 간을 맞춘다. 그 사이에 떡을 토스터 등으로 노릇노릇 구워둔다. ❸ 고기가 익으면 불을 끄고 그릇에 구운 떡을 담고 국물을 끼얹은 후, 소송채, 어묵, 파드득나물을 장식한다.

켄친지루 けんちん汁

일본

켄친지루는 여러 가지 채소를 넣은 다시마, 표고버섯 국물의 맑은 장국

켄친지루는 국물을 소금이나 간장으로 양념한 맑은 장국의 일종이다. 원산지는 가나가와현 가마쿠라설과 중국설이 있는 것 같지만 자세한 내용은 알려져 있지 않다. 단, 사찰 음식이었다는 점이 일반적인 견해 같다. 켄진지루는 채소를 기름에 볶은 후 졸인다. 이것이 만약 사찰 음식 또는 고귀한 사람들의 요리였다면 납득이 되는 조리법이다. 하지만 서민 음식이었다면 기름을 사용하는 일은 있을 수 없지 않을까. 켄진지루는 본래 고기를 사용하지 않기 때문에 그 점에서는 사찰 음식이었다고 하는 게 맞을지 모른다. 그러나 현재 켄진지루에는 고기를 사용하는 것도 적지 않아 넓은 의미에서 받아들이는 것 같다.

재료(4인분)

참기름 1큰술, 목면두부 1모(손으로 으깨 소쿠리에 담아 물기를 뺀다), 곤약 ½개(찢고 물로 씻어 뜨거운 물에 데친다), 무 4cm(두껍게 십자썰기 또는 직사각형 썰기), 당근 대 ¼개(두껍게 십자썰기 또는 통썰기), 우엉 ⅓개(어슷썰기), 다시마 육수 1200cc, 술 2큰술, 간장 1큰술, 토란 3개(난도질), 생 표고버섯 3개(4쪽씩 슬라이스), 유부 1장(뜨거운 물에 담갔다가 직사각형 썰기), 소금 적당량, 실파(장식) 적당량, 시치미(장식) 적당량

만드는 법

❶ 냄비에 참기름을 두르고 두부, 곤약, 무, 당근, 우엉을 넣고 가볍게 볶는다. ❷ 육수, 술, 간장을 추가하여 끓이고 토란, 표고버섯, 유부를 넣어 채소가 익을 때까지 약불로 졸인다. ❸ 소금으로 간을 해 그릇에 담고 시치미를 뿌린다.

일본

오시루코 お汁粉

일본 전통의 달콤한 디저트는 지금도 건재한다

오시루코(단팥죽)는 팥소를 사용한 단 국물이다. 팥소에는 으깬 팥소와 다 으깨지 않은 것이 있다. 둘 모두 단팥죽인가 하면 그렇지는 않다. 간사이에서는 갈아 으깬 팥소를 사용한 것을 단팥죽, 으깨지 않은 것을 사용한 것을 젠자이라고 한다. 간토에서는 딱히 구분하지는 않지만, 단팥죽라고 하면 보통은 갈아 으깬 팥소를 말한다. 보통 단팥죽은 흰색 새알과 떡이 들어 있다. 또한 입가심이나 단맛을 더 느끼기 위해 절임채소나 염장 다시마를 곁들이는 경우가 많다. 으깬 팥소를 만드는 일은 꽤 번거롭다. 몇 그릇의 단팥죽을 만드느라 팥소를 만드는 수고를 하기보다는 팥소를 구입해서 만드는 것이 가장 좋은 방법이다.

재료(4인분)

물 400cc, 덜 으깬 팥소 또는 으깬 팥소 400g, 설탕 적당량, 소금 적당량, 새알* 또는 떡 8~12개(떡의 경우 4개)

*새알 : 찹쌀가루 120g, 물 120cc

만드는 법

❶ 새알을 만든다. 그릇에 찹쌀가루를 넣고 준비한 물의 약 ⅔ 분량을 넣어 반죽하고 나머지 물을 조금씩 추가하면서 손에 달라붙지 않을 정도로 반죽한다. 상황에 따라 물의 양을 조절한다. ❷ 생지를 8~12등분해서 둥글게 하고 한가운데를 손가락으로 꾹 눌러 종이 타월을 씌워둔다. ❸ 단팥죽을 만든다. 냄비에 물을 넣고 끓인 후 팥소를 넣어 나무주걱 등으로 풀면서 다시 끓기를 기다린다. 끓으면 약불로 줄여 가끔 저으면서 10분 정도 끓인다. ❹ ❸의 단팥죽에 ❷의 새알을 넣어 떠오르면 1분 정도 기다린다. 떡은 토스터로 굽거나 단팥죽에 넣어 부드러워질 때까지 익힌다. ❺ 단팥죽을 새알 또는 떡과 함께 그릇에 담는다.

방탕 Bantan

몽골 아이가 처음 먹는 고형 요리. 그것이 방탕

국민 음식이란 그 나라에서 가장 흔히 먹는, 그 나라 사람들이 자랑스러워하는 요리를 말한다. 다른 나라 사람이 봐도 맛있게 보이는 요리도 있는가 하면 그렇지 않은 요리도 있다. 몽골 반탕은 어느 쪽인가 하면 후자이다. 양고기를 잘게 다져 물에 익히고 밀가루와 수프를 섞어서 같이 수프에 넣는다. 간은 소금뿐이다. 이렇게 말하면 맛있을 것 같다고 생각하는 사람은 우선 없을 것이다. 그런데 솔직하게 말해 맛있다. 왠지 모르지만 그리운 맛이기도 하다. 국민 음식에 어울린다는 것을 먹고 나서야 알았다.

만드는 법

① 냄비에 고기와 물, 소금 1작은술을 넣고 끓인 후 약불로 고기가 익을 때까지 삶는다. ② 끓는 사이에 밀가루와 소금 한꼬집을 볼에 넣고 냄비의 수프를 부어 반죽을 만든다. 양손으로 섞어 쌀알 크기로 굳을 정도가 딱 좋은 수분의 양이다. ③ 강불에서 수프를 끓이고 쌀알 크기의 ❷의 반죽을 그대로 붙지 않도록 냄비에 넣어 5분 정도 끓인다. ④ 소금으로 간을 하고 그릇에 담아 실파를 뿌린다.

재료(4인분)

양고기 또는 소고기 200g(다지기), 물 1500cc, 밀가루 200g, 소금 적당량, 실파(장식) 적당량(곱게 썰기)

만둣국

한국

볼륨 만점의 만두가 들어간 담박한 간장 맛 수프

만두는 교자와 비슷한 음식으로 몽골에서 전해졌다는 설과 실크로드를 건너 중앙아시아에서 전해졌다는 설이 있으나, 뭐가 됐든 고려 시대부터 먹은 것 같다. 만둣국은 말 그대로 만두가 들어간 수프이다. 수프는 멸치와 다시마가 베이스여서 매우 시원하다. 간단한 수프에 푼 달걀을 추가하거나 달걀지단을 올리는 것이 일반적이다. 달걀은 흰자와 노른자를 따로 구워 지단을 만드는 게 일반적이다. 냉동 만두를 사용해도 된다.

재료(4~5인분)

멸치 20개(머리와 내장을 제거), 다시마 12×12cm, 물 2500cc, 지단(장식) 달걀 1개분, 간장 1큰술, 마늘 1알(다지기), 만두*(한국 만두) 20~25개, 소금 적당량, 실파(장식) 1개(5cm 채썰기)

*만두
간 소고기, 간 돼지고기 또는 새우(잘게 썰기) 200g, 대파 200g(다지기), 두부 ⅓모(천으로 감싸 물기를 짠다), 소금·후춧가루 적당량, 참기름 2작은술, 녹말 1큰술, 만두피 25개

만드는 법

❶ 냄비에 멸치, 다시마, 물을 넣고 한소끔 끓으면 약불로 10분 정도 더 끓여 국물을 낸다. 멸치와 다시마는 버린다. ❷ 만두를 만든다. 만두피 이외의 재료를 볼에 넣어 잘 섞고 스푼으로 속을 떠서 만두피에 올려놓는다. ❸ 피에 물(재료 외)을 묻히고 반으로 접어 재료를 감싸고 끝을 단단히 닫는다. 양쪽을 맞춰 둥글게 한다. ❹ 지단을 만든다. 달걀을 노른자와 흰자로 나누어 휘젓고 프라이팬에 소량의 식용유(재료 외)를 둘러 노른자와 흰자를 따로 얇게 굽는다. ❺ 달걀지단은 노른자와 흰자 별도로 만든다. ❻ ①의 수프가 끓으면 간장, 마늘을 넣어 가볍게 섞은 후 만두를 넣고 만두가 익을 때까지 중불로 끓인다. ❼ 그릇에 담고 달걀지단과 실파로 장식한다.

한국

갈비탕

푹 끓인 갈비와 맛이 깊게 밴 무에 감탄

갈비는 일반적으로 소의 뼈가 붙은 부위를 가리킨다. 소고기는 결코 싼 고기가 아닌 것 같다. 특히 갈비는 고급품이라는 인식이 있다. 갈비를 아낌없이 사용한 갈비탕은 소고기가 든 맑은 장국 같은 것으로 맛이 담백하다. 탁하지 않은 수프를 만들기 위해 소고기 밑준비에 정성을 들인다. 밑준비로 고기의 핏기를 충분히 빼고 고기를 시간을 들여 익힌다. 처음에는 중불로 해서 고기의 엑기스를 내고, 그 후 약불로 부드러워질 때까지 익힌다.

재료(4인분)

짧은 소고기 갈비 1kg(뼈를 붙인 채 3cm 길이로 자르기), 양파 1개, 한국 무 또는 일반 무 소½개(껍질을 벗기기), 대추 8개, 생강 15g, 마늘 8알(다지기), 국간장이 없으면 일반 간장 2큰술, 물 2500cc, 달걀지단(장식. 만드는 방법은 p.290 참조) 달걀 1개분, 실파(장식) 2개(곱게 썰기), 소금·후춧가루(장식) 적당량

만드는 법

❶ 갈비를 찬물에 1시간 정도 담가둔다. ❷ 냄비에 충분한 물(재료 외)을 끓인다. 그 사이에 갈비를 찬물에 씻어둔다. ❸ 끓인 물에 씻은 갈비를 넣고 다시 끓으면 중불로 6분 정도 더 끓인 후 갈비뼈를 꺼내 찬물에 헹군다. 갈비를 끓인 물은 버리고 냄비를 씻어둔다. ❹ 씻은 냄비에 갈비, 양파, 무, 대추, 생강, 마늘 절반, 간장, 물을 넣고 끓이다가 중불에서 1시간 정도, 다시 약불에서 1시간 고기가 부드러워질 때까지 끓인다. 무가 먼저 익어버린 경우 무만 꺼내둔다. ❺ 갈비와 무, 대추를 꺼내고 나머지는 종이 타월로 걸러 수프를 낸다. ❻ 수프가 식으면 냉장고에 넣어 식히고 수프 표면에 굳은 기름을 숟가락 등으로 제거한다. ❼ 수프에 남은 마늘을 넣고 끓인다. ❽ 무를 먹기 좋은 크기로 잘라 냄비에 다시 넣고 갈비, 대추도 넣어 익힌다. ❾ 그릇에 수프를 담고 소금과 후춧가루로 간을 하고 실파, 달걀지단을 올린다.

삼계탕

한국

삼복더위에 땀을 내고 에너지를 보충해 여름을 극복

여름철 무더위에 뜨거운 국물로 에너지를 보급하고 싶다. 그럴 때 한국에서 잘 먹는 것이 약선 요리이기도 한 이 삼계탕이다. 미니어처라고 할 만한 작은 닭을 한 마리 통째로 뚝배기에 넣어 1인분씩 먹는 것이 보통이지만 큰 닭을 1마리 사용해도 된다. 닭에는 인삼, 은행, 찹쌀, 밤 등이 들어 있다. 한국 식재료 가게에 가면 레토르트나 냉동 삼계탕을 구할 수 있다. 레토르트, 냉동이라고 해도 꽤 충실해서 안에는 제대로 인삼도 들어 있다. 수프 양념은 연하며 여러 종류의 양념을 준비해서 찍어 먹는 것이 일반적이다.

재료(4인분)

영계(400~500g) 4마리 또는 닭 1마리(약 2kg), 소금 적당량, 물 1500cc, 실파(장식) 적당량(곱게 썰기), 소금(장식) 적당량, 후춧가루(장식) 적당량

스터핑*

쌀 또는 찹쌀 100g(물에 하룻밤 담가둔다), 생 또는 말린 인삼 4개, 마늘 8알, 말린 대추 4개, 은행(기호에 따라) 8개, 밤(기호에 따라) 8개

깨소금 소스

소금 1큰술, 참깨 1큰술, 후춧가루 한꼬집, 참기름 4큰술

※모두 볼에 넣고 잘 섞는다.

단식초 간장 소스

간장 3큰술, 쌀 식초 2큰술, 꿀 1작은술, 볶은 참깨 1작은술, 파 1작은술(곱게 썰기), 풋고추 1개(곱게 썰기)

※간장, 식초, 꿀을 그릇에 넣고 레인지에서 30초 정도 따뜻하게 꿀을 녹인다. 나머지 재료를 넣고 섞는다.

*스터핑(stuffing) : 우리말로 '충전'이라고 하며 달걀, 닭고기, 생선, 채소, 버섯 등의 내부에 다른 재료를 넣는 것을 말한다.

만드는 법

① 쌀을 씻어 물을 빼둔다. ② 닭에 소금을 듬뿍 뿌려서 손으로 훑은 후 물로 씻어 종이 타월로 수분을 제거한다. 배꼽 구멍도 잊지 말자. ③ 닭의 불필요한 지방과 껍질, 닭 날개를 잘라낸다. ④ 닭의 뱃속에 찹쌀 2큰술, 인삼 1개, 마늘 2알, 대추 1개, 은행 2개, 밤 2개를 넣는다(대형 1마리인 경우 스터핑용 재료를 모두 넣는다). 다 들어가지 않으면 수프를 만드는 냄비에 덜어둔다. ⑤ 닭의 한쪽 허벅지에 칼로 칼집을 넣어 거기에 다른 다리를 끼운다. ⑥ 닭을 냄비에 넣고 물을 붓고 끓여 중불에서 닭이 완전히 익을 때까지 약 30분 익힌다. ⑦ 불에 올릴 수 있는 깊은 그릇에 닭을 1마리씩 넣고 ❻의 수프를 부어 다시 불에 올려 끓이고 소금과 후춧가루로 간을 한 후 그대로 식탁에 올려 파를 뿌린다. 큰 닭 1마리인 경우 교체할 필요가 없다. ⑧ 원하는 소스와 함께 내놓는다.

한국

매운탕

생선 맛이 제대로 녹아든 매운 생선 스튜

매운탕의 '매운'은 맵다, '탕'은 수프나 스튜라는 뜻이다. 다시 말해 이 수프는 한국식 핫&스파이시 생선 스튜이다. 생선은 담수어, 해수어 모두 사용한다. 한국의 레스토랑에서는 수조에서 헤엄치고 있는 생선 중에서 마음에 드는 것을 선택하기도 하는 것 같다. 사용되는 주요 생선은 적도미(레드 스내퍼의 일종), 대구, 조기, 농어 등. 담수어라면 잉어와 송어이다. 매운탕에는 녹색 잎채소가 반드시 들어간다. 가장 많이 사용되는 것이 쑥갓이다. 냄비 요리에는 쑥갓, 두부, 버섯을 빼놓을 수 없다.

재료(4인분)

고춧가루 2큰술(기호에 따라), 된장 1큰술, 고추장 1큰술, 간장 1큰술, 액젓 1큰술, 마늘 4알(다지기), 생강 10g(다지기), 맛술 2큰술, 흰살생선 1kg(냄비에 맞는 크기로 자르되 너무 작지 않게), 멸치육수 2000cc, 무 ⅓개(5mm 크기로 슬라이스), 팽이버섯 200g(뿌리 ⅓ 정도는 잘라낸다), 대파 1대(어슷썰기), 호박 ½개(두껍게 통썰기), 두부 ½모(먹기 좋은 크기로 자르기), 청고추 1개(슬라이스), 홍고추 1개(슬라이스), 쑥갓 5줄기(뿌리를 잘라 가지런히 다듬는다)

만드는 법

❶ 볼에 고춧가루, 된장, 고추장, 간장, 젓갈, 마늘, 생강, 청주를 넣고 잘 섞어 소스를 만든다. ❷ 냄비에 충분한 물(재료 외)을 끓이고 생선을 넣어 표면이 하얗게 되면 즉시 꺼내 찬물에 담근다. ❸ 깨끗하게 씻은 냄비에 육수를 끓여 무를 넣고 절반이 익을 때까지 중불에서 끓인다. ❹ ❶의 소스 절반을 냄비에 넣고 생선을 추가하여 생선이 익을 때까지 중불에서 끓인다. ❺ 팽이버섯, 파, 호박, 두부, 고추를 넣고 나머지 소스를 넣어 간을 맞춘다. ❻ 팽이버섯, 호박이 익으면 쑥갓을 넣고 한소끔 끓인다.

된장찌개

한국

건더기에 구애받지 않고 다양한 재료를 넣어 즐기는 한국식 냄비 요리

된장은 일본에서 말하면 미소에 해당하는데, 둘의 제조법은 다르다. 일본의 미소는 누룩곰팡이로 발효시키지만 한국의 된장은 고초균(낫토균도 이 종류이다)으로 발효시킨다. 어쨌든 둘 모두 국민에게 사랑받는 필수 재료이다. 한국에서는 매일 같이 된장이 사용되고, 일본의 미소시루처럼 무한하게 변형이 가능하다.

된장찌개는 바로 된장 맛의 전골 요리이다. 국물은 다시마와 멸치이지만 물이 아니라 쌀뜨물을 사용하는 점이 재미있다. 쌀뜨물은 걸쭉함을 낼 뿐 아니라 된장과 수프를 쉽게 혼합하는 역할을 하는 것 같다.

재료(4인분)

쌀뜨물 1000cc, 멸치 8마리(머리와 내장을 제거), 다시마 10×10cm 2장, 마늘 2알(다지기), 된장 2큰술(기호에 따라), 양파 1개(1cm 사각썰기), 감자 소1개(1cm 깍둑썰기), 호박 또는 애호박 1개(1cm 깍둑썰기), 고춧가루 2작은술, 고추장 1작은술, 새우 4마리(껍질과 내장을 제거하고 먹기 좋은 크기로 썬다, 바지락 8개, 소고기 또는 돼지고기 180g 등도 가능), 버섯(기호에 따라) 200g(먹기 좋은 크기로 자르거나 찢는다), 두부 ½~⅔모(1cm 깍둑썰기), 청고추 1개(5mm 크기로 어슷썰기), 홍고추 1개(5mm 크기로 어슷썰기), 실파 1개(곱게 썰기)

만드는 법

① 쌀뜨물, 멸치, 다시마를 냄비에 넣고 한소끔 끓인 후 약불로 5~10분 더 끓여 국물을 내고 멸치와 다시마를 건져낸다. ② 마늘을 넣고 된장을 소쿠리에 거르면서 넣고 다시 끓인 후 양파, 감자, 호박, 고춧가루, 고추장을 넣고 약불로 채소가 익을 때까지 끓인다. ③ 새우, 버섯, 두부를 넣고 팽이버섯과 두부가 익을 때까지 끓인다. ④ 마지막에 고추, 실파를 넣고 한소끔 끓인다.

한국

김치찌개

익은 김치와 김칫국물을 넣으면 맛이 두 배로

김치찌개를 처음 먹은 것은 20년 이상 전의 일이다. 캠핑 요리 기사를 쓰기 위해서였다. 캠핑을 하면서 여러 냄비 요리를 만들었다. 원래 김치를 좋아했던 나에게는 최고의 요리였다. 맛있는 김치찌개를 만드는 데 절대로 잊어서는 안 되는 중요한 포인트가 하나 있다. 당연한 것 같지만 김치이다. 김치찌개용 김치는 충분히 발효된 쉰 김치에 한한다. 숙성된 김치는 신맛이 강해질 뿐 아니라 자연의 단맛을 갖고 있다. 더욱 맛있게 하는 비법은 김치가 잠겨 있는 김칫국물을 추가하는 것이다.

재료(2~3인분)

돼지고기 어깨 등심 또는 삼겹살 250g(두께 1cm, 3cm 크기로 사각썰기), 후춧가루 ½작은술, 미림 1큰술, 참기름 1작은술, 배추김치 200g(한입 크기로 자르고 국물을 남겨둔다), 양파 ½개(5mm 크기로 슬라이스), 멸치 다시마 국물 250cc, 고춧가루 1큰술+α, 마늘 2알(다지기), 생강 10g(다지기), 두부 1모(원하는 모양으로 자르기), 대파 ½대(어슷썰기), 소금·후춧가루 적당량, 청고추(장식) 적당히(곱게 썰기)

만드는 법

❶ 볼에 고기, 후춧가루, 맛술을 넣고 잘 섞어 20분 정도 재워둔다. ❷ 냄비에 참기름을 가열하고 ❶의 고기를 익을 때까지 볶는다. ❸ 김치를 넣어 4분 정도 볶은 후 양파를 넣고 섞듯이 살짝 볶는다. ❹ 육수를 더해 끓인다. ❺ 볼 등에 김칫국물, 고춧가루, 마늘, 생강을 넣고 잘 섞어 냄비에 넣는다. 소금과 고춧가루로 간을 한다. ❻ 20분 정도 중불에서 끓이다가 두부를 넣고 다시 5분 정도 더 끓인 후 대파를 추가하여 끓인다. ❼ 그릇에 담고 고추를 뿌린다.

순두부찌개

한국

뜨거운 두부를 매운 국물과 함께 땀 흘리며 먹는 순두부찌개

순두부찌개는 한국의 매운 두부 수프이다. 고춧가루가 든 국물에 두부가 들어가는 게 기본이며 돼지고기, 해산물, 소고기, 버섯, 채소 등 원하는 재료를 추가할 수 있다. 순두부는 부드러운 두부를 가리키며, 두유를 응고시킨 후 짜지 않았기 때문에 수분이 많다. 보통 튜브에 들어 있다. 튜브의 끝을 잘라 뜨거운 수프에 짜 넣고 숟가락으로 먹기 좋은 크기로 자른다. 순두부가 없는 경우 연두부 중에서도 부드러운 것을 사용하면 된다. 그 경우도 숟가락 등으로 떠서 수프에 넣으면 맛이 잘 어우러진다.

재료(4인분)

식용유 1큰술, 대파 ½대(곱게 썰기), 간 돼지고기 150g, 양파 소1개(다지기), 마늘 2알(다지기), 간장 2큰술, 고춧가루 1큰술, 설탕 1작은술, 멸치 다시마 육수 500cc, 순두부(튜브 두부) 2개, 소금·후춧가루 적당량, 실파 또는 대파(장식) 적당히(곱게 썰기)

만드는 법

① 냄비 또는 프라이팬에 기름을 두르고 대파를 넣어 향이 날 때까지 볶은 후 간 고기를 넣어 표면이 하얗게 될 때까지 볶는다. 추가로 양파, 마늘을 넣고 양파가 투명해질 때까지 볶는다. ② 간장, 고춧가루, 설탕을 넣고 재료가 익을 때까지 볶아 개별 그릇에 균등하게 나누고 육수, 후춧가루 한꼬집을 넣어 끓인다. ③ 소금과 후춧가루로 맛을 조절한 후 두부를 각 그릇에 담고 숟가락 등으로 두부를 먹기 좋은 크기로 뭉개서 두부가 뜨거워질 때까지 끓인다. 매운맛은 고춧가루로 조정한다. ④ 마무리로 실파를 뿌린다.

한국

소고기뭇국

제사상에 올리는 담백한 국물 맛이 일품

소고기뭇국은 소고기와 무로 만든 심플한 수프이다. 한국인들은 제사 때 친척들이 모여 소고기뭇국을 제사상에 올린 후 모두가 먹는다. 한국 사람들에게 소고기뭇국은 단순한 수프 이상의 의미를 가지고 있는 셈이다. 육수는 다시마 국물이 많지만 다시마를 넣지 않고 삶은 소고기만으로 수프 베이스를 만들기도 한다. 무는 가늘고 긴 것이 아니라, 조선무라고 해서 굵은 것이 사용된다. 일본 무보다 단맛이 있다는 게 개인적인 느낌이다. 물론 일반 무를 사용해도 상관없다.

재료(4~6인분)

소고기 400g(작게 슬라이스), 간장 3큰술, 참기름 1큰술, 마늘 3알(다지기), 술 1큰술, 무 소½개(두껍게 납작썰기), 다시마 육수 1500cc, 두부(기호에 따라) ½모(한입 크기), 대파 ½대(어슷썰기), 소금 적당량, 대파(장식) 적당히(곱게 썰기), 볶은 참깨(장식) 적당량, 고춧가루(장식) 적당량

만드는 법

❶ 소고기, 절반의 간장과 절반의 참기름, 마늘, 술을 볼에 넣고 잘 섞어 30분 정도 재워둔다. ❷ 냄비에 나머지 참기름을 두르고 ①의 고기를 더해 1~2분 볶은 후 무를 넣어 섞듯이 살짝 볶은 후 육수와 나머지 간장을 넣고 한소끔 끓인 후 약불로 무가 부드러워질 때까지 익힌다. ❸ 두부, 대파를 넣고 한소끔 끓인 후 소금으로 간을 한다. ❹ 수프를 그릇에 담고 기호에 따라 토핑을 올린다.

타이완 마유지탕 台湾麻油鸡汤

대만

간장도 소금도 사용하지 않고 맛있는 수프를 만드는 비결은?

재료를 보면 육수는 물론 간장도 소금도 사용하지 않는다는 점에 깜짝 놀라는 사람도 많을 것이다. 나도 처음에 이 수프를 만들 때 정말 맛있을까 반신반의했다. 확인하기 위해서는 레시피대로 재료를 모아 만들어보는 수밖에 없다. 구하기 어려워 보이는 것은 요리 술이었다. 하지만 굳이 대만 술을 사용하기로 했다. 답은 요리 술에 있었다. 이 술에는 소금이 들어 있어 요리 술로 닭을 푹 끓이면 딱 좋은 정도로 소금 간이 된다. 이 수프의 성공 비결은 생강을 많이 넣는 것, 그리고 시간을 들여 끓이는 것이다.

재료(4인분)

참기름 2큰술, 생강 80g(껍질째 두껍게 슬라이스), 뼈 붙은 닭 허벅지살 또는 드럼 스틱 900g, 술(가능하면 대만 제품) 500cc, 물 500cc, 고수(장식, 기호에 따라) 적당량

만드는 법

❶ 냄비에 참기름을 두르고 생강을 넣어 향이 나면 고기를 추가하여 황금색이 될 때까지 소테한다. ❷ 요리 술과 물을 넣고 한소끔 끓인 후 약불로 30~40분 졸인다. ❸ 수프를 그릇에 담고 기호에 따라 고수를 올린다.

대만

로우껑 肉羹

어묵으로 감싼 푹신푹신한 고기가 매력인 대만 인기 수프

대만에서 인기인 로우껑은 다른 수프에는 없는 흥미로운 점이 있다. 그것은 고기 조리법이다. 고기는 간장 베이스의 양념장에 담근 후 생선 페이스트(어묵)와 혼합한다. 이번에는 흰살생선을 푸드 프로세서로 페이스트한 것을 사용했지만, 보통은 양념이 다소 가미된 시판 제품을 사용한다. 생선 페이스트가 옷과 같은 역할을 해서 생선의 식감을 부드럽게 할 뿐 아니라 고기의 수분, 유분을 잡아주는 역할도 하는 것 같다. 더 재미있는 것은 이를 튀기지 않고 끓는 물에 요리하는 점이다. 여분의 기름을 사용하지 않으므로 표면도 푹신푹신하고 수프 맛도 담박하다.

재료(4인분)

돼지고기(목살, 등심 등 소고기도 가능) 300g(길이 3~4cm, 두께 5mm로 슬라이스), 양념장* 약 80cc, 말린 표고버섯 5개, 흰살생선 300g, 물 1500cc, 가쓰오부시 한 주먹, 팽이버섯 100g(뿌리를 자르고 작게 구분), 죽순 100g(채썰기), 당근 ½개(채썰기), 마늘 2알(다지기), 설탕 1큰술, 간장 1큰술, 우스터소스 1큰술, 참기름 1작은술, 수용성 녹말 4큰술＋물 4큰술, 달걀(기호에 따라) 1개, 소금·후춧가루 적당량, 고수(장식) 적당량(거칠게 다지거나 손으로 찢는다)

*양념장

간장 1큰술, 소금 ½작은술, 설탕 2작은술, 참기름 1큰술, 달걀 1개, 후춧가루 한꼬집

만드는 법

① 볼 등에 고기, 양념장 재료를 넣고 잘 섞어 적어도 2시간 재운다. ② 다른 그릇에 말린 표고버섯을 넣고 뜨거운 물(재료 외)을 잠길랑 말랑 넣어 불린다. ③ 흰살생선을 푸드 프로세서 또는 절구로 페이스트한다. ④ ❶의 고기와 페이스트한 흰살생선을 잘 버무린다. 그 사이 냄비에 물(재료 외)을 넣고 작은 거품이 냄비 바닥에서 올라올 정도로 데운다. ⑤ 고기와 생선 믹스를 한입 크기로 덜어 뭉친 후 뜨거운 물에 살짝 떨어뜨리고 떠오른 것부터 건져 볼 등에 덜어둔다. ⑥ 냄비에 물을 넣고 끓인 후 가쓰오부시를 손바닥으로 부수면서 넣고 팽이버섯, 죽순, 당근, 마늘, 설탕, 간장, 우스터소스, 참기름을 추가하고 채소가 익을 때까지 끓인다. ⑦ 소금과 후춧가루로 간을 하고 섞으면서 수용성 녹말을 조금씩 넣어 걸쭉하게 한다. 달걀을 추가하려면 이때 풀어 넣는다. ⑧ ❺의 고기와 생선 믹스를 넣고 한소끔 끓인 후 그릇에 담고 고수를 뿌린다.

야오둔파이구 藥燉排骨

중국은 물론 대만에서도 인기인 갈비 약선 수프

약선(藥膳)은 약(藥)과 음식 선(膳)을 합친 말로 약이 되는 음식이란 뜻이다. 알기 쉽게 말하면 음식을 통해 심신의 건강을 유지한다는 것이다. 이 생각에 근거하고 있는 것이 약선이다. 이 수프도 약선의 하나로, 대만에서는 야시장의 명물 요리이다. 중국에서도 인기 메뉴이다. 약선 요리라고 하니 한약재 맛이 날 것 같지만 그렇지 않고, 균형 잡힌 맛과 향이 조화를 이룬다. 너무 오래 끓이지 않는 것이 포인트이다. 요리 시간은 고기가 부드러워질 때까지 약 1시간. 90분을 넘으면 쓴맛이 나온다.

재료(4인분)

돼지갈비 800g, 안젤리카(당귀) 1조각, 천궁 12g, 작약 10g, 당삼 10g, 복령 15g, 백출 12g, 계피(육계) 5g, 숙지황 반조각, 생강 30g(슬라이스), 대추 10알, 흑대추 1개, 구기자 1큰술, 물 1500cc, 술 300cc, 소금 적당량

만드는 법

❶ 냄비에 충분한 물(재료 외)을 끓여 돼지갈비를 넣고 2~3분 끓인 후 꺼내 물로 깨끗이 씻는다. ❷ 허브는 세척하여 맛국물 봉투 등에 넣는다. ❸ 소금 외의 재료를 모두 냄비에 넣고 끓인 후 약불로 고기가 익을 때까지 푹 끓인다. ❹ 소금으로 간을 한다.

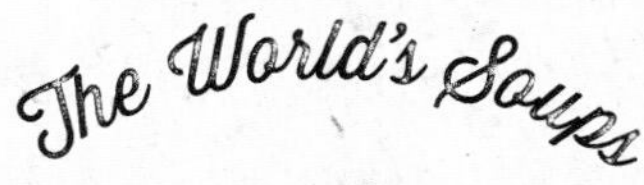

Chapter

10

중앙 & 남아시아

Central Asia & South Asia

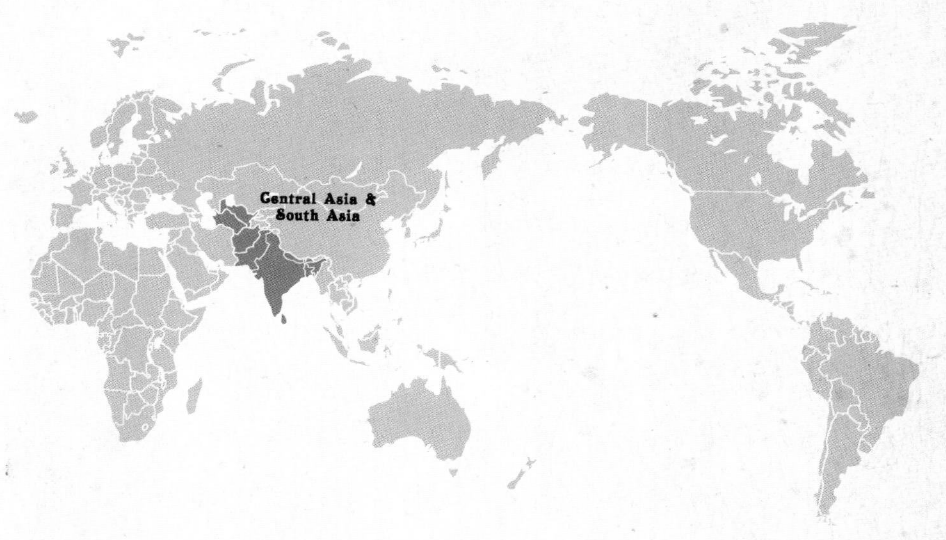

투르크메니스탄 | 우즈베키스탄 | 아프가니스탄 |
방글라데시 | 부탄 | 인도 | 몰디브 | 네팔 | 파키스탄 | 스리랑카

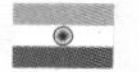

투르크메니스탄

쉬르파 Shurpa

투르크메니스탄뿐 아니라 주변 국가에서도 인기인 양고기 수프

투르크메니스탄에서 빼놓을 수 없는 요리는 우리나라에도 잘 알려진 필라프(볶음밥)이지만 수프의 종류도 다양하다. 그중에서도 인기 있는 것이 쉬르파이다. 어린 양 또는 다 자란 양고기와 채소로 만든 수프로 토마토가 들어 있지만 수프 자체는 맑은 것이 특징이다. 투르크메니스탄뿐 아니라 우즈베키스탄, 카자흐스탄 등 인근 국가에서도 인기 있다. 쉬르파의 역사는 오래되어 기원전부터 이미 먹었던 것 같다. 어린 양고기, 자란 양고기 이외에 닭고기를 사용하기도 하는데, 어린 양고기를 사용하는 것이 정식 쉬르파이고 램찹*을 사용하면 고급스러운 요리가 된다. 쉬르파는 볶음밥, 인도 사모사*의 기원인 삼각형의 사모사와 함께 식탁에 오른다.

*램찹(lamb chop) : 새끼 양의 뼈가 붙은 갈비살
*사모사(samosa) : 야채와 감자를 넣고 삼각형으로 빚어 기름에 튀긴 인도식 만두

재료(4인분)

어린 양고기 또는 자란 양고기(가능하면 뼈가 붙은 것) 500g, 물 2000cc, 양파 1개(1cm 사각썰기), 당근 1개(한입 크기), 피망 4개(1cm 사각썰기), 감자 2개(한입 크기), 토마토 1개(한입 크기), 코리앤더가루 2작은술, 커민가루 1작은술, 소금·후춧가루 적당량, 딜 또는 고수(장식) 적당량(거칠게 다지기)

만드는 법

① 냄비에 고기와 물, 소금 1작은술, 후춧가루 한꼬집을 넣고 한소끔 끓인 후 약불로 고기가 익을 때까지 끓인다. ② 고기를 꺼내서 뼈를 제거하고 먹기 좋은 크기로 잘라 냄비에 다시 넣는다. ③ 토마토 이외의 채소를 추가해서 채소가 익을 때까지 삶은 후 토마토와 향신료를 넣고 5분 정도 끓여 소금과 후춧가루로 간을 한다. ④ 수프를 그릇에 담고 딜이나 고수를 뿌린다.

찰라프 Chalop

우즈베키스탄

신선한 채소와 허브가 들어간 겨울의 끝을 알리는 요구르트 수프

추운 겨울이 끝나고 3월이 되면 기온이 조금씩 상승하고 5월에는 봄이 절정을 맞는다. 이 계절이 되면 우즈베키스탄에서는 차가운 수프를 대접한다. 그것이 요구르트 수프 찰라프이다. 찰라프의 계절은 여름이 끝날 때까지 계속된다. 봄이 되면 시장에 신선한 채소와 허브가 늘어서기 시작한다. 래디시와 오이 등 채소를 작게 자르고 잘게 자른 딜과 바질을 더해 물로 희석한 요구르트와 버무린다. 레몬즙을 추가하면 더욱 싱그러운 맛이 난다. 찰라프는 추운 겨울의 끝, 고대하던 봄의 방문을 맛보기 위한 수프이다.

재료(4인분)

요구르트 500cc, 물 500cc, 오이 1개(껍질을 벗겨 작게 깍둑썰기 또는 얇게 슬라이스), 레드 래디시 6개(작게 깍둑썰기 또는 얇게 슬라이스), 고수 4개(다지기), 딜 4개(다지기), 바질 잎 4개(다지기), 실파 ½대(곱게 썰기), 마늘(기호에 따라) 1알(다지기), 올스파이스 1알(칼등으로 으깬다), 레몬즙 1큰술, 소금 적당량

만드는 법

❶ 볼에 요구르트와 물을 넣어 잘 섞고 채소, 허브와 향신료, 레몬즙을 첨가하여 잘 혼합한 후 소금으로 간을 한다. ❷ 그대로 또는 냉장고에서 식힌 후 그릇에 담는다.

우즈베키스탄

마스타바 Mastava

우즈베키스탄을 대표하는 쌀이 들어간 죽 같은 수프

중앙아시아에서 자주 먹는 대표 요리는 뭐니 뭐니 해도 필라프이다. 한마디로 필라프라고 해도 다양한 종류가 있다. 그러나 아무리 익숙한 요리라고 해도 식욕이 없을 때 건더기가 쉽게 넘어가지 않는 것은 어느 지역이나 국가든 마찬가지이다. 그럴 때 안성맞춤인 것이 마스타바이다. 이 수프에는 고기와 채소 외에 쌀이 들어 있다. 말하자면 고기가 든 토마토 죽과 같은 것으로, 영양 공급에 필요한 모든 것을 이 수프 하나면 섭취할 수 있다. 재료 비율은 기준이니 기호에 따라 늘리거나 줄여도 상관없다. 특히 쌀의 양을 증감하는 것이 좋다.

재료(4인분)

기(식용 버터) 2큰술, 어린 양고기 또는 소고기 280g(한 입 크기), 양파 1개(1cm 사각썰기), 마늘 3알(다지기), 당근 1개(1cm 깍둑썰기), 피망 3개(1cm 사각썰기), 토마토 대1개(1cm 깍둑썰기), 월계수 잎 1장, 커민가루 ½작은술, 파프리카가루(있다면 훈제 파프리카) ½작은술, 감자 소2개(1cm 깍둑썰기), 쌀 90g, 물 1000cc, 소금·후춧가루 적당량, 파(장식) 적당량(곱게 썰기), 사워크림(장식) 적당량

만드는 법

❶ 냄비에 기를 두르고 고기를 넣어 그릴 자국이 날 때까지 볶다가 양파와 마늘을 더해 양파가 투명해질 때까지 볶는다. ❷ 당근, 피망, 토마토, 월계수 잎, 커민, 파프리카가루, 소금 1작은술, 후춧가루 한꼬집을 추가해 토마토가 뭉개지기 시작할 때까지 볶은 후 물을 넣어 한소끔 끓여 중불에서 20분 정도 더 끓인다. ❸ 감자를 넣어 익으면 쌀을 씻어 넣고 부드러워질 때까지 익힌다. ❹ 소금과 후춧가루로 간을 해 그릇에 담고 실파와 사워크림으로 장식한다.

마스타와 Mashawa

아프가니스탄

아프가니스탄의 칠리빈이라고도 불리는 콩이 가득한 수프

마스타와는 아프가니스탄의 콩 수프이다. 콩 외에 고기가 들어가며 맵기 때문에 아프가니스탄식 칠리빈이라고도 불린다. 콩은 기본적으로 무엇이든 상관없지만 병아리콩은 필수이다. 이 레시피에서는 3가지 종류를 사용하지만 더 다양한 종류의 콩을 사용해도 맛있다. 마찬가지로 고기도 소고기를 고집할 필요는 없다. 어린 양고기나 소고기 간 것을 사용하면 한층 더 칠리빈에 가깝다. 콩 수프라고 하면 항상 조리된 것을 사용하거나 말린 콩을 선택해야 하는 상황에 직면한다. 개인적으로는 어느 쪽도 좋다. 다만, 조리된 경우는 지나치게 졸이면 으깨질 수 있으니 주의해야 한다.

재료(4인분)

올리브유 2큰술, 양파 소1개(다지기), 스튜용 소고기 450g(작은 한입 크기로 자르기), 마늘·생강가루 1큰술 또는 마늘 4알(다지기), 토마토 1개(1cm 깍둑썰기), 코리앤더가루 2작은술, 캐시컴 아늄 1개(곱게 썰기), 강황가루 ½작은 술, 말린 딜 ½작은술, 말린 붉은강낭콩 100g(충분한 물에 하룻밤 담가둔다), 말린 병아리콩 100g(충분한 물에 하룻밤 담가둔다), 밀 100g(씻어서 1시간 정도물에 담가둔다), 닭이나 채소 육수 또는 물+부이용 1200cc, 녹두 100g(씻어서 1시간 정도 물에 담가둔다), 요구르트 250cc, 소금·후춧가루 적당량, 말린 민트(장식) 적당량

만드는 법

❶ 팬에 올리브유를 두르고 양파를 넣어 볶다가 고기를 넣어 익히면서 볶는다. ❷ 마늘·생강가루, 토마토, 코리앤더, 캐시컴 아늄, 강황가루, 딜을 추가해 3분 정도를 볶다가 물기를 뺀 강낭콩, 병아리콩, 딜, 소금 1작은술, 후춧가루 한꼬집을 넣고 국물 800cc를 부어 끓인다. 약불로 콩이 부드러워질 때까지 익힌다. ❸ 그 사이에 다른 냄비에 물기를 뺀 콩과 육수 400cc를 넣어 끓인 후 약불로 콩이 부드러워질 때까지 끓인다. 두 냄비 모두 수분이 부족해지면 타지 않도록 적당량 물을 더한다. ❹ 끓은 녹두를 국물째 ❷의 냄비에 추가해서 다시 끓이고 요구르트를 넣어 한소끔 끓인 후 소금과 후춧가루로 간을 한다. ❺ 수프를 그릇에 담고 말린 민트를 뿌린다.

방글라데시

할림 Haleem

이것이 없으면 라마단은 있을 수 없다고 할 정도로 인기 수프

할림은 남아시아와 중동에서 인기 있는 수프이다. 특히 방글라데시 사람들에게 큰 인기가 있다. 이 수프는 1년 내내 먹을 수 있지만, 특히 라마단 음식으로 빼놓을 수 없다. 이프타르*는 할림이 없으면 완결되지 않는다고 말할 정도이다. 할림은 밀, 쌀 외에도 렌틸콩, 녹두를 비롯한 몇 가지 콩이 들어간다. 커민, 코리앤더 같은 향신료와 나이든 양고기와 함께 콩이 뭉개질 때까지 끓인다. 볼륨 만점의 수프이지만 방글라데시에서는 난 등을 함께 제공하기도 한다.

*이프타르(iftar) : 금식을 깬다(breaking the fast)는 뜻으로 라마단 기간 중 매일 일몰 후 하루의 단식을 마치고 시작하는 첫 식사

재료(4인분)

밀 60g, 쌀(가능하면 바스마티 쌀) 60g, 빨간 렌틸콩 60g, 녹두 30g, 검은 렌틸콩 30g, 완두콩 30g, 강황가루 ½작은술, 물 2000cc, 샐러드유 2큰술, 양파 소1개(슬라이스), 생강가루 또는 강판에 간 생강 2작은술, 마늘 페이스트 또는 강판에 간 마늘 2작은술, 소 또는 양고기(새끼 양고기도 가능) 500g(작은 한입 크기), 가람 마살라 ½작은술, 커민가루 ½작은술, 코리앤더가루 ½작은술, 레드 칠리 플레이크 ½작은술 또는 캐시컴 아늄 1개(다지기), 할림 마살라 1큰술, 소금 적당량, 튀긴 양파(장식) 적당량, 생강(장식) 적당량(채썰기), 민트(장식) 적당량

만드는 법

❶ 보리, 쌀, 콩을 씻어 충분한 물(재료 외)에 1시간 동안 담근 후 소쿠리에 올려둔다. ❷ 냄비에 보리, 쌀, 콩, 강황, 소금 2작은술, 물 1200cc를 넣고 한소끔 끓인 후 모두 약불로 익힌다. 도중에 물이 부족하면 적당량 넣는다. ❸ 곡물, 콩이 익는 동안 다른 냄비에 기름을 두르고 양파를 넣어 볶은 후 생강가루, 마늘을 넣고 2분 정도 더 볶는다. ❹ 고기를 추가해 2분 정도 볶은 후 가람 마살라, 커민, 코리앤더, 칠리, 할림 마살라, 소금 1작은술을 넣고 잘 버무린다. 물 800cc를 넣고 한소끔 끓인 후 약불로 고기가 부드러워질 때까지 끓인다. ❺ 고기를 꺼내고 남은 수프는 ❷의 냄비에 넣는다. 고기는 포크 등으로 찢고 마찬가지로 ❷의 냄비에 넣는다. ❻ 냄비의 내용물을 끓인 후 약불로 줄여 10~15분 졸인다. 섞으면서 콩이 거의 페이스트 상태가 될 때까지 끓인다. ❼ 수프를 그릇에 담고 튀긴 양파, 생강, 민트를 장식한다.

에마 다시 Ema Datshi

부탄

수제 버터, 치즈로 만든 부탄 국민에게 사랑받는 수프

소와 산양 젖에 산을 가해 커드(우유에서 분리된 고형물)를 만들고 지방분으로 버터, 나머지 커드로 치즈를 만든다. 분리된 액체(유청)는 수프 등에 사용된다. 부탄 사람들은 우유를 한 방울도 낭비하지 않는다. 이 우유로 만든 수제 버터, 치즈와 에마(칠리페퍼)로 만든 수프가 에마 다시이다. 에마 다시는 부탄에서 가장 자주 먹는 요리로 각 가정이나 레스토랑에 따라서 맛, 농도가 달라 어느 하나 같은 것은 없다고도 한다. 매우면서도 버터나 치즈, 채소의 단맛이 혼합되어 있어 맛이 깊다.

재료(4인분)

무염버터 2큰술, 적양파 소1개(슬라이스), 토마토 2개(1cm 폭으로 세로로 슬라이스), 마늘 3알(슬라이스), 그린 칠리페퍼(긴 것이 좋다), 피망과 빨강 파프리카 등(원하는 맵기에 따라 비율을 결정) 200g(1cm 폭으로 세로로 슬라이스), 물 500cc, 페타 치즈 50g, 그뤼에르, 에멘탈, 모차렐라 치즈 등 200g(슬라이스)

만드는 법

① 냄비에 버터 1큰술을 두르고 적양파를 넣어 살짝 볶은 다음 토마토, 마늘, 칠리페퍼, 피망 등을 더해 가볍게 볶는다. ② 물을 넣고 끓으면 중불로 채소가 익을 때까지 약 10분 익힌다. ③ 페타 치즈를 넣고 5분 정도 익혀 녹이고 버터 1큰술, 다른 종류의 치즈를 넣고 섞으면서 치즈를 완전히 녹인다.

인도

달 쇼르바 Dal Shorba

인도의 전형적인 수프라고도 할 수 있는 달을 사용한 콩 퓌레 수프

달(dal)은 렌틸콩, 완두콩 등을 둘로 나눈 콩으로 채식주의자가 많은 인도에서는 양질의 단백질을 섭취하는 데 매우 중요한 재료이다. 차나달(병아리콩), 뭉달(녹두), 마스루달(렌틸콩) 등 콩의 수만큼 달이 있는 건 아닌가 생각될 정도로 종류가 많다. 이 수프에 사용되는 달은 녹두이다. 뭉달은 녹두, 즉 콩나물을 만드는 데 사용되는 콩이다. 당면도 녹두로 만든다. 이 수프에는 향신료가 몇 종류 사용되는데 커민은 가루가 아닌 입자를 사용하면 좋다. 후춧가루 등과 마찬가지로 맛이 전혀 다르다.

재료(4인분)

뭉달(녹두) 150g(씻어 충분한 물에 1시간 담가 소쿠리에 올려둔다), 양파 소1개(다지기) 생강 5g(다지기), 그린 칠리 소1개(다지기), 가람 마살라 1작은술, 강황가루 1작은술, 물 1000cc, 기 1큰술, 커민 씨 1큰술, 마늘 2알(다지기), 소금·후춧가루 적당량, 민트 또는 고수(혼합 가능) 적당량(다지기)

만드는 법

❶ 냄비에 콩, 양파, 생강, 칠리, 가람 마살라, 강황, 소금 1작은술을 넣어 잘 섞고 500cc의 물을 넣어 한소끔 끓인 후 약불로 콩이 뭉개질 정도로 부드럽게 익힌다. ❷ 콩이 익으면 ①을 블렌더로 퓌레한다. ❸ 다른 팬에 기(버터)를 두르고 커민 씨를 넣어 타닥타닥 튀기 시작할 때까지 볶다가 마늘을 추가하여 황금색이 될 때까지 볶는다. ②의 퓌레를 넣고 500cc의 물을 조금씩 더해 걸쭉하게 만들고 소금으로 간을 한다. ❹ 수프를 그릇에 담고 민트 또는 고수를 뿌린다.

팔락 쇼르바 Palak Shorba

인도

시금치의 맛을 마음껏 맛볼 수 있는 향신료가 든 포타주

시금치는 데쳐서 소금으로 무치거나 된장국에 넣는 등 우리나라에서도 맹활약하는 재료이다. 평소부터 먹어온 익숙한 시금치이지만 인도 사람의 손에 걸리면 상상을 초월하는 전혀 다른 세계의 음식이 되어 버리므로 재미있다. 팔락 쇼르바는 다른 채소를 많이 넣지 않기 때문에 시금치 자체가 수프가 된 것 같은 느낌이다. 커민, 카르다몸, 칠리페퍼 같은 향신료 외에도 생 민트가 들어간다. 수프에 우유를 넣는 경우와 넣지 않는 경우가 있는데 모두 맛있다. 변형으로 토마토를 첨가한 것, 달을 첨가한 것이 있다.

재료(4인분)

시금치 10~15뿌리, 기 2큰술, 월계수 잎 1장, 블랙 카르다몸 콩깍지 2알, 계피 스틱 1개(3cm), 정향 2알, 통후추 4알, 커민가루 ½작은술, 양파 중1개(다지기), 마늘 2알(다지기), 생강 10g(다지기), 민트 잎 20~30매, 물 700cc, 우유 250cc, 가람 마살라 ¼작은술, 소금·후춧가루 적당량, 기(장식) 1작은술, 마늘(장식) 2알(다지기), 레드 칠리 파우더(장식) 한꼬집, 생강(장식) 적당량(채썰기), 민트 잎(장식) 적당량

만드는 법

❶ 냄비에 충분한 물(재료 외)을 넣고 시금치를 데쳐 찬물에 헹군 후 물기를 빼둔다. ❷ 프라이팬에 기름을 두르고 월계수 잎, 블랙 카르다몸, 계피 스틱, 정향, 통후추를 더해 충분히 향이 날 때까지 볶는다. ❸ 커민 씨를 추가하여 튀어오르면 양파, 마늘, 생강을 넣고 양파가 투명해질 때까지 볶는다. ❹ 시금치를 잘라 블렌더에 넣고 월계수 잎, 카르다몸과 계피 스틱을 제외한 ❸을 넣고 민트 잎, 물 500cc를 더해 퓌레한다. ❺ ❹를 냄비에 넣고 물 250cc, 우유를 첨가하여 섞으면서 한소끔 끓이고 소금과 후춧가루로 간을 한다. ❻ 프라이팬에 장식용 기를 두르고 마늘, 칠리 파우더를 넣어 마늘이 노릇노릇할 때까지 볶는다. ❼ 그릇에 수프를 담고 ❻의 칠리 마늘 오일과 생강, 민트로 꾸민다.

인도

울라바 차르 Ulava Charu

다른 콩 수프와는 조금 다른 방식으로 만들어지는 콩 수프

울라바 차르는 인도 남동부 안드라프라데시주의 수프로 말콩(horse gram)이라는 콩을 사용한다. 콩 수프라고는 해도 다른 콩 수프와는 전혀 다르다. 콩을 먹지 않는 콩 수프이다. 콩을 하룻밤 물에 담근 후 부드러워질 때까지 익힌다. 여기까지는 일반 콩 수프와 같다. 문제는 다음 과정이다. 냄비의 내용물을 소쿠리에 거르고 소쿠리에 콩을 남긴다. 소쿠리 아래에 국물이 떨어지면 보통은 국물을 버리지만 이 수프는 반대로 콩을 버린다. 그리고 국물로 수프를 만든다. 향신료와 타마린드를 넣은 수프는 걸쭉해서 맛있다.

재료(4인분)

말콩 1kg, 물 3000cc 이상, 식용유 3큰술, 겨자 씨 ½작은술, 커민 씨 ½작은술, 캐시컴 아눔 2개(칼등으로 으깬다) 양파 소1개(1cm 사각썰기), 그린 칠리페퍼 2~3개(절단면을 넣어둔다), 커리 잎 3장, 레드 칠리페퍼 파우더 1작은술, 강황가루 ½작은 술, 타마린드 주스 60cc, 소금·후춧가루 적당량

만드는 법

❶ 씻은 말콩을 냄비에 넣고 3000cc 물을 넣어 하룻밤 담가둔다. ❷ 말콩을 담갔던 물과 함께 불에 올려 한소끔 끓인 후 말콩이 물러질 때까지 약불로 끓인다. ❸ 말콩을 소쿠리에 걸러 국물을 덜어둔다. 말콩 자체는 버린다. ❹ 냄비에 식용유를 두르고 겨자 씨, 커민 씨, 캐시컴 아눔을 추가하여 겨자 씨와 커민 씨가 튀기 시작하면 양파, 그린 칠리, 커리 잎을 넣어 양파가 투명해질 때까지 볶는다. ❺ 말콩 국물, 칠리페퍼 파우더, 강황, 소금 1작은술을 더해 국물이 반으로 줄 때까지 졸인다. ❻ 타마린드 주스를 넣고 한소끔 끓여 소금으로 간을 한다. ❼ 그릇에 담고 밥과 함께 제공한다.

고비 마살라 Gobi Masala

인도

향신료, 요구르트, 견과류까지 들어간 콜리플라워 수프

고비 마살라의 고비(gobi)는 콜리플라워를 말한다. 마살라는 가람 마살라나 찻 마살라 등으로 알려져 있듯이 혼합 향신료이다. 그러나 이 수프처럼 마살라는 요리의 이름으로 사용될 수도 있다. 치킨 티카 마살라는 좋은 예다. 채식주의자가 많은 인도 요리이므로 다른 나라의 채식주의자에게도 이러한 인도 요리는 인기이다. 고기 등을 사용하지 않아도 채소, 요구르트 등의 유제품, 향신료, 견과를 잘만 사용하면 깊은 맛의 수프를 만들 수 있다. 이 수프의 변형이라고도 할 수 있는 감자를 더한 알루 고비 마살라도 인기다.

재료(4인분)

콜리플라워 소1개(먹기 좋은 크기로 나눈다), 토마토 소 2개(작은 깍둑썰기), 캐슈넛 8개(잘게 부수기), 마늘 4알(슬라이스), 생강 15g(슬라이스), 식용유 2큰술, 월계수 잎 1장, 양파 1개(다지기), 코리앤더가루 1작은술, 커민가루 ½작은술, 레드 칠리 파우더 ½작은술, 가람 마살라 ½작은술, 강황가루 ¼작은술, 요구르트 4큰술, 물 370cc, 생크림 2큰술, 말린 강황 잎 ½작은술, 소금 적당량

만드는 법

❶ 냄비에 충분한 물(재료 외)을 끓여 콜리플라워를 넣고 다소 딱딱하게 데쳐 찬물에 담근 후 소쿠리에 올려 둔다. ❷ 믹서에 토마토, 캐슈넛, 마늘, 생강을 넣고 퓌레한다. ❸ 냄비에 기름을 두르고 월계수 잎을 추가하여 몇 초 볶은 후 양파를 넣고 볶는다. ❹ 냄비에 ②를 넣고 섞은 후 고수, 커민, 레드 칠리 파우더, 가람 마살라, 강황을 더해 향신료가 기름에 녹을 때까지 볶는다. ❺ 요구르트와 물을 넣고 끓으면 콜리플라워, 소금 1작은술을 넣어 중불에서 콜리플라워가 부드러워질 때까지 끓인 후 소금으로 간을 한다. ❻ 생크림과 호로파 잎을 넣고 섞은 후 불을 끈다. ❼ 바스마티 쌀, 로티 등과 함께 내놓는다.

인도

라삼 Rasam

시판 혼합 향신료가 있으면 쉽게 만들 수 있는 남부 인도의 수프

인도 사람들은 북부 인도와 남부 인도 요리가 전혀 다르다고 말한다. 라삼은 남부 인도에서 인기 있는 수프이다. 토마토, 타마린드, 향신료가 베이스인 수프이지만, 실제로는 재료의 차이 등에 따라 다양한 라삼이 있고, 그중에는 파인애플과 망고를 사용한 라삼도 있다. 라삼이 얼마나 인기 있는지는 인도 식재료 상점에 가면 바로 알 수 있다. 상자에 든 라삼용 향신료가 반드시 있다. 이 레시피에서도 조금 사용했지만 다른 향신료는 모두 생략하는 대신 시판 혼합 향신료를 사용하는 것이 솔직하게 말해 빠르다.

재료(4인분)

타마린드 열매 20g, 온수 60cc, 마늘 2알(다지기), 토마토 소4개(작은 깍둑썰기), 식용유 1큰술, 우르드 달(검은 렌틸콩) ½작은술, 겨자 씨 1작은술, 커민 씨 1작은술, 강황가루 ¼작은술, 아위* ¼작은술, 고수 5개(큼직하게 썰기), 커리 잎 10장, 혼합 향신료 1작은술, 물 400cc, 소금 적당량

*아위(asafetida) : 미나리과 식물인 아위의 뿌리줄기에서 채취한 수액을 굳힌 것으로 유황 냄새를 포함한 악취가 특징인 향신료

만드는 법

① 타마린드를 끓는 물에 20분 정도 담가 손으로 개어서 추출물을 내고 소쿠리 등에 걸러둔다. ② 마늘, 토마토를 절구에 찧어 페이스트로 한다. ③ 냄비에 기름을 두르고 우르드 달, 겨자 씨, 커민 씨를 추가하여 탁탁 소리를 내기 시작하면 강황가루, 아위, 고수, 커리 잎을 넣고 살짝 섞어 ❷와 라삼 혼합 향신료를 추가한다. ④ 여기에 물, ❶의 타마린드 추출물을 더해 약불로 10분 정도 끓인 후 소금으로 간을 한다.

인도

삼바르 Sambar

으깬 투르달로 걸쭉함을 낸 볼륨 만점 차우더

삼바르는 앞 페이지의 라삼과 마찬가지로 남부 인도 요리이다. 모두 베이스는 토마토, 타마린드 향신료이다. 또한 두 요리 모두 일반 달(반으로 나눈 둥근 콩과 렌틸콩)이 들어간다. 같은 요리가 아닌가 생각할지 모르지만 엄연히 다르다. 라삼은 산뜻한 맛의 수프이지만 삼바르는 차우더와 같은 끈적한 수프이다. 삼바르는 투르달(비둘기콩)을 많이 넣어 뭉개질 때까지 끓인다. 그래서 몰캉몰캉하다. 라삼에는 달이 들어갈 때도 있고 그렇지 않을 때도 있다. 들어가더라도 양은 삼바르에 비해 훨씬 적다. 향신료도 다르고 인도 식재료 상점에 가면 라삼과 마찬가지로 삼바르 혼합 향신료도 있다.

재료(4인분)

타마린드 열매 10g, 온수 100cc, 투르달(반으로 나눈 비둘기콩) 150g(씻어 충분한 물에 1시간 담갔다 물기를 뺀다), 물 1200cc, 강황가루 ½작은술, 식용유 1작은술, 가지 소1개(한입 크기로 자르기), 당근 ½개(두껍게 4mm 통썰기), 드럼 스틱(고기가 아니라 채소. 없으면 주키니, 오크라 등) 1개(약 60g, 길이 3, 4cm로 자르기), 강낭콩 5개(3cm 길이로 썰기), 토마토 소1개(1cm 깍둑썰기), 삼바르 파우더 1큰술, 감자당 1작은술, 기 1큰술, 겨자 씨 ½작은술, 아위 한꼬집, 커리 잎 6장, 소금 적당량, 고수(장식) 적당량(다지기)

만드는 법

❶ 볼에 타마린드 열매와 뜨거운 물을 넣어 20분 정도 두었다가 열매만 남기고 씨 등은 제거한다. ❷ 냄비에 콩, 물 600cc, 강황가루, 소금 1작은술을 넣고 한소끔 끓인 후 약불로 콩이 뭉개질 때까지 끓인다. ❸ 다른 팬에 기름을 가열하고 가지, 당근, 드럼 스틱, 강낭콩을 추가하여 몇 분 더 볶은 후 물 600cc를 넣어 끓이고 토마토, 삼바르 가루, 감자당, ①의 타마린드 엑기스를 더해 약불로 채소가 익을 때까지 끓인다. ❹ ②의 냄비의 내용물을 ③의 냄비에 넣고 약불로 5분 정도 더 끓인다. ❺ 수프가 너무 끈적할 때는 물(재료 외)을 추가하고 소금으로 간을 한다. ❻ 프라이팬에 기를 두르고 겨자 씨를 더해 타닥타닥 튀기 시작하면 아위, 커리 잎을 추가하고 몇 초 볶아 냄비에 넣는다. ❼ 수프를 그릇에 담고 고수를 뿌린다.

인도

편자비 카디 Punjabi Kadhi

채소튀김이 둥둥 떠있는 요구르트로 만든 수프

인도 사람들은 정말이지 요구르트를 즐겨 먹는다. 식사 때 2kg 정도의 요구르트가 들어 있는 그릇이 테이블 중간에 놓인다. 펀자비 카디는 그런 인도의 식탁에 빼놓을 수 없는 요구르트를 사용한 북부 인도 요리이다. 요구르트와 병아리콩, 물을 섞은 액이 이 수프의 베이스이다. 물론 각종 향신료가 들어간다. 카디에는 반드시 파코라(pakora)*라는 튀김(fritter)이 올라간다. 파코라는 양파, 가지 같은 것을 병아리콩 가루 반죽에 섞어 튀긴 것이다. 파코라는 그것만으로도 맛있어 길거리 음식으로도 인기 있는 간식이다.

재료(4인분)

신맛 나는 요구르트 250cc, 병아리콩 가루 100g, 칠리 파우더 ½작은술, 강황가루 ½작은술, 가람 마살라 ½작은술, 물 500cc, 기 1큰술, 겨자 씨 ½작은술, 커민 씨 1작은술, 생강 5g(강판에 갈기), 호로파 씨 1작은술, 아위 한꼬집, 양파 ½개(1cm 사각썰기), 마늘 1알(갈기), 생 그린 칠리 2개(세로로 슬라이스), 커리 잎 8장, 캐시컴 아늠(다지기), 소금 적당량

***파코라**

양파 2개(슬라이스), 병아리콩 가루 180g, 칠리 파우더 ½작은술, 강황가루 ½작은술, 가람 마살라 ½작은술, 아요완 씨 ½작은술, 소금 1작은술, 물 약 60cc, 식용유(튀김용) 적당량

장식

기 2큰술, 칠리 파우더 2작은술

※기를 두르고 칠리 파우더를 넣는다.

만드는 법

❶ 양파 파코라를 준비한다. 파코라 재료(식용유 제외)를 모두 그릇에 넣고 잘 저어 30분 정도 그대로 재워둔다. ❷ 카디를 만든다. 볼에 요구르트를 넣고 거품기로 저은 후 병아리콩 가루와 칠리 파우더, 강황, 가람 마살라를 더해 응어리가 생기지 않도록 잘 섞는다. 다시 물을 넣어 부드러워질 때까지 섞는다. ❸ 냄비나 프라이팬에 기를 두르고 겨자 씨를 추가하여 튀기 시작하면 커민을 넣어 튈 때까지 기다린다. ❹ 생강, 호로파 씨, 아위를 넣어 1분 정도 볶은 후 양파, 마늘, 그린 칠리를 넣고 약불로 볶다가 커리, 캐시컴 아늠을 더해 다시 1분 정도 볶는다. ❺ ❷의 요구르트 믹스를 추가하여 강불로 끓인 후 약불로 줄여 걸쭉해질 때까지 15분 정도 졸인다. 타지 않도록 자주 젓고 소금으로 간을 한다. ❻ 파코라를 튀긴다. 볼에 든 파코라 생지에 물(재료 외)을 조금씩 더해 숟가락으로 떴을 때 생지가 처질 정도로 반죽한다. 충분한 양의 식용유를 데워 생지를 숟가락 등으로 떠서 떨어뜨려 전체가 노릇노릇해질 때까지 튀긴다. ❼ ❺의 냄비에 파코라를 추가해 뚜껑을 덮고 찐 후 그릇에 담아 칠리 파우더가 든 기를 두른다. 바삭한 파코라를 좋아한다면 카디를 담은 후 파코라를 위에 올려놓는다.

몰디브

가루디야 Garudhiya

심플하면서도 고급스러운 국물 맛이 특징인 참치 수프

인도의 남쪽 인도양에 떠있는 섬나라 몰디브는 어업 국가이다. 주변은 참치 어장로 알려져 있고 가다랑어와 황다랑어 등이 많이 잡힌다. 가루디야는 몰디브 요리 중에서도 가장 유명한 참치 수프이다. 재료는 참치, 양파, 소금, 후춧가루, 물만 있으면 간단하게 만들 수 있다. 볶을 것도 없이 단지 익히기만 하면 된다. 이번처럼 커리 잎을 사용할 수도 있다. 이 수프를 더 끓여서 수분이 거의 없어져 페이스트가 되는데, 이것을 몰디브에서는 조미료로 사용한다. 솔직히 이 수프는 맛있다. 꼭 시도해보기 바라는 수프 중 하나다.

재료(4인분)

물 1000cc, 양파(기호에 따라) 소1개(슬라이스), 커리 잎(기호에 따라) 10장, 통후추(기호에 따라) 2작은술, 참치 500g(한입 크기), 소금 적당량

만드는 법

1 냄비에 물, 양파, 커리 잎, 통후추, 소금 1작은술을 넣고 끓인다. 2 참치를 씻은 후 냄비에 넣고 약불로 10~15분 끓인다. 3 소금으로 간을 한다.

네팔

콰티 Kwati

여러 종류의 콩을 발아시켜 조리하는 특별한 수프

콰티는 여러 종류의 콩이 들어간 네팔 전통 요리로, 네팔력(7, 8월경) 자나이 푸르니마*에 먹는다. 콩은 7종류이고 많은 경우는 12가지 이상 들어간다. 이 만큼 많은 종류의 콩을 넣는 것은 그만한 이유가 있겠지만, 콰티용 혼합 콩을 판매하고 있다. 재미있는 것은 콩을 그냥 불려서 익히는 것이 아니라 콩나물처럼 싹이 나올 때까지 기다렸다가 요리한다는 점이다. 콩이 발아하기까지 4일은 걸린다. 콩에 따라서 발아 시간이 다른 것이 단점이라면 단점이지만 발아를 관찰하는 것은 상당히 재미 있고 있는 수프는 건강에 더 좋다.

*자나이 푸르니마(Janai Purnima) : 신성한 끈이라 불리는 '자나이'를 1년에 단 한번 교체하면서 비슈누 신을 불러들이는 샤머니즘 의식

재료(4인분)

혼합 콩(누에콩, 강낭콩, 녹두, 병아리콩, 검은눈콩, 팥, 나방콩, 검은강낭콩, 흰강낭콩, 비둘기콩, 대두 등) 300g, 물 500cc, 식용유 2작은술, 겨자 씨 1작은술, 커민 씨 1작은술, 양파 1개(슬라이스), 마늘 2알(갈기), 생강 약 1cm(갈기), 커민가루 2작은술, 코리앤더가루 1작은술, 강황가루 1작은술, 토마토 2개(1cm 깍둑썰기), 기 2큰술, 야요완 씨 1작은술, 소금·후춧가루 적당량, 고수(장식) 적당량(큼직하게 썰기)

만드는 법

① 콩을 물(재료 외)에 담가 적어도 하룻밤, 가능하면 싹이 나올 때까지 뒀다가 요리를 시작하기 전에 소쿠리에 올려 물기를 뺀다. ② 콩과 물을 냄비에 넣고 끓인 후 약불로 콩이 부드러워질 때까지 익힌다. 끓으면 불을 끈다. ③ 프라이팬에 식용유를 두르고 겨자 씨, 커민 씨를 넣고 겨자 씨가 소리 나기 시작하면 양파, 마늘, 생강을 추가하고 양파가 투명해질 때까지 볶는다. ④ 커민, 코리앤더, 강황을 첨가하여 1분 정도 볶다가 토마토, 소금 1작은술, 후춧가루 약간을 넣어 토마토가 완전히 뭉개질 때까지 볶는다. ⑤ ❹를 콩이 든 냄비에 넣고 끓인 후 약불로 10분 정도 익힌다. 수분이 부족하면 물을 적당량 더하면서 계속 끓인다. 소금과 후춧가루로 간을 한다. ⑥ 프라이팬에 기를 두르고 야요완 씨를 넣어 살짝 섞은 다음 바로 냄비에 넣고 섞는다. ⑦ 수프를 그릇에 담고 고수를 뿌린다.

네팔

졸 모모 Jhol Momo

외형은 친숙하지만 먹어 보면 독특한 맛에 놀란다

네팔 요리는 중국, 티벳, 인도 같은 이웃 나라의 영향을 상당히 많이 받았다. 졸 모모를 봐도 분명히 중국과 인도 요리가 섞여 있음을 알 수 있다. 졸은 수프, 모모는 덤플링, 즉 네팔식 덤플링 수프이다. 덤플링의 외형은 만두처럼 생겼지만 강황, 커민, 코리앤더 등이 들어간다. 수프는 커민이나 칠리가 들어간 매운 토마토 베이스이지만, 신기하게도 간 참깨가 들어 있어서인지 맛에 깊이가 있다. 덤플링은 수프와는 따로 찐다. 덤플링과 수프의 궁합은 아주 좋으며 다른 곳에서는 맛볼 수 없는 맛이다.

재료(4인분)

흰깨 3큰술, 식용유 1큰술, 양파 1개(슬라이스), 캐시컴 아늄 2개(꼭지를 제거하고 칼로 두드려둔다), 마늘 1알(다지기), 생강 5g(다지기), 강황가루 1작은술, 커민가루 1작은술, 토마토 4개(1cm 깍둑썰기), 고수 10개(큼직하게 썰기), 물 또는 닭 육수(물+치킨 부이용도 가능) 120cc, 레몬즙(기호에 따라) 1큰술, 소금·후춧가루 적당량, 고수(장식) 적당량(큼직하게 썰기)

덤플링

만두피 20장, 돼지고기 또는 닭고기 간 것 300g, 파 ½대(다지기), 마늘 1알(다지기), 고수 5개(다지기), 칠리파우더 ¼작은술, 강황가루 ¼작은술, 커민가루 ¼작은술, 코리앤더 ¼작은술, 소금·후춧가루 약간

만드는 법

① 덤플링을 만든다. 만두피 이외의 덤플링 재료를 모두 볼에 넣고 잘 섞어 두었다가 만두피로 원하는 모양을 만든다. 마르지 않도록 랩 등을 씌워둔다. 찜통에 물을 넣고 끓인다. ② 수프를 만든다. 참깨를 볶아 절구 또는 블렌더 등으로 가루로 만든다. ③ 냄비에 식용유를 두르고 양파를 넣어 투명해질 때까지 볶은 후 캐시컴 아늄, 마늘, 생강, 향신료를 추가하고 향신료가 기름에 스며나올 때까지 볶는다. 토마토, 고수를 넣고 토마토가 뭉개질 때까지 볶는다. ④ 물 또는 육수를 넣어 한소끔 끓이고 토마토가 완전히 익을 때까지 약불로 익힌다. ⑤ ❷의 참깨를 더해 가볍게 섞은 다음 냄비의 내용물을 믹서로 부드럽게 갈고 소금과 후춧가루로 간을 한다. 기호에 따라 레몬즙을 넣는다. ⑥ 덤플링을 찜기에 넣고 익을 때까지 약 10분 정도 찐다. ⑦ 그릇에 수프를 담고 덤플링을 넣고 고수를 뿌린다.

고기는 반드시는 아니지만 향신료는 절대 고집하고 싶다

니하리는 원래 인도 북부의 델리, 보팔, 러크나우 등에 사는 이슬람교도의 요리였지만, 1945년 파키스탄이 독립하자 북부 인도의 이슬람교도가 카라치, 다카로 이주하여 살며 레스토랑을 개업했다. 그때 메뉴에 있던 니하리가 크게 인기를 끌었고 지금은 파키스탄의 국민 음식으로 사랑받고 있다. 니하리의 관건은 뭐니 뭐니 해도 향신료이다. 많은 종류의 향신료를 사용하는 점은 그야말로 인도 기원의 요리답다. 니하리용 포장 향신료 믹스가 판매되고 있다.

재료(4인분)

기 6큰술, 소고기, 염소고기 또는 양고기 300g(3cm 정도 깍둑썰기), 강황가루 ½작은술, 가람 마살라 ½작은술, 코리앤더가루 1작은술, 레드 칠리 파우더 1작은술, 계핏가루 1작은술, 육두구 ¼작은술, 후춧가루 1작은술, 생강 1작은술(갈기), 물 1000cc＋2큰술, 밀가루 2큰술, 양파 ½개(1cm 사각썰기), 소금·후춧가루 적당량, 고수(장식) 적당량(큼직하게 썰기), 그린 칠리(장식) 1개(대각선으로 슬라이스), 생강(장식) 적당량(채썰기)

스파이스 믹스

회향 씨 2작은술, 커민 씨 1작은술, 그린 카르다몸 콩깍지 2개(씨를 제거하고 콩깍지만 사용), 블랙 카르다몸 콩깍지 2개(씨 포함), 코리앤더 씨 2작은술, 통후추 ½작은술, 정향 10알, 월계수 잎 1장

※회향 씨와 커민 씨를 프라이팬에서 황금색이 될 때까지 볶고 재료 모두를 글라인더, 절구 등으로 가루로 만든다.

만드는 법

❶ 냄비에 기 4큰술을 두르고 고기를 넣어 전체적으로 익힌다. ❷ 가루 향신료 믹스와 다른 향신료, 생강을 섞은 것에 고기를 굴려 향신료를 골고루 묻힌다. 1000cc의 물을 붓고 소금 1작은술을 넣어 끓으면 약불로 줄여 고기가 부드러워질 때까지 졸인다. ❸ 밀가루 2큰술을 물에 풀어 냄비에 넣고 고기가 부서지지 않도록 섞으며 약불로 익힌다. ❹ 프라이팬에 기 2큰술을 두르고 양파를 노릇하게 볶는다. ❸의 냄비에 넣고 섞은 다음 소금과 후춧가루로 간을 한다. ❺ 수프를 그릇에 담고 장식을 한다.

키츠라 Khichra

파키스탄

3종류의 달과 2종류의 곡물로 만드는 매운맛 수프

키츠라는 방글라데시의 할림(p.308)과 비슷한데, 실제로도 할림을 변형한 요리로 알려져 있다. 인도에서는 실제로 두 요리에 같은 재료가 사용된다. 둘의 큰 차이는 할림은 고기가 익은 후 렌틸콩이 어울리도록 잘게 자르지만, 키츠라의 경우 스튜와 같이 그대로 형태를 남긴다. 파키스탄에서 키츠라는 인기 있는 길거리 음식으로 1년 내내 먹을 수 있다. 키츠라에는 채식 버전이 있다. 고기가 든 수프, 렌틸콩, 곡류를 따로따로 요리해서 마무리 단계에 담아낸다.

재료(4인분)

차나달(쪼갠 병아리콩) 100g, 마수르달(빨간 렌틸콩) 100g, 우라드달(검은 렌틸콩) 100g, 밀가루 100g, 보리 100g, 식용유 2큰술, 에샬롯 2개(1cm 사각썰기), 생강 마늘 페이스트 2큰술, 월계수 잎 2장, 레드 칠리 파우더 1작은술, 강황가루 ½작은술, 코리앤더가루 1작은술, 커민가루 1작은술, 가람 마살라 1작은술, 요구르트 250cc, 양고기 또는 소고기 1kg(한입 크기로 자르기), 물 750cc, 고수 10개(거칠게 다지기), 민트 잎 10장(거칠게 다지기), 소금·후춧가루 적당량, 튀긴 양파(장식) 적당량, 레몬(장식) 1개(빗모양썰기), 고수(장식) 적당량(거칠게 다지기), 민트 잎(장식) 적당량(거칠게 다지기)

만드는 법

❶ 콩과 곡류를 물에 씻어 충분한 물(재료 외)에 담가둔다. ❷ 냄비에 식용유를 두르고 에샬롯을 넣어 에샬롯이 투명해질 때까지 볶은 후 생강 마늘 페이스트를 더해 1분 정도 볶는다. ❸ 월계수 잎, 향신료, 요구르트, 소금 1작은술, 후춧가루 한꼬집, 고기를 넣고 2분 정도 볶은 후 물 250cc를 넣고 한소끔 끓인 후 고기가 부드러워질 때까지 약불로 익힌다. ❹ 고기가 익는 사이에 콩과 곡류를 소쿠리에 걸러 다른 냄비에 물 500cc와 함께 넣어 끓인 후 약불로 모든 재료가 뭉개질 때까지 끓인다. 수분이 부족하면 물을 적당량 추가할 것. ❺ 두 냄비의 내용물을 어느 한쪽 냄비에 옮겨서 섞고 고수, 민트 잎을 넣어 끓인 후 약불로 줄여 졸인 다음 소금과 후춧가루로 간을 한다. ❻ 수프를 그릇에 담고 장식을 한다.

스리랑카

멀리거토니 Mulligatawny

렌틸콩이 든 산뜻한 커리는 바스마티 쌀과 찰떡궁합

멀리거토니는 영국 수프로 소개되는 경우가 자주 있다. 실제로 멀리거토니는 영국에도 있지만 원래는 스리랑카와 남인도 요리이다. 영국의 멀리거토니는 원형을 변형한 영국식으로, 영국에서는 닭고기 등의 고기가 들어가지만 오리지널 수프에는 들어가지 않는다. 여기에서 소개하는 것은 스리랑카식 멀리거토니로, 말하자면 매운맛 렌틸콩 수프이지만 보통의 렌틸콩 수프보다 더 산뜻하다. 재미있는 것은 렌틸콩과 다른 재료를 따로 조리하는데, 다른 재료만 퓌레한다는 점이다.

재료(4인분)

마수르달(빨간 렌틸콩) 80g(충분한 물에 1시간 정도 담가둔다), 식용유 2큰술, 마늘 2알(슬라이스), 생강 5g(슬라이스), 커리가루 2큰술, 커민가루 2작은술, 강황가루 1작은술, 레드 칠리 파우더 1작은술, 셀러리 ½대(곱게 썰기), 당근 ½개(작은 깍둑썰기), 닭 육수 또는 물+치킨 부이용 750cc, 소금·후춧가루 적당량, 레몬 또는 라임(장식) 1개(빗모양썰기), 고수(장식) 적당량(큼직하게 썰기)

만드는 법

1 콩을 소쿠리에 올려 물기를 빼 냄비에 넣고 충분한 물(재료 외)을 넣어 한소끔 끓인 후 콩이 익을 때까지 약불로 삶아 소쿠리에 올려둔다. 2 다른 냄비에 식용유를 두르고 마늘, 생강을 더해 향이 날 때까지 볶은 후 커리가루, 커민가루, 강황가루, 레드 칠리 파우더를 추가하여 1분 정도 볶는다. 3 셀러리, 당근, 소금 1작은술, 후춧가루 한꼬집을 더해 살짝 버무린 후 육수를 부어 끓이다가 중불로 채소가 부드러워질 때까지 익힌다. 4 한 번 불을 끄고 믹서에 퓌레한다. 냄비에 다시 넣고 ❶의 콩을 추가해 자주 저으면서 약불로 5분 정도 끓인다. 5 소금과 후춧가루로 간을 하고 그릇에 담아 장식을 한다. 바스마티 쌀과 함께 내놓는다. 콩을 추가한 후 다시 퓌레해서 부드럽게 해도 좋다.

Chapter

11

동남아시아 & 오세아니아 & 폴리네시아

South East Asia & Oceania & Polynesia

캄보디아 | 라오스 | 인도네시아 | 말레이시아 | 미얀마 | 싱가포르 |
태국 | 베트남 | 호주 | 피지 | 괌 | 하와이 | 뉴질랜드 | 사모아 | 솔로몬 제도

캄보디아

삼러 꺼꼬 Samlor Kako

볶은 쌀가루로 견과류와 비슷한 풍미를 더한 커리 맛 수프

캄보디아 국민 음식 중 하나로 꼽는 삼러 꺼꼬는 메기 등의 생선이 사용되는 경우가 많지만 돼지고기나 닭고기를 사용하기도 한다. 특히 연령대가 높은 사람들에게 인기 있다. 삼러 꺼꼬란 휘젓는 수프라는 의미인 것 같다. 이 수프를 만들려면 계속 휘젓지 않으면 안 되기 때문일 것이다. 기본적으로 커리 맛 생선과 고기와 채소 수프이지만, 볶은 쌀가루가 들어가는 것이 흥미롭다. 이 방법은 캄보디아뿐만 아니라 주변 국가에서 자주 사용된다. 볶은 쌀을 추가하면 걸쭉할 뿐 아니라 견과류의 풍미가 더해진다.

재료(4인분)

식용유 2큰술, 삼겹살 200g(얇게 썰기), 그린 커리 페이스트 3큰술, 메기(없으면 어떤 생선도 가능) 400g(한입 크기로 자르기), 멸치 페이스트 1작은술, 호박 소¼개(한입 크기로 자르기), 그린 파파야 ½개(채썰기), 줄콩 또는 강낭콩 150g (2~3cm 폭으로 썰기), 물 1250cc, 피시 소스(남플라 등) 2큰술, 팜슈거 또는 황설탕 2작은술, 소금 적당량, 볶은 쌀* 4큰술, 플랜테인 또는 그린 바나나 ½개(바나나의 경우 1개, 채썰기), 가지 1개(1cm 폭으로 썰기)

사이드 디시
식용유 1작은술, 비터리프 또는 시금치 50g(큼직하게 썰기), 재스민 쌀 적당량, 레드 페퍼 플레이크 적당량

*볶은 쌀 : 쌀을 씻어 물기를 뺀 후 프라이팬에 노르스름해질 때까지 볶는다. 잔열이 사라지면 글라인더나 절구 등으로 가루로 만든다.

만드는 법

❶ 팬에 식용유를 두르고 고기를 넣어 그릴 자국이 날 때까지 볶는다. ❷ 중불로 그린 커리 페이스트를 추가해 향이 날 때까지 섞고 생선, 엔초비를 추가해 소스를 생선 전체에 바른다. 생선을 꺼내 그릇에 덜어둔다. ❸ 호박, 그린 파파야, 줄콩을 더해 가볍게 섞은 후 물, 피시소스, 설탕, 소금 약간, 볶은 쌀을 추가한다. 다시 끓으면 약불로 채소가 조금 익을 때까지 약 5분 끓인다. ❹ 남은 채소를 넣고 익으면 생선을 냄비에 다시 넣고 생선이 부서지지 않도록 섞어 5분 정도 끓인다. ❺ 사이드 디시를 만든다. 프라이팬에 식용유를 두르고 비터리프를 소테한다. ❻ 수프를 그릇에, 비터리프와 재스민 쌀을 접시에 담고 레드 페퍼 플레이크를 뿌린다.

삼러 까리 Samlor Kari

캄보디아

붉은색이 식욕을 돋우는 코코넛밀크 베이스의 커리 수프

캄보디아의 식사는 보통 3~4가지 요리로 구성된다. 메인 요리 옆에 자주 등장하는 것이 수프인 삼러이다. 삼러 까리는 행사나 결혼식에 나오는 축하 요리이기도 하다. 길거리 음식으로 알려진 놈반쪽(캄보디아 국수)과는 국수를 제외하면 거의 재료가 같다. 삼러 까리는 놈반쪽의 레드 커리 버전이라고도 할 수 있다. 삼러 까리는 국수가 아닌 바게트를 담가 먹는 것이 일반적인 것 같다. 이 수프는 채소가 가득 들어간 코코넛밀크로 마무리하지만, 향신료가 들어 있기 때문에 코코넛밀크를 싫어하는 사람이라도 괜찮다.

재료(4인분)

식용유 2큰술, 레드 커리 페이스트 2큰술, 닭고기 800g(한입 크기로 자르기), 양파 2개(1개를 8등분), 감자 소2개(한입 크기로 자르기), 고구마 소1개(한입 크기로 자르기), 코코넛밀크 250cc, 물 500cc, 새우 페이스트 1작은술, 피시 소스 3큰술, 팜슈거 2큰술, 강낭콩 20개(2cm 길이로 자르기), 가지 1개(2cm 깍뚝썰기), 소금 적당량

만드는 법

❶ 냄비에 기름을 두르고 레드 커리 페이스트를 넣어 중불로 1~2분 섞는다. ❷ 고기를 넣고 전체에 커리 페이스트를 묻힌 후 양파를 넣어 양파가 투명해질 때까지 볶는다. ❸ 감자, 고구마를 넣고 섞은 후 코코넛밀크, 물, 새우 페이스트, 피시 소스, 팜슈거를 넣어 강불에서 한소끔 끓이고 약불로 고기와 채소가 얼추 익을 때까지 익힌다. ❹ 강낭콩과 가지를 추가하여 고기와 채소가 부드러워질 때까지 끓이고 소금으로 간을 한다. ❺ 그릇에 담고 바게트 또는 밥과 함께 제공한다.

라오스

켕 노 마이 사이 야낭 Keng No Mai Sai Yanang

야낭이라는 잎 엑기스가 들어간 그린 죽순 수프

켕 노 마이 사이 야낭은 라오스, 태국 동북부의 전통적인 죽순 수프이다. 타이 칠리페퍼가 꽤 들어가 있어 매울 것 같지만, 이 수프의 가장 특징은 야낭이라 불리는 잎을 사용하는 점이다. 그렇다고 해도 잎을 그대로 사용하는 게 아니라 잎을 찬물에 담가 손으로 비벼서 만드는 녹색의 액체를 요리에 사용한다. 작업에 시간이 걸리기 때문에 보통은 캔에 든 야낭 주스를 사용한다. 야낭 자체에 약간 쓴맛이 있는 정도이고 별 맛은 없다. 맛이 아니라 걸쭉함을 더하는 역할을 하는 것 같다. 그러나 영양가는 높다.

재료(4인분)

밥 2큰술, 타이 칠리페퍼 2~3개, 캔 야낭 잎 추출액 2캔(800cc), 물 500cc, 죽순 익힌 것 400~500g(얇게 슬라이스), 에샬롯 2개(다지기), 레몬그라스 1개(양쪽의 딱딱한 부분을 잘라 가볍게 두드린 후 2cm로 길이로 썰기), 말린 목이버섯 10g(물에 불려 먹기 좋은 크기로 자르기), 치킨 부이용 1큰술, 설탕 2작은술, 피시 소스 2큰술+α, 호박 소⅙개(한입 크기로 자르기), 타이 바질 또는 라이스패디허브(소엽풀) 1팩(50g)(큼직하게 썰기), 소금 적당량, 타이 바질 또는 라이스패디허브(장식) 적당량, 파(장식) 적당히(곱게 썰기)

만드는 법

① 밥과 칠리페퍼 1개를 절구 등에 넣어 반죽해 섞는다. ② 냄비에 야낭 잎 추출액과 물을 넣고 끓인 후 죽순, 에샬롯, 레몬그라스를 추가하여 15분 정도 중불에서 끓인다. ③ 목이버섯, 치킨 부이용, 설탕, 피시 소스, 마음에 드는 칠리페퍼 1~3개, 호박을 추가해 강불에서 끓인다. ④ ❶을 추가로 넣어 잘 섞은 후 약불로 호박이 부드러워질 때까지 끓인다. ⑤ 타이 바질을 더해 끓인 후 소금, 피시 소스로 간을 맞춘다. ⑥ 그릇에 담고 타이 바질과 파를 뿌린다.

인도네시아

숩 부레네본 Sup Brenebon

간단하지만 감칠맛 나는 네덜란드 기원의 덩굴강낭콩 수프

숩 부레네본은 인도네시아 술라웨시섬 북쪽에 위치한 므나도의 요리이다. 인도네시아를 식민지로 통치하던 네덜란드의 영향을 강하게 받은 수프로 이름도 네덜란드의 이네본(브라운빈, 덩굴강낭콩)에서 유래한다. 기원이 된 네덜란드 수프에는 족발이 들어가는 것이 보통이지만 숩 부레네본은 삼겹살을 사용하거나 또는 고기가 들어 있지 않은 것도 많다. 이슬람교도가 많기 때문에 돼지고기 대신 소고기를 사용하는 할림 버전도 있다. 돼지고기와 버터가 들어 있기 때문에 보기보다 걸쭉한 것이 특징으로 정향 향이 식욕을 돋운다.

재료(4인분)

덩굴강낭콩(빨간강낭콩) 250g(충분한 물에 하룻밤 담가둔다), 삼겹살 250g(슬라이스), 물 2000cc, 육두구 1작은술, 정향 4알, 무염버터 2큰술, 실파 3개(곱게 썰기), 셀러리(가능하면 차이니즈 셀러리) 1대(곱게 썰기), 소금·후춧가루 적당량, 파(장식) 적당량(곱게 썰기), 튀긴 에샬롯(장식) 적당량

만드는 법

❶ 콩을 소쿠리에 올려 물기를 뺀 후 냄비에 넣고 고기, 물, 소금 1작은술, 후춧가루 한꼬집을 더해 끓인 후 육두구, 정향을 넣고 약불로 콩이 부드러워질 때까지 익힌다. ❷ 프라이팬에 버터를 두르고 파, 셀러리를 넣어 2분 정도 볶은 뒤 냄비에 넣고 5분 정도 약불로 끓인 후 소금과 후춧가루로 간을 한다. ❸ 수프를 그릇에 담고 장식한다.

인도네시아

꼰로 Konro

맛있는 국물로 끓인 사르르 녹는 갈비에 침이 고인다

꼰로는 인도네시아 술라웨시섬 남쪽에 있는 마카사르의 요리로 인도네시아 특유의 재료를 듬뿍 사용한 다른 곳에서는 맛볼 수 없는 수프이다. 갈랑가, 레몬그라스, 카피르 라임 잎 등 동남아시아 국가에서는 많이 사용되는 재료 외에 켈루악 또는 블랙넛이라는 발효시킨 과일열매와 끄미리(kemiri, 견과류) 또는 캔들넛이라는 열매를 수프의 재료로 사용하고 한다. 꼰로의 복잡한 맛은 이런 향신료와 허브 없이 재현하는 것은 불가능하다. 깊은 맛의 국물에 푹 삶아 뼈가 쉽게 분리되는 부드러운 갈비는 어떤 것과도 바꿀 수 없다.

재료(4인분)

식용유 2큰술, 에샬롯 2개(슬라이스), 물 1500cc, 갈비 600g, 월계수 잎(가능하면 인도네시안 월계수 잎 2장), 레몬그라스 2개(양쪽을 자르고 칼등으로 두드린다), 정향 4알, 갈랑가 20g(칼등으로 두드린다), 카피르 라임 잎 10장, 타마린드 주스 1큰술, 케찹 마니스(단 간장) 2큰술, 소금 적당량, 튀긴 에샬롯(장식) 적당량

스파이스 페이스트

통후추 1알, 코리앤더가루 2작은술, 캔들넛(끄미리) 4개, 블랙넛(켈루악) 3개(껍질이 붙은 것은 뜨거운 물에 담근 후 내용물을 꺼내둔다), 심황(생) 20g, 에샬롯 2개(다지기), 마늘 4알(다지기)

만드는 법

❶ 스파이스 페이스트 재료 모두를 푸드 프로세서 또는 절구를 사용하여 페이스트상으로 한다. ❷ 냄비에 기름을 두르고 에샬롯을 넣어 투명해질 때까지 볶은 후 ①의 스파이스 페이스트를 추가하여 스파이스와 기름이 분리될 때까지 볶는다. ❸ 물, 갈비, 레몬그라스, 정향, 갈랑가, 카피르 라임 잎을 넣고 끓인다. ❹ 타마린드 주스, 케찹 마니스, 소금 1작은술을 넣고 약불로 갈비가 부드러워질 때까지 푹 삶는다. ❺ 소금으로 간을 하고 그릇에 담아 튀긴 에샬롯을 뿌린다.

라원 Rawon

인도네시아

블랙 트뤼프라고도 불리는 검은 열매를 사용한 소고기가 들어간 스튜

이 수프가 이렇게나 검은 이유는 앞 페이지도 나온 켈루악(블랙넛)이 들어 있기 때문이다. 4인분에 5개는 상당한 양이라고 생각해도 좋다. 동남아시아 맹그로브숲에서 자라는 켈루악의 열매에는 독성이 강한 시안화합물이 포함되어 있기 때문에 생으로 먹을 수 없다. 켈루악 열매는 우선 데친 후 땅에 묻는다. 50일간 묻어 놓은 열매는 크림색에서 진한 갈색으로 바뀌고 발효에 의해 독성이 없어진다. 켈루악은 카카오, 버섯, 블랙 올리브 등을 연상시키는 맛과 향을 갖고 있어 아시아의 블랙 트뤼프라고도 불린다.

재료(4인분)

식용유 2큰술, 스튜용 소고기 300g, 타마린드 주스 1큰술, 물 1000cc, 카피르 라임 잎(없으면 라임 껍질) 4장(라임 껍질은 1작은술(얇게 슬라이스)), 소금·후춧가루 적당량, 설탕 적당량, 솔티드 에그(소금에 절인 집오리 알. 장식) 4개(세로로 반으로 자르기), 파(장식) 적당량(곱게 썰기), 튀긴 에샬롯(장식) 적당량

수프 베이스

블랙넛(켈루악) 5개(하룻밤 물에 담가둔다), 강황(생) ½작은술(다지기), 생강 1큰술(다지기), 에샬롯 2개(다지기), 캔들넛(없으면 생 아몬드, 캐슈넛) 2개, 캐시컴 아늄 1개, 레몬그라스(흰색 부분만) 1개(곱게 썰기), 갈랑가 ½큰술(다지기), 코리앤더가루 1작은술, 월계수 잎 1장, 커민가루 ½작은술, 새우 페이스트 1작은술

만드는 법

❶ 수프 베이스 재료를 믹서에 넣고 페이스트한다. ❷ 냄비에 식용유를 두르고 수프 베이스를 넣어 향이 날 때까지 섞는다. ❸ 고기와 타마린드 주스를 추가하여 고기에 수프 베이스를 골고루 묻힌다. ❹ 물을 붓고 카피르 라임 잎을 뜯어 넣은 후 가볍게 소금과 후춧가루를 뿌리고 설탕을 넣어 약불로 고기가 부드러워질 때까지 익힌다. 소금과 후춧가루로 간을 한다. ❺ 그릇에 담고 솔티드 에그를 올리고 장식을 한다.

떽완 Tekwan

인도네시아

탱탱한 생선 볼과 담백한 새우 수프의 조화가 환상

생 새우와 말린 새우로 국물을 낸 수프는 매우 담백해서 누구나 좋아하는 맛이다. 배와 비슷한 맛이 나는 히카마*는 뿌리채소로, 삶아도 잘 뭉개지지 않고 단맛이 있다. 그러나 이 수프의 주재료는 생선 볼이다. 이번에 사용한 생선은 가물치이다. 흰살생선으로 매우 맛있다. 가물치를 으깬 것을 타피오카가루와 섞어 볼을 만든다. 타피오카가루의 양이 많기 때문인지 생선 볼은 탱탱하고 새우 베이스의 담백한 수프와 매우 잘 어울린다.

*히카마(jicama) : '멕시코 감자'라고 불리는 구근류

재료(4인분)

말린 목이버섯 10매, 생새우 중10마리, 식용유 1큰술, 마늘 2알(다지기), 양파 ½개(다지기), 말린 새우 1큰술, 물 2500cc, 소금·후춧가루 적당량, 말린 백합꽃 20장, 히카마(없으면 딱딱한 배) 1개(두께 1~2mm, 길이 4~5cm로 채썰기), 대파 ½대(채썰기), 이탈리안 파슬리(장식) 적당량(큼직하게 썰기), 튀긴 에샬롯(장식) 적당량

생선 볼

가물치 또는 고등어 250g(껍질과 뼈를 제외하고 한입 크기로 자르기), 마늘 2알(다지기), 대파 10cm(다지기), 달걀 1개, 타피오카가루 150g, 소금·후춧가루 각 ½작은술

만드는 법

❶ 목이버섯을 물에 불려둔다. 클 경우는 불린 후 적당한 크기로 썬다. ❷ 생새우는 머리와 껍질, 내장을 제거하고 2cm 정도로 잘라둔다. 머리와 껍질은 덜어둔다. ❸ 냄비에 식용유를 두르고 마늘, 양파를 넣어 볶은 후 새우 머리와 껍질, 말린 새우를 추가하여 새우가 빨갛게 될 때까지 볶는다. ❹ 냄비에 물을 넣어 끓인 후 중불로 물이 1500cc 정도가 될 때까지 졸인 다음 소쿠리 등으로 걸러 수프를 냄비에 다시 넣는다. ❺ 생선 볼을 만든다. 다른 냄비에 1000cc 정도의 물(재료 외)을 넣고 끓인다. ❻ 생선 볼 재료를 믹서에 넣고 잘 섞는다. ❼ ❻을 2개의 스푼으로 둥글게 만들어 끓는 물에 넣는다. 떠오르는 것부터 꺼내 수프가 든 냄비에 옮긴다. ❽ 새우 몸통, 목이버섯, 백합꽃을 넣고 새우가 빨갛게 될 때까지 끓인다. ❾ 그릇에 히카마와 대파를 적당량 놓고 그 위에 수프를 담고 장식을 한다.

똥셍 Tongseng

다양한 맛과 향이 혼합된 양고기와 채소 수프

인도네시아 중부 자바가 기원으로 알려진 똥셍은 지금은 자바 전역에서 인기 수프로 자리 잡았다. 18~19세기에 걸쳐 아랍과 이슬람계 인도의 영향을 받아 만들어진 것으로 알려져 있다. 인도네시아의 다른 수프에 나오는 혼합 향신료가 맛의 기반이지만 인도네시아의 달콤한 간장, 케찹 마니스의 역할도 크다. 케찹 마니스는 간장에 팜슈거를 첨가한 시럽 같은 간장으로 인도네시아 특산이다. 이 간장의 단맛, 향신료의 매운맛, 레몬그라스의 신맛이 카피르 라임의 상쾌한 향과 묘하게 어울린다.

재료(4인분)

식용유 2큰술, 뼈 붙은 염소고기 450g(먹기 좋은 크기로 자르기), 월계수 잎 2장, 카피르 라임 잎 4장, 레몬그라스 1개(흰 부분만. 두드려둔다), 물 750cc, 코코넛밀크 250cc, 케찹 마니스(단맛 간장) 3큰술, 양배추 소¼개(큼직하게 썰기), 토마토 2개(깍둑썰기), 소금 적당량, 튀긴 양파(장식) 적당량

혼합 향신료

에샬롯 4개(거칠게 다지기), 마늘 4알(거칠게 다지기), 갈랑가 1작은술(갈기), 강황(생) 2작은술(갈기), 캔들넛 없으면 생 아몬드 또는 캐슈넛 3알, 코리앤더가루 1작은술, 커민가루 ½작은술, 육두구 ¼작은술

만드는 법

❶ 혼합 향신료 재료를 모두 믹서에 넣고 페이스트한다. ❷ 냄비에 기름을 두르고 혼합 향신료 향이 날 때까지 볶는다. ❸ 고기를 넣어 향신료를 고기 전체에 바르고 월계수 잎, 카피르 라임 잎, 레몬그라스를 넣고 레몬그라스 등의 향이 날 때까지 볶는다. ❹ 물, 코코넛밀크, 케찹 마니스를 넣고 약불로 고기가 부드러워질 때까지 끓인다. ❺ 고기가 부드러워지면 양배추와 토마토를 넣어 양배추가 부드러워질 때까지 끓인다. 소금으로 간을 한다. ❻ 그릇에 담고 튀긴 양파를 뿌린다.

수프 아얌 Sup Ayam

맵고 향 짙은 향신료, 허브가 들어간 닭고기 수프

강한 맛이지만 비교적 산뜻한 맛의 닭고기 수프를 동남아시아 식으로 변형한다면 어떻게 될까. 그런 우리의 상상을 배반하지 않는 것이 말레이시아의 닭고기 수프 아얌이다. 이 수프에는 커민, 코리앤더, 칠리 등의 향신료가 들어가지만 그 외에도 팔각, 그린 카르다몸, 시나몬 등 풍부한 향의 향신료와 허브도 사용된다. 콩소메와 육수를 사용하지 않아도 닭고기와 채소, 균형 있게 배합된 허브와 향신료가 있으면 깊은 맛을 낼 수 있다는 걸 보여주는 수프이다.

재료(4인분)

닭고기 800g(한입 크기로 자르기), 커민가루 1작은술, 코리앤더가루 1큰술, 에샬롯 2개(다지기), 마늘 4알(다지기), 생강 10g(다지기), 식용유 2큰술, 정향 2알, 카르다몸 콩깍지 3알, 계피 스틱 1개, 팔각 1개, 물 600cc, 양파 1개(8등분), 감자 2개(한입 크기로 자르기), 당근 1개(한입 크기로 자르기), 셀러리 ½대(곱게 썰기), 실파 1개(곱게 썰기), 고수 10장(큼직하게 썰기), 소금 적당량, 흰 후춧가루 적당량, 고수(장식) 적당량(다지기), 실파(장식) 적당량

만드는 법

① 고기, 커민가루, 코리앤더가루, 소금 1작은술, 흰 후춧가루 한꼬집을 볼에 넣고 잘 섞어둔다. ② 에샬롯, 마늘, 생강을 절구 또는 푸드 프로세서로 간다. ③ 냄비에 식용유를 두르고 정향, 카르다몸 콩깍지, 계피 스틱, 팔각을 넣어 가볍게 섞은 후 ❷를 더해 향이 날 때까지 볶는다. ④ ❶을 추가해 고기 전체가 하얗게 될 때까지 볶은 다음 물을 넣어 끓인다. ⑤ 양파, 감자, 당근, 셀러리, 소금 1작은술을 넣고 약불로 고기와 채소가 익을 때까지 끓인다. 수프 양을 항상 유지하도록 물을 적당량 넣는다. ⑥ 실파와 고수를 넣어 한소끔 끓인 후 소금과 흰 후춧가루로 간을 한다. ⑦ 그릇에 담고

미얀마

친이엔힌 Chin Yay Hin

맵고 시큼한, 물처럼 마시기도 하는 채소 수프

친이엔힌은 밥과 작은 그릇에 담긴 여러 종류의 커리와 함께 식탁에 올린다. 친이엔힌을 숟가락으로 떠서 밥에 올려 커리와 섞어 먹는 것이 일반적이다. 식사를 할 때 물을 마시듯이 먹는 것 같기도 하다. 물론, 친이엔힌만 맛봐도 상관없다. 친이엔힌은 중국에서도 자주 볼 수 있는 맵고 신맛이 나는 수프이지만, 중화 수프와는 재료가 다르다. 신맛은 타마린드와 로젤 잎, 매운맛은 레드 칠리페퍼에 의한 것이다. 신맛이 나는 로젤 잎이 필수이지만 없으면 시금치로 대체한다.

재료(4인분)

식용유 2큰술, 양파 1개(다지기), 마늘 4알(다지기), 레드 페퍼 플레이크 ½작은술, 로젤 잎(없으면 시금치) 150~200g(시금치의 경우 3~5뿌리, 큼직하게 썰기), 죽순 100g(슬라이스), 토마토(가능하면 그린 토마토) 3개(큰 깍둑썰기), 새우가루(기호에 따라, 말린 새우를 갈아도 가능) 1작은술, 새우 또는 생선 페이스트(없으면 젓갈) 1작은술, 닭이나 생선 또는 채소 육수 1500cc, 타마린드 주스 1큰술, 소금·후춧가루 적당량

만드는 법

❶ 냄비에 기름을 두르고 양파, 마늘, 페퍼 플레이크를 넣고 1~2분 정도 볶는다. ❷ 로젤 잎(시금치를 사용하는 경우는 이때 넣지 않는다), 죽순, 토마토, 새우가루, 새우 페이스트를 추가하고 죽순이 어느 정도 부드러워지면 육수, 타마린드 주스를 넣어 채소가 부드러워질 때까지 약불로 익힌다. ❸ 소금과 후춧가루로 간을 한다. 시금치를 사용하는 경우 이때 넣고 익으면 바로 불을 끄고 그릇에 담는다. ❹ 기호에 따라 닭고기, 생선, 새우 등을 넣어도 좋다. 그럴 때는 국물을 넣을 때 추가한다.

싱가포르

바쿠테 肉骨茶

중국 이민자에 의해 전파된 돼지갈비 수프

바쿠테는 중국 푸젠성(복건성)이 기원이라고 알려져 있다. 19세기 싱가포르와 말레이시아로 이주한 푸젠 사람들과 중국 이주 노동자에 의해 바쿠테가 전파된 것으로 여겨진다. 바쿠테에는 몇 가지 변형이 있다. 대부분은 돼지갈비를 사용하지만, 싱가포르는 양고기, 소고기, 타조 등도 사용한다. 또한 싱가포르에서는 밥과 함께 제공하는 경우가 많지만, 말레이시아에서는 유탸오(油条)라는 중국의 튀긴 빵과 함께 먹는다. 바쿠테용 혼합 향신료는 손쉽게 구할 수 있다. 이번에는 그것을 사용했다.

재료(4인분)

돼지갈비 1kg(4~5cm로 자른 것), 물 1200cc, 마늘 3알, 말린 표고버섯 4장(물에 담가 불린 후 밑동을 잘라낸다), 바쿠테 혼합 향신료 1팩, 흰 후춧가루 70g(¼은 칼등으로 부순다), 소금 적당량, 칠리 마늘 소스(장식) 적당량, 고수(장식) 적당량(큼직하게 썰기)

만드는 법

① 돼지갈비를 냄비에 넣고 잠길 정도의 물(재료 외)을 부어 한소끔 끓인 후 5분 정도 익힌다. ② 돼지갈비를 꺼내서 잘 씻는다. 물은 버리고 냄비를 깨끗하게 씻는다. ③ 돼지갈비를 냄비에 다시 넣고 물, 마늘, 물에 불린 표고버섯, 혼합 향신료, 흰 후춧가루, 소금 1작은술을 추가해 끓인 후 약불로 1시간 정도 익힌다. 소금으로 간을 한다. ④ 그릇에 담고 고수를 뿌린다. 기호에 따라 칠리 마늘 소스를 찍어 먹는다.

싱가포르

까리위토우 咖喱鱼头

생선 머리와 커리의 묘한 조합이 인상적인 싱가포르 명물

인도 요리에 생선 머리라고 생각해야 할까, 중국 요리에 커리 맛이라고 생각해야 할까. 어느 쪽이든 원산지가 인도도 중국도 아닌 것을 알 수 있다. 인도 남부 케랄라 방식의 커리에 생선 머리를 넣어 만든 것이 싱가포르의 명물 요리 까리위토우이다. 케랄라에서 싱가포르로 이주한 호텔 요리사가 만들어낸 요리는 지금은 관광객에게 인기를 끌고 있다. 생선은 도미와 비슷한 흰점퉁돔의 일종을 사용하는 게 보통이지만, 기본적으로 무엇이든 괜찮아 흰살생선도 붉은살생선도, 연어도 맛있는 커리를 만들 수 있다.

재료(4인분)

물 1000cc, 생선 머리 600g(갈라서 2등분), 커리 잎 2장, 레몬그라스 2개(양쪽 끝을 자르고 두드린다), 토마토 2개(4등분), 가지 2개(세로로 4등분하고 가로로 반으로 자르기), 오크라 6개(꼭지를 제거하고 세로로 2등분), 코코넛밀크 250cc, 타마린드 주스 3큰술, 소금 적당량

커리 페이스트

에샬롯 2개, 양파 ½개, 생강 30g, 강황(생) 30g, 마늘 4알, 레드 칠리페퍼 또는 캐시컴 아늄 2개(꼭지와 씨를 제거), 소금 2작은술, 설탕 1큰술, 물 60cc, 식용유 2큰술, 피시 커리가루 4큰술

만드는 법

① 커리 페이스트 재료(식용유와 피시 커리가루 외)를 믹서로 페이스트한다. ② 프라이팬에 식용유를 두르고 ❶과 피시 커리가루를 첨가하여 유분이 분리될 때까지 볶는다. ③ 냄비에 물, 생선, 커리 잎, 레몬그라스, 토마토, 가지, 오크라를 넣고 한소끔 끓인 후 중불에서 모든 재료가 익을 때까지 익힌다. ④ 코코넛밀크, 타마린드 주스를 넣고 다시 끓인다. 소금으로 간을 한다. ⑤ 그릇에 담아 밥과 함께 제공한다.

카오 똠 Khao Tom

태국

가끔은 태국식 잡탕 죽으로 담박한 아침식사를 즐기고 싶다

어느 나라든 그렇지만 아침식사 메뉴라고 할 만한 것은 그다지 많지 않다. 태국 가정에서 자주 먹는 아침식사라고 하면 카오 똠이다. 카오는 밥, 똠은 익힌다는 뜻이다. 남은 밥이나 고기 등으로 만드는 잡탕 죽 같은 것으로, 보통은 수프를 만들고 나서 밥을 넣어 한소끔 끓이지만 이 레시피와 같이 밥에 수프를 끼얹으면 보슬보슬해서 맛있다. 재료에 따라 카오 똠 꿍(새우), 카오 똠 까이(닭고기), 카오 똠 무(돼지고기)라고 불린다. 마무리에 여러 종류의 토핑이 올라가는데 튀긴 마늘과 에샬롯은 필수다.

재료(4인분)

마늘 3알(다지기), 흰 후춧가루 ¼작은술, 고수 줄기(장식에 사용하는 고수 잎 이외의 부분도 가능) 6개, 껍질 벗긴 생새우 8마리, 식용유 1큰술, 돼지고기(닭고기도 가능) 육수 또는 물+부이용 1500cc, 생강 5g(슬라이스), 젓갈 1큰술+α, 간장 1큰술+α, 근채(중국 셀러리, 없으면 소송채나 청경채 등 4개, 작은 것은 그대로, 큰 것은 싹둑 자르기), 밥(가능하면 재스민 쌀) 2~4컵(원하는 양), 실파(장식) 적당히(곱게 썰기), 고수(장식) 적당량(거칠게 다지기), 튀긴 마늘(장식) 적당량, 튀긴 에샬롯(장식) 적당량

만드는 법

① 마늘, 흰 후춧가루, 고수 줄기를 절구 등으로 찧어 페이스트한다. ② ❶의 페이스트 절반과 새우를 볼에 넣고 잘 섞는다. ③ 프라이팬에 식용유를 두르고 새우를 넣어 전체가 빨갛게 될 때까지 볶아 접시에 덜어둔다. ④ 냄비에 육수를 끓여 ❶의 페이스트 나머지, 생강, 젓갈, 간장을 넣는다. ⑤ 수프가 다시 끓으면 ❸의 새우, 근채를 추가하여 근채가 알맞은 경도가 될 때까지 끓인다. 그 사이에 젓갈, 간장으로 간을 맞춘다. ⑥ 그릇에 뜨거운 밥을 담고 그 위에 수프를 끼얹고 장식한다.

태국

똠 카 까이 Tom Kha Gai

바로 이게 태국 요리!라고 말할 수 있는, 맵지만 독특하고 복잡한 맛과 향을 가진 수프

똠 카 까이는 닭고기와 갈랑가 수프라는 뜻으로 원래는 수프가 아니라 갈랑가가 많이 들어간 코코넛밀크 베이스의 닭조림 같은 것이었다. 갈랑가는 생강과 비슷하지만 생강만큼 맵지 않고 질이 좋은 것은 은은한 레몬의 신맛과 카르다몸의 향을 갖고 있다. 똠 카 까이에는 이 밖에 카피르 라임 잎, 레몬그라스, 그리고 타이 칠리페퍼가 듬뿍 들어간다. 갖가지 허브와 향신료가 태국 요리 특유의 맛과 향을 만들어낸다. 밥과 함께 먹으면 최고로 맛있는 수프이다.

재료(4인분)

닭 육수 또는 물 500cc, 레몬그라스 1개(양끝은 자르고 곱게 썰기), 갈랑가 20g(슬라이스), 카피르 라임 잎 6장, 고수 10장(큼직하게 썰어 잎과 줄기로 나누어둔다), 칠리페퍼(가능하면 생 타이 칠리페퍼, 없으면 다른 칠리페퍼) 3~6개(기호에 따라. 꼭지를 제거하고 두드려둔다), 닭 허벅지살이나 가슴살 400g(한입 크기로 자르기), 젓갈(남플라 등) 2큰술, 팜슈거 1작은술, 코코넛밀크 250cc, 풀버섯, 느타리버섯이나 송이버섯 150g, 칠리 오일 1큰술, 라임즙 1개분

만드는 법

❶ 국물을 끓여 레몬그라스, 갈랑가, 카피르 라임 잎, 고수 줄기 부분(잎 부분은 장식용으로 덜어둔다), 칠리페퍼, 고기를 넣고 고기가 익을 때까지 약불로 끓인다. ❷ 젓갈 1큰술, 팜슈거, 코코넛밀크를 넣고 끓으면 버섯류를 추가하여 버섯이 익을 때까지 약불로 익힌다. ❸ 남은 젓갈 1큰술을 조금씩 더하면서 간을 맞춘 후 불을 끄고, 칠리 오일을 넣고 라임즙을 조금씩 더하면서 원하는 신맛을 낸다. ❹ 수프를 그릇에 담고 고수 잎 부분을 장식한다.

똠 얌 Tom Yum

태국

태국 수프라고 하면 똠 얌. 이제는 세계적인 붐으로!

우리나라에서도 친숙한 똠 얌은 태국의 맵고 신맛 나는 수프이다. 특히 새우가 든 똠 얌 꿍은 전 세계적으로 인기를 얻고 있다. 이 수프를 만들기 위해 여러 가지 허브와 향신료를 갖추어야 하는데, 지금은 아마 우리나라에서도 필요한 허브와 향신료가 모두 혼합된 똠 얌 페이스트를 구할 수 있다. 똠 얌을 만드는 핵심 중 하나가 라임이다. 라임은 끓이면 쓴맛이 나오므로 조리한 후에 반드시 불을 끄고 라임즙을 추가해야 한다.

재료(4인분)

물 1000cc, 새우(껍질째 중~대) 8~12마리, 카피르 라임 잎 6장(손으로 찢는다), 레몬그라스 1개(양쪽을 자르고 두드려서 1cm 폭 어슷썰기), 갈랑가 15g(슬라이스), 타이 칠리 페퍼(없으면 구할 수 있는 생고추) 3~6개(기호에 맞는 맵기, 꼭지를 제거하고 가볍게 두드려둔다), 고수 20개(큼직하게 썰기), 풀버섯, 느타리버섯, 송이버섯 등 80g(먹기 좋은 크기), 타이 칠리 페이스트 1~2큰술, 젓갈(남플라 등) 3~4큰술, 설탕 1작은술, 라임즙 3~4개분

만드는 법

❶ 물을 끓인다. 그 사이에 새우 머리와 수염을 제거하고 몸의 상부를 세로로 칼집을 넣어 내장을 제거한다. 껍질은 그냥 둔다. ❷ 물이 끓으면 새우 머리를 넣고 30분 정도 약불로 끓인 후 머리를 꺼낸다(장식용으로 덜어둔다). ❸ 카피르 라임 잎, 레몬그라스, 갈랑가, 칠리페퍼, 고수 줄기 부분을 넣고 한소끔 끓인 후 버섯을 넣고 버섯이 익을 때까지 약불로 끓인다. ❹ 새우의 몸을 넣고 완전히 빨갛게 되기 직전에 불에서 내려 나머지 젓갈로 소금 간을 맞추고 라임즙을 1큰술 정도씩 첨가하여 신맛을 조절한다. ❺ 그릇에 담아 새우 머리를 꾸미고 고수 잎 부분을 위에 장식한다.

태국

깽 끼요 완 Gaeng Keow Wan

매우면서 단맛이 나는 색상도 아름다운 태국 그린 커리

깽 끼요 완이라고 하니 뭔가 싶지만 우리에게도 잘 알려진 태국 그린 커리를 말한다. 그린 커리는 왜 그린일까. 옛날 나에게는 수수께끼였다. 아마 시금치 같은 게 많이 들어 있기 때문이라고 생각했다. 그것은 큰 착각이었다. 그린은 타이 그린 칠리 색으로 코코넛밀크와 혼합되어 녹색을 띤 크림색이 된 것이다. 완은 달콤하다는 의미이고, 실제로 달콤한 그린 커리라고 해야 맞을 것 같다. 확실히 매운맛 속에 단맛이 느껴지는 것이 이 커리의 특징이다.

재료(4인분)

코코넛밀크 500cc, 그린 커리 페이스트 50g, 닭고기 450g(한입 크기로 자르기), 물 250cc, 팜슈거(없으면 설탕) 1큰술, 젓갈 1큰술+α, 카피르 라임 잎 3개, 태국산 가지(없으면 가지) 4~6개(가지의 경우 2개, 한입 크기로 자르기), 레드 스파이스 칠리(없으면 빨강 파프리카) 1개(빨강 파프리카라면 ½개, 슬라이스), 타이 바질 10~20장

만드는 법

❶ 코코넛밀크 200cc를 냄비에 넣고 끓여 수분이 증발해 유분만 남을 정도까지 졸인 후 그린 커리 페이스트를 추가하여 기름이 분리될 때까지 볶는다. ❷ 고기를 넣어 페이스트를 전체에 잘 바르고 물, 팜슈거, 젓갈을 넣어 끓인다. ❸ 카피르 라임 잎을 뜯어서 넣은 후 약불로 고기가 익을 때까지 익힌다. ❹ 코코넛밀크 300cc를 넣고 강불로 끓인 다음 가지를 넣고 가지가 익을 때까지 중불에서 끓인다. ❺ 레드 스파이스 칠리를 넣어 한소끔 끓인 후 바질을 넣어 섞고 젓갈로 간을 한다. ❻ 그릇에 담고 바스마티 쌀과 함께 제공한다.

짜오 까 Cháo Gà

베트남

재스민 쌀의 향기가 한층 돋보이는 베트남 죽

죽을 영어로 콘지(congee)라고 한다. 콘지란 인도가 기원인 곡물 요리를 말하며 동아시아, 동남아시아에서 매우 일반적으로 먹을 수 있는 요리이다. 유럽에도 마찬가지 요리가 있는데, 이것은 영어로 포리지(이탈리아 리소토와 비슷한 요리이다)라 불린다. 베트남의 죽은 짜오라고 하고 우리나라와 마찬가지로 아플 때나 추운 겨울에 먹는 외에 아침식사로도 인기가 있다. 여기서 소개하는 짜오 까는 닭고기 죽이다. 쌀은 무엇이든 상관없지만 재스민 쌀을 사용하면 향기로운 짜오까를 즐길 수 있다. 라우 람(베트남 민트)을 듬뿍 토핑하면 더욱 향기롭다.

재료(4인분)

닭고기 소1마리 또는 허벅지살이나 드럼 스틱 400g, 물 2500cc, 생강 5g(슬라이스), 에샬롯 1개(2등분), 실파 2개, 마늘 3알(으깨기), 설탕 1작은술, 쌀(재스민 쌀) 120g, 소금·후춧가루 적당량, 실파(장식) 적당량(곱게 썰기), 라우 람(베트남 민트, 고수) 또는 고수(장식) 적당량(거칠게 다지기), 튀긴 에샬롯(장식) 적당량

만드는 법

① 고기를 냄비에 넣어 물을 붓고 생강, 에샬롯, 실파, 마늘, 설탕, 소금 2작은술, 후춧가루 한꼬집을 넣어 불에 올려 끓으면 약불로 고기가 익을 때까지 끓인다. ② 고기를 꺼내 식으면 먹기 좋은 크기로 찢는다. 다른 냄비의 내용물은 소쿠리에 거르고 수프를 냄비에 다시 넣는다. 채소 등은 버린다. ③ 수프를 한소끔 끓인 후 쌀을 넣어 바닥에 달라붙지 않도록 가끔 휘저으면서 약불로 쌀이 익을 때까지 익힌다. ④ 찢어놓은 고기를 다시 냄비에 넣고 소금과 후춧가루로 간을 한 후 그릇에 담고 장식을 위로 올린다.

베트남

라우 Lẩu

발효 생선이 수프의 베이스. 꽤 냄새가 나지만 국물은 맛있다

라우는 베트남 냄비 요리이다. 베트남에는 대표적인 냄비 요리가 2개 있다. 하나는 라우 깡꾸어라고 하는 생선 냄비 요리로 타마린드, 젓갈, 토마토가 베이스이다. 또 하나가 여기에 등장하는 라우 맘이라고 하는 발효된 생선을 베이스로 한 냄비이다. 베트남 식품점에 가면 몇 종류의 발효된 생선 병조림을 판매한다. 대부분은 작은 담수어이다. 이 냄비 요리를 조사하다가 발견한 동영상 공유 사이트에서, 이 요리를 만들고 있는 여성이 냄새가 나니 창문을 열라고 말하는 것을 듣고 놀랐는데 실제로 그랬다. 하지만 끓으면 냄새가 옅어진다. 막상 먹으면 이 맛이 라우의 핵심이라는 것이 이해된다.

재료(6~8인분)

국물용 닭뼈 350g, 물 2500cc, 맘 카린 100g, 맘 카삭 100g, 삼겹살 150g(슬라이스), 코코넛워터 380cc, 설탕 2작은술, 레몬그라스 3개(양쪽 끝을 잘라 2개는 두드려 어슷썰고 1개는 다지기), 라이좀 2개, 마늘 3알(다지기), 식용유 2큰술, 생선(가능하면 담수어 작은 것, 가물치, 잉어, 망둥이 등) 300g(큰 생선은 토막낸다), 새우(껍질째) 300g, 오징어 300g(3~4cm 사각썰기), 원하는 채소(시금치, 갓, 미나리, 바나나 꽃, 강낭콩, 배추, 여주, 파, 가지, 각종 식용 꽃 등) 적당량(먹기 좋은 크기로 썰기)

만드는 법

① 국물용 닭뼈를 냄비에 넣고 1000cc의 물을 부어 끓인 후 30분 정도 중불에서 끓여 육수를 낸다. 소쿠리에 걸러 육수만 냄비에 다시 넣는다. ② 다른 냄비에 1000cc의 물을 넣고 맘 카린과 맘 카삭을 넣어 살이 완전히 녹아날 때까지 끓인다. ③ ❶의 냄비 위에 소쿠리를 올려 ❷의 육수를 걸러서 추가한다. 다시 물 500cc를 추가한다. ④ 다른 냄비에 삼겹살과 고기가 잠길 정도의 물(재료 외)을 넣고 끓인다. 불을 끄고 소쿠리에 걸러 고기를 볼에 덜어둔다. ⑤ ❸의 수프가 든 냄비에 코코넛워터, 설탕, 어슷썰기한 레몬그라스, 라이좀도 넣고 끓인다. ⑥ 볼에 마늘과 레몬그라스 잘게 썬 것, ❹의 삼겹살을 넣어 잘 섞은 후 프라이팬에 식용유를 두르고 고기 표면을 소테한다. ⑦ ❻을 ❺의 육수가 든 냄비에 넣고 한소끔 끓인 후 10분 정도 중불에서 끓인다. 수프 베이스가 완성된다. ⑧ 생선, 새우, 오징어도 냄비에 넣고 한소끔 끓인 다음 채소를 넣어 익힌다.

베트남

보코 Bò Kho

당근이 듬뿍 들어간 베트남식 비프스튜

보코의 보는 소고기, 코는 스튜. 즉 베트남식 비프스튜이다. 태국과 인도네시아 요리와 달리 향신료와 허브의 종류가 적어 간단하며 사용하는 허브, 향신료는 계피, 레몬그라스, 팔각뿐이다. 토마토 베이스이지만 걸쭉하지 않고 담백한 것이 특징이다. 소고기는 어느 부위든 상관없지만, 지방이 있는 부위가 이 수프에 적합하다. 이 수프에는 보통 바게트가 함께 나온다. 바게트를 뜯어 국물에 담가 먹는다.

재료(4인분)

소고기 800g(3~4cm 크기로 자르기), 식용유 2큰술, 양파 1개(슬라이스), 마늘 2알(다지기), 레몬그라스 3개(양쪽 끝을 잘라 2개는 두드리고 1개는 곱게 썰기), 계피 스틱 1개, 팔각 2개, 토마토소스 400cc(토마토 페이스트 3큰술도 가능), 물 1500cc, 코코넛워터 400cc, 아치오테가루(기호에 따라) 1작은술, 당근 4개(큰 한입 크기로 자르기), 소금·후춧가루 적당량, 고수(장식) 적당량(거칠게 다지기), 적양파(장식) 적당량(잘게 썰기), 튀긴 에샬롯(장식) 적당량

마리네이드액
마늘 2알(다지기), 생강 5g(다지기), 젓갈 2큰술, 오향가루 2작은술, 설탕 1½작은술, 후춧가루 ½작은술

만드는 법

① 볼에 고기를 넣고 마리네이드액 재료를 모두 넣어 적어도 1시간, 가능하면 하룻밤 재운다. ② 냄비에 기름을 두르고 양파를 넣어 볶은 후 마늘, 레몬그라스(모두), 계피 스틱, 팔각을 더해 향이 날 때까지 볶는다. ③ 고기를 넣고 표면이 하얗게 될 때까지 볶은 후 토마토소스, 소금 1작은술, 후춧가루 한꼬집을 더해 섞고 물, 코코넛워터를 부어 끓인다. ④ 아치오테가루를 첨가하여 가볍게 섞고 약불로 고기가 익을 때까지 익힌다. ⑤ 당근을 넣고 부드러워질 때까지 약불로 끓이고 소금과 후춧가루로 간을 한다. ⑥ 그릇에 담고 원하는 토핑을 올린다.

오스트레일리안 파이 플로터 Australian Pie Floater

호주

파이 플로터. 미트 파이가 가라앉은 호주의 수프

완두콩 수프라고 하면 영국이지만 그 전통을 한결같이 지키고 있는 것이 호주이다. 하지만 이 음식 없이는 호주의 요리를 논할 수 없다고 할 정도로 미트 파이의 존재를 무시해서는 안 된다. 이 둘을 어떻게든 함께 먹고 싶은 마음에서일까, 그들은 수프에 파이를 띄어 봤다. 하지만 호주의 미트 파이는 크다. 플로터(뜨는 것)라고는 하지만 뜨지 않는 문제에 부딪힌다. 그래서 국물을 얇게 담아 떠 있는 것처럼 보이기로 했다. 덧붙여서, 사진의 파이는 호주의 파이와는 조금 다르다.

재료(4인분)

완두콩(쪼개서 말린 것 또는 녹색 렌틸콩) 380g, 감자 소 1개, 무염버터 1큰술, 양파 1개(다지기), 훈제 햄헉 없으면 베이컨 블록 1개 또는 베이컨 150g, 물 1500cc, 완두콩(냉동 가능) 150g, 소금·후춧가루 적당량, 작은 미트 파이(장식) 4개, 토마토소스(장식) 적당량

만드는 법

① 쪼개서 말린 완두콩을 소쿠리에 올려 물로 잘 씻어 둔다. ② 냄비에 감자와 잠길 정도의 물(재료 외)을 넣고 ③ 다른 냄비에 버터를 두르고 양파를 넣어 볶다가 완두콩, 햄헉, 물을 넣어 끓인 후 약불로 햄헉이 익을 때까지 삶는다. 햄헉은 꺼내 식혀 먹기 좋은 크기로 찢어(잘라)둔다. ④ ❷의 으깬 감자, 완두콩, 소금 1작은술을 더해 5분 정도 약불로 끓인 후 믹서로 퓌레한다. ⑤ ❹를 냄비에 다시 넣고 햄헉에서 취한 고기를 끓여 소금과 후춧가루로 간을 한다. ⑥ 수프를 그릇에 담아 미트 파이를 놓고 파이 위에 토마토소스를 뿌린다.

피지안 피시 수프 Fijian Fish Soup

피지

레몬과 코코넛밀크가 든 생선 육수가 진한 수프

건강한 피지 요리는 감자류와 코코넛을 자주 사용한다. 섬나라이므로 신선한 해산물이 식탁에 오르는 일도 종종 있다. 피지의 이 생선 수프는 근해에서 잡은 크고 작은 다양한 생선으로 만든다. 요리 자체는 심플해서 채소를 볶다가 생선을 넣어 끓인다. 기본적으로는 이게 전부이다. 생선의 머리와 뼈에서 나온 엑기스만으로 최고급 수프가 완성된다. 세계 각지에 생선 수프가 있지만 남국의 요리답게 이 수프는 코코넛밀크가 들어간다. 코코넛은 피지 사람들이 좋아하는 음식인 것 같다. 또한 이 수프에는 갓 짠 레몬이 들어가 상큼함이 가미된다.

재료(4인분)

식용유 2큰술, 양파 ½개(슬라이스), 생강 10g(채썰기), 칠리페퍼 1개(꼭지와 씨를 제거하고 곱게 썰기), 물 1000cc, 흰살생선 500g(한입 크기로 자르기), 코코넛밀크 400cc, 레몬즙 1큰술, 소금·후춧가루 적당량, 고수 또는 이탈리안 파슬리(장식) 적당량(거칠게 다지기)

만드는 법

① 냄비에 기름을 두르고 양파를 넣어 볶은 후 생강, 칠리페퍼를 추가하여 향이 날 때까지 볶는다. ② 물, 생선, 소금 1작은술, 후춧가루 한꼬집을 넣어 끓인 후 약불로 생선이 익을 때까지 익힌다. ③ 코코넛밀크를 추가하여 5분 정도 끓인 후 소금과 후춧가루로 간을 하고 레몬즙을 넣는다. ④ 수프를 그릇에 담고 고수 또는 이탈리안 파슬리를 장식한다.

괌

괌메니언, 차모로 콘 수프 Guamanian/Chamorro Corn Soup

코코넛밀크가 들어간 달콤한 차모로 스타일 콘 수프

괌은 식문화에서 여러 나라의 영향을 받았다. 미국은 말할 것도 없이 필리핀, 스페인, 다른 아시아 식문화도 엿보인다. 그들의 식문화와 원주민 차모로의 식문화가 어우러져 독특한 식문화를 형성하고 있다. 콘 수프는 아마 미국의 영향이 큰 것으로 보이는 요리이다. 괌에서 옥수수를 재배하지 않는 것은 아니다. 갓 딴 옥수수를 사용한 요리도 물론 있다. 하지만 이 수프의 재미있는 점은 통조림 옥수수를 사용하는 것이다. 다만 우유가 아닌 코코넛밀크라는 점은 역시 남국의 요리답다.

재료(4인분)

무염버터 2큰술, 양파 소1개(거칠게 다지기), 껍질과 뼈가 없는 닭고기 300g(1cm 사각썰기), 밀가루 2큰술, 닭육수 또는 물+치킨 부이용 250cc, 옥수수(냉동 또는 통조림) 400g, 코코넛밀크 500cc, 소금·후춧가루 적당량

만드는 법

❶ 냄비에 버터를 두르고 양파를 넣어 중불에서 볶는다. ❷ 고기를 더해 고기 전체가 하얗게 될 때까지 볶다가 밀가루를 넣고 잘 섞는다. ❸ 나무주걱 등으로 저으면서 국물을 조금씩 더해 휘저으면서 걸쭉해질 때까지 데운다. ❹ 옥수수, 코코넛밀크, 소금과 후춧가루 한꼬집을 넣고 강불로 끓이다가 끓어오르기 직전에 약불로 줄여 10~15분 익힌다. ❺ 소금과 후춧가루로 간을 한다.

루아우 스튜 Luau Stew

하와이

토란 잎을 삶아 만든 돼지고기 스튜

토란이라고 하면 이상한 말이지만 감자이다. 토란 줄기는 삶은 후 껍질을 벗기는 전처리를 거쳐 요리한다. 하지만 토란 잎은 잘 먹지 않는다. 이 하와이 스튜는 그 토란, 정확하게 말하면 타로 고구마 잎과 돼지고기로 만든 스튜이다. 요리 자체는 단순해서 고기를 볶아 물을 넣고 타로 고구마(taro potato)를 익히기만 하면 된다. 타로 고구마의 잎이 끈적끈적해질 때까지 천천히 졸인다. 그 무렵이면 돼지고기는 쉽게 찢을 수 있을 정도로 부드러워져 있다. 생강과 간장이 들어가는 점은 자못 하와이답다.

재료(4인분)

식용유 2큰술, 돼지 어깨 등심 또는 소고기 덩어리 고기 800g(스튜용 크기로 자르기), 물 650cc, 양파 2개(세로로 4~8등분으로 자르기), 생강 20g(슬라이스), 캐시컴 아늄(기호에 따라) 1개(칼등으로 두드려둔다), 타로 고구마(토란) 잎 800g(심을 제거하고 큼직하게 썰기), 간장 조금, 소금·후춧가루 적당량

만드는 법

❶ 냄비에 기름을 두르고 고기를 넣어 소테한 후 일단 고기를 꺼내 냄비 바닥의 기름을 1큰술 정도 남기고 버린다. ❷ 고기를 다시 넣고 물과 양파, 생강, 캐시컴 아늄, 소금 1작은술을 넣고 끓인다. ❸ 타로 고구마 잎을 조금씩 더해 촉촉해지면 전부 물에 잠길 정도로 나무 주걱으로 가라앉힌다. ❹ 간장 약간을 넣어 약불로 줄여 적어도 2시간, 고기가 부드러워질 때까지 푹 삶은 후 소금으로 간을 한다.

뉴질랜드

쿠마라 수프 Kumara Soup

커리, 코코넛 등 다양한 고구마 수프

쿠마라는 수천 년 전, 마오리(뉴질랜드 원주민)에 의해 전해진 것으로 알려져 있다. 지금은 뉴질랜드에서 빼놓을 수 없는 식재료이다. 쿠마라는 스위트 포테이토의 일종이다. 뉴질랜드에서 재배되고 있는 쿠마라는 레드, 골드, 오렌지 3종류가 있다. 3가지 모두 수프에 사용되지만 오렌지를 사용하면 완성된 모습이 아름답다. 여기서 소개하는 쿠마라 수프는 표준으로, 이외에 커리 맛, 코코넛 맛, 리크나 파스닙이 들어간 쿠마라가 있다.

재료(4인분)

무염버터 2큰술, 양파 1개(슬라이스) 생강 20g(슬라이스), 셀러리 ½대(곱게 썰기), 마늘 2알(슬라이스), 스위트 포테이토 또는 고구마 2개(슬라이스), 닭 육수 또는 물+치킨 부이용 또는 물 1000cc, 소금·후춧가루 적당량, 크렘 프레슈 또는 요구르트 또는 사워크림(장식) 4큰술, 오렌지 껍질(장식) ¼개분(가늘게 채썰기)

만드는 법

❶ 냄비에 버터를 두르고 양파와 생강, 셀러리, 마늘을 넣고 양파가 투명해질 때까지 중불에서 볶는다. ❷ 스위트 포테이토를 넣어 가볍게 섞은 후 육수를 넣고 스위트 포테이토가 부드러워질 때까지 약불로 끓인다. ❸ 믹서로 퓌레해서 다시 불에 올려 약불로 끓인 후 소금과 후춧가루로 간을 한다. ❹ 크렘 프레슈와 오렌지 껍질을 볼에 넣어 잘 섞는다. ❺ 국물을 그릇에 담고 ❹를 위에 올린다.

사모아

수아파이 바나나 수프 Suafa'i Banana Soup

타피오카 같은 사고*가 든 바나나와 코코넛밀크 수프

*사고(sago) : 야자수의 나무에서 뽑은 녹말

사모아에서 가장 중요한 음식은 코코넛, 바나나 그리고 카카오이다. 이 수프는 그 3가지 중 2가지, 바나나와 코코넛으로 만들었다. 으깬 바나나를 코코넛밀크로 갠 것이 이 수프이다. 하지만 또 하나 잊어서는 안 될 재료가 있다. 바로 사고이다. 사고는 사고야자의 전분으로 만든 타피오카 같은 것이다. 덧붙여서, 타피오카는 카사바 뿌리로 만든 전분이다. 역사적으로 사고펄(sago pearl, 팔은 전분과 물을 섞어 둥글게 굳힌 것)이 타피오카보다 오래됐다. 완숙한 바나나의 단맛과 코코넛밀크의 달콤함이 잘 어울린다.

재료(4인분)

물 600cc, 바나나 5개, 사고 또는 타피오카 50g, 코코넛밀크 180cc, 설탕 적당량, 볶은 참깨(장식) 적당량, 민트 잎(장식) 적당량

만드는 법

① 냄비에 물을 넣고 바나나를 잘라 넣어 끓인 후 포크와 매셔 등으로 으깨면서 약불로 20분 정도 끓인다.
② 사고 또는 타피오카를 붙지 않게 넣고 휘저으면서 코코넛밀크를 붓는다. 끓으면 약불로 타피오카가 바닥에 들러붙지 않도록 가끔 저으면서 타피오카가 부드러워질 때까지 익힌다. 기호에 따라 설탕을 추가한다.
③ 그릇에 담고 참깨, 민트를 뿌린다. 차게 해도 맛있다.

커리드 코코넛 앤드 라임 고드 수프

Curried Coconut and Lime Gourd Soup

솔로몬 제도

커리가루로 조금 맵지만 단맛도 신맛도 나는 호박 수프

고드(gourd)는 박과 채소(과일)를 말하며 호박도 오이도 주키니도 수박도 고드이다. 이 수프에 사용되는 것은 작은 야구 공 크기의 호박 같은 채소이다. 이름이 좀 길기 때문에 정리하면 커리 맛이 나는 코코넛밀크와 라임즙이 들어간 작은 호박 수프가 된다. 솔로몬에서는 모든 요리에 커리가루를 사용한다. 솔로몬의 커리가루는 우리와는 조금 다른데, 마드라스(madras) 커리라는 빨강 커리가루가 사용된다. 이 수프 또한 코코넛밀크의 단맛과 라임의 신맛이 가미된다.

재료(4인분)

식용유 1큰술, 양파 ½개(거칠게 다지거나 또는 슬라이스), 간 생강 1큰술, 간 마늘 1알분, 호박 800g(수mm 크기로 슬라이스), 채소 육수 500cc, 물 250cc, 커리가루 1~2큰술, 코코넛밀크 120cc, 라임즙 1개분, 소금·후춧가루 적당량, 라임 슬라이스(장식) 8장

만드는 법

① 팬에 식용유를 두르고 양파를 넣어 볶은 후 생강과 마늘을 더해 생강과 마늘 향이 날 때까지 볶는다. ② 호박, 육수, 물, 소금과 후춧가루를 약간 넣고 호박이 부드러워질 때까지 약불로 끓인다. ③ 블렌더로 퓌레한 후 커리가루, 코코넛밀크, 라임즙을 첨가하여 섞으면서 끓기 직전까지 끓인다. ④ 그릇에 담고 라임 슬라이스를 올린다.

The World's Soups

Chapter

12

서아시아

Middle East

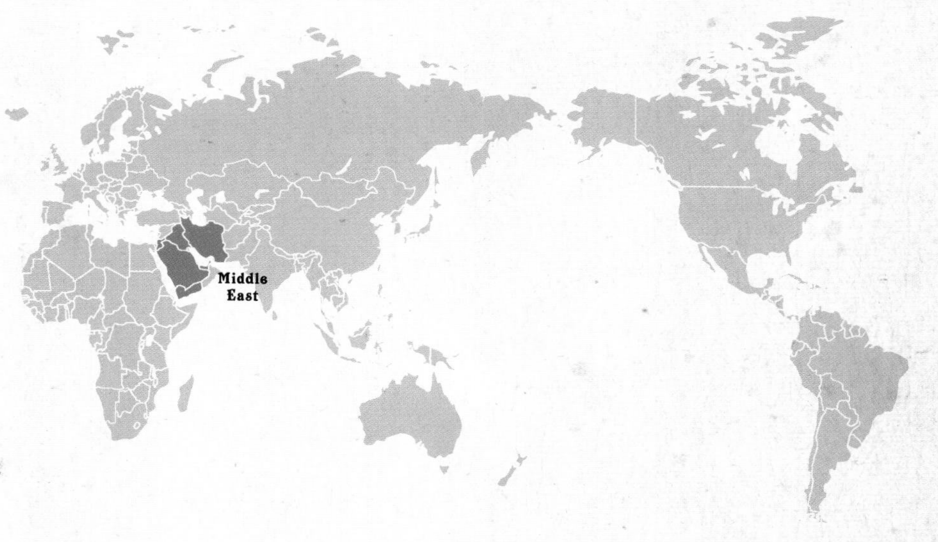

이라크 | 이란 | 이스라엘 | 요르단 | 레바논
사우디아라비아 | 아랍 | 예멘

이라크

마락 쿠베 아돔 Marak Kubbeh Adom

인상적인 붉은 마라 덤플링이 들어간 새빨간 국물

1940년대 이라크에는 15만 명의 유대인이 살았지만 지금은 극히 일부만 남아 있다. 그러나 유대인들이 남긴 식문화는 지금도 이어지고 있다. 그중 하나가 마락 쿠베 아돔으로, 쿠르드족의 대표 요리로 알려져 있다. 강렬한 인상의 빨간색 국물은 비트를 주재료로 사용하기 때문. 그 안에 큰 둥근 덤플링이 들어 있다. 덤플링은 세몰리나 가루 또는 불구르(bulgur, 밀을 반쯤 삶아서 말렸다가 빻은 것)로 만들며 안에는 양파 등과 함께 조리한 불구르가 채워져 있다. 덤플링 자체가 빨갛지는 않지만 수프에 넣어 졸이면 새빨갛게 물든다.

재료(4인분)

식용유 2큰술, 양파 소1개(다지기), 비트 3개(잘게 썰기), 토마토 페이스트 2큰술, 닭 육수 또는 물+치킨 부이용 1000cc, 레몬즙 ½개분

쿠베

식용유 1큰술, 바하라트(baharat, 향신료 믹스 ½작은술, 없으면 파프리카가루와 커민가루 각 ¼작은술), 양파 소½개(다지기), 마늘 1알(다지기), 간 소고기 200g, 이탈리안 파슬리 5대(다지기), 후춧가루 한꼬집, 세몰리나 가루 160g, 소금 2작은술, 물 160cc

만드는 법

❶ 먼저 쿠베를 만든다. 프라이팬에 기름을 두르고 바하라트 혼합 향신료를 넣고 기름이 분리될 때까지 볶은 후 양파와 마늘을 추가해 볶는다. ❷ 고기를 넣고 바슬바슬해질 때까지 볶은 후 이탈리안 파슬리, 소금 1작은술을 넣고 고기가 완전히 익을 때까지 볶아서 식혀둔다. ❸ 그릇에 세몰리나 가루와 소금 1작은술을 넣고 물을 넣어 가루가 물을 완전히 흡수할 때까지 기다린다. 수분이 남아 있을 때는 세몰리나 가루를 조금 넣어 가볍게 섞는다. 마른 가루가 남아 있을 때는 물을 약간 넣는다. ❹ 반죽하지 않고 12등분해 하나씩 떼서 둥글게 만들어 얇게 으깨고 가운데에 ❷를 놓고 덮으면서 둥글게 만든다. 수프가 완성될 때까지 종이 타월을 씌워둔다. ❺ 수프를 만든다. 냄비에 기름을 두르고 양파를 넣어 볶은 후 비트를 넣어 2분 정도 볶는다. ❻ 토마토 페이스트를 넣어 비트에 골고루 스며들게 볶은 후 육수, 레몬즙을 넣어 가볍게 섞고 키베를 겹치지 않도록 하나씩 넣는다. ❼ 끓으면 약불로 30분 정도 끓인다. ❽ 쿠베를 각 그릇에 놓고 수프를 붓는다.

이라크

마르가트 바미아 Margat Bamia

오크라의 점액이 식욕을 돋우는 토마토 베이스 스튜

마르가트 바미아는 양고기와 오크라로 만든 스튜이다. 중동, 아프리카, 남아시아에서는 오크라를 자주 사용한다. 원산지는 서아프리카, 남아시아, 에티오피아 등이라는 설이 있지만, 확실하지는 않다. 그러나 메소포타미아 문명에서는 이미 먹었던 것 같다. 이집트에서는 12세기에 이미 오크라를 바미아라고 불렀다. 마르가트 바미아는 이집트가 원산지인 요리이지만 이라크에서 가장 대중적인 요리 중 하나이기도 하다. 이 스튜는 토마토 베이스여서 먹기 쉽다. 오크라의 점액을 제거하기 위해 장시간 물에 담가두기도 하는데, 개인적으로 이 방법은 추천하지 않는다.

재료(4인분)

기(버터기름) 2큰술, 스튜용 어린 양고기, 양고기 또는 소고기 450g, 양파 ½개(1cm 사각썰기), 강황가루 ½작은술, 파프리카가루 1작은술, 물 1000cc, 토마토 페이스트 6큰술, 레몬즙 2큰술, 마늘 4알(다지기), 월계수 잎 1장, 오크라 30~40개(꼭지를 뗀다), 레드 칠리 플레이크 1작은술, 소금·후춧가루 적당량

만드는 법

❶ 냄비에 버터기름을 두르고 고기를 넣어 전체에 그릴 자국이 날 때까지 볶다가 양파, 강황, 파프리카가루를 추가해 고기에 잘 버무린다. ❷ 물을 부어 토마토 페이스트, 레몬즙, 마늘, 월계수 잎을 넣고 끓인 후 중불에서 고기가 익을 때까지 끓인다. ❸ 오크라, 칠리페퍼를 넣고 약불로 30분 정도 더 끓인다. ❹ 소금과 후춧가루로 간을 한 후 그릇에 담고 바스마티 쌀과 함께 제공한다.

이라크

쇼르바 럼만 Shorbat Rumman

석류와 비트가 들어간 선명한 색상의 짙은 양 수프

쇼르바 럼만은 석류 수프로 이란에도 비슷한 수프가 있다. 석류는 전 세계에서 먹는 과일이지만 기원은 이란, 북부 인도로 알려져 있다. 이 수프는 석류뿐 아니라 비트도 들어 있기 때문에 선명한 빨간색을 띤다. 새빨간 국물에 양고기나 소고기를 졸인 것이 쇼르바 럼만이다. 이외에도 쌀, 시금치, 렌틸콩 같은 의외의 재료가 더해져서 단맛, 신맛, 짠맛이 복잡하게 얽혀 다른 수프에서는 맛볼 수 없는 묘한 맛을 만들어낸다. 보기보다 상당히 농후하다.

재료(4인분)

식용유 1큰술, 양파 1개(다지기), 양고기 또는 간 소고기 300g, 물 1000cc, 노란 렌틸콩 120g, 쌀 50g, 비트 소 3개(작은 깍둑썰기), 설탕 2작은술, 석류즙 150cc, 실파 1개(곱게 썰기), 이탈리안 파슬리 2대(다지기), 고수 4개(다지기), 시금치 5뿌리(다지기), 석류 열매(장식) 적당량, 말린 민트(장식) 적당량, 계핏가루(장식) 적당량, 거칠게 다진 후춧가루(장식) 적당량

만드는 법

❶ 냄비에 기름을 두르고 양파를 넣어 볶은 후 고기를 넣고 보슬보슬해질 때까지 볶는다. ❷ 물과 콩을 더해 한소끔 끓이고 약불로 10분 정도 추가로 끓인 후 쌀을 넣고 다시 10분 정도 더 끓인다. ❸ 비트, 설탕, 석류즙을 넣어 강불로 다시 끓인 후 약불로 20분 정도 더 끓인다. ❹ 실파, 이탈리안 파슬리, 고수, 시금치를 넣어 한소끔 끓인다. ❺ 수프를 그릇에 담고 장식을 한다.

피센쥰 Fesenjān

석류와 호두라는 의외의 조합이 특색인 치킨 스튜

피센쥰은 호두와 석류라는 매우 드문 조합의 치킨 스튜이다. 이란이 원산지인 요리이지만 이라크 등지에서도 인기다. 석류라고 해도 과일 자체를 사용하는 게 아니라 석류 당밀, 석류 시럽 등 농축 시럽을 사용한다. 이 시럽과 자잘하게 으깬 호두가 스튜의 베이스가 되므로 맛은 꽤 농후하다. 너무 짙으면 시럽 대신 주스를 사용하는 편이 좋다. 어쨌든 지금까지 맛본 적 없는 페르시아의 맛을 제대로 즐길 수 있는 치킨 스튜인 것만은 확실하다.

재료(3~4인분)

올리브유 2큰술, 뼈 붙은 닭고기 500g, 양파 1개(슬라이스), 호두 250g, 농축 석류즙 250cc, 물 250cc, 계핏가루 ¼작은술, 설탕 적당량, 소금·후춧가루 적당량, 석류 열매(장식) 적당량

만드는 법

❶ 오븐을 180도로 가열해둔다. ❷ 프라이팬에 올리브유를 두르고 소금과 후춧가루로 살짝 간을 한 고기를 넣어 그릴 자국이 날 때까지 구워 접시에 덜어둔다. ❸ 같은 프라이팬에 양파를 볶다가 고기와 함께 접시에 덜어둔다. ❹ 호두를 베이킹 시트 위에 겹치지 않게 늘어놓고 오븐에서 5분 정도 굽는다. ❺ 호두가 식으면 손바닥으로 비벼 껍질을 제거하고 푸드 프로세서로 가능한 한 잘게 간다. 하지만 페이스트는 하지 않는다. ❻ 고기, 양파, 호두를 냄비에 넣고 농축 석류 주스, 물, 계핏가루, 소금 1작은술, 후춧가루 한꼬집을 넣고 불에 올려 끓인 후 약불로 1시간 이상 고기가 익을 때까지 끓인다. 농축 석류 주스는 타기 쉬우므로 주의한다. 세심하게 섞어 수분이 줄면 적당량 보충한다. ❼ 수프가 덜 걸쭉하면 일단 고기를 꺼내 중불에서 원하는 농도가 될 때까지 졸이고 설탕, 소금과 후춧가루로 간을 해 고기를 냄비에 다시 넣어 데운다. ❽ 그릇에 담고 석류 열매를 뿌리고, 롱 라이스와 함께 제공한다.

이란

애쉬 둑 Āsh e Doogh

뜨거우면서도 상쾌한 요구르트로 만드는 이란의 수프

애쉬는 걸쭉한 수프 또는 스튜를 말한다. 둑은 요구르트로 만든 음료이다. 애쉬 둑은 이란 북서부 아르다빌의 명물 요리로 길거리, 공원, 경기장 등 다양한 곳에서 판매되고 있다. 둑 자체는 대중적인 음료로 일반 요구르트보다 신맛이 강하다. 요구르트를 물이나 우유에 희석하면 같은 음료를 만들 수 있다. 애쉬 둑은 만드는 방법이 다양해서 콩과 닭고기 등을 추가하는 일도 적지 않다. 뜨겁게 해서 먹지만 둑과 허브가 상쾌해 여름에 먹어도 맛있다. 민트를 많이 첨가해도 맛있다.

재료(4인분)

간 소고기 120g, 양파 ¼개(다지기), 달걀 1개, 쌀(바스마티 쌀) 60g, 고수 10개, 딜 3개, 시금치 잎 3장, 이탈리안 파슬리 15대, 실파 2대, 요구르트 500cc, 물 또는 우유 500cc, 조리 병아리콩 200g, 소금·후춧가루 적당량

만드는 법

① 간 소고기, 양파, 소금 ½작은술, 후춧가루 약간을 볼에 넣고 잘 섞어둔다. ② 다른 볼에 달걀과 쌀을 넣고 잘 섞어둔다. ③ 고수, 딜, 시금치, 이탈리안 파슬리, 실파를 푸드 프로세서로 갈거나 칼로 잘게 잘라둔다. ④ 요구르트와 물, 소금 ½작은술을 다른 볼에 담아 잘 혼합한다. 이때 소금을 조절하면 나중에 수월하다. ⑤ 냄비에 ❷와 ❹를 넣고 잘 섞어 강불에서 저으면서 끓인다. ⑥ 병아리콩을 추가하고 약불에서 자주 저으면서 쌀과 콩이 부드러워질 때까지 익힌다. ⑦ ❶을 손바닥으로 작은 미트볼을 만들어 냄비에 넣고 미트볼이 모두 떠오를 때까지 끓인다. 수프가 너무 걸쭉하면 떠오르지 않기 때문에, 그때는 5분 단위로 익었는지 확인한다. ⑧ ❸을 수프가 식지 않도록 조금씩 넣는다. 항상 나무주걱 등으로 젓는 것을 잊지 말자.

압구시트 Abgoosht

이란

양고기와 병아리콩으로 만든 신맛의 이란 전통 요리 중 하나

압구시트는 이란의 스튜로 디지(Dizi)라는 도자기에 넣어 제공되기 때문에 그냥 디지라고 불리기도 한다. 이 스튜에는 양고기를 사용하지만 뼈가 붙은 거라면 어느 부위든 상관없다. 지역에 따라 소고기를 사용하는 곳도 있다. 아르메니아에도 같은 이름의 요리가 있는데, 사용되는 고기는 가축이다. 이란에는 이 스튜를 먹을 때 특별한 습관이 있다. 먼저 그릇에 빵을 뜯어 넣고 그 위에 수프(건더기를 제외)를 뿌리고 남은 재료를 으깨서 다른 그릇에 담는 것이다.

재료(4인분)

양고기(뼈째 사용하는 것이 제일 좋지만 없으면 스튜용) 800g, 말린 흰강낭콩 150g(충분한 물에 하룻밤 담가둔다), 말린 병아리콩 150g(충분한 물에 하룻밤 담가둔다), 양파 1개(껍질만 벗긴다), 토마토 2개(심을 빼둔다), 강황가루 2작은술, 물 1250cc, 토마토 페이스트 1큰술, 말린 라임 간 것 1작은술(없으면 레몬즙 또는 라임즙 2큰술), 감자 소2개(3cm 두께로 썰기), 소금·후춧가루 적당량

만드는 법

❶ 냄비에 고기, 물기를 뺀 콩, 양파, 토마토, 강황가루, 물을 넣고 불에 올려 끓인다. 약불로 고기가 대체로 익으면 토마토와 양파를 꺼내고 믹서로 퓌레한 후 냄비에 다시 넣는다. ❷ 토마토 페이스트, 말린 라임, 감자, 소금 1작은술, 후춧가루 한꼬집을 넣고 재료가 모두 익을 때까지 약불로 끓인다. ❸ 물이 부족하면 보충하고 소금과 후춧가루로 간을 한다.

이란

코레쉬 바뎀잔 Khoresh Bademjan

가지가 듬뿍 들어간 토마토 베이스의 비프스튜

코레쉬 바뎀잔은 토마토 베이스의 소고기가 든 가지 스튜이다. 토마토도 가지도 서아시아가 원산지가 아니고 토마토는 신대륙, 가지는 아시아가 원산이다. 이 스튜의 주재료인 가지는 18세기에 이란에 들어왔다. 토마토는 19세기이다. 이 스튜는 원래 숙성하지 않은 씨 없는 포도가 사용되지만 입수하기 어렵기 때문에 신맛을 보완하기 위해 라임을 대용하는 것이 좋다. 가지는 우선 소테하고 나서 익히는 과정에서 뭉개지지 않도록 주의한다. 이미 익었기 때문에 맛이 밸 정도면 충분하다. 라임은 익히면 쓴맛이 나므로 반드시 마지막에 추가한다.

재료(4인분)

사프란 ½작은술, 가지 4개, 스튜용 소고기 400g, 양파 1개(절반은 그대로, 나머지는 슬라이스), 강황가루 1작은술, 물 500cc, 식용유 1큰술, 마늘 1알(다지기), 토마토 페이스트 1큰술, 통조림 토마토 400g(손으로 으깨기), 라임즙 2큰술

만드는 법

❶ 사프란을 1큰술의 미지근한 물(재료 외)에 담가둔다. ❷ 가지를 구워 꼭지와 껍질을 벗기고 세로 4등분으로 자른다. ❸ 냄비에 고기, 자르지 않은 절반의 양파, 강황, 소금과 후춧가루 약간, 물 500cc를 넣고 끓인 후 약불로 고기가 부드러워질 때까지 익힌다. 익으면 양파는 꺼낸다. ❹ 삶는 동안 프라이팬에 기름을 두르고 양파 슬라이스와 마늘을 넣어 양파가 부드러워질 때까지 볶는다. ❺ ④에 토마토 페이스트, 통조림 토마토를 넣고 몇 분 끓인 후 고기가 든 냄비에 추가해 끈적해질 때까지 약불로 끓인다. ❻ 가지, 사프란 담근 물을 사프란째 넣어 한소끔 끓인 후 불을 끄고 라임즙을 넣어 섞는다. ❼ 스튜를 그릇에 담고 롱 라이스와 함께 제공한다.

허브의 풍부한 향과 맛이 결정수인 콩과 양고기 스튜

이 스튜도 그렇지만, 이란의 요리에는 사브지라는 말이 자주 나온다. 페르시아어로 허브를 의미하는 말로, 이란의 요리에는 허브를 많이 사용하는 요리가 많다. 이 스튜에도 이탈리안 파슬리, 고수 외에 호로파 잎이 사용된다. 호로파 씨도 향신료로 사용된다. 호로파 잎은 쓴맛과 은은한 단맛, 견과류와 같은 풍미를 갖고 있다. 생 외에 냉동한 것, 말린 것 등이 판매되고 있다. 없으면 셀러리 잎이나 알팔파(alfalfa, 자주개자리)로 대체하고, 메이플시럽을 추가하면 호로파 잎과 유사한 맛을 얻을 수있다.

재료(4~6인분)

식용유 4큰술, 양파 2개(슬라이스), 강황가루 ½작은술, 양고기 또는 소고기 600g(작은 한입 크기로 자르기), 말린 라임 4개(구멍을 뚫어둔다. 없으면 라임즙 ½~1개분을 요리 마지막에 넣는다), 말린 강낭콩(빨간 강낭콩) 180g(충분한 물에 하룻밤 담가둔다), 물 1000cc, 이탈리안 파슬리 160g(거칠게 다지기), 고수 80g(거칠게 다지기), 호로파 잎 80g(냉동 가능. 말린 것은 40g. 거칠게 다지기), 실파 4대(곱게 썰기), 소금·후춧가루 적당량

만드는 법

① 냄비에 식용유 2큰술을 두르고 양파를 넣어 볶다가 강황가루를 더해 향이 날 때까지 볶는다. ② 고기를 넣어 가볍게 볶은 다음 말린 라임, 콩, 물, 소금 1작은술, 후춧가루 한꼬집을 추가해 끓이고 고기와 콩이 대체로 익으면 약불로 끓인다. ③ 끓이는 동안 프라이팬에 식용유 2큰술을 두르고 이탈리안 파슬리, 고수, 호로파 잎, 파, 소금 한꼬집을 넣어 숨이 죽어 양이 절반 이하가 될 때까지 볶는다. ④ ❸을 냄비에 넣어 약불로 1시간 정도 더 끓인다. ⑤ 소금과 후춧가루로 간을 하고 그릇에 담는다.

이스라엘

맛조볼 수프 Matzo Ball Soup

유대인의 유월절에 먹는 덤플링이 들어간 닭고기 수프

맛조볼 수프는 유대교의 기념일인 유월절에 먹는 요리이지만 일상적으로 먹기도 한다. 물론 이스라엘뿐 아니라 나라에 관계없이 유대인 가정에서는 이 수프를 먹는다. 이 수프의 가장 큰 특징은 맛조볼이라는 덤플링이 맑은 치킨 수프에 들어 있는 것이다. 맛조볼은 기본적으로 곡물가루와 물로 만든다. 슈퍼마켓에서 맛조밀이라는 가루를 판매하고 있다. 또한 맛조볼은 슈말츠*라는 닭 등의 지방으로 만든 유지가 들어간다.

*슈말츠(schmalz) : 거위나 닭 등 닭기러기류의 지방 조직에서 나온 흰색의 반고체를 정제해 만든 기름

재료(4인분)

닭고기(뼈가 붙은 것) 800g, 통후추 1작은술, 정향 1알, 월계수 잎 1장, 물 2000cc, 당근 2개(가로세로 각각 2등분), 셀러리 1대(세로로 2등분, 가로로 4등분), 양파 ½개(2등분), 이탈리안 파슬리 5대, 딜 5개, 소금 적당량, 딜(장식) 적당량(큼직하게 썰기)

맛조볼

달걀 2개, 소다수 60cc, 맛조밀 60g, 슈말츠(없으면 올리브유) 2큰술

만드는 법

❶ 냄비에 고기, 통후추, 정향, 월계수 잎, 소금 2작은술을 넣고 물을 부어 불에 올려 끓으면 당근, 셀러리, 양파, 이탈리안 파슬리, 딜을 넣고 약불로 1시간 정도 끓인다. ❷ 고기를 꺼내 식힌 다음 먹기 좋은 크기로 찢어둔다. 나머지는 소쿠리에 거르고 당근, 셀러리만 남기고 허브, 후추는 버린다. 수프는 냄비에 다시 넣어 식힌다. ❸ 맛조볼 생지를 만든다. 달걀을 볼에 넣고 포크 등으로 가볍게 푼 다음 소다수, 맛조밀, 슈말츠를 넣고 섞는다. 단, 지나치게 섞지 않도록. 랩으로 덮어 30분 냉장고에서 재운다. ❹ 다른 냄비에 충분한 물(재료 외)을 끓인 후 약불로 줄인다. ❺ 손에 식용유(재료 외)를 바르고 맛조볼 생지를 손바닥으로 3cm 정도 동그랗게 만들어서 물에 넣는다. 모두 넣고 그대로 30~40분 끓인다. ❻ ❷의 수프를 끓여 찢은 닭고기, 남겨둔 당근, 셀러리, 맛조볼을 넣어 한소끔 끓인다. ❼ 맛조볼과 채소를 골고루 그릇에 나누어 담고 수프를 따르고 딜을 위에 장식한다.

이스라엘 빈 수프 Israeli Bean Soup

이스라엘

빨간 토마토 베이스의 수프에 하얀색 콩이 비치는 채소 수프

이스라엘 화이트 빈 수프는 아주 간단한 수프로 고기 없이 채소와 콩만으로 만들 수 있다. 같은 수프가 지중해 국가에 산재해 있어 스페인·포르투갈계 유대인들이 이스라엘에 들여왔다는 설이 있다. 그러나 1900년대 중반에 대거 이스라엘로 이주해 온 예멘 유대인의 요리에도 비슷한 요리가 있다. 예멘 유대인들은 문화적으로 스페인·포르투갈계 유대인의 영향을 받은 것 같으며, 이 두 요리는 관계가 있는지도 모른다. 단, 예멘 유대인의 빈 수프에는 더 많은 향신료가 사용되는 것 같다.

재료(4~5인분)

말린 흰강낭콩 180g(충분한 물에 하룻밤 담가둔다), 물 1000cc, 올리브유 1큰술, 양파 소1개(다지기), 마늘 2알(다지기), 셀러리 1대(1cm 사각썰기), 토마토 페이스트 2큰술, 토마토 1개(1cm 깍둑썰기), 커민가루 ½작은술, 백리향 ½작은술, 스위트 또는 핫 파프리카가루 1½작은술, 당근 1개(1cm 깍둑썰기), 감자 1개(1cm 깍둑썰기), 월계수 잎 1장, 설탕 ½작은술, 소금·후춧가루 적당량, 이탈리안 파슬리 또는 고수(장식) 적당량(거칠게 다지기)

만드는 법

1 물기를 뺀 콩을 씻어 냄비에 넣고 물을 부어 끓인다. 소금 1작은술, 후춧가루 한꼬집을 넣어 약불로 콩이 부드러워질 때까지 익힌다. ② 프라이팬에 올리브유를 두르고 양파와 마늘, 셀러리를 추가하여 양파가 투명해질 때까지 볶는다. ③ 토마토 페이스트를 넣어 잘 섞은 후 토마토, 커민, 백리향, 파프리카가루를 더해 몇 분 더 볶는다. ❶의 냄비에 프라이팬의 내용물을 모두 넣고 당근, 감자, 월계수 잎을 더해 채소가 익을 때까지 끓인다. ④ 소금과 후춧가루로 간을 해 그릇에 담고 이탈리안 파슬리 또는 고수를 뿌린다.

이스라엘

샥슈카 Shakshouka

토마토, 달걀, 치즈의 매력적인 조합이 식욕을 돋운다

이스라엘에서 가장 인기 있는 아침 식사 메뉴 중 하나가 샥슈카이다. 기원은 오스만 제국, 모로코, 예멘 등이라는 설이 있지만 이스라엘로 이주해 온 튀니지 유대인에 의해 이스라엘에 들어왔다. 스페인 피스토(p.66) 등 지중해 연안의 나라에도 비슷한 요리가 있다. 종류도 다양하다. 샥슈카는 토마토, 달걀, 치즈라는 많은 사람들이 인정하는 황금 조합을 그대로 요리한 감이 있다. 물을 거의 사용하지 않고 토마토 등 채소에서 나오는 수분으로 졸이므로 맛이 농축된 스튜와 같다.

재료(4인분)

올리브유 2큰술, 양파 1개(1cm 사각썰기), 마늘 4알(다지기), 빨강 파프리카 1개(1cm 깍둑썰기), 파프리카가루 1작은술, 커민가루 ¼작은술, 카옌페퍼 한꼬집, 토마토 페이스트 1큰술, 토마토 5개(1cm 깍둑썰기), 물 120cc, 달걀 4개, 치즈(녹는 거라면 무엇이든) 100g(5mm 깍둑썰기), 소금·후춧가루 적당량, 이탈리안 파슬리(장식) 적당량

만드는 법

① 냄비에 올리브유를 두르고 양파와 마늘을 넣어 양파가 부드러워질 때까지 볶다가 빨강 파프리카, 향신료를 추가하여 조금 볶는다. ② 토마토 페이스트를 넣어 가볍게 섞은 후 토마토, 물을 넣고 토마토가 뭉개지기 시작할 때까지 약불로 졸인다. ③ 달걀은 깨서 넣고 치즈는 전체에 뿌려 끓인다. ④ 달걀이 뭉개지지 않게 각 그릇에 담고 이탈리안 파슬리를 뿌린다. 홍차, 유대인 전통 호밀빵(Jewish bread)과 함께 제공한다.

요르단

쇼르바 프리케 Shorbet Freekeh

덜 익은 녹색 듀럼 소맥이 수프의 재료

파스타는 듀럼 소맥*으로 만들었다. 프리케도 듀럼이기는 하지만 파스타도 일반 밀도 아니다. 프리케는 녹색에 부드러운 듀럼 소맥을 건조시켜 분쇄한 것이다. 요르단을 비롯해 이집트, 시리아, 레바논 등에서도 인기가 있다. 최근에는 퀴노아 등에 이어 슈퍼푸드로 주목받기 시작했다. 쇼르바 프리케는 말하자면 프리케의 잡탕 죽이다. 이 레시피에서는 닭고기를 사용했지만 소고기나 라임을 사용하는 것도 많다. 은은한 단맛과 견과류와 같은 풍미는 다른 요리에서는 맛볼 수 없는 독특한 맛이다.

*듀럼 소맥 : 밀의 일종, 마카로니나 스파게티의 원료로 씀

재료(4인분)

올리브유 2큰술, 그린 카르다몸가루 ½작은술, 그린 카르다몸 꼬투리 2개, 계피 스틱 1개, 올스파이스 ½작은술, 양파 1개(다지기), 닭 육수 또는 물+치킨 부이용 1200cc, 닭고기 500g, 프리케 200g(씻어 충분한 물에 30분 정도 담가둔다), 소금·후춧가루 적당량, 이탈리안 파슬리(장식) 적당량(다지기)

만드는 법

❶ 팬에 올리브유를 두르고 향신료를 추가해 향이 날 때까지 볶은 후 양파를 넣어 볶는다. ❷ 육수, 고기, 소금 1작은술, 후춧가루 한꼬집을 넣어 끓이고 고기가 익을 때까지 약불로 끓인다. ❸ 고기를 꺼내 국물을 걸러서 냄비에 다시 넣는다. ❹ 프리케를 물에서 꺼내 냄비에 넣어 끓인 후 약불로 부드러워질 때까지 익힌다. ❺ 고기를 먹기 좋은 크기로 찢어 냄비에 넣는다. 소금과 후춧가루로 간을 하고 그릇에 담아 이탈리안 파슬리를 뿌린다.

쇼르바 아다스 Shorbat Adas

요르단

요르단의 추운 날, 비오는 날은 렌틸콩 수프

한마디로 렌틸콩이라고 해도 빨간색, 노란색, 녹색, 주황색 등 다양하며 수프로 만들 경우에도 한 가지 색을 사용하는가 하면 몇 가지 색을 혼합할 때도 있다. 또한 믹서로 퓌레하는가 하면 하지 않을 수도 있다. 지역, 국가, 심지어 각 가정마다 다른 렌틸콩 수프가 있다. 요르단의 것은 빨강 또는 오렌지 렌틸콩 퓌레 타입으로, 커민, 코리앤더 같은 향신료가 들어간다. 춥거나 비가 내리면 어느 가정에서나 바로 렌틸콩 수프를 만들 정도로 대중적이다. 겨울철이면 요르단의 레스토랑에서 가장 주문이 많은 것도 이 수프일 정도로 그 인기가 많다.

재료(4인분)

올리브유 2큰술, 커민가루 1작은술, 코리앤더가루 1작은술, 강황가루 ½작은술, 흰 후춧가루 ½작은술, 양파 1개(다지기), 마늘 2알(다지기), 당근 소1개(슬라이스), 셀러리 1대(곱게 썰기), 빨간, 주황 렌틸콩 200g(잘 씻어 충분한 물에 1시간 정도 담가둔다), 닭 육수 또는 물+치킨 부이용 1200cc, 소금 적당량, 이탈리안 파슬리(장식) 적당량(거칠게 다지기), 레몬(장식) 1개(빗모양썰기), 슈맥(sumac, 신맛 나는 중동의 향신료, 장식) 적당량

만드는 법

❶ 냄비에 올리브유를 두르고 커민가루, 코리앤더, 강황, 흰 후춧가루를 넣어 향이 날 때까지 볶은 후 양파와 마늘을 첨가하여 양파가 투명해질 때까지 볶는다. ❷ 당근, 셀러리를 넣어 1분 정도 볶다가 콩, 육수, 소금 1작은술을 더해 끓인 후 약불로 콩이 부드러워질 때까지 익힌다. ❸ 믹서로 부드러워질 때까지 섞고 소금으로 간을 한다. ❹ 수프를 그릇에 담고 이탈리안 파슬리, 슈맥을 뿌리고 레몬을 곁들인다.

레바논

아다스 파모드 Adas Bhamod

레몬즙으로 신맛을 더한 녹색 잎채소가 든 렌틸콩 수프

레바논에도 앞 페이지와 같은 렌틸콩 수프가 있지만, 이 렌틸콩 수프는 조금 다른 점이 있다. 아다스 파모드는 레몬이 들어간 렌틸콩이라는 뜻인데, 이름 그대로 마무리에 레몬을 꽉 짜 넣는다. 사워 렌틸 수프라고도 불리는 다소 시큼한 수프이다. 또 하나, 다른 렌틸콩 수프와 달리 근대가 들어 있다. 근대는 조금 두꺼운 녹색 잎채소로 서아시아뿐 아니라 유럽에서도 수프 등에 많이 사용한다. 또한 이 수프는 퓌레하지 않는 몇 안 되는 렌틸콩 수프이기도 하다.

재료(4인분)

올리브유 2큰술, 양파 1개(다지기), 마늘 4알(다지기), 근대 또는 콜라드 그린 잎(없으면 갓, 소송채 등) 20~25장(심을 제거하고 가늘게 자르고 심도 잘라둔다), 갈색, 녹색 또는 노란 렌틸콩 200g(충분한 물에 1시간 정도 담가둔다), 물 1000cc, 고수 10개(거칠게 다지기), 레몬즙 1개분, 소금·후춧가루 적당량

만드는 법

❶ 냄비에 올리브유를 두르고 양파, 마늘을 넣어 양파가 투명해질 때까지 볶는다. ❷ 근대의 심을 넣고 숨이 죽을 때까지 볶는다. ❸ 콩을 씻어 물기를 빼고 물, 소금 1작은술, 후춧가루 한꼬집과 함께 냄비에 넣어 한소끔 끓이고 약불로 콩이 거의 익을 때까지 끓인다. ❹ 근대의 잎 부분을 넣고 10분 정도 더 끓인 후 고수, 레몬즙을 넣고 한소끔 끓인다. ❺ 소금과 후춧가루로 간을 하고 그릇에 담는다.

마흘루타 Makhlouta

레바논

콩과 곡물의 퍼레이드이라고도 할 만한 레바논 잡탕 스튜

믹스라는 의미의 마흘루타가 말하듯이 이 스튜에는 여러 종류의 곡물과 콩이 들어간다. 병아리콩은 필수. 여기에 메추라기콩, 강낭콩 등 2~3종류의 콩, 쌀과 밀, 보리, 불구르 등 적어도 2종류의 곡물과 렌틸콩까지 들어간다. 마무리된 요리는 언뜻 콩과 곡물의 잡탕 상태이다. 콩피*를 추가하는 경우도 있지만 대부분의 경우 단순한 채소 수프로 먹는다. 그렇다고 해도 이만큼 콩과 곡물이 들어 있으니 영양 만점인데다 모든 맛이 혼합되기 때문에 고기가 들어 있지 않아도 맛과 감칠맛이 풍부하다.

*콩피(confit) : 주로 거위나 오리를 자체 지방에 절여 만든 것

재료(4~6인분)

말린 병아리콩 100g(충분한 물에 하룻밤 담가둔다), 병아리콩 이외의 말린 콩(메추라기콩, 강낭콩, 흰콩 등 몇 종류) 100g(충분한 물에 하룻밤 담가둔다), 갈색 또는 녹색 렌틸콩(렌즈콩) 50g, 곡류(쌀, 보리, 불구르 등 가능하면 2종류) 50g, 채소 육수 또는 물+채소 부이용 1500cc, 올리브유 2큰술, 양파 2개(다지기), 마늘 4알(거칠게 다지기), 소금·후춧가루 적당량, 이탈리안 파슬리 또는 고수(장식) 적당량(다지기)

만드는 법

① 물에 담가 놓은 콩, 곡류(불구르 이외)를 씻어 냄비에 육수, 소금 1작은술, 후춧가루 한꼬집과 함께 넣고 콩이 부드러워질 때까지 익힌다. ② 프라이팬에 올리브유를 두르고 양파, 마늘을 볶아 냄비에 넣는다. ③ 냄비를 끓여 불구르를 사용하는 경우는 이 시점에서 넣고 약불로 10분 정도 불구르가 익을 때까지 끓인다. ④ 소금과 후춧가루로 간을 하고 그릇에 담아 이탈리안 파슬리 또는 고수를 뿌린다.

마타제즈 Matazeez

원반형 파스타가 든 채소 듬뿍 산양 고기 스튜

파스타는 이탈리아의 전매특허가 아니다. 다른 유럽 국가에도 파스타가 있고 서아시아 국가에도 있다. 마타제즈에는 둥글고 작은 만두피와 같은 파스타가 들어간다. 산양 고기가 든 토마토 베이스의 채소가 가득한 이 스튜는 사우디아라비아의 수도 리야드를 포함한 나즈드 지방의 대표 요리이다. 카타르에도 똑같은 요리가 있다. 차이는 마타제즈가 더 수분이 적고 파스타가 얇다는 정도이다. 이 요리의 관건은 말린 라임이다. 말린 라임은 생 라임에는 없는 훈제 맛이 더해진다. 없으면 생 라임을 조금 짠다.

재료(4~6인분)

뼈 있는 염소 또는 양고기 400g(큰 한입 크기로 자르기), 식용유 2큰술, 말린 라임 2개(구멍을 뚫고 없는 경우는 라임 주스 ½개분), 물 1500cc, 양파 1개(다지기), 마늘 2알(다지기), 그린 칠리페퍼 1개(꼭지와 씨를 제거하고 다지기), 커민가루 1작은술, 코리앤더가루 1작은술, 강황가루 ½작은술, 토마토 1개(1cm 깍둑썰기), 토마토 페이스트 1큰술, 당근 소1개(한입 크기로 다지기), 강낭콩 5개(1cm 정도로 썰기), 가지 1개(한입 크기로 자르기), 호박 1개(한입 크기로 자르기), 소금·후춧가루 적당량, 고수(장식) 적당량(큼직하게 썰기)

파스타
밀가루(통밀) 250g, 물 150cc, 식용유 1작은술

만드는 법

① 파스타 재료를 볼에 넣고 잘 반죽해서 끈적이지 않을 정도로 생지를 만든다. 상황에 따라 물과 가루 양은 조절한다. 랩을 씌어 냉장고에서 재운다. ② 고기에 가볍게 소금과 후춧가루를 뿌리고 냄비에 식용유 1큰술을 가열해서 고기를 넣고 고기에 살짝 그릴 자국이 날 때까지 볶는다. ③ 말린 라임, 물, 소금 1작은술, 후춧가루 한꼬집을 더해 끓으면 약불로 고기가 익을 때까지 익힌다. ④ 고기를 삶는 동안 프라이팬에 식용유 1큰술을 두르고 양파와 마늘을 넣어 양파가 투명해질 때까지 볶는다. ⑤ 칠리페퍼, 커민가루, 코리앤더, 강황을 더해 향이 날 때까지 볶는다. 토마토와 토마토 페이스트를 추가하여 토마토가 뭉개지기 시작할 때까지 볶아 냄비에 넣는다. ⑥ 파스타 생지를 냉장고에서 꺼내 작업대에 밀가루(재료 외)를 뿌리고 생지를 얇게 늘려 4~5cm의 원형 또는 정사각형으로 자른다. ⑦ 고기가 부드러워지면 ❻의 파스타, 당근, 강낭콩을 넣고 당근이 익으면 가지, 주키니를 더해 채소가 익을 때까지 끓인다. ⑧ 소금·후춧가루로 간을 하고 그릇에 담아 고수를 뿌린다.

하리스 Harees

향신료가 든 맑은 버터기름과 함께 먹는 밀 잡탕 죽

하리스는 결혼식 등 특별한 날에 제공되는 요리로 알려져 있지만, 특히 라마단은 빼놓을 수 없다. 하리스는 밀 잡탕 죽과 같은 것이므로, 금식 후 공복 상태의 위에도 좋다. 이 레시피에서는 블렌더를 사용했지만 본래는 삶는 동안에 두드려서 페이스트로 만든다. 밀뿐 아니라 닭고기도 함께 페이스트로 만드는 점이 재미있다. 재료도 만드는 방법도 간단하고 화려한 재료도 없기 때문에 외형은 매우 수수한 요리이다. 그러나 향신료가 든 맑은 버터기름과 함께 입에 머금으면 그 맛에 많은 사람들이 놀란다.

재료(4인분)

밀 500g(씻어 충분한 물에 하룻밤 담가둔다), 닭고기, 양고기 또는 소고기 500g, 계피 스틱 2개, 물 적당량, 기(버터기름) 50g, 카르다몸 꼬투리 2개, 커민가루 ¼작은술, 설탕 1작은술, 소금·후춧가루 적당량

만드는 법

❶ 밀을 물기를 빼 냄비에 넣고 고기, 계피 스틱 1개, 소금 1작은술, 후춧가루 한꼬집을 넣고 물을 재료의 3cm 정도 위에 오도록 부어 끓인다. ❷ 끓으면 약불로 적어도 1시간, 밀이 으깨질 정도로 푹 끓인다. 수분이 없어지면 물을 추가해 밀이 바닥에 눌어붙지 않도록 자주 젓는다. ❸ 밀이 충분히 부드러워지면 계피 스틱을 꺼낸 후 블렌더로 오트밀과 같이 부드럽게 간다. ❹ 프라이팬에 버터기름을 가열하고 계피 스틱 1개, 카르다몸 꼬투리, 커민가루, 설탕을 추가하여 충분히 향이 나오면 거른다. ❺ 그릇에 담아 숟가락 등으로 평평하게 한 후 중앙을 움푹 들어가게 해 그곳에 ④의 버터기름을 붓는다.

파샤 Fahsa

예멘

거품을 낸 녹색 소스가 돋보이는 양고기 스튜

내전이 계속되는 가운데서도 예멘의 거리는 낮이면 많은 사람들로 북적인다. 다양한 요리가 놓인 테이블에 둘러앉아 점심을 즐기고 이야기꽃을 피운다. 그런 예멘의 대표적인 길거리 음식이 파샤이다. 모두들 파샤에 뜯은 빵을 찍어 끊임없이 먹는다. 이것이 파샤를 먹는 방법이다. 파샤는 양고기를 끓인 스튜이지만, 예멘 고유의 소스가 위에 올라간다. 바로 홀바*1라는 거품 상태의 녹색 소스다. 홀바는 호로파 가루와 차이브, 그리고 칠리를 믹스한 그린 퓌레*2를 섞어 거품을 내서 만든다. 쓴맛 나는 홀바가 파샤의 독특한 맛을 낸다.

재료(4인분)

식용유 2큰술, 마늘 2알(다지기), 양파 1개(1cm 사각썰기), 스튜용 소고기 또는 양고기 400g, 물 1000cc, 감자 1개(한입 크기로 자르기), 토마토 1개(1cm 깍둑썰기), 토마토 페이스트 1큰술, 그린 칠리페퍼 1개(통썰기), 피망, 빨강 파프리카 믹스 80g(1cm 사각썰기), 커민가루 ½작은술, 코리앤더가루 ½작은술, 강황가루 ½작은술, 홀바 적당량, 소금 적당량

***1 홀바**

물 60cc, 호로파 가루 2작은술, 비스바스 2큰술 또는 원하는 양

***2 그린 퓌레**

부추 또는 차이브 6개(큼직하게 썰기), 그린 칠리페퍼 1개(통썰기), 마늘 2알(거칠게 다지기), 코리앤더가루 1작은술, 커민가루 1작은술, 소금 1작은술

※모두 믹서에 넣어 퓌레한다.

만드는 법

❶ 팬에 식용유 1큰술을 두르고 마늘 절반, 양파 절반을 넣어 중불에서 양파가 투명해질 때까지 볶는다. ❷ 고기를 넣어 전체가 흰색이 될 때까지 볶은 후 소금 2작은술과 물을 넣어 끓이다가 약불로 줄여 고기가 부드러워질 때까지 익힌다. ❸ 고기를 꺼내 식으면 잘게 찢어둔다. ❹ 고기를 꺼낸 후 국물에 감자를 넣어 부드러워질 때까지 중불에서 익힌 후 꺼내둔다. ❺ 감자를 삶는 동안 다른 냄비에 식용유 1큰술을 두르고 남은 마늘, 양파를 넣어 볶는다. ❻ 토마토, 토마토 페이스트, 그린 칠리페퍼, 피망류, 커민, 고수, 강황, 소금 1작은술을 넣고 잘 섞어 약불에서 10~15분 정도 토마토가 뭉개질 때까지 끓인다. ❼ 불에 올려도 괜찮은 다른 작은 냄비에 고기, 감자 ❻의 토마토 믹스를 적당량 넣고 ❹의 수프를 적당량 넣어 불에 올려 끓인다. ❽ 포트를 한 번 불에서 내려 홀바를 적당량 위에 얹고 다시 불에 올려 5분 정도 끓인다.

후르바 만드는 법

❶ 호로파 가루를 물 250cc(재료 외)에 넣어 잘 섞고 적어도 하룻밤 그대로 둔다. ❷ 아래에 가라앉은 호로파 페이스트만 남기고 나머지 물은 버린다. ❸ 거품기로 휘핑하여 흰 크림이 될 때까지 섞는다. ❹ 그린 퓌레를 넣어 잘 섞는다.

참고문헌

Andrews, C (1999). *Catalan Cuisine: Vivid Flavors From Spain's Mediterranean Coast*(Harvard Common Press Edition). Boston, MA: Harvard Common Press.

Beeton, I (1987). *Mrs. Beeton's Book of Household Management* (A Specially Enlarged First Edition Facsimile). London, UK: Chancellor Press.

Brown, S (2011). *Mma Ramotswe's Cookbook: Nourishment for the Traditionally Built* (Paperback Edition). Edinburgh, UK: Polygon.

Clarkson, J (2015). *Soup: A Global History* (Kindle Edition). London, UK: Reaktion Books LTD.

Davidis, H (1897). *Henriette Davidis' practical cook book* (Digital Edition by Michigan State University, 2004). milwaukee, WI: Caspar Book Emporium.

Dods, M (1862). *The Cook and Housewife's Manual: A Practical System of Modern Domestic Cookery and Family Management* (Digital Edition by Google from the library of Oxford University). London: Oliver & Boyd.

Fleetwood, J (2001). *The Farmers' Market Guide to Fruit.* Naperville, IL: Sourcebooks.

Frere, C, F (1909). *The Cookery Book of Lady Clark of Tillypronie* (Digital Edition by Jisc and Wellcome Library from the library of University of Leeds). London : Constable & Company LTD.

Helou, A (2006). *Mediterranean Street Food: Stories, Soups, Snacks, Sandwiches, Barbecues, Sweets, and More from Europe, North Africa, and the Middle East* (William Morrow Cookbooks Edition). New York, NY: Harper Collins Publishers.

Jones, B (2001). *The Farmers' Market Guide to Vegetables.* Naperville, IL: Sourcebooks.

Liu, T (1990). *Fairy Tale Soup: Traditional Chinese Recipes with Related Stories.* Ballwin, MO: China Bridge Publisher.

Mayhew, D (2015). *The Soup Bible: All The Soups You Will Ever Need In One Inspirational Collection - Over 200 Recipes From Around The World* (Paperback Edition). London, UK: Hermes House.

Perrosian, I, & Underwood, D (2006). *Armenian Food: Fact, Fiction & Folklore.* Morrisville, NC: Lu Lu Inc.,.

Romagnoli, M & Romagnoli, G. F (1996). *Zuppa!: A Tour of the Many Regions of Italy and Their Soups* (1st Edition). New York, NY: Henry Holt & Co.

Sheasby, A (2005). *The Ultimate Soup Bible: Over 400 Recipes for Delicious Soups from Around the World with Step-by-step Instructions for Every Recipe.* New York, NY: Barnes & Noble Inc.,.

참고 홈페이지

이 책을 쓰면서 많은 홈페이지를 참고했다. Wikipedia.org에 관해서는 이 책에 등장하는 수프가 동 사이트에 기재되어 있는 경우 모두 참고했다. 각 수프마다 적어도 6~15개 정도의 홈페이지를 참고해서 원고를 작성했지만 지면 관계상 레시피를 적는 데 참고한 주요 홈페이지를 하나만 기재한다.

British Oxtail Soup (P14) https://www.theguardian.com/lifeandstyle/2010/oct/30/traditional-british-soup-recipes / **Cock-a-Leekie Soup** (P15) https://www.bbcgoodfood.com/recipes/2875665/cockaleekie-soup / **London Particular** (P16) https://www.theguardian.com/lifeandstyle/2010/oct/30/traditional-british-soup-recipes / **British Watercress Soup** (P17) http://www.watercress.co.uk/recipe/hot-or-cold-watercress-soup/ / **Hairst Bree** (P18) https://foodanddrink.scotsman.com/recipes/traditional-scottish-recipe-hairst-bree-hotch-potch/ / **Cawl** (P19) https://naturalkitchenadventures.com/welsh-cawl/ / **Cawl Cennin** (P20) http://erinmellor.com/welsh-leek-caerphilly-soup-easy-vegetarian-recipe/ / **Cullen Skink** (P21) https://www.theguardian.com/lifeandstyle/wordofmouth/2012/jan/05/how-to-cook-perfect-cullen-skink / **Irish Bacon and Cabbage Soup** (P22) https://www.allrecipes.com/recipe/100378/irish-bacon-and-cabbage-soup/ / **Guinness Soup** (P23) https://laughingspatula.com/guinness-irish-stew/ / **Käsesuppe** (P25) https://www.chefkoch.de/rezepte/101181040977258/Kaesesuppe.html / **Sieben Kräutersuppe** (P26) https://germanfoods.org/recipe/traditional-seven-herb-soup/ / **Frankfurter Suppe** (P27) https://www.podoroele.de/rezepte/frankfurter-suppe / **Geröstete Kurbissuppe** (P28-29) https://www.youtube.com/watch?v=0RL8z6F92tY / **Heiße Kohlrabisuppe** (P30) https://eatsmarter.de/rezepte/kohlrabisuppe-kaesetoast / **Frittatensuppe** (P31) https://www.kochrezepte.at/a-gschmackige-frittatensuppe-rezept-3344 / **Grießnockerlsuppe** (P32) https://www.ichkoche.at/griessnockerlsuppe-rezept-4527 / **Wiener Erdäpfelsuppe** (P33) https://www.ichkoche.at/wiener-erdaepfelsuppe-rezept-3122 / **Waterzooi** (P34-35) https://njam.tv/recepten/gentse-waterzooi / **Bouneschlupp** (P36) http://globaltableadventure.com/recipe/green-bean-soup-bouneschlupp/ / **Snert** (P37) https://stuffdutchpeoplelike.com/2015/03/15/dutch/ / **Mosterdsoep** (P38) https://www.24kitchen.nl/recepten/overijsselse-mosterdsoep / **Bündner Gerstensuppe** (P39) http://www.littlezurichkitchen.ch/graubunden-barley-broth/ / **Kartoffelsuppe** (P40) https://www.gutekueche.ch/kartoffelsuppe-emmentaler-art-rezept-4605 / **Velouté de Châtaignes** (P41) https://food52.com/recipes/24025-roasted-chestnut-bisque / **Bouillabaisse** (P42) http://toulon.org/recette/bouillabaisse-marseillaise.htm / **Soupe à L'oignon** (P43) http://www.slate.fr/story/154499/vraie-recette-soupe-oignon / **Consommé** (P44-45) https://www.youtube.com/watch?v=IR3lDPmr2Xg / **Pot-au-Feu** (P46) https://cuisine.journaldesfemmes.fr/recette/176020-pot-au-feu / **Ragout** (P47) https://behind-the-french-menu.blogspot.com/2018/06/ragout-traditional-french-stew-ragouts.html / **Ratatouille** (P48-49) https://www.cuisineaz.com/recettes/la-ratatouille-de-ratatouille-79548.aspx / **Vichyssoise** (P50) http://lesotlylaisse.over-blog.com/article-la-creme-vichyssoise-84810392.html / **Soupe de Tomates** (P51) https://www.amourdecuisine.fr/article-soupe-de-tomate-parfaite-et-veloutee-114752334.html / **La Soupe d'Andgulle** (P52) http://tonymusings.blogspot.com/2011/07/jersey-kitchen-part-2.html / **Escudella** (P54-55) https://hubpages.com/food/Escudella-An-Andorran-Catalan-Food-Recipe / **Caldo Verde** (P56) https://www.teleculinaria.pt/receitas/sopas/caldo-verde-portuguesa/ / **Sopa de Pedra** (P57) https://easyportugueserecipes.com/stone-soup-sopa-de-pedra/ / **Açorda Alentejana** (P58) https://pt.petitchef.com/receitas/prato-principal/acorda-a-alentejana-acorda-de-alho-ou-acorda-de-coentros-fid-1382778 / **Caldeirada de Peixe** (P59) https://www.pingodoce.pt/receitas/caldeirada-de-peixe/ / **Canja de Galinha** (P60) http://www.receitas-portuguesas.com/receitas/canja-de-galinha/ / **Caldillo de Perro** (P61) https://www.petitchef.es/recetas/plato/caldillo-de-perros-gaditano-fid-150052 / **Fabada Asturiana** (P62) https://www.recetasderechupete.com/receta-de-fabada-o-fabes-asturianas/982/ / **Gazpacho** (P63) https://www.directoalpaladar.com/recetas-de-sopas-y-cremas/receta-de-gazpacho-andaluz-tradicional / **Oliaigua amb Figures** (P64) http://www.menorca.es/Documents/Documents/10069doc4.pdf / **Fabes con Almejas** (P65) https://www.sabervivirtv.com/cocina-sana-sergio/alubias-con-almejas_265 / **Pisto** (P66) https://www.youtube.com/watch?v=J3DVpk8Q2zE / **Marmitako** (P67) https://www.hogarmania.com/cocina/recetas/pescados-mariscos/201402/marmitako-bonito- tradicional-23507.html / **Minestrone di Verdure** (P68) https://ricette.giallozafferano.it/Minestrone-di-verdure.html / **Minestra Maritata** (P69) http://www.quicampania.it/piattitipici/minestra-maritata.html / **Garmugia** (P70-71) https://www.trucchidicasa.com/ricette/primi-piatti/garmugia-zuppa-primaverile-lucchesia-garfagnana/ / **Maccu di Fave** (P72) https://www.dissapore.com/ricette/macco-di-fave-la-ricetta-perfetta/ / **Buridda di Seppie** (P73) https://www.trucchidicasa.com/ricette/secondi-piatti/pesce/buridda-di-seppie/ / **Minestra di Ceci** (P74) https://www.lacucinaitaliana.it/ricetta/primi/minestra-di-ceci/ / **Ribollita** (P75) https://www.buttalapasta.it/articolo/ricetta-ribollita/13055/ / **Stracciatella & Mille Fanti** (P76-77) https://www.misya.info/ricetta/stracciatella-in-brodo.htm / **Brodu** (P78) https://taste.com.mt/recipe/brodu-tallaham-beef-broth/117033 / **Kusksu** (P79) https://www.maltatoday.com.mt/lifestyle/food/65110/kusksu_bilful_fresh_broad_bean#.XXJMgChKhPY / **Soppa tal-Armla** (P80) http://www.amaltesemouthful.com/widows-soup-soppa-tal-armla/ / **Ričet** (P81) https://www.youtube.com/watch?v=EqvDHWKmJwI / **Jota** (P82) http://www.thegutsygourmet.net/natl-croatia.html / **Bujta Repa** (P83) https://www.sitfit.si/recepti/brezmesna-bujta-repa/ / **Manestra** (P84) http://heneedsfood.com/recipe/istarska-manestra-istrian-minestrone/ / **Pasticada** (P85) http://split.gg/pasticada/ / **Čobanac** (P86-87) https://finirecepti.net.hr/priprema/cobanac/ / **Pileći Paprikaš** (P88-89) https://dobartek.spar.hr/hr/recepti/juhe/pijani-pileci-paprikas,318.html / **Begova Čorba** (P90) https://www.oslobodjenje.ba/o2/zivot/hrana-i-pice/begova-corba-kraljica-svake-trpeze / **Grah** (P91) https://balkanlunchbox.com/balkan-bean-stew-grah-bez-mesa/ / **Čobanska Krem od Vrganja** (P92) https://www.196flavors.com/montenegro-cream-of-mushroom-soup/ / **Čorba od Koprive** (P93) https://www.nerowolfe.org/pdf/tidbits/Wolfe's_Montenegrin_Cookbook_by_Lon_Cohen+Jean_Quinn.pdf / **Supe me Trahana** (P94) https://agroweb.org/lajme/trahanaja-me-e-mire-receta-tradicionale-agroweb/ / **Mish me Lakra** (P95) https://whenfetametolive.com/cabbage-stew/ / **Teleska Corba** (P96) https://www.youtube.com/watch?v=9U-l3WHPBUs / **Fasolada** (P97) http://www.mygreekdish.com/recipe/traditional-greek-bean-soup-recipe-fasolada/ / **Kotosoupa Avgolemono** (P98) https://www.realgreekrecipes.com/recipe/greek-lemon-chicken-soup-recipekotosoupa-avgolemono/ / Tahinosoupa (P99) https://www.argiro.gr/recipe/taxinosoupa-meg-paraskevis/ / Čorba od Karfiola (P100) http://www.passingtherelish.com/2013/10/serbian-cauliflower-corba-soup/ / Ayran Çorbası (P101) https://ar-vids.com/video/ayran-a%C5%9F%C4%B1-%C3%A7orbas%C4%B1-f91eMV0hnk0.html / Domates Çorbası (P102) https://www.nefisyemektarifleri.com/domates-corbasi/ / Tarhana Çorbası (P103) https://idilyazar.com/tarifler/tarhana-corbasi-tarifi/ / Lahana Çorbası (P104) https://yemek.com/tarif/karalahana-corbasi/ / Badem Çorbası (P105) https://www.nefisyemektarifleri.com/sutlu-badem-corbasi/ / Sultan Çorbası (P106) https://yemektarifim.net/sultan-corbasi/ / Gule Ærter (P108) https://www.dk-kogebogen.dk/opskrifter/24319/gule-aerter-med-flaesk-medister-og-rugbroed / Hønsekødssuppe med Kødboller (P109) https://www.valdemarsro.dk/hoensekoedssuppe-med- / Valkosipulikeitto (P110) http://mammituokkonen.blogspot.com/2014/02/roasted-garlic-soup-paahdettu.html / Siskonmakkarakeitto (P111) https://www.kotikokki.net/reseptit/nayta/100190/Siskonmakkarakeitto/ / Kesäkeitto (P112) https://www.valio.fi/reseptit/kesakeitto/ / Fiskisúpa (P113) http://mimithorisson.com/2012/06/20/icelandic-fish-soup/ / Kakósúpa (P114) https://eattheroadsite.wordpress.com/2017/02/12/kakosupa-icelandic-cocoa-soup/ / Lapskaus (P115) https://www.matprat.no/oppskrifter/tradisjon/lapskaus/ / Fiskesuppe (P116-117) http://www.siljafromscratch.com/2017/09/25/norwegian-fiske-suppe-the-lazy-way-nordic-fish-soup-in-a-hurry/ / Ärtsoppa (P118) http://www.tasteline.com/recept/artsoppa-3/ / Fruktsoppa (P119) https://www.hemtrevligt.se/hemmetsjournal/recept/mormors-fina-fruktsoppa-3817/ / Vårens Nässelsoppa (P120) https://semiswede.com/2012/04/10/nasselsoppa-nettle-soup/ / Värskekapsasupp (P122) http://nami-nami.blogspot.com/2014/11/estonian-lamb-soup-with-cabbage.html / Seljanka (P123) https://toidutare.ohtuleht.ee/928525/kodune-seljanka# / Frikadeļu Zupa (P124-125) http://www.garsigalatvija.lv/frikadelu-zupa/ / Šaltibarščiai (P126) https://www.youtube.com/watch?v=3re9GsOgmuI / Grybienė (P127) http://spice.tv3.lt/receptas/grybiene-3842 / Sup sa Sčaŭja (P128) https://kuhnya.school11mog.by/2018/01/04/ с у п-с а-ш ч аўў я / / Shkembe Chorba (P129) https://recepti.gotvach.bg/r-6056-О р и г и н а л н а_ш к е м б е_ч о р б а / Bob Chorba (P130) http://bulgariatravel.org/data/doc/ENG_37-Bob_chorba.pdf / Leshta Chorba (P131) http://perfectfood.ru/2013/09/28/bolgarskij-vegetarianskij-sup-iz-chechevicy-leshha-chorba/ / Česnečka (P132) https://recepty.vareni.cz/nase-cesnekova-polevka/ / Bramboračka (P133) http://www.tresbohemes.com/2018/03/bramboracka-or-classic-czech-potato-soup/ / Gulyásleves (P134-135) http://budapestcookingclass.com/authentic-hungarian-goulash-soup-recipe/ / Halászlé (P136) http://budapestcookingclass.com/hungarian-fish-soup-recipe-halaszle/ / Borleves (P137) http://www.mindmegette.hu/karacsonyi-borleves.recept/ / Bialy Barszcz (P138) http://www.tastingpoland.com/food/recipes/white_borscht_recipe.html / Rosół (P139) https://www.zajadam.pl/en/broth-recipe / Krupnik (P140) https://www.polishyourkitchen.com/polishrecipes/polish-pear-barley-soup-krupnik/ / Ciorbă de Fasole cu Afumătură (P141) https://savoriurbane.com/fasole-verde-pastai-cu-smantana-usturoi-si-afumatura/ / Ciorbă de Peşte (P142) https://retete.unica.ro/recipes/ciorba-de-peste/ / Fazuľová Polievka (P143) https://dobruchut.azet.sk/recept/27383/fazulova-polievka-jokai/ / Okroshka (P144) https://www.enjoyyourcooking.com/soup-recipes/okroshka.html / Svekolnik (P145) http://petersfoodadventures.com/2017/07/07/svekolnik-soup/ / Shchi (P146) https://www.youtube.com/watch?v=gZDTVSLcNdU / Borscht (P147) http://proudofukraine.com/traditional-ukrainian-borscht-history-variations-recipes/ / Horokhivka (P148) http://wworld.com.ua/recepts/30997 / Kulish (P149) https://ukrainefood.info/recipes/soups/28-kulish / Bozbash (P150) https://heghineh.com/soup-bozbash/ / Kololak Apur (P151) http://www.mission-food.com/2011/03/armenian-meatball-soup.html?fbclid=IwAR3cc-Fx0iyksyZ- enH0COioGsR1Ah5x30xuCmjwKnx6NP5hwfFYQ6SFGlY / Chikhirtma (P152-153) https://www.georgianjournal.ge/georgian-cuisine/30190-chikhirtma-hearty-chicken-soup-with-a- distinct-flavor.html / Küftə-Bozbaş (P154) https://azcookbook.com/2014/02/12/kufte-bozbash-or-azerbaijani-meatball-soup/ / Dovga (P155) https://azcookbook.com/2011/04/13/yogurt-soup-with-fresh-herbs-and-chickpeas-dovgha/ / Dushbere (P156) https://azcookbook.com/2008/01/26/dumpling-soup-dushbere/ / Fungee & Pepperpot (P158) https://www.youtube.com/watch?v=DcG6kOYRbMc / Sopi di Pampuna (P159) https://www.visitaruba.com/aruba-recipes/sopi-di-pampuna-pumpkin-soup/ / Bahamian Pea & Dumpling Soup (P160-161) http://cookingwithsugar.blogspot.com/2012/01/peas-soup-and-dumplings.html / Sopa de Caracol (P162) http://smallhopebay.blogspot.com/2013/02/conch-chowder.html / Bajan Soup (P163) https://michaelwoodpress.wordpress.com/2017/01/14/welcome-to-michaels-culinary-blg/ / Cayman Fish Tea (P164) http://www.caribbeanchoice.com/forums/forum_posts.asp?TID=78091 / Fricasé de Pollo (P165) https://tastetheislandstv.com/fricase-de-pollo-fricassee-chicken/ / Guiso de Maiz (P166) http://cubanfood.blogspot.com/2014/05/guiso-de-maiz-de-miriam-cuban-corn-stew.html / Sancocho (P167) https://www.dominicancooking.com/125-sancocho-de-7-carnes-7-meat-hearty-stew.html / Habichuelas Guisadas (P168) https://www.chefzeecooks.com/easy-dominican-beans/ / Asopao (P169) https://thepetitgourmet.com/asopao-de-camarones-shrimp-rice-stew/ / Soup Joumou (P170-171) http://haitian-recipes.com/soup-joumou/ / Jamaican Red Pea Soup (P172) http://www.jamaicatravelandculture.com/food_and_drink/red_pea_soup.htm / Caldo Santo (P173) https://www.aarp.org/espanol/cocina/recetas/info-2016/caldo-santo-sopa-pescado-viandas-coco.html / Trinidadian Corn Soup (P174) https://www.simplytrinicooking.com/corn-soup-trini-style/ / Escabeche (P176) http://www.belizepoultry.com/recipes/viewrecipe/tabid/91/articleid/54/escabeche.aspx / Chimole (P177) https://ambergriscaye.com/forum/ubbthreads.php/topics/511132/chimole.html / Sopa de Mondongo (P178) http://www.whats4eats.com/soups/sopa-de-mondongo-recipe / Sopa Negra (P179) https://www.costarica.com/recipes/sopa-negra-bean-soup / Sopa de Pollo (P180) https://latinaish.com/2014/08/25/sopa-de-pollo-salvadorena/ / Sopa de Frijoles (P181) https://www.elsalvadormipais.com/sopa-de-frijoles-con-costilla-de-cerdo / Kak'ik (P182) http://www.thefoodieskitchen.com/en/2010/09/10/kaq-ik/ / Caldo de Res (P183) http://recetasguatemaltecasymas.blogspot.com/2014/06/caldo-de-res-guatemalan-beef-stew.html / Atol de Elote (P184) https://www.elheraldo.hn/cocina/981993-466/c%C3%B3mo-preparar-un-delicioso-atol-de-elote / Caldo de Camaron (P185) http://www.amigosmap.org.mx/2015/12/29/caldo-de-camaron/ / Pozole (P186-187) https://www.mexicoenmicocina.com/como-hacer-pozole-rojo/ / Sopa Azteca (P188-189) https://www.saveur.com/mexican-tortilla-soup-sopa-azteca-recipe / Carne en Su Jugo (P190) https://hispanickitchen.com/recipes/carne-en-su-jugo-braised-beef-tomatillo-broth/ / Sopa de Aguacate (P191) https://www.mexicanplease.com/avocado-soup/ / Sopa de Lima (P192-193) https://hispanickitchen.com/recipes/sopa-de-lima/ / Indio Viejo (P194) http://www.nicaraguafood.org/Indio-viejo.php / Sopa de Albondigas (P195) https://bataholavolunteers.wordpress.com/2015/05/20/sopa-de-albondigas-nicaraguan-dumpling- / Locro (P196) https://therealargentina.com/en/recipe-for-argentine-locro/ / Carbonada Criolla (P197) https://caserissimo.com/2014/04/carbonada-criolla-argentina/ / Guiso de Lentejas (P198-199) http://www.seashellsandsunflowers.com/2010/05/celebrating-200-years-of-argentina.html#.XW133ShKhPa / Sopa de Mani (P200) https://boliviancookbook.wordpress.com/soups/sopa-de-mani/ / Fricasé (P201) https://boliviancookbook.wordpress.com/tag/fricase-paceno/ / Feijoada Brasileira (P202) https://www.saveur.com/article/Recipes/Beans-Pork-Rice-Collards / Moqueca de Camarão (P203) https://www.tudoreceitas.com/receita-de-moqueca-de-camarao-378.html / Sopa de Mariscos (P204) http://chileanrecipes.blogspot.com/2011/10/paila-marina.html / Changua (P205) https://www.colombia.com/gastronomia/asi-sabe-colombia/sopas/sdi140/16043/changua / Ajiaco (P206) https://www.mycolombianrecipes.com/ajiaco-bogotano-colombian-chicken-and / Cuchuco (P207) https://antojandoando.com/recetas/cuchuco-de-maiz/ / Biche de Pescado (P208-209) https://www.laylita.com/recipes/biche-de-pescado-or-fish-soup/ / Caldo de Bolas de Verde (P210-211) https://www.laylita.com/recipes/caldo-de-bolas-de-verde/ / Fanesca (P212) https://www.196flavors.com/ecuador-fanesca/ / Soyo (P213) https://www.196flavors.com/paraguay-soyo/ / Vori Vori (P214) http://www.tembiuparaguay.com/recetas/otra-receta-de-vori-vori/ / Sancochado (P215) http://www.foodlunatic.com/2014/12/sancochado-peruvian-braised-beef-and.html / Chupe de Camarones (P216) http://perudelights.com/chupe-de-camarones-shrimp-chupe-our-champion-soup/ / Inchicapi (P217) https://emilyandrafael.wordpress.com/2014/03/12/flavors-of-the-amazon-inchicapi/ / Saoto (P218) https://www.youtube.com/watch?v=Mnh4fc06OEQ / Puchero (P219) https://www.gastronomia.com.uy/Gastronomia/Puchero-uc65720 / Chupe Andino (P220) https://www.facebook.com/venezuelatextra/posts/chupe-andino-venezolano-recetael-origen-de-este- sopa-es-de-per%C3%BA-pero-su-combinac/1038424746169978/ / Bermuda fish Chowder (P222-223) https://www.lionfish.bm/assets/pdf/Chris_Malpas_Lionfish_Chowder.pdf / Canadian Yellow Pea Soup (P224) http://www.pbs.org/food/kitchen-vignettes/quebec-style-yellow-pea-soup/ / Canadian Cheddar Cheese Soup (P225) https://www.dairygoodness.ca/recipes/canadian-cheddar-cheese-soup / Chicken Noodle Soup (P226) https://www.myrecipes.com/recipe/old-fashioned-chicken-noodle-soup / Brunswick Stew (P227) https://practicalselfreliance.com/traditional-brunswick-stew/ / Pot Likker Soup (P228) https://addapinch.com/pot-likker-soup-recipe/ / Green Chile Stew (P229) http://www.geniuskitchen.com/recipe/authentic-new-mexico-green-chile-stew-277862 / Gumbo (P230-231) http://www.gumbocooking.com/authentic-New-Orleans-gumbo-recipe.html / New England Clam Chowder (P232) https://newengland.com/today/food/massachusetts-new-england-clam-chowder/ / Maryland Crab Soup (P233) https://www.monicastable.com/maryland-crab-soup-recipe/ / Taco Soup (P234) https://downshiftology.com/recipes/taco-soup/ / Burundian Bean Soup (P236) http://globaltableadventure.com/recipe/red-kidney-beans-with-plantains/ / MIsir Wot (P237) http://thespiceisland.blogspot.com/2012/11/trulyauthentic-mesir-wot.html ∕ Shiro Wat (P238) https://theberberediaries.wordpress.com/2009/02/06/recipes-shiro-alecha-and-shiro-wat/ ∕ Kenyan Mushroom Soup (P239) https://dejavucook.wordpress.com/2011/03/02/kenyan-mushroom-soup/ ∕ Kenyan Tilapia Fish Stew (P240) http://sheenaskitchen.com/fish-stew-kenya-style/ ∕ Romazava (P241) https://www.internationalcuisine.com/malagasy-romazava/ ∕ Sopa de Feijao Verde (P242) http://www.recetasdetodoelmundo.com/detalle.php?a=sopa-de-feijao-verde-de-mozambique&t=40&d=687 ∕ Agatogo (P243) http://btckstorage.blob.core.windows.net/site10336/Recipes/Rwandan%20Agatogo%20(vegetable%20and%20plantain%20stew).pdf ∕ Maraq Fahfah (P244) https://www.internationalcuisine.com/djibouti-fah-fah/ ∕ Supu ya Ndizi (P245) http://world-culinaire.blogspot.com/2008/04/supu-ya-ndizi-plantain-soup.html ∕ Sorghum Soup (P246) http://www.fao.org/in-action/inpho/resources/cookbook/detail/en/c/635/ ∕ Calulu (P247) https://allafricandishesng.blogspot.com/2016/09/angolan-recipes-calulu-de-peixe-fish.html ∕ Elephant Soup (P248) http://www.congocookbook.com/soup-and-stew-recipes/elephant-soup/ ∕ Muamba Nsusu (P249) http://www.geniuskitchen.com/recipe/muamba-nsusu-congo-chicken-soup-455555 ∕ Poulet Nyembwe (P250) http://www.congocookbook.com/category-chicken-recipes/poulet-moambe-poulet-nyembwe/ ∕ Berkoukes (P251) https://miammiamyum.com/2017/03/02/algerian-berkoukes/ ∕ Bouktouf (P252) http://www.aminoz.com.au/content/blog/bouktouf/ ∕ Kolkas (P253) http://cairocooking.com/md_recipe/traditional-kolkas-with-green-herbs/ ∕ Molokhiya (P254) https://chefindisguise.com/2017/05/15/mulukhiyah-a-stew-fit-for-royals/ ∕ Harira (P255) https://tasteofmaroc.com/moroccan-harira-soup-recipe/ ∕ Bissara (P256) https://tasteofmaroc.com/moroccan-split-pea-bessara/ ∕ Kefta Mkaoura (P257) https://tasteofmaroc.com/moroccan-meatball-tagine-tomato-sauce/ ∕ Mrouzia (P258-259) https://www.youtube.com/watch?v=Gt2D2Mj0VNw ∕ Marka Jelbana (P260) http://cuisinedewissal.canalblog.com/archives/2007/11/11/6844532.html ∕ Lablabi (P261) https://www.baya.tn/rubriques/cuisine/soupe-de-pois-chiches-lablabi/ ∕ Botswana Pumpkin Soup (P262) https://www.196flavors.com/botswana-pumpkin-soup/ ∕ South African Butternut Soup (P263) http://www.getaway.co.za/food/healthy-hearty-butternut-soup-recipe/ ∕ Maafe (P264) https://www.africanbites.com/maafe-west-african-peanut-soup/ ∕ Kedjenou (P265) https://www.youtube.com/watch?v=4QQy079N02k ∕ Ebbeh (P266) https://www.jammarekk.com/cookingwithjamma-easy-recipes-homec/thick-ebbeh-soup ∕ Plasas (P267) https://www.youtube.com/watch?v=7C2xtbhaSMU ∕ Fetri Detsi (P268-269) http://betumiblog.blogspot.com/2011/07/recipe-91-light-okra-soup-wchicken-ewe.html ∕ Liberian Eggplant Soup (P270) https://www.youtube.com/watch?v=PMAiBJPQsEs ∕ Egusi Soup (P271) http://www.allnigerianrecipes.com/soups/fried-egusi-soup.html ∕ Afang Soup (P272) https://www.yummymedley.com/nigerian-afang-soup/ ∕ 芝麻 糊 (P274) https://www.youtube.com/watch?v=ybjXOHQZ9Q4 ∕ 鲫 鱼 汤 (P275) https://www.chinasichuanfood.com/chinese-fish-soup/ ∕ 药 膳 鸡 汤 (P276) https://www.chinasichuanfood.com/herbal-chicken-soup/ ∕ 蟹肉玉米汤 (P277) https://www.xinshipu.com/zuofa/84437 ∕ 酸菜鱼 (P278) https://www.xiachufang.com/recipe/102227807/ ∕ 冬瓜丸子汤 (P279) https://omnivorescookbook.com/recipes/winter-melon-meatball-soup ∕ 排骨莲藕汤 (P280) https://souperdiaries.com/lotus-root-soup-recipe/ ∕ 蛋花汤 (P281) https://www.chinasichuanfood.com/egg-drop-soup/ ∕ 酸辣汤 (P282) https://www.youtube.com/watch?v=2Oc8rfEjVC4 ∕ Bantan (P289) https://www.mongolfood.info/en/recipes/bantan.html ∕ 만둣국 (P290-291) https://www.koreanbapsang.com/2011/01/manduguk-korean-dumpling-soup.html ∕ 갈비탕 (P292) http://www.10000recipe.com/recipe/5055288 ∕ 삼계탕 (P293) https://www.maangchi.com/recipe/samgyetang ∕ 매운탕 (P294) https://www.maangchi.com/recipe/maeuntang ∕ 된장찌개 (P295) http://www.beyondkimchee.com/doenjang-jjigae/ ∕ 김치찌개 (P296) https://mykoreankitchen.com/kimchi-jjigae/ ∕ 순두부찌개 (P297) https://mykoreankitchen.com/sundubu-jjigae/ ∕ 소고기 뭇국 (P298) http://www.beyondkimchee.com/beef-radish-soup/ ∕ 台湾麻油鸡汤 (P299) https://www.angelwongskitchen.com/sesameoilchicken.html ∕ 肉羹 (P300-301) https://tinyurbankitchen.com/ro-geng-mian-ba-genh-pork-bamboo-and/ ∕ 藥燉排骨 (P302) https://icook.tw/recipes/135075 ∕ Shurpa (P304) http://www.centralasia-travel.com/en/countries/uzbekistan/cuisine/shurpa ∕ Chalop (P305) http://gurmania.uz/restorani/uzbekskaya-kuhnya/1983 ∕ Mastava (P306) https://nadiskitchen.com/2017/10/12/uzbek-mastava-soup-rice-and-meat-soup/ ∕ Mashawa (P307) http://www.afghancultureunveiled.com/humaira-ghilzai/afghancooking/2013/11/confessions-of-crock-pot-convert-afghan.html ∕ Haleem (P308) https://zuranazrecipe.com/haleemhow-to-make-serve-haleem-in-bangladesh/ ∕ Ema Datshi (P309) https://www.compassandfork.com/recipe/ema-datshi-beloved-bhutanese-cuisine/ ∕ Dal Shorba (P310) https://food.ndtv.com/recipe-moong-dal-shorba-100506 ∕ Palak Shorba (P311) https://www.sanjeevkapoor.com/recipe/Palak-Shorba-KhaanaKhazana.html ∕ Ulava Charu (P312) http://kannaarun23.blogspot.com/2017/04/ulavacharu-recipe.html ∕ Gobi Masala (P313) https://www.vegrecipesofindia.com/gobi-masala-recipe-gobi-recipes/ ∕ Rasam (P314) https://www.pepperbowl.com/authentic-rasam-recipe-south-indian-soup/ ∕ Sambar (P315) https://www.cookwithmanali.com/sambar/ ∕ Punjabi Kadhi (P316) https://recipes.timesofindia.com/recipes/punjabi-kadhi/rs62456091.cms ∕ Garudhiya (P317) https://nadiyas-tastesofmaldives.blogspot.jp/2011/10/garudiya-fish-soup.html ∕ Kwati (P318) https://nepaliaustralian.com/2014/06/03/kwati-nepali-mixed-bean-soup/ ∕ Jhol Momo (P319) http://www.anupskitchen.com/recipe/momo-dumplings/ ∕ Nihari (P320) http://pakistani-cuisine.com/traditional-pakistani-nihari/ ∕ Khichra (P321) https://miansari66.blogspot.com/2012/11/khichra.html ∕ Mulligatawny (P322) https://www.unileverfoodsolutions.lk/recipe/chicken-mulligatawny-soup-with-red-lentils-R0059568.html ∕ Samlor Kako (P324) http://www.amokcuisine.com/soups-curries/20-recipes/soups-curries/133-soup-samlor-kako ∕ Samlor Kari (P325) https://cambokitchen.wordpress.com/2014/08/15/khmer-redyellow-chicken-curry-somlar-kari-saek- mouan/ ∕ Keng No Mai Sai Yanang (P326) https://www.youtube.com/watch?v=gZtLEI6KZME ∕ Sup Brenebon (P327) https://thedivingcomedy.wordpress.com/2016/04/08/how-to-make-brenebon-soup-recipe-2/ ∕ Konro (P328) https://rasamasa.com/en/recipes/sup-konro ∕ Rawon (P329) http://www.belindo.com/indonesia/indonesian-recipes/soups/sop-rawon-beef-soup/195 ∕ Tekwan (P330-331) http://elieslie.blogspot.com/2011/08/tekwan-indonesia-fish-ball-soup-with.html ∕ Tongseng (P332) https://www.theschizochef.com/2013/03/tongseng-kambing-via-indonesia-eats/ ∕ Sup Ayam (P333) https://en.petitchef.com/recipes/main-dish/sup-ayam-ala-mamak-chicken-soup-malaysian-indian- muslim-style-fid-684991 ∕ Chin Yay Hin (P334) http://pickledtealeaves.com/traditional-burmese-sour-soup/ ∕ 肉骨茶 (P335) http://goodyfoodies.blogspot.jp/2016/05/recipe-singapore-bak-kut-teh.html ∕ 咖喱鱼头 (P336) https://www.foodforlifetv.sg/video-cookbook/video/fish-head-curry-0 ∕ Khao Tom (P337) http://delishar.com/2015/09/thai-rice-soup-khao-tom.html ∕ Tom Kha Gai (P338) https://www.eatingthaifood.com/tom-kha-gai- ∕ Tom Yum (P339) https://hot-thai-kitchen.com/tom-yum-goong/ ∕ Gaeng Keow Wan (P340) https://hot-thai-kitchen.com/green-curry-new-2/ ∕ Cháo Gà (P341) http://thuyancom.blogspot.com/2017/09/chao-ga-chicken-congee.html ∕ Lẩu (P342) https://www.youtube.com/watch?v=ttSLQl3HuPQ ∕ Bò Kho (P343) https://thewoksoflife.com/2017/10/bo-kho-spicy-vietnamese-beef-stew/ ∕ Australian Pie Floater (P344) http://www.findingfeasts.com.au/recipe-index/ham-and-pea-pie-floater-with-mash-potato/ ∕ Fijian Fish Soup (P345) http://www.borrowedsalt.com/blog/2014/1/22/fijian-fish-soup ∕ Guamanian ∕ Chamorro Corn Soup (P346) http://www.annieschamorrokitchen.com/corn-soup/ ∕ Luau Stew (P347) https://www.frolichawaii.com/stories/the-luau-stew-from-heeia-pier ∕ Kumara Soup (P348) https://www.bite.co.nz/recipe/6221/Golden-kumara-soup-with-ginger-and-garlic/ ∕ Suafa'i Banana Soup (P349) http://www.samoafood.com/2010/08/suafai-banana-soup.html ∕ Curried Coconut and Lime Gourd Soup (P350) https://theglobalreader.com/2015/05/01/cooking-for-the-solomon-islands-part-2-coconut-lime-curry-soup/ ∕ Marak Kubbeh Adom (P352) http://recipesbyrachel.com/wp-content/uploads/2013/05/3.recipesbyrachel.kubbastews.pdf ∕ Margat Bamia (P353) https://www.thebigsweettooth.com/margat-bamia-iraqi-mutton-okra-stew/ ∕ Shorbat Rumman (P354) http://www.sooran.com/fa/recipes/2305/ http://www.cookingindex.com/recipes/55374/iraqi-pomegranate-soup-shorbat-rumman.htm ∕ Fesenjān (P355) https://persianmama.com/chicken-in-walnut-pomegranate-sauce-khoresht-fesenjan/ ∕ Āsh e Doogh (P356) http://honestandtasty.com/aashe-doogh-a-delectable-yogurt-based-persian-soup/ ∕ Abgoosht (P357) http://www.thepersianpot.com/recipe/abgoosht-lamb-chickpea-soup/ ∕ Khoresh Bademjan (P358) https://www.196flavors.com/iran-khoresh-bademjan/ ∕ Gormeh Sabzi (P359) http://www.mypersiankitchen.com/ghormeh-sabzi-persian-herb-stew/ ∕ Matzo Ball Soup (P360) https://toriavey.com/toris-kitchen/perfect-chicken-soup/ ∕ Israeli Bean Soup (P361) https://israelforever.org/israel/cooking/israeli_White_bean_soup/ ∕ Shakshouka (P362-363) https://www.haaretz.com/food/how-to-make-israeli-shakshuka-1.5390057 ∕ Shorbet Freekeh (P364) https://www.middleeasteye.net/discover/food-recipe-how-to-make-freekeh-soup-jordanian-egyptian ∕ Shorbat Adas (P365) http://amandasplate.com/lebanese-lentil-soup/ ∕ Adas Bhamod (P366) http://www.bakefree.co/2017/01/lentil-and-swiss-chard-soup-adas-bi.html ∕ Makhlouta (P367) https://www.mamaslebanesekitchen.com/soups/whole-grains-stew-makhlouta-recipe/ ∕ Matazeez (P368-369) http://www.halalhomecooking.com/matazeez-%D9%85%D8%B7%D8%A7%D8%B2%D9%8A%D8%B2- margoog/ ∕ Harees (P370) https://emiraticankitchen.wordpress.com/2012/07/23/harees/ ∕ Fahsa (P371) http://www.shebayemenifood.com/content/fahsa-saltah

마치며

내가 사는 미국은 이민의 나라이다. 내가 지금까지 만난 사람들은 도대체 어느 나라 출신일까 생각해 본 적이 있다. 대충 헤아려도 40개 남짓의 국가가 있었다. 그만큼 다양한 국가 출신의 사람이 있다는 얘기인데, 그 사람들의 식생활을 충족시키기 위해 다양한 나라의 음식을 파는 상점이 곳곳에 있다.

그런 미국이기에 이런 책을 쓰는 것이 가능했지만, 그럼에도 구하기 힘든 재료가 몇 가지 있었다. 특히 고생한 것은 아프리카의 식재료이다. 애초에 어떤 것인지조차 알 수가 없다. 근처에 딱 한 곳 아프리카 식재료를 파는 상점이 있었다. 그 상점에는 라틴 아메리카의 식재료도 놓여 있고 종류도 다양하다. 꽤 널찍한 상점 안을 빼곡하게 채운 선반이라는 선반은 다 뒤져야 했다. 그래도 없는 경우는 포기할 수밖에 없다. 인터넷에서 대체품을 찾아서 사용하는 일도 종종 있었다. 특히 채소, 과일, 허브는 꽤 까다롭다. 그렇지 않아도 좀처럼 발견하기 어려운데, 계절까지 얽혀 있다. 그런 녹녹치 않은 상황에서도 300여 가지의 수프를 만들었으니 잘도 해냈다고 자기만족에 빠졌다. 지금은 어떤 재료를 구하려면 어디에 가야 하는지 대강은 짐작할 수 있으니까 스스로도 대단하다고 생각한다.

아내는 거의 요리를 하지 않고 먹어주는 것이 전문이지만 매일 수프만 6개월 이상 먹어준 것에 대해 감사하지 않을 수 없다.

"이거 끝나면 다음은 어떤 책 쓸 거야?"

촬영 막바지에 이르자 아내가 물었다.

"어쩌지"라고 내가 얼버무리자 아내가 말했다.

"어떤 요리도 좋지만, 300가지나 하는 건 관 둬."

사토 마사히토

세계의 수프 도감

2021. 4. 23. 초 판 1쇄 인쇄
2021. 5. 3. 초 판 1쇄 발행

지은이 | 사토 마사히토(佐藤政人)
감역 | 김세한
역자 | 김희성
펴낸이 | 이종춘
펴낸곳 | BM (주)도서출판 **성안당**
주소 | 04032 서울시 마포구 양화로 127 첨단빌딩 3층(출판기획 R&D 센터)
| 10881 경기도 파주시 문발로 112 파주 출판 문화도시(제작 및 물류)
전화 | 02) 3142-0036
| 031) 950-6300
팩스 | 031) 955-0510
등록 | 1973. 2. 1. 제406-2005-000046호
출판사 홈페이지 | **www.cyber.co.kr**
ISBN | 978-89-315-8275-8 (13590)
정가 | 18,000원

이 책을 만든 사람들
책임 | 최옥현
진행 | 김혜숙
교정 · 교열 | 김연숙
본문 디자인 | 임진영
표지 디자인 | 박원석
홍보 | 김계향, 유미나, 서세원
국제부 | 이선민, 조혜란, 김혜숙
마케팅 | 구본철, 차정욱, 나진호, 이동후, 강호묵
마케팅 지원 | 장상범, 박지연
제작 | 김유석

■ 도서 A/S 안내

성안당에서 발행하는 모든 도서는 저자와 출판사, 그리고 독자가 함께 만들어 나갑니다.
좋은 책을 펴내기 위해 많은 노력을 기울이고 있습니다. 혹시라도 내용상의 오류나 오탈자 등이 발견되면 **"좋은 책은 나라의 보배"**로서 우리 모두가 함께 만들어 간다는 마음으로 연락주시기 바랍니다. 수정 보완하여 더 나은 책이 되도록 최선을 다하겠습니다.
성안당은 늘 독자 여러분들의 소중한 의견을 기다리고 있습니다. 좋은 의견을 보내주시는 분께는 성안당 쇼핑몰의 포인트(3,000포인트)를 적립해 드립니다.
잘못 만들어진 책이나 부록 등이 파손된 경우에는 교환해 드립니다.

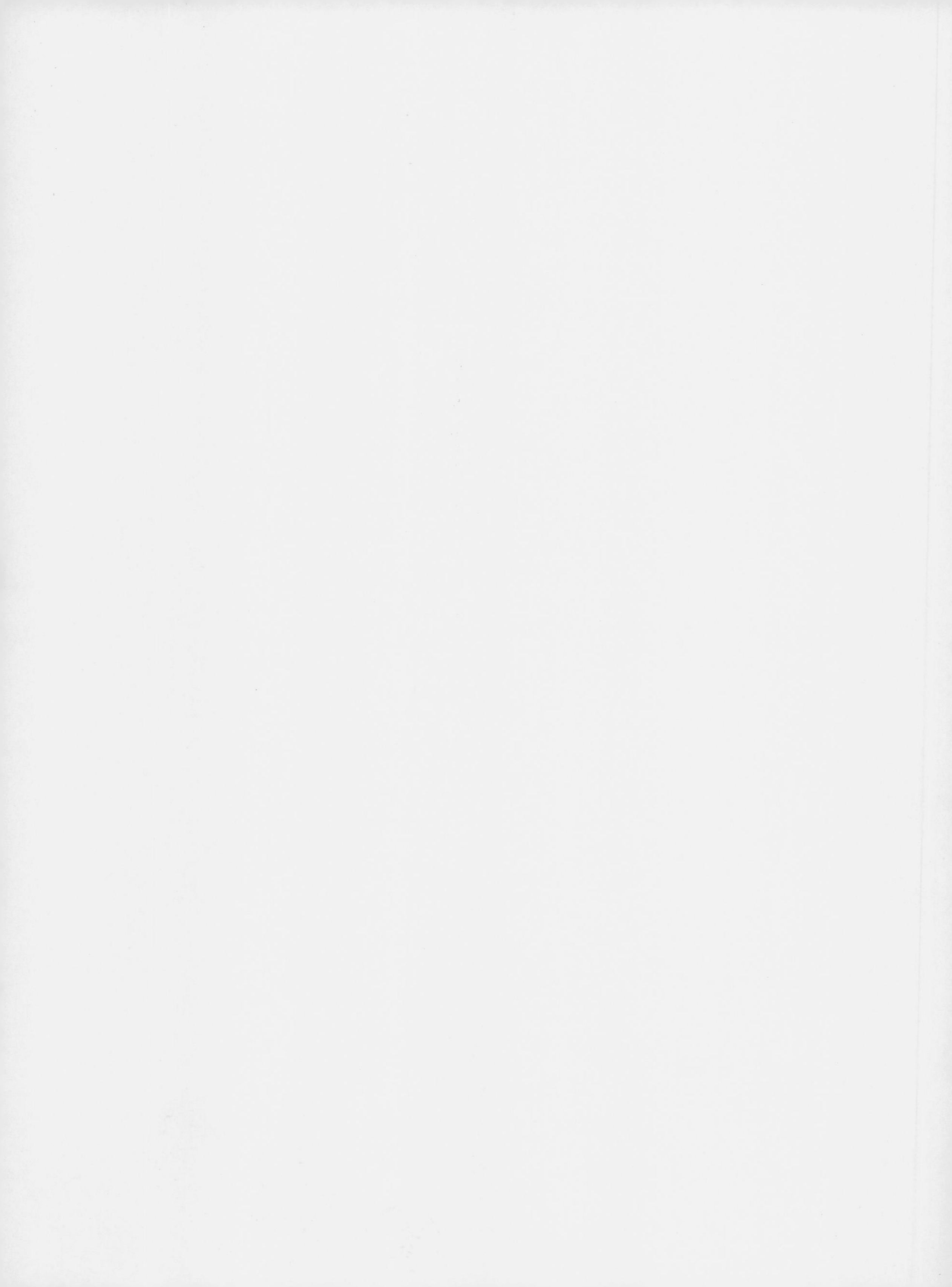